航空发动机基础与教学丛书

航空燃气涡轮发动机原理

陈玉春　贾琳渊　李　维　编著

科　学　出　版　社

北　京

内 容 简 介

本书系统、全面地介绍了航空燃气涡轮发动机原理相关的知识，包括气动热力学基础理论与计算方法、发动机的力学原理和能量转换原理、热力循环分析、总体性能计算方法、稳态与过渡态特性及其获取方法、发动机安装阻力等使用特性、共同工作机理与控制规律、新概念发动机的基本原理与关键技术等。重点以涡喷和涡扇发动机为例给出了设计点性能计算、循环分析和非设计点特性计算建模的实例。为了方便读者学习，书中提供了思考题。

本书可供航空发动机设计专业的高年级本科生和研究生学习，也可供从事相关专业的科研人员阅读参考。

图书在版编目（CIP）数据

航空燃气涡轮发动机原理 / 陈玉春，贾琳渊，李维编著. -- 北京：科学出版社，2022.8
（航空发动机基础与教学丛书）
ISBN 978 - 7 - 03 - 072776 - 3

Ⅰ.①航… Ⅱ.①陈…②贾…③李… Ⅲ.①航空发动机—燃气轮机—教材 Ⅳ.①V235.1

中国版本图书馆 CIP 数据核字（2022）第 131720 号

责任编辑：胡文治 / 责任校对：谭宏宇
责任印制：黄晓鸣 / 封面设计：殷 靓

科 学 出 版 社 出版
北京东黄城根北街 16 号
邮政编码：100717
http://www.sciencep.com

南京展望文化发展有限公司排版

广东虎彩云印刷有限公司印刷
科学出版社发行 各地新华书店经销

*

2022 年 8 月第 一 版 开本：B5（720×1000）
2024 年 6 月第十三次印刷 印张：24 3/4
字数：481 000

定价：90.00 元
（如有印装质量问题，我社负责调换）

丛书序

  航空发动机是"飞机的心脏",被誉为现代工业"皇冠上的明珠"。航空发动机技术涉及现代科技和工程的许多专业领域,集流体力学、固体力学、热力学、燃烧学、材料学、控制理论、电子技术、计算机技术等学科最新成果的应用为一体,对促进一国装备制造业发展和提升综合国力起着引领作用。

  喷气式航空发动机诞生以来的 80 多年时间里,航空发动机技术经历了多次更新换代,航空发动机的技术指标实现了很大幅度的提高。随着航空发动机各种参数趋于当前所掌握技术的能力极限,为满足推力或功率更大、体积更小、质量更轻、寿命更长、排放更低、经济性更好等诸多严酷的要求,对现代航空发动机发展所需的基础理论及新兴技术又提出了更高的要求。

  目前,航空发动机技术正在从传统的依赖经验较多、试后修改较多、学科分离较明显向仿真试验互补、多学科综合优化、智能化引领"三化融合"的方向转变,我们应当敢于面对由此带来的挑战,充分利用这一创新超越的机遇。航空发动机领域的学生、工程师及研究人员都必须具备更坚实的理论基础,并将其与航空发动机的工程实践紧密结合。

  西北工业大学动力与能源学院设有"航空宇航科学与技术"(一级学科)和"航空宇航推进理论与工程"(二级学科)国家级重点学科,长期致力于我国航空发动机专业人才培养工作,以及航空发动机基础理论和工程技术的研究工作。这些年来,通过国家自然科学基金重点项目、国家重大研究计划项目和国家航空发动机领域重大专项等相关基础研究计划支持,并与国内外研究机构开展深入广泛合作研究,在航空发动机的基础理论和工程技术等方面取得了一系列重要研究成果。

  正是在这种背景下,学院整合师资力量、凝练航空发动机教学经验和科学研究成果,组织编写了这套"航空发动机基础与教学丛书"。丛书的组织和撰写是一项具有挑战性的系统工程,需要创新和传承的辩证统一,研究与教学的有机结合,发展趋势同科研进展的协调论述。按此原则,该丛书围绕现代高性能航空发动机所涉及的空气动力学、固体力学、热力学、传热学、燃烧学、控制理论等诸多学科,系统介绍航空发动机基础理论、专业知识和前沿技术,以期更好地服务于航空发动机领域的关键技术攻关和创新超越。

丛书包括专著和教材两部分,前者主要面向航空发动机领域的科技工作者,后者则面向研究生和本科生,将两者结合在一个系列中,既是对航空发动机科研成果的及时总结,也是面向新工科建设的迫切需要。

丛书主事者嘱我作序,西北工业大学是我的母校,敢不从命。希望这套丛书的出版,能为推动我国航空发动机基础研究提供助力,为实现我国航空发动机领域的创新超越贡献力量。

2020 年 7 月

前　言

　　党的二十大报告提出"深入实施科教兴国战略、人才强国战略、创新驱动发展战略"。教材是人才培养的重要支撑、引领创新发展的重要基础，必须紧密对接国家发展重大战略需求，不断更新升级，更好服务于高水平科技自立自强、拔尖创新人才培养。作者在上述思想指导下，凝练了多年在航空发动机设计领域工作的理论成果和工程经验，最终形成了一部针对航空燃气涡轮发动机原理的教材。

　　本书共7章，第1章为理论基础，主要介绍一些和航空燃气涡轮发动机原理相关的气动热力学、发动机各部件和发动机热力循环的基础知识。各部件基础知识中，讲述了从发动机总体的角度应该关注的问题，如部件特性参数、部件通用特性图和气动热力计算方法等，是学习航空燃气涡轮发动机原理的基础知识。第2章介绍航空燃气涡轮发动机的类型和性能参数，重点讲述发动机的力学原理和能量转换原理，是学习航空燃气涡轮发动机原理的入门知识。第3章为航空燃气涡轮发动机的设计点性能计算，重点讲述涡喷、涡扇发动机的设计点性能和循环分析，是学习航空燃气涡轮发动机原理需要掌握的基本技能。第4章为航空燃气涡轮发动机部件的共同工作与控制规律，重点讲述涡喷、涡扇发动机的共同工作方程（组）的建立和控制规律，是学习航空燃气涡轮发动机原理需要掌握的核心技术。第5章为航空燃气涡轮发动机特性，包括稳态特性和过渡态特性，重点讲述涡喷、涡扇发动机的非设计点特性计算方法，以及高度、速度、节流、温度特性等非设计点特性，是学习航空燃气涡轮发动机原理需要掌握的综合技能。第6章为航空燃气涡轮发动机使用特性，介绍涡轮发动机在实际使用过程中需要考虑的问题，是学习航空燃气涡轮发动机原理的延伸知识。第7章为新概念发动机，介绍涡轮基组合循环发动机、超声速燃烧冲压发动机、变循环发动机、脉冲爆震涡轮发动机、分布式推进系统，以及其他新概念发动机和技术等，是学习航空燃气涡轮发动机原理的拓展知识。

　　第1~3章的主要内容由陈玉春教授编写；第4、5章的主要内容由陈玉春教授和贾琳渊副教授编写；第6、7章的主要内容由陈玉春教授和李维研究员统稿和编写。其中，贾琳渊副教授编写了第6章的进气道与涡轮发动机性能匹配的内容；屠秋野副教授编写了第6章的工作包线和使用特性的内容;张晓博副教授编写了第7章的带升力风扇的涡扇发动机和变循环发动机的内容;郑龙席教授编写了第7章的脉冲爆震涡轮发动机的内容;徐慎忍副教授编写了第5章的相似方面的内容。博士生陈凤萍为本书的算例、图表制作、排版、修订、整理、统筹等方面做了大量的工作;博士生宋可染和谭甜参与了本书的算例计算工作;博士生王笑晨、博士生杜金峰、博士生高远、博士生陈敏泽、博士生任成、硕士生李孙洋、硕士生樊沛阳、硕士生房睿远、硕士生邱钰淋参与了本书编写的辅助工作。

十分感谢西北工业大学蔡元虎教授和空军工程大学何立明教授为本书审稿,两位教授给予了中肯且非常有价值的意见和建议,很多都被作者接受和采纳。北京航空航天大学唐海龙教授也给予了本书一些重要的意见和建议。

本书作为飞行器动力工程的专业教材,也可为从事航空燃气涡轮发动机研究的研究生、工程技术人员和相关专业的师生提供参考。鉴于作者水平有限,书中难免有不妥之处,恳请读者批评指正。

陈玉春
2022 年 4 月

目　录

第5章 航空燃气涡轮发动机特性

第6章　航空燃气涡轮发动机使用特性

第7章　新概念发动机

第1章
航空推进系统的理论基础

航空推进系统和航空燃气涡轮发动机的定义是不同的,基于喷气推进原理的航空推进系统由航空燃气涡轮发动机、进气系统、排气系统、附件系统和短舱等组成,因此航空推进系统所涉及的范围比航空燃气涡轮发动机的要宽得多。本书虽然涉及进气道和尾喷管的部分内容,但是重点在于航空燃气涡轮发动机本身,而不在于航空推进系统的其他部分。因此,除了本章以外,后面的章节主要介绍航空燃气涡轮发动机原理。

航空燃气涡轮发动机(简称航空涡轮发动机、涡轮发动机或者航空发动机),是指含有涡轮机械(叶轮机械,也称作叶片机)的吸气式航空发动机,是一种以布雷敦循环为基础的热机,本质上也属于内燃机。航空发动机原理是在已有的工程热力学、气体动力学、叶片机原理、燃烧原理等专业课和专业基础课的基础上,把发动机的各部件(典型的五大部件:进气道、压气机、燃烧室、涡轮和尾喷管)融合在一起进行研究,主要内容包括涡轮发动机的力学原理、能量转换原理、设计点性能计算、部件共同工作与控制规律、非设计点特性计算等方面,是一门综合性很强的课程。学懂这门课需要掌握比较完整的预备知识。因此,第 1 章主要讲述学习航空发动机原理需要使用到的气动热力学基础[1]、各部件以及热力循环的基本知识[2]。

1.1 气动热力学的理论基础

1.1.1 气体的状态方程、声速与马赫数

理想气体的压力 p、温度 T、密度 ρ 和比容 v 之间的关系称为气体状态方程:

$$p = \rho R T \quad 或 \quad pv = RT$$

式中,R 为气体常数,只与气体的分子量有关。

声音在气体(空气和燃气)中的传播速度称为声速,声速 a 与气体的温度 T 有关:

$$a = \sqrt{\gamma RT}$$

式中，γ 为气体的比热比。

气体的流动速度与当地的声速之比，称为马赫数（气体可压缩性的相似准则）：

$$Ma = \frac{c}{a} = \frac{c}{\sqrt{\gamma RT}}$$

气体是可压缩的，但当气体流动的马赫数小于 0.3 时，气体的密度变化量小于 5%，气体流动可以被看作是不可压缩流。发动机内部的气体流动大多数情况下都是可压缩流。

1.1.2 气体的总温总压

以一定速度运动的气流如果被等熵滞止到速度为零，由热力学第一定律可知，气体的动能是不会消失的，它转化成为气体的热能，具体表现为气体的温度升高了，在定比热的假设下（气体的比定压热容 c_p 和比热比 γ 不随温度变化而变化），来流的总温 T_t、静温 T_s 和来流的速度 c_0 之间的关系为

$$c_p T_t = c_p T_s + \frac{1}{2}c_0^2$$

即

$$h_t = h_s + \frac{1}{2}c_0^2$$

式中，h_t 气体的总焓；h_s 为气体的静焓。

利用气流的马赫数，总温和静温之间的关系也可以表示为

$$T_t = T_s\left(1 + \frac{\gamma - 1}{2}Ma_0^2\right) \tag{1-1}$$

式中，Ma_0 为来流气体的马赫数。

来流的动量也就转换成压力（气流为不可压缩）：

$$p_t = p_s + \frac{1}{2}\rho c_0^2$$

式中，p_t 气体的总压；p_s 为气体的静压。

由于气体是可压缩流体，高速运动下气体的密度变化明显，可通过公式（1-2）来表示总、静压和气流马赫数的关系：

$$p_{t} = p_{s}\left(1 + \frac{\gamma - 1}{2}Ma_0^2\right)^{\frac{\gamma}{\gamma-1}} \tag{1-2}$$

1.1.3　总参数表示的流量公式

常见的气体流量公式为

$$W_a = \rho c A$$

同理,由于涡轮发动机内部的气体流速快、马赫数较高,气体密度的变化不可忽略,采用上式计算流量多有不便,而气体的总温总压一般情况下是已知的,故气体流量公式一般表示为

$$W_a = K\frac{p_t A}{\sqrt{T_t}}q(Ma) \tag{1-3}$$

式中,A 为某个截面的面积;p_t 为该截面的总压;T_t 为该截面的总温;Ma 为该截面气流的马赫数;K 为比热比 γ 的函数,一般情况下,对于空气 K 取 0.040 4,对于燃气 K 取 0.039 7。

1.1.4　气体流动的能量守恒方程

发动机内部的气体具有的能量(可以利用的)只有两种,一种是以静温描述的静焓,另外一种是以速度描述的动能,两种能量合为一体就是总焓,即

$$h_t = h_s + \frac{1}{2}c_0^2$$

或者

$$c_p T_t = c_p T_s + \frac{1}{2}c_0^2$$

当气体流经一个控制体(图 1-1),进口为 1 截面,出口为 2 截面,对气体增加热量 q 和做功 L,一维流动能量守恒方程为

$$h_{t2} = h_{t1} + q + L$$

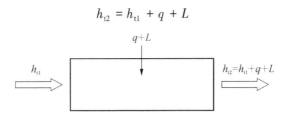

图 1-1　控制体中气体流动的能量守恒定律示意图

或者

$$c_p T_{s2} + \frac{1}{2}c_2^2 = c_p T_{s1} + \frac{1}{2}c_1^2 + q + L \qquad (1-4)$$

当 q 为正,表明外界对气体加热;当 q 为负,表明气体对外界放热。当 L 为正,表明外界对气体做功;当 L 为负,表明气体对外界做功。

1.1.5 气体流动的动量方程

当气体流经一个控制体(图 $1-2$),进口为 1 截面,出口为 2 截面,控制体对气体施加力,一维流动动量方程为

$$W_{a2}c_2 + p_{s2}A_2 = W_{a1}c_1 + p_{s1}A_1 + F \quad 或 \quad I_2 = I_1 + F \qquad (1-5)$$

式中,$I = W_a c + p_s A$。F 是指控制体内部对气体施加的所有力的合力,F 可以为正值、零或负值。

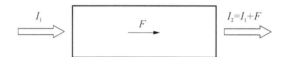

图 1-2 控制体中气体流动的动量方程示意图

1.1.6 变比热法

涡轮发动机内部的空气和燃气并不是理想气体,气体的温度变化可达 1 500 K 以上,使得 c_p 和 γ 有显著变化。为了提高计算精度,应该考虑这种影响。

由热力学第一定律得

$$dq = c_V dT + p dv = c_V dT + d(pv) - v dp = (c_V + R)dT - v dp = c_p dT - v dp$$

根据等熵过程的定义,有

$$ds = \frac{dq}{T} = \frac{c_p dT - v dp}{T} = 0$$

$$\frac{c_p dT}{T} = \frac{v dp}{T}$$

对两边积分,得

$$\int_1^2 \frac{c_p dT}{T} = \int_1^2 \frac{v dp}{T} = \int_1^2 \frac{R dp}{p} = R \int_1^2 \frac{dp}{p}$$

采用定比热法时，c_p 不变可以积分得到：

$$\frac{p_2}{p_1} = \left(\frac{T_2}{T_1}\right)^{\frac{\gamma}{\gamma-1}}$$

采用变比热法时，令

$$\phi_1 = \int_0^1 \frac{c_p \mathrm{d}T}{T}$$

$$\phi_2 = \int_0^2 \frac{c_p \mathrm{d}T}{T}$$

式中，ϕ 称为熵函数。于是有

$$\phi_2 - \phi_1 = R\ln\left(\frac{p_2}{p_1}\right) \tag{1-6}$$

式(1-6)将等熵过程的两个状态的 T(和 ϕ 一一对应)和 p 联系起来了。

同样，h 的表达式为

$$h = \int_{T_0}^{T} c_p \mathrm{d}T$$

式中，T_0 为气体气/液相变温度。

把空气和燃烧航空煤油的燃气的 c_p 随 T 的变化关系测量出来，并拟合为 T 的多项式，ϕ 和 h 就可以积分出来。参考文献[3]中给出的通过测量并拟合得到的结果如下：

$c_{pa} = 2.592\,218\,2 \times 10^{-20}T^7 - 2.068\,135\,7 \times 10^{-16}T^6 + 6.028\,125\,6 \times 10^{-13}T^5 -$

　　　$6.647\,432\,2 \times 10^{-10}T^4 - 1.639\,917\,1 \times 10^{-7}T^3 + 8.885\,675\,3 \times 10^{-4}T^2 -$

　　　$3.882\,983\,7 \times 10^{-1}T + 1.047\,280\,8 \times 10^3$

$\phi_a = 1.047\,280\,9 \times 10^3 \times \ln T + 3.703\,168\,2 \times 10^{-21}T^7 - 3.446\,894 \times 10^{-17}T^6 +$

　　　$1.206\,525\,3 \times 10^{-13}T^5 - 1.661\,858\,3 \times 10^{-10}T^4 - 5.466\,391\,5 \times 10^{-8}T^3 +$

　　　$4.442\,838\,3 \times 10^{-4}T^2 - 3.885\,998 \times 10^{-1}T + 8.057\,467\,7 \times 10^2$

$h_a = 3.240\,273\,4 \times 10^{-21}T^8 - 2.954\,479\,1 \times 10^{-17}T^7 + 1.004\,687\,9 \times 10^{-13}T^6 -$

　　　$1.329\,486\,6 \times 10^{-10}T^5 - 4.099\,794 \times 10^{-8}T^4 + 2.961\,891\,8 \times 10^{-4}T^3 -$

　　　$1.941\,492\,2 \times 10^{-1}T^2 + 1.047\,280\,9 \times 10^3T - 4.083\,188\,8 \times 10^3$

$c_{pf} = 1.862\,471\,7 \times 10^{-19}T^7 - 1.898\,561\,9 \times 10^{-15}T^6 + 8.077\,688\,5 \times 10^{-12}T^5 -$

　　　$1.847\,746\,4 \times 10^{-8}T^4 + 2.433\,492\,9 \times 10^{-5}T^3 - 1.867\,728\,9 \times 10^{-2}T^2 +$

　　　$9.236\,116\,2 \times 10^0T + 3.089\,791\,7 \times 10^2$

$\phi_{\text{f}} = 3.089\,792\,2 \times 10^2 \times \ln T + 2.660\,673\,6 \times 10^{-20}T^7 - 3.164\,270\,9 \times 10^{-16}T^6 +$
$\quad 1.615\,537\,9 \times 10^{-12}T^5 - 4.619\,366\,7 \times 10^{-9}T^4 + 8.111\,643\,5 \times 10^{-6}T^3 -$
$\quad 9.338\,646 \times 10^{-3}T^2 + 9.236\,117\,5 \times 10^0T + 2.895\,412\,9 \times 10^3$

$h_{\text{f}} = 2.328\,09 \times 10^{-20}T^8 - 2.712\,230\,9 \times 10^{-16}T^7 + 1.346\,281\,9 \times 10^{-12}T^6 -$
$\quad 3.695\,493\,4 \times 10^{-9}T^5 + 6.083\,733\,1 \times 10^{-6}T^4 - 6.225\,763\,4 \times 10^{-3}T^3 +$
$\quad 4.618\,058\,8 \times 10^0T^2 + 3.089\,792\,2 \times 10^2T + 7.111\,508\,2 \times 10^4$

相应的 c_p、γ、h 和 ϕ 随 T 的变化趋势图如图 1-3 所示。

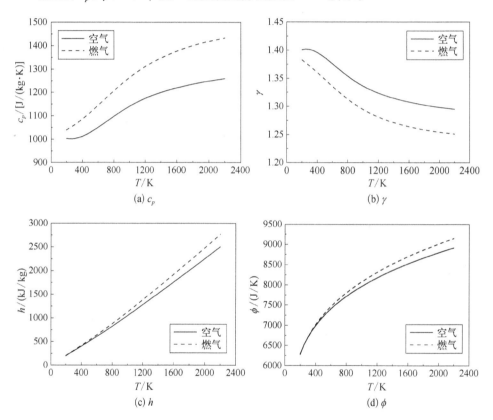

(a) c_p

(b) γ

(c) h

(d) ϕ

图 1-3　空气和燃气的热力学参数 c_p、γ、h 和 ϕ 随 T 的变化

图 1-3 中是空气和燃气的热力学参数,对于任意比例组合的燃气,这些热力学参数可以根据"航空煤油"和"空气"的热力学参数按照质量平均求出:

$$c_p = \frac{c_{p\text{a}} + \text{far} c_{p\text{f}}}{1 + \text{far}}$$

$$\phi = \frac{\phi_{\text{a}} + \text{far} \phi_{\text{f}}}{1 + \text{far}}$$

$$h = \frac{h_a + \mathrm{far} h_f}{1 + \mathrm{far}}$$

式中，far 为油气比(fuel-air ratio)，定义为燃油流量和空气流量之比。

比热比 γ 的计算方式为

$$M = 28.97 - 0.946\,186\mathrm{far}$$

$$R = 8\,314.5/M$$

$$\gamma = c_p/(c_p - R)$$

式中，M 为分子量；R 为气体常数。

可见，变比热法的要点是，一个热力学过程中的气动热力计算，不再使用固定的比定压热容 c_p 和比热比 γ。

航空燃气涡轮发动机性能计算中常见的气动热力学过程计算如下。

1) 等熵过程

$$\phi_2 - \phi_1 = R\ln\left(\frac{p_2}{p_1}\right) \tag{1-7}$$

如果已知等熵压缩过程的状态 1 的温度 T_1 和压比(p_2/p_1)，求状态 2 的 T_2，步骤如下：

(1) 根据状态 1 的温度 T_1，通过 ϕ 和 T 的关系，求出 ϕ_1；

(2) 根据式(1-7)，可以求出状态 2 的 ϕ_2；

(3) 根据 ϕ_2 就可以求出状态 2 的 T_2。

注：由于 ϕ_2 是 T_2 的高次方函数，因此需要计算机迭代求解(可以采用一元函数的牛顿迭代法)。

2) 能量守恒方程

$$h_2 - h_1 = \Delta h \tag{1-8}$$

对于气体运动的能量(滞止)：$\Delta h = c^2/2$；对于加热(燃烧室)：$\Delta h = W_{f,B} \times \eta_B \times H_u$；对于做功(压气机和涡轮)：$\Delta h = L_C$ 或 $\Delta h = L_T$。 如果已知加热过程的状态 1 的温度 T_1 和加热量 Δh，要求状态 2 的 T_2，步骤如下：

(1) 根据状态 1 的温度 T_1，通过 h 和 T 的关系，求出 h_1；

(2) 根据式(1-8)，可以求出状态 2 的 h_2；

(3) 根据 h_2 就可以求出状态 2 的 T_2。

同理，由于 h_2 是 T_2 的高次方函数，因此需要计算机迭代求解。

1.1.7　有效热值法

有效热值定义为单位质量燃油提供给工质空气的净热值，记为 ECV。为了提高发动机性能计算的精度,在燃烧室气动热力计算时,使用有效热值 ECV,而不是燃料热值 H_u,在计算燃烧室油气比计算中,这种方法称为有效热值法。

根据燃烧室能量守恒方程,可知:

$$c_p T_{t4} - c_p T_{t3} = far_4 \cdot ECV \qquad (1-9)$$

由此可得油气比公式为

$$far_4 = \frac{c_p T_{t4} - c_p T_{t3}}{ECV} \qquad (1-10)$$

用式(1-10)计算油气比的关键在于确定有效热值 ECV。

文献[4]给出了 ECV 计算关系式,并给出了理想条件下燃料的(ECV)。根据给定的燃烧效率 η_B 和燃料热值 H_u,进行计算。有效热值的计算式为

$$ECV = (ECV)_i + \eta_B H_u - 43\,105.9 \qquad (1-11)$$

式中,$(ECV)_i$ 为文献[5]附录表中查得的有效热值。

有效热值法具体计算方法如下。

对于主燃烧室,若已知温度 T_{t3}、T_{t4},欲求油气比 far_4,则可根据 T_{t4} 从附录查得 $(ECV)_i$;根据给定的 η_B 和 H_u,由式(1-11)算得 ECV 值。最后代入式(1-10),即可求得油气比 far_4。

若已知温度 T_{t3} 和油气比 far_4 欲求 T_{t4},则须先试取 T_{t4} 值,用上述方法算得油气比 far_4,进行多次迭代,使计算得到的 far_4 值与给定值相差不超过规定的小量 ε 为止。

对于加力燃烧室,由于进入加力燃烧室的气体已经是燃气,因此即便是已知加力燃烧室进、出口温度 T_{t6}、T_{t7},欲求加力燃烧室油气比 far_7 也需要进行迭代计算,不能用有效热值而必须用燃气焓值来进行计算。但作为第一步,首先应根据加力温升用下式有效热值法先估计一个油气比,即

$$far_7^* = \frac{c_{pg} T_{t7} - c_{pg} T_{t6}}{(ECV)_7}$$

有了加力燃烧室进出口的温度和油气比,然后按加力燃烧室能量守恒方程求得新的加力燃烧室油气比 far_7,其计算式为

$$far_7 = \frac{[(1 + far_4 + far_7^*)c_{pg} T_{t7} - (1 + far_4)c_{pg} T_{t6}]}{\eta_{AB} H_u} \qquad (1-12)$$

规定 $|far_7 - far_7^*| \leqslant \varepsilon$,否则令 $far_7^* = far_7$,重新根据新的油气比,计算新的燃气比热 c_{pg},并代入式(1-12)重新进行计算。

若已知温度 T_{t6}、far_4 和加力燃烧室油气比 far_7，欲求 T_{t7}，则需先试取 T_{t7}，再用上述有效热值法算得油气比 far_7，进行多次迭代，使计算得到的 far_7 值与给定值相差不超过某规定的小量 ε 为止。

1.1.8　相似理论简介

物理相似是指除了几何相似之外，在进行物理过程的系统中，在相应的地点（位置）和对应的时刻，模型与原型的各相应物理量之间的比例应保持常数。相似理论一方面是研究相似的物理现象所具有的特性；另一方面则是保证物理现象相似的条件。

空气动力学领域的流动相似主要包含以下几个方面。

（1）几何相似：两个被研究系统的任意对应尺寸之比值相等，几何相似是物理现象相似的先决条件。

（2）运动相似：任意对应时刻、对应位置上的速度矢量方向相同、大小成比例。

（3）动力相似：任意对应时刻、对应位置上的力矢量方向相同、大小成比例。

（4）热相似：任意对应时刻、对应位置上温度的比值相等。

气流中速度场和力的场相似，意味着流体动力相似。在有流体动力相似的情况下，温度场也相似，就表示具有热相似。"相似三定理"规定了相似的物理现象所具有的性质以及保证相似的条件。

相似第一定理规定，彼此相似的现象，相同符号组成的相似准则数为一不变量。根据这一定理相互相似的物理现象的无量纲运动方程是相同的，且在这些方程的主要项里相似准则数相等。

相似第二定理规定，描述物理现象的微分方程的求解总是可以用准则方程的形式来表示，且若在一个物理方程中共有 n 个物理参数 x_1，x_2，$\cdots$，x_n 和 k 个基本量纲，则可组成 $n-k$ 个独立的无量纲组合。准则方程是指未知的无量纲与其作用的相似准则和空间、时间的无量纲坐标间的关系式。无量纲参数组合简称"π 数"，则此方程可改写为 $n-k$ 个 π 数的方程，即

$$f(x_1, x_2, \cdots, x_n) = 0 \Rightarrow F(\pi_1, \pi_2, \cdots, \pi_{n-k}) = 0$$

相似第三定理规定，现象的单值条件相似，且由单值条件导出来的相似准则数的数值相等，则现象相似。单值条件指边界条件和起始条件，单值条件相似意味着几何与物性的相似，且起始瞬间在来流中和整个流场中速度、压力和温度的量场相似。进一步结合相似第一定理可知，为了获得两个相似的物理现象，必要和充分的条件是使两个现象的单值条件彼此相似，且其同名的、起作用的准则数在数值上相等。

综上所述,第一相似定理的目的是确定相似条件,将方程分析法与量纲分析法统一起来先解相似准则数,然后求相似条件;第二相似定理解决没有确定物理方程描述的物理现象相似准则数求解的方法;第三相似定理将试验获得的相似准则方程推广应用到与模型现象相似的一切现象中去。

涡轮发动机中的无热交换黏性可压缩气体的三元非定常流动的相似准则,可通过分析微分形式的 N-S 方程来确定[6]。对 N-S 方程的 x 方向投影进行无量纲化处理得

$$\frac{l_0}{c_0 t_0}\frac{\partial \bar{c}_x}{\partial \bar{t}} + \left(\bar{c}_x\frac{\partial \bar{c}_x}{\partial \bar{x}} + \bar{c}_y\frac{\partial \bar{c}_x}{\partial \bar{y}} + \bar{c}_z\frac{\partial \bar{c}_x}{\partial \bar{z}}\right) = \frac{Xl_0}{c_0^2} - \frac{p_0}{\rho c_0^2}\frac{\partial \bar{p}}{\partial \bar{x}} + \frac{\nu}{c_0 l_0}\left(\frac{\partial^2 \bar{c}_x}{\partial \bar{x}^2} + \frac{\partial^2 \bar{c}_x}{\partial \bar{y}^2} + \frac{\partial^2 \bar{c}_x}{\partial \bar{z}^2}\right)$$

$$(1-13)$$

无量纲方程(1-13)中含有以下无量纲数(准则):斯特劳哈尔准则—— $Sr = l/(ct)$;弗劳德准则—— $Fr = c^2/(Xl)$;欧拉准则—— $Eu = p/(\rho c^2)$;雷诺准则—— $Re = \rho cl/\mu$。在可压缩气体的情况下,考虑到声速 $a^2 = \gamma p/\rho$,准则 Eu 可以用 $Eu = 1/(\gamma Ma^2)$ 的形式给出。也就是说可压缩气体出现两个准则来代替准则 Eu: $Ma = c/a$ ——马赫数准则; $\gamma = c_p/c_V$ ——泊松准则。方程(1-13)中的无量纲准则数均有明确的物理含义。雷诺准则 Re 代表惯性力与黏性力之比, Re 较小时黏性力占优,气体处于稳定而有序的流动状态(层流); Re 较大时惯性力占优,黏性力作用范围较小,惯性力支配气流中的扰动效应,使气体流动为紊流。马赫数准则 Ma 表征速度相对改变对气体单位容积相对变化的影响,也就是压缩性, Ma 越大则这个影响也就越大。弗劳德准则 Fr 是惯性力对质量力(重力)的比值,评定质量力对流体流动性的影响,在大部分气体动力学问题中,质量力(重力)的影响很小可忽略不计。斯特劳哈尔准则 Sr 表示过程的非定常性,且是这个过程的无量纲时间特征,对于稳态问题可不予考虑。泊松准则表征气体的物理性质,与温度有关,亦可近似为常数。

根据相似第三定理,在不计重力和非定常性影响的条件下,要保证发动机或某个部件相似,只需要保证发动机或部件的几何相似且由来流条件所确定的 Re 和 Ma 相等即可。显然,对于同一台发动机,几何相似是自然满足的。而 Re 对涡轮发动机流动状态的影响并非在所有区域内均显著。某些相似准则的性质对流动状态影响微弱,称其为自模化性质。实验表明,当 $Re > Re_{cr}(1.5 \times 10^5 \sim 2 \times 10^5)$ 时,雷诺数进入"自模化区",其变化对气流特性和阻力系数的影响很小,可忽略不计。航空涡轮发动机中使用的压气机和涡轮在大多数情况下都工作在自模化区域,此时可不考虑 Re 的影响。但在高空低马赫数飞行时,密度很小,雷诺数可能低于临界值,此时不能忽略 Re 的影响。

在上述近似条件下且雷诺数处于子模化区域时,对于一台稳定运转的定几何

涡轮发动机,只需要保证发动机进口的马赫数相等,即可使发动机工作在相似的状态。将压气机进口的马赫数进一步分解为轴向马赫数与周向马赫数,经过推导[7]采用压气机换算流量($W_{a,cor} = W_a \sqrt{T/288.15} \cdot 101325/p$)和换算转速($n_{cor} = n/\sqrt{T/288.15}$)这两个换算参数来表征 Ma 准则,最终获得了相似参数描述的压气机通用特性线。可见,不管是对于单个压气机还是整个涡轮发动机,只要保证根据来流参数计算的 $W_{a,cor}$ 和 n_{cor} 相等,即可使得压气机或整个涡轮发动机的工作相似,即压气机的压比和效率不变或者发动机所有部件的效率、压比、马赫数以及所有截面上的相对压力和相对温度均保持不变。

1.2　推进系统的部件基础

　　完整的航空燃气涡轮发动机是由许多部件和系统组成的。对于典型的双轴混排加力涡扇发动机,气流从远前方流经发动机内部直到排出发动机,历经了进气道、风扇、外涵道、压气机、主燃烧室、高压涡轮、低压涡轮、混合室、加力燃烧室和尾喷管等部件(图 1-4 中标出了各截面的符号),各部件的功能与作用各不相同。下面讲述这些部件的相关基础知识(注:在介绍发动机各部件的基础知识时,本教材只从发动机原理的角度出发,介绍需要了解的部分,更多深入的知识请参考相关的书籍)。

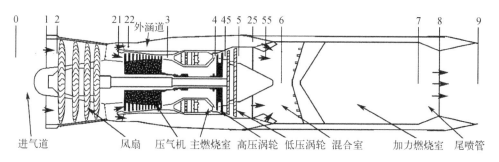

图 1-4　双轴混排加力涡扇发动机的剖面图

1.2.1　大气参数

　　航空燃气涡轮发动机是吸气式发动机,只能够在地球的大气层内工作。虽然大气参数不属于发动机的部件基础,但是为了便于后面进行发动机性能计算和特性计算,将大气参数相关知识列在这里。

　　国际标准大气(international standard atmosphere, ISA)在海平面条件下大气温度 $T_{s0} = 288.15\,\text{K}$,大气压力 $p_{s0} = 101\,325\,\text{Pa}$。根据给定的飞行高度 H 可以查国际标准大气表,得到大气温度 T_{s0} 和大气压力 p_{s0},或根据下面的关系式计算。

　　标准大气条件下,大气温度和大气压力随海拔的变化关系为

（1）当 $H \leqslant 11$ km 时，

$$\begin{cases} T_{s0} = (288.15 - 6.5H)\mathrm{K} \\ p_{s0} = 101\,325\left(1 - \dfrac{H}{44.308}\right)^{5.2553} \mathrm{Pa} \end{cases} \tag{1-14}$$

（2）当 11 km $\leqslant H \leqslant 20$ km 时，

$$\begin{cases} T_{s0} = 216.7\ \mathrm{K} \\ p_{s0} = 0.227\exp\left(\dfrac{11 - H}{6.338}\right) \times 10^5\ \mathrm{Pa} \end{cases} \tag{1-15}$$

标准国际大气条件下，$H = 11 \sim 20$ km 时，大气温度不变，故称为同温层也叫平流层，同温层的高度和温度（分布）会随着季节和纬度的变化而改变。绝大多数航空涡轮发动机的工作高度在 20 km 以下，根据实际情况，"寒冷"天气的大气温度可以在标准天气的基础上适当降低，"酷热"天气的大气温度则可以适当升高（图 1－5）。大气压力随气温的变化一般可以忽略。

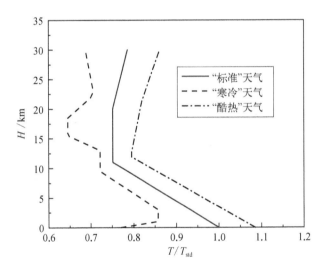

图 1－5 不同天气下的大气温度随海拔的变化

大气层气动热力学参数的变比热计算方法如下。

已知：飞行高度 H 和飞行马赫数 Ma_0。

求：大气静温 T_{s0}、静压 p_{s0}、总温 T_{t0} 和总压 p_{t0}。

已知飞行高度，可以从大气层的参数计算公式（1－14）或公式（1－15）求出 T_{s0} 和 p_{s0}，再根据飞行马赫数，可以求出飞行速度 c_0 为

$$c_0 = a \times Ma_0$$

根据能量守恒方程可知：

$$h_{t0} = h_{s0} + \frac{1}{2}c_0^2$$

可以根据总焓 h_{t0} 和总温 T_{t0} 的关系：$h_{t0} = f(T_{t0})$，利用牛顿迭代法求解出大气总温 T_{t0}。

根据等熵条件：

$$p_{t0} = p_{s0}\exp\left(\frac{\phi_{t0} - \phi_{s0}}{R}\right)$$

便可求出大气的总压 p_{t0}。

1.2.2 进气道

进气道定义：从发动机进口开始到风扇进口之前的这一段气流通道。

进气道功能：将空气顺利地、损失较小地、品质较高地引入发动机。

进气道基本要求：总压恢复系数尽可能高，进气道出口流场尽可能均匀，外部阻力尽可能小，其他要求如电磁"隐身"性能、噪声、可调节、质量小等也应满足设计要求。

进气道结构：按适用的飞行马赫数来分类，进气道可以分为亚声速进气道（图1-6）和超声速进气道（图1-7）两大类。超声速进气道又可以分为内压式、外压式和混压式。由于内压式进气道存在起动问题，还没有得到实际应用，目前的超声速飞行器采用外压式进气道（最高飞行马赫数≤2.5）和混压式进气道（最高飞行马赫数>2.5）[8, 9]。

 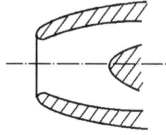

图 1-6 亚声速进气道

亚声速进气道唇口设计成光滑的流线型，以避免空气流动分离导致的气流总压损失，内部为流线型扩张通道。

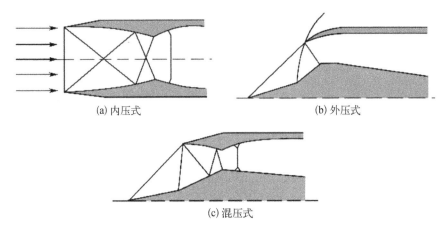

(a) 内压式   (b) 外压式

(c) 混压式

图 1-7 超声速进气道

外压式超声速进气道利用斜板的楔角产生的斜激波和唇口处产生的正激波实现对来流的压缩,所有的斜激波均在唇口以外,故称为"外压式"。混压式的原理类似,不同的是最后一道斜激波是在唇口内部。

斜激波和正激波构成超声速进气道的"波系",斜激波的道数越多,总压损失越小。常见的波系有一斜一正、两斜一正和三斜一正,为了减小进气道的总压损失,随着最高飞行马赫数的增加,要求斜激波的道数越多。

进气道性能参数:总压恢复系数、流量系数、阻力系数和进气道出口流场不均匀度。

(1) 总压恢复系数:进气道出口总压与未受扰动气流总压之比,即

$$\sigma_{\mathrm{I}} = \frac{p_{t2}}{p_{t0}} \tag{1-16}$$

式中,p_{t0} 为未受扰动气流的总压;p_{t2} 为进气道出口总压。

根据进气道增压比的定义,有

$$\pi_{\mathrm{I}} = \frac{p_{t2}}{p_{s0}} = \frac{p_{t2}}{p_{t0}} \times \frac{p_{t0}}{p_{s0}} = \sigma_{\mathrm{I}}\left(1 + \frac{\gamma-1}{2}Ma_0^2\right)^{\frac{\gamma}{\gamma-1}}$$

所以,σ_{I} 增加,进气道增压比增加,发动机各截面的总压增加,尾喷管排气速度增加,发动机推力增加,耗油率降低。若 σ_{I} 降低 1%,发动机推力降低 1.5% ~ 2.0%,耗油率增加 0.3% ~ 0.5%。

(2) 流量系数:进气道实际的空气流量与进气道的捕获流量之比,即

$$\varphi_{\mathrm{I}} = \frac{\rho_0 c_0 A_0}{\rho_0 c_0 A_c} = \frac{A_0}{A_c} \tag{1-17}$$

式中,ρ_0 为未受扰动气流的密度;c_0 为飞行速度;A_0 为自由流面积;A_c 为进气道捕获面积,进气道前缘点 1 处的横截面积,如图 1 - 8 所示。

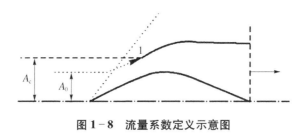

图 1 - 8　流量系数定义示意图

（3）阻力系数：进气道阻力除以自由流动压头与参考面积的乘积,即

$$C_{Xi} = \frac{X_i}{\frac{1}{2}\rho_0 c_0^2 A_{\max}} \tag{1 - 18}$$

式中,X_i 为进气道阻力,包括附加阻力、外罩压差阻力和摩擦阻力;$A_{\max}$ 为参考面积（一般指进气道最大横截面面积）。

进气道出口流场不均匀度：用畸变指数（畸变度）来描述,由稳态畸变度和动态畸变度组成。

亚声速进气道特性如图 1 - 9 所示。

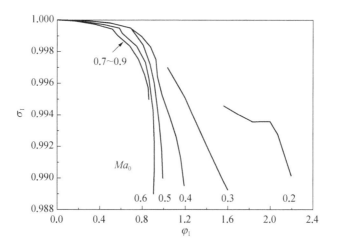

图 1 - 9　亚声速进气道特性图

亚声速进气道特性图可以表达为

$$\sigma_1 = f_1(Ma_0, \varphi_1)$$

临界状态下的超声速进气道特性如图 1-10 和图 1-11 所示。

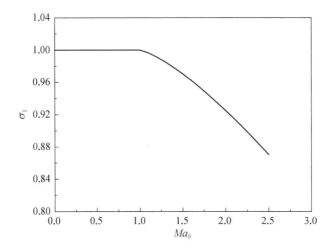

图 1-10　超声速进气道特性图 σ_{I}（美军标）

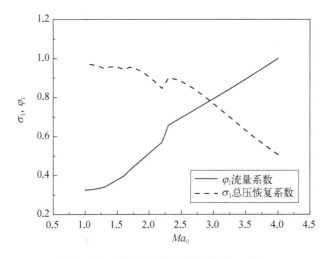

图 1-11　某超声速进气道特性图 σ_{I} 和 φ_{I}

需要说明的是,实际的超声速进气道在起飞和低速飞行时总压恢复系数和出口气流的均匀性将显著恶化。其原因是起飞状态的流量系数趋于无穷大,气流绕过曲率较大的外罩前缘时可能达到比较高的速度,而进口之后的气流减速增压使附面层增厚,可能造成扩张段气流分离。

对于工作在临界状态的超声速进气道,有

$$\sigma_{\mathrm{I}} = f_1(Ma_0)\ ;\ \varphi_{\mathrm{I}} = f_2(Ma_0)$$

亚临界(正激波在唇口外)、临界(正激波封口)和超临界(正激波在唇口内)状态下的超声速进气道特性如图 1 - 12 所示。

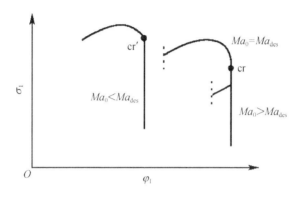

图 1 - 12　超声速进气道特性图

对于工作在亚临界、临界和超临界状态的超声速进气道,有

$$\sigma_{\mathrm{I}} = f(Ma_0 , \varphi_{\mathrm{I}})$$

超声速进气道特性的变化趋势,将在下面的"工作特性"中解释。

进气道工作特性如下所示。

1) 亚声速进气道工作特性

亚声速进气道设计状态的流动特性如图 1 - 13 所示。进气道设计点选择的准则为:外流压缩 70%,内流压缩 30%。一般取 $c_1 = 0.5c_0$。

亚声速进气道在非设计状态下工作时,由于飞行马赫数和发动机需要的流量不同,具有三种流谱(图 1 - 14)。典型的流谱如下:

(1) $\varphi_{\mathrm{I}} = 1.0$ 时自由流管面积不变,$c_0 = c_1$;

(2) $\varphi_{\mathrm{I}} < 1.0$ 在飞行马赫数较高,或者发动机工况较低时出现;

(3) $\varphi_{\mathrm{I}} > 1.0$ 在飞行马赫数较低,或者发动机工况较高时出现;

(4) 地面静止条件下: $c_0 = 0$, $\varphi_{\mathrm{I}} \rightarrow \infty$。

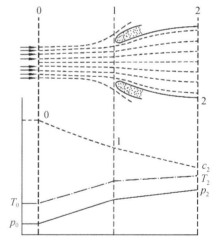

图 1 - 13　亚声速进气道设计状态下气流的流动示意图

2) 外压式超声速进气道工作特性

设计点(最高飞行马赫数)工作时,外压式超声速进气道的斜激波和正激波交汇在进气道的唇口处(实际上是在附近),进气道的流量系数为 1.0。进气道的总

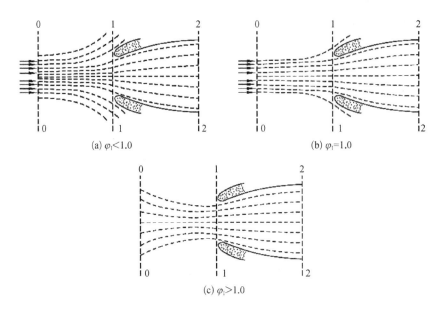

(a) $\varphi_1 < 1.0$

(b) $\varphi_1 = 1.0$

(c) $\varphi_1 > 1.0$

图 1-14 亚声速进气道非设计状态下气流的流动示意图

压恢复系数可以由激波损失和附面层损失来确定。

在非设计点工作时,由于飞行马赫数的变化,会出现斜激波在唇口外[图 1-15(d),$\varphi_1 < 1.0$]、斜激波在唇口[图 1-15(a),$\varphi_1 = 1.0$]和斜激波进入进气道内部[图 1-15(g),$\varphi_1 > 1.0$]的三种状态。如果发动机的流量需求使得结尾正激波仍然处在设计点时的位置,进气道的工作状态称为"临界状态"[图 1-15(a)、(d)、(g)],如果结尾正激波被反压推到唇口之外(相对于设计点位置),进气道的工作状态称为"亚临界状态"[图 1-15(b)、(e)、(h)],如果结尾正激波被反压吸入唇口以内,进气道的工作状态称为"超临界状态"[图 1-15(c)、(f)、(i)]。

当进气道处于"深度的"亚临界工作状态时,正激波和附面层的干涉,会导致进气道内的气流流动不稳定而诱发进气道喘振,进气道喘振将会使得进气道受到的气动力大幅度增加而有可能造成进气道的破坏,喘振也会使得进气道出口流场严重不均匀而导致风扇(压气机)喘振,因此进气道的喘振在使用过程中一定要设法避免。当进气道处于"深度的"超临界工作状态时,由于类似的原因会发生"痒振"现象,痒振也会带来诸多不利影响,实际应用中应予以避免。

为了保证进气道和发动机的流量匹配,以及进气道的高效、稳定工作,超声速进气道需要进行几何调节。进气道调节的措施包括斜板角度调节、斜板轴向位置调节、辅助进气门调节、溢流放气门调节、附面层抽吸放气门调节等。为了达到电磁波隐身、红外隐身和噪声控制等目的,进气道需和飞机/发动机进行一体化设计,进气道会有多种构型方案,如半埋入式、埋入式、蚌式、S 弯等。

读者可以尝试结合上述两个方面的分析(斜激波和正激波的强度),初步理解

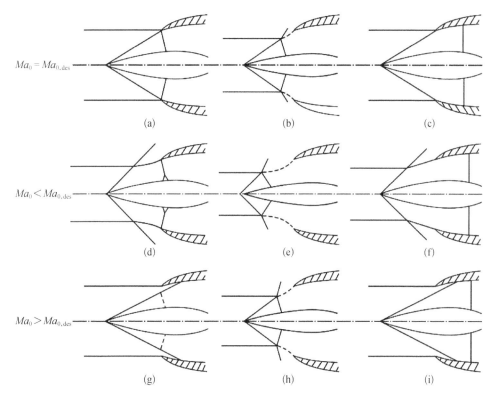

图 1-15　不同飞行马赫数下超声速进气道的流动状态示意图

超声速进气道的特性变化趋势。

进气道气动热力学过程计算如下。

气流在进气道内部经历有总压损失的绝能流动过程,根据大气总温 T_{t0} 和总压 p_{t0} 以及进气道总压恢复系数的定义可以求出进气道出口总温 T_{t2} 和总压 p_{t2}:

$$T_{t2} = T_{t0}$$

$$p_{t2} = p_{t0}\sigma_{\mathrm{I}}$$

对于亚声速进气道,一般 $\sigma_{\mathrm{I}} = 1.0$;对于超声速进气道,可以由超声速进气道特性(图 1-10)求出 σ_{I}。在不考虑进气道和发动机流量匹配的情况下,σ_{I} 只与飞行马赫数有关。

1.2.3　风扇和压气机

风扇和压气机定义:一种给空气做功以增加空气总压和总温的旋转叶轮机械。风扇和压气机都是由"级"组成的,前面的一排转子叶片加上后面的一排静子叶片构成一级。它们的做功原理本质上是相同的,区别在于风扇出口的气流被分为两股进入不同的下游部件,而压气机出口气流全部进入下一个部件。一般情况下,风扇在前,压气机在后;风扇级数较少,压气机级数较多;风扇转速低一些,压气机转速高一些。风扇和压气机可以统称为"压缩系统"或者"压缩部件"。

风扇和压气机功能:对气流施加机械功,使得气流的总温和总压升高。

风扇和压气机基本要求:在一定的压比、流量和喘振裕度下,压缩效率尽可能高,级数尽可能少,尺寸质量尽可能小,其他要求如抗冲击性能、噪声、可调节等。

风扇和压气机结构:按出口气流方向来分类,可以分为轴流式(图1-16)、离心式(也称为径流式,图1-17)和斜流式三大类。风扇通常只有轴流式,而压气机则可根据需求选用三种形式。流量小的压气机通常采用离心式或斜流式(迎风面积大,级压比高),流量大的则常用轴流式(迎风面积小,级压比低)[10]。

图1-16 双轴涡扇发动机的风扇转子和压气机转子   **图1-17 离心压气机叶轮**

风扇和压气机性能参数:风扇和压气机的工作参数为转速和流量,性能参数主要包括压比、效率和喘振裕度。对于给定几何的压气机,工作参数和进口条件共同决定了性能参数,即

$$\begin{cases} \pi_C = f_1(p_{t2},\ T_{t2},\ n,\ W_{a2}) \\ \eta_C = f_2(p_{t2},\ T_{t2},\ n,\ W_{a2}) \end{cases}$$

显然,直接使用 p_{t2}、T_{t2}、n、W_{a2} 来确定压气机的性能参数,工作量将会非常大。相似原理为压气机特性参数的描述提供了更为简化的方法。根据相似第二定律,结合量纲分析可将决定压气机性能的参数概括为两个相似换算参数:换算转速 n_{cor} 和换算流量 $W_{a,\ cor}$。其定义如下:

$$n_{cor} = \frac{n}{\sqrt{T_{t2}/288.15}} \tag{1-19}$$

式中,n 为压气机物理转速;T_{t2} 为压气机进口总温。

$$W_{a,\ cor} = W_{a2}\frac{101\,325}{p_{t2}}\sqrt{\frac{T_{t2}}{288.15}} \tag{1-20}$$

式中，W_{a2} 为压气机进口的空气物理流量；p_{t2} 为压气机进口总压。

进一步分析表明 n_{cor} 为进口轮缘马赫数的相似准则数，而 $W_{a, cor}$ 为描述压气机进口轴向绝对马赫数的相似参数。n_{cor} 和 $W_{a, cor}$ 实际上共同表征了压气机进口的 Ma 相似准则。由 1.1 节相似原理基本知识可知，压气机和风扇进口雷诺数 Re 通常处于自模化区域，故 Ma 相似准则即表征了整个压气机的相似状态。故 n_{cor} 和 $W_{a, cor}$ 相等时，无量纲参数（η_C、π_C）也相等。不管用在什么条件下，由 n_{cor} 和 $W_{a, cor}$ 描述的特性图是"通用"的。对于通用特性图，也可以用相对值 $\bar{n}_{cor}$ 和 $\overline{W}_{a, cor}$ 来描述。

压比定义为压气机出口总压与进口总压之比，即

$$\pi_C = \frac{p_{t3}}{p_{t2}} \tag{1-21}$$

式中，p_{t3} 为压气机出口总压。

效率定义为等熵功与实际功之比，即

$$\eta_C = \frac{P_{C, i}}{P_C} \tag{1-22}$$

式中，$P_{C, i} = W_{a2}(h_{t3i} - h_{t2}) = W_{a2}c_p T_{t2}(e_C - 1)$ 为等熵压缩功，其中 $e_C = \pi_C^{\frac{\gamma-1}{\gamma}}$；$P_C = W_{a2}(h_{t3} - h_{t2})$ 为实际压缩功。

喘振裕度表示压气机工作点与喘振边界的"距离"，即

$$\Delta SM_C = \left(\frac{W_{a, cor, o}}{W_{a, cor, s}} \times \frac{\pi_{C, s}}{\pi_{C, o}} - 1 \right) \times 100\% \tag{1-23}$$

式中，$W_{a, cor, o}$、$\pi_{C, o}$ 为工作点的换算流量和压比；$W_{a, cor, s}$、$\pi_{C, s}$ 为工作点所在的换算转速线上的喘振边界的换算流量和压比。

风扇和压气机特性如图 1-18 所示。

压气机特性图可以表达为

$$\begin{cases} \pi_C = f_1(W_{a2, cor}, \bar{n}_{C, cor}) \\ \eta_C = f_2(W_{a2, cor}, \bar{n}_{C, cor}) \end{cases}$$

式中，$\bar{n}_{C, cor}$ 为压气机相对换算转速 $[\bar{n}_{C, cor} = n_{C, cor}/(n_{C, cor})_{des}]$，特性图上常使用相对换算转速 $\bar{n}_{C, cor}$ 代替换算转速 $n_{C, cor}$ 来描述压气机进口周向马赫数的相似参数。

当然也可以表达为

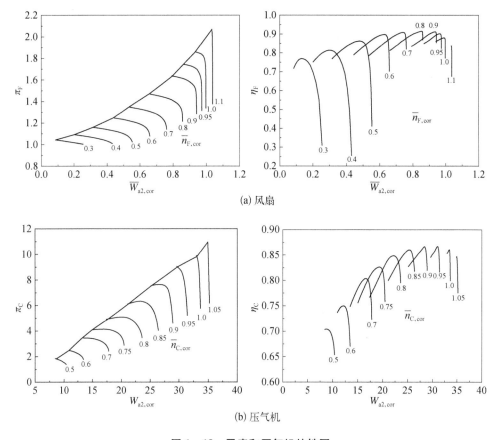

(a) 风扇

(b) 压气机

图 1-18　风扇和压气机特性图

$$\begin{cases} W_{a2,\,cor} = f_1(\pi_C,\ \bar{n}_{C,\,cor}) \\ \eta_C = f_2(\pi_C,\ \bar{n}_{C,\,cor}) \end{cases}$$

当采用压比比 Z_C 作为中间变量的时候,可以表达为

$$\begin{cases} \pi_C = f_1(Z_C,\ \bar{n}_{C,\,cor}) \\ W_{a2,\,cor} = f_2(Z_C,\ \bar{n}_{C,\,cor}) \\ \eta_C = f_3(Z_C,\ \bar{n}_{C,\,cor}) \end{cases}$$

式中,$Z_C = \dfrac{\pi_{C,\,o} - \pi_{C,\,min}}{\pi_{C,\,max} - \pi_{C,\,min}}$,表示工作点在等换算转速线上的位置,$\pi_{C,\,o}$ 为插值点的压比,$\pi_{C,\,min}$ 为等换算转速线上堵塞边界的压比,$\pi_{C,\,max}$ 为等换算转速线上喘振边界的压比,这样的表示便于特性图插值,因为在任何的 $\bar{n}_{C,\,cor}$ 下,$Z_C = 0 \sim 1.0$。

风扇和压气机气动热力学过程计算如下。

已知:压气机进口总温 T_{t2}、总压 p_{t2}、空气流量 W_{a2}、压气机效率 η_C 和压比 π_C。

求：压气机出口总温 T_{t3}、总压 p_{t3} 和压气机功率。

压气机出口总压为

$$p_{t3} = p_{t2}\pi_C$$

求出等熵压缩过程出口的熵函数 ϕ_{t3i} 为

$$\phi_{t3i} = \phi_{t2} + R\ln(\pi_C)$$

由 ϕ_{t3i} 迭代求出等熵压缩过程出口等熵总温 T_{t3i}，进一步求出压气机出口等熵焓 h_{t3i} 为

$$h_{t3i} = f(T_{t3i})$$

根据压气机效率的定义，可以求出压气机出口实际熵 h_{t3} 为

$$h_{t3} = h_{t2} + \frac{h_{t3i} - h_{t2}}{\eta_C}$$

利用 h_{t3} 和 T_{t3} 的关系：$h_{t3} = f(T_{t3})$，可以迭代求出压气机出口总温 T_{t3}，进而可以求出压气机功率为

$$P_C = W_{a2}(h_{t3} - h_{t2})$$

风扇的气动热力计算方法是一样的，区别在于截面符号不同。

1.2.4　主燃烧室

主燃烧室定义：一种主要以航空煤油为燃料的高效、高温升、低流动损失、低排放的燃烧器。

主燃烧室功能：将燃料在高温高压条件下充分燃烧，把燃料的化学能转换成燃气的热能。

主燃烧室基本要求：在要求的工作范围内，尽可能燃烧效率高、总压损失小、出口温度场均匀、污染排放物少、燃烧稳定、贫富油熄火边界宽、容易点火、体积小、质量小等。

主燃烧室结构：燃烧室的结构形式受到压气机和涡轮结构形式的限制。在涡喷、涡扇等采用轴流式压气机的发动机中按结构形式可以分为单管式燃烧室、环管式燃烧室和环形燃烧室（图 1-19），在涡轴、涡桨等采用离心式压气机的发动机中按燃烧室内的流动形式可以分为直流式燃烧室、折流式燃烧室和回流式燃烧室。

主燃烧室性能参数：燃烧室的性能参数很多，总体性能关心的主要是燃烧效率和总压损失系数。

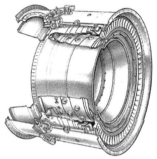

(a) 单管式燃烧室　　　　　(b) 环管式燃烧室　　　　　(c) 环形燃烧室

图 1 - 19　主燃烧室的结构形式

燃烧效率 η_B 定义为燃烧室的燃气的焓升与燃油的热能（化学能）之比，即

$$\eta_B = \frac{W_{g4}h_{t4} - W_{a3}h_{t3}}{W_{f,B}H_u} \qquad (1-24)$$

燃烧总压损失系数 Δp_B 与燃烧室的总压恢复系数的关系为

$$\sigma_B = (1 - \Delta p_B) = \frac{p_{t4}}{p_{t3}} \qquad (1-25)$$

主燃烧室的特性如图 1 - 20 所示。

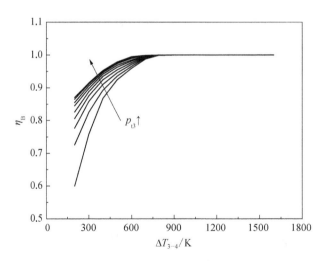

图 1 - 20　主燃烧室特性图

燃烧室特性图可以表达为

$$\begin{cases} \eta_B = f_1(\Delta T_{3-4},\ p_{t3}) \\ \Delta p_B = f_2\left(\dfrac{W_{a3,\ cor}}{W_{a3,\ cor,\ des}}\right) \end{cases}$$

式中，ΔT_{3-4} 为主燃烧室温升（出口总温减去进口总温），$\Delta T_{3-4} = T_{t4} - T_{t3}$。

主燃烧室气动热力学过程计算如下。

已知：主燃烧室进口总温 T_{t3}、总压 p_{t3}、空气流量 W_{a3}、主燃烧室效率 η_B、总压损失系数 Δp_B 和出口总温 T_{t4}。

求：主燃烧室出口总压 p_{t4}、燃油流量 $W_{f,B}$ 和燃气流量 W_{g4}。

主燃烧室出口总压 p_{t4} 为

$$p_{t4} = p_{t3}(1 - \Delta p_B)$$

主燃烧室能量守恒方程为

$$\begin{cases} W_{f,B} H_u \eta_B + W_{a3} h_{t3} = h_{t4} W_{a3}(1 + far_4) \\ h_{t4} = f(T_{t4},\ far_4) \end{cases} \tag{1-26}$$

式中，far_4 为主燃烧室的油气比（$far_4 = W_{f,B} / W_{a3}$）；H_u 为航空煤油的低热值（$H_u = 42\,900\ \text{kJ/kg}$）。

该方程为二元方程组，需利用迭代法求解 h_{t4} 和 $W_{f,B}$。主燃烧室出口燃气流量 W_{g4} 为

$$W_{g4} = W_{a3} + W_{f,B}$$

实际求解时，上述过程用 1.1 小节中的等效热值法来求解。

1.2.5　涡轮

涡轮定义：一种从高温高压燃气获得机械功的旋转叶轮机械。高/低压涡轮都是由"级"组成的，前面的一排静子叶片（也称为导向器或喷嘴环）加上后面的一排转子叶片构成一级。双轴涡扇发动机中，与压气机连接的是高压涡轮，与风扇连接的是低压涡轮；涡轴、涡桨发动机中，最后的涡轮通常用于输出轴功率驱动旋翼或螺旋桨，故称为动力涡轮（也称为自由涡轮）。

涡轮功能：从高温高压燃气获得机械功，使得燃气的总温总压降低。

涡轮基本要求：在一定的功率输出条件下，效率尽可能高、级数尽可能少、尺寸质量尽可能小，其他要求如抗冲击性能、耐高温、可调节等。

涡轮结构：按出口气流方向来分类，可以分为轴流式（图 1-21）和向心式（也称为径流式，图 1-22）两大类。流量小的涡轮通常采用向心式（迎风面积大，级落压比高），流量大的则常用轴流式（迎风面积小，级落压比低）。

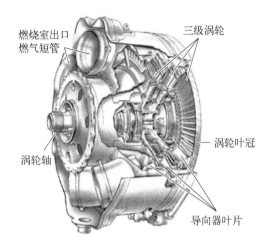

燃烧室出口
燃气短管

三级涡轮

涡轮叶冠

涡轮轴

导向器叶片

图 1 - 21　轴流式涡轮

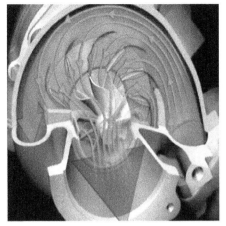

图 1 - 22　向心式涡轮

涡轮性能参数：涡轮的性能参数主要包括换算流量（也称为流量函数）、落压比、效率。

换算流量（描述涡轮进口轴向马赫数的相似参数）和换算转速（描述涡轮进口轮缘马赫数的相似参数）分别为

$$W_{g4,\ cor} = W_{g4} \frac{101\ 325}{p_{t4}} \sqrt{\frac{T_{t4}}{288.\ 15}},\ n_{T,\ cor} = n_T \sqrt{\frac{288.\ 15}{T_{t4}}} \tag{1-27}$$

式中，W_{g4} 为涡轮进口燃气物理流量；T_{t4}、p_{t4} 为涡轮进口总温和总压。涡轮特性图中常使用相对换算转速，即

$$\bar{n}_{T,\ cor} = \frac{n_{T,\ cor}}{(n_{T,\ cor})_{des}}$$

落压比为

$$\pi_T = \frac{p_{t4}}{p_{t5}} \tag{1-28}$$

式中，p_{t4} 为涡轮进口总压；p_{t5} 为涡轮出口总压。

涡轮效率定义为实际功与等熵功之比，即

$$\eta_T = \frac{P_T}{P_{T,\ i}} \tag{1-29}$$

式中，$P_T = W_{g4}(h_{t4} - h_{t5})$ 为实际膨胀功；$P_{T,\ i} = W_{g4}(h_{t4} - h_{t5i}) = W_{g4} c_p T_{t4} \left(1 - \dfrac{1}{e_T}\right)$ 为

等熵膨胀功,其中 $e_T = \pi_T^{\frac{\gamma-1}{\gamma}}$。

高/低压涡轮的特性(俄式)如图 1-23 所示。

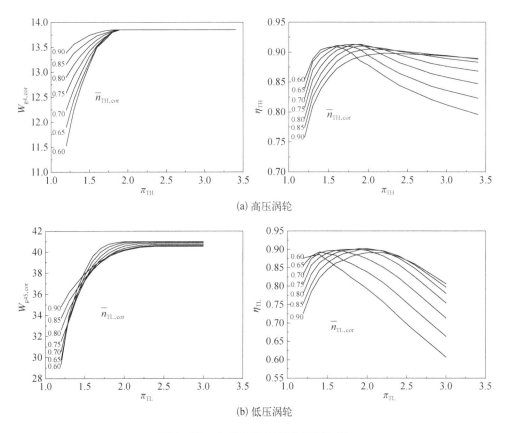

(a) 高压涡轮

(b) 低压涡轮

图 1-23　高/低压涡轮特性图(俄式)

俄式涡轮特性图可以表达为

$$\begin{cases} W_{g4,\,cor} = f_1(\pi_T,\, \bar{n}_{T,\,cor}) \\ \eta_T = f_2(\pi_T,\, \bar{n}_{T,\,cor}) \end{cases}$$

美式涡轮特性图可以表达为

$$\begin{cases} \dfrac{\Delta h_{4-5}}{T_{t4}} = f_3(W_{g4,\,cor},\, \bar{n}_{T,\,cor}) \\ \eta_T = \eta_T(W_{g4,\,cor},\, \bar{n}_{T,\,cor}) \end{cases}$$

涡轮气动热力学过程计算如下。

已知：高压涡轮进口总温 T_{t4}、总压 p_{t4}、涡轮进口空气流量 W_{g4} 和效率 η_T。

求：高压涡轮出口总温 T_{t5}、总压 p_{t5} 和高压涡轮功率。

因为高压涡轮驱动压气机，故高压涡轮与压气机功率平衡，有

$$P_T = P_C / \eta_m$$

由涡轮功计算出口总焓为

$$h_{t5} = h_{t4} - \frac{P_T}{W_{g4}}$$

根据 h_{t5} 可以迭代求解求出出口总温 T_{t5}。根据高压涡轮效率的定义：

$$h_{t5i} = h_{t4} - \frac{h_{t4} - h_{t5}}{\eta_T}$$

根据出口等熵焓 h_{t5i} 可以迭代求出 T_{t5i}，同时出口熵函数为 $\phi_{t5i} = f(T_{t5i})$。

根据等熵过程的定义，可以求出出口总压 p_{t5} 为

$$p_{t5} = p_{t4} \times \exp\left(\frac{\phi_{t5i} - \phi_{t4}}{R}\right)$$

显然，高压涡轮功率亦可通过下式求解：

$$P_T = W_{g4}(h_{t4} - h_{t5})$$

低压涡轮的气动热力计算过程和高压涡轮的一样，差别在于截面定义不一样。

1.2.6 外涵道

外涵道定义：涡扇发动机中，从风扇出口至混合室进口（或外涵尾喷管进口）的一段包裹着核心机的管道。

外涵道功能：把风扇出口外涵气流顺利引导到混合室外涵进口。

外涵道基本要求：总压损失尽可能地小，质量小。

外涵道结构：一般为环形通道。

外涵道性能参数：总压损失系数。

外涵道总压损失系数 Δp_{DU} 与其总压恢复系数 σ_{DU} 的关系为

$$\sigma_{DU} = (1 - \Delta p_{DU}) = \frac{p_{t25}}{p_{t22}}$$

外涵道气动热力学过程计算如下。

已知：外涵道进口总温 T_{t22}、总压 p_{t22}、空气流量 W_{a22} 和总压损失系数 Δp_{DU}。

求：外涵道出口总温 T_{t25}、总压 p_{t25} 和静压 p_{s25}。

外涵道流动一般假设为绝热过程，出口总压和总温为

$$p_{t25} = p_{t22}(1 - \Delta p_{DU})$$

$$T_{t25} = T_{t22}$$

出口参数计算方法：除了总参数的计算，外涵道和混合室等部件还要根据流量计算静参数、速度和截面面积。下面列出由总参数和流量求静参数、速度和截面面积的变比热公式为

$$\begin{cases} \phi_t - \phi_s = R\ln(p_t/p_s) \\ W_a = \rho c A \\ c = \sqrt{2(h_t - h_s)} \\ Ma = c/a \\ a = \sqrt{\gamma R T_s} \\ p_s = \rho R T_s \end{cases} \quad (1-30)$$

式中，总参数和流量都是已知的，未知数有 ϕ_s、p_s、A、c、Ma、ρ、T_s、h_s、a 这 9 个变量。其中 ϕ_s、T_s、h_s、a 这 4 个变量只要已知其中一个，其他的 3 个即可由变比热关系式求出来。这样方程组中实际的未知数有 6 个，确定其中一个即可求解。外涵道的设计点计算时，给定出口马赫数求静参数和面积。非设计点计算时给定出口面积求马赫数和静参数。

1.2.7　混合室

混合室定义：混排涡扇发动机中内外涵气流的掺混区域（近似为等截面掺混管流）。

混合室功能：使得内外涵出口气流尽可能充分混合。对于带加力燃烧室的发动机，混合室还要分配足够的气流用于冷却加力燃烧室和尾喷管。

混合室基本要求：在给定的进口参数下，使得内外涵气流尽可能地混合均匀，总压损失尽可能小、尺寸短、质量小。

混合室性能参数：质量平均总压损失系数，$\Delta p_{MIX} = 1 - p_{t6}/p_{tm}$，其中，$p_{tm} = (W_{a25}p_{t25} + W_{g55}p_{t55})/W_{g6}$，为质量平均总压。

混合室气动热力学过程计算如下。

已知：混合室内和外涵道进口总温 T_{t25} 和 T_{t55}、总压 p_{t25} 和 p_{t55}、气体流量 W_{g55} 和 W_{a25}，假设混合室为等截面，并且固体壁面无摩擦。

求：混合室出口总温 T_{t6}、总压 p_{t6} 和燃气流量 W_{g6}。

由进出口流量连续方程得

$$W_{g6} = W_{a25} + W_{g55} \qquad (1-31)$$

由混合室进出口的动量方程和能量守恒方程得

$$W_{g6}c_6 + p_{s6}A_6 = (W_{a25}c_{25} + p_{s25}A_{25}) + (W_{g55}c_{55} + p_{s55}A_{55}) \qquad (1-32)$$

$$W_{g6}h_{t6} = W_{a25}h_{t25} + W_{g55}h_{t55} \qquad (1-33)$$

联立面积公式：

$$A_6 = A_{25} + A_{55} \qquad (1-34)$$

混合室进口 25 和 55 截面需要求静参数，在设计时已知总参数、流量和马赫数求静参数和面积，在仿真时已知总参数、流量和面积求静参数和马赫数（参见外涵道）。出口 6 截面的总压需要联立公式(1-31)~公式(1-34)迭代求解。

当给定质量平均总压损失系数 Δp_{MIX} 时，上述的求解过程可简化。混合室的 W_{g6} 和 T_{t6} 仍然按式(1-31)和式(1-33)计算，而总压 p_{t6} 则根据质量平均总压损失系数的定义计算，为

$$p_{t6} = \left(\frac{W_{a25}p_{t25} + W_{g55}p_{t55}}{W_{g6}} \right) (1 - \Delta p_{MIX})$$

1.2.8　加力燃烧室

加力燃烧室定义：涡喷发动机涡轮出口或者涡扇发动机混合室出口的一个燃烧器。

加力燃烧室功能：在涡轮出口或者混合室出口处进一步喷入燃料燃烧，提高发动机的排气总温和排气速度，以增大发动机推力。

加力燃烧室基本要求：在给定的出口总温条件下，燃烧效率尽可能高，总压损失尽可能低，尺寸短、质量小，在工作包线内，接通可靠，不熄火，无震荡燃烧现象。

加力燃烧室结构：一般为近似等截面管道，主要由喷嘴、火焰稳定器、隔热屏和外壳体组成(图1-24)。

加力燃烧室性能参数：主要性能参数有燃烧效率、冷态(不加力)总压恢复系数和热态(加力)总压恢复系数。

加力燃烧室的特性如图1-25所示。

加力燃烧室特性图可以表达为

$$\eta_{AB} = \eta(1 - \Delta\eta_{Ma})(1 + \Delta\eta_p)\eta_{AB,des}$$

式中：

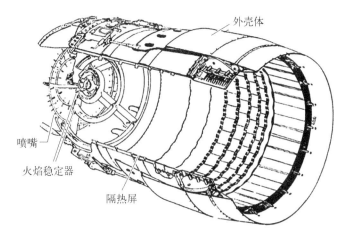

图 1 - 24　双轴混排加力涡扇发动机的加力燃烧室

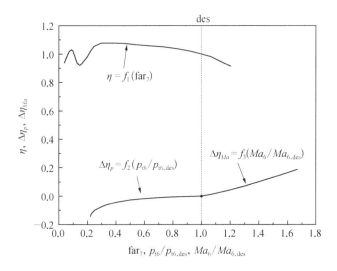

图 1 - 25　加力燃烧室特性图

未修正的基本效率 $\eta = f_1(\mathrm{far}_7)$；

马赫数修正项 $\Delta\eta_{Ma} = f_2(Ma_6/Ma_{6,\mathrm{des}})$；

压力修正项 $\Delta\eta_p = f_3(p_{t6}/p_{t6,\mathrm{des}})$。

其中，far_7 表示加力燃烧室油气比，$(Ma_6/Ma_{6,\mathrm{des}})$ 表示加力燃烧室进口马赫数与设计点之比值，p_{t6} 表示加力燃烧室进口总压。采用简单一元二次（如抛物线）插值即可实现。

加力燃烧室冷态总压损失 Δp_{dry} 可以表达为

$$\Delta p_{\mathrm{dry}} = f_4\left(\frac{W_{\mathrm{g6,cor}}}{W_{\mathrm{g6,cor,des}}}\right)$$

$$\Delta p_{\text{wet}} = f_5(Ma_6, \ \Delta T_{6-7})$$

$$\Delta p_{\text{AB}} = 1 - (1 - \Delta p_{\text{wet}})(1 - \Delta p_{\text{dry}})$$

式中，Δp_{dry}、Δp_{wet} 分别为冷态总压损失和热态总压损失（由能量守恒方程和动量方程求出）；far_7 为加力燃烧室油气比；$W_{\text{g6, cor}}$ 为加力燃烧室进口换算流量；$W_{\text{g6, cor, des}}$ 为加力燃烧室设计点进口换算流量；Ma_6 为加力燃烧室进口马赫数；ΔT_{6-7} 为加力燃烧室温升。

加力燃烧室气动热力学过程计算如下。

已知：加力燃烧室进口总温 T_{t6}、总压 p_{t6}、气体流量 W_{g6}、马赫数 Ma_6、加力燃烧室冷态总压损失系数 Δp_{dry} 和出口总温 T_{t7}。

求：加力燃烧室出口总压 p_{t7}、燃油流量 $W_{\text{f, AB}}$ 和燃气流量 W_{g7}。

（1）冷态（加力燃烧室不供油不点火）热力过程计算：

$$p_{\text{t7}} = p_{\text{t6}}(1 - \Delta p_{\text{dry}})$$

$$T_{\text{t7}} = T_{\text{t6}}$$

（2）热态（加力燃烧室供油点火）热力过程计算：

先把冷态的总压损失计入进口总压（进口原始总压为 p_{t6}^*），即

$$p_{\text{t6}} = p_{\text{t6}}^*(1 - \Delta p_{\text{dry}})$$

由加力燃烧室的能量守恒方程得

$$W_{\text{f, AB}}H_u\eta_{\text{AB}} + W_{\text{g6}}h_{\text{t6}} = \left(1 + \frac{W_{\text{f, AB}}}{W_{\text{g6}}}\right)h_{\text{t7}}W_{\text{g6}} \qquad (1-35)$$

式中，η_{AB} 为加力燃烧室效率，表达式为

$$\eta_{\text{AB}} = \eta(1 - \Delta\eta_{Ma})(1 - \Delta\eta_p) \qquad (1-36)$$

联立公式（1-35）和公式（1-36），可以迭代求出 $W_{\text{f, AB}}$ 和 h_{t7}。

加力燃烧室的出口燃气流量为

$$W_{\text{g7}} = W_{\text{g6}} + W_{\text{f, AB}} \qquad (1-37)$$

加力燃烧室的动量方程为

$$W_{\text{g7}}c_6 + p_{\text{s7}}A_7 = W_{\text{g6}}c_6 + p_{\text{s6}}A_6 \qquad (1-38)$$

联立公式（1-37）、公式（1-38）以及静参数和总参数之间的关系方程组（1-30），可以迭代求出 p_{t7}。

设计点计算时，已知加力燃烧室进口截面总参数、流量和马赫数，求静参数和面积，出口截面和进口截面面积相等。非设计点计算时，已知进口截面总参数、流

量和面积,求静参数和马赫数,出口总压通过动量方程迭代求解总压(参见混合室)。

1.2.9　尾喷管

尾喷管定义:发动机尾部使气流膨胀加速,将气流的热能转化为动能的一段流管,简称喷管。

尾喷管功能:将高温、高压燃气的可用能(压力势能)转换为动能,进而使发动机产生推力。调节尾喷管喉部面积,可改变涡轮落压比、发动机压比、转差等,进而改变发动机的稳定性、推力和耗油率,从而实现对发动机的控制。部分民用发动机喷管可提供反推力,而先进军用发动机的喷管可提供矢量推力。

尾喷管基本要求:损失尽可能小、噪声低、红外隐身性能好、尺寸短、质量小、密封性好等。

尾喷管结构:按照流道的面积变化,主要可以分为扩张喷管、收敛喷管[图 1-26(a)]和收扩喷管[图 1-26(b)]三种。扩张喷管一般用于涡轴发动机;收敛喷管用于涡桨发动机和飞行马赫数不高的涡喷、涡扇发动机;收扩喷管用于飞行马赫数较高的涡喷和涡扇发动机。根据发动机的各种性能需求,还会有矢量喷管、锯齿型喷管、S 弯喷管、二元喷管等多种结构形式[11]。

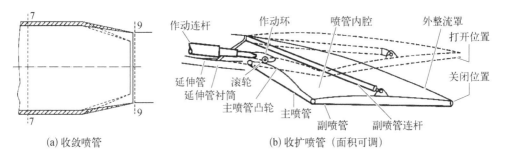

(a) 收敛喷管　　　　　　　　　　　(b) 收扩喷管 (面积可调)

图 1-26　收敛喷管与收扩喷管

扩张喷管:扩张喷管的面积从喷管进口至出口,是一个逐渐扩张的流道。

收敛喷管:收敛喷管的面积从喷管进口至出口,是一个逐渐收敛的流道。

收扩喷管:也称为拉瓦尔喷管,收扩喷管由三段构成。第一段是亚声速收缩段,亚声速气体流动加速;第二段为喉部,气体的速度等于当地的声速;第三段为超声速扩张段,超声速气体在扩张段中膨胀加速。

尾喷管性能参数:主要性能参数有流量系数、速度系数(与推力系数和总压恢复系数对应)。

尾喷管速度系数定义为实际的排气速度 c_9 与理想(等熵完全膨胀)的排气速度 c_{9i} 之比,即

$$C_{V} = c_9/c_{9i} \tag{1-39}$$

$$c_{9i} = \sqrt{\frac{2\gamma}{\gamma-1}RT_{t7}\left[1-(p_{s9}/p_{t9})^{\frac{\gamma-1}{\gamma}}\right]} \tag{1-40}$$

收敛喷管的流通能力用流量系数来表示,流量系数 C_D 定义为尾喷管实际的与理想的气体流量之比,即

$$C_D = \frac{W_{g9}}{W_{g9i}} \tag{1-41}$$

式中,W_{g9} 为尾喷管的实际流量;W_{g9i} 为一维等熵流量。

推力系数 C_{Fg} 的定义是:尾喷管的实际总推力 F_g 与一维等熵完全膨胀流动时的总推力 F_{gi} 之比,即

$$C_{Fg} = \frac{F_g}{F_{gi}} \tag{1-42}$$

尾喷管出口的理想燃气流量为

$$W_{g9i} = K\frac{p_{t7}A_8}{\sqrt{T_{t7}}}q(Ma_8)$$

最大理想燃气流量为

$$W_{g9i} = K\frac{p_{t7}A_8}{\sqrt{T_{t7}}}$$

尾喷管特性如图 1-27 所示。

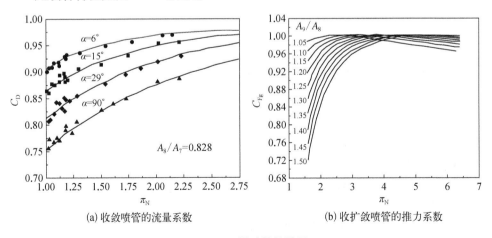

(a) 收敛喷管的流量系数　　　(b) 收扩敛喷管的推力系数

图 1-27 尾喷管特性图

尾喷管特性图可以表达为

$$\begin{cases} C_D = f_1(\pi_N,\ \alpha) \\ C_{Fg} = f_2\left(\pi_N,\ \dfrac{A_9}{A_8}\right) \end{cases}$$

式中，C_D 为尾喷管的流量系数；C_{Fg} 为尾喷管的推力系数；π_N 为尾喷管的可用压比（$\pi_N = p_{t7}/p_{s0}$）；α 为尾喷管的收敛角；A_9/A_8 为喷管的出口面积与喉部面积之比。C_D 用于设计尾喷管喉部面积，C_{Fg} 用于计算尾喷管推力。

尾喷管工作特性如下所示。

1）收敛喷管工作特性

收敛喷管在实际使用过程中，在不同的喷管出口总压与外界大气压（背压）的情况下，会出现亚临界、临界和超临界三种状态。

亚临界状态（定义收敛喷管的出口截面 9 等同于喉部截面 8）特点：$p_{s9} = p_{s0}$，$Ma_9 < 1.0$，Ma_9 和排气速度 c_9 可以通过 p_{t9} 和 p_{s9} 之间的关系求出来（详见后面的算例）。

临界状态特点：$p_{s9} = p_{s0}$，$Ma_9 = 1.0$，此时有

$$\left(\frac{p_{t9}}{p_{s0}}\right) = \left(\frac{p_{t9}}{p_{s0}}\right)_{cr} = \left(1 + \frac{\gamma-1}{2}Ma_9^2\right)^{\frac{\gamma}{\gamma-1}} = \left(\frac{\gamma+1}{2}\right)^{\frac{\gamma}{\gamma-1}} \qquad (1-43)$$

式中，$(p_{t9}/p_{s0})_{cr}$ 称为临界压力比。对于空气 $\gamma = 1.4$，$(p_{t9}/p_{s0})_{cr} = 1.8929$；对于燃气 $\gamma = 1.33$，$(p_{t9}/p_{s0})_{cr} = 1.8506$。

超临界状态特点：$p_{s9} > p_{s0}$，$Ma_9 = 1.0$。

因此，可以根据压力比 (p_{t9}/p_{s0}) 以及临界压力比 $(p_{t9}/p_{s0})_{cr}$ 来确定尾喷管的工作状态：

（1）当 $(p_{t9}/p_{s0}) < (p_{t9}/p_{s0})_{cr}$ 时，尾喷管为亚临界状态：$p_{s9} = p_{s0}$，$Ma_9 < 1.0$；

（2）当 $(p_{t9}/p_{s0}) = (p_{t9}/p_{s0})_{cr}$ 时，尾喷管为临界状态：$p_{s9} = p_{s0}$，$Ma_9 = 1.0$；

（3）当 $(p_{t9}/p_{s0}) > (p_{t9}/p_{s0})_{cr}$ 时，尾喷管为超临界状态：$p_{s9} > p_{s0}$，$Ma_9 = 1.0$。

不同工作状态的尾喷管排气速度计算方法如下。

（1）亚临界状态：已知 $p_{s9} = p_{s0}$，根据公式：

$$p_{t9} = p_{s0}\left(1 + \frac{\gamma-1}{2}Ma_9^2\right)^{\frac{\gamma}{\gamma-1}}$$

可以求出 Ma_9，根据公式：

$$T_{t9} = T_{s9}\left(1 + \frac{\gamma-1}{2}Ma_9^2\right)$$

可以求出 T_{s9},进一步求出 a_9 和 c_9 为

$$c_9 = Ma_9 a_9 = Ma_9 \sqrt{\gamma R T_{s9}}$$

（2）临界状态：已知 $p_{s9} = p_{s0}$、$Ma_9 = 1.0$,根据公式：

$$T_{t9} = T_{s9}\left(1 + \frac{\gamma - 1}{2} Ma_9^2\right)$$

可以求出 T_{s9},进一步求出 a_9 和 c_9 为

$$c_9 = Ma_9 a_9 = Ma_9 \sqrt{\gamma R T_{s9}}$$

（3）超临界状态：已知 $p_{s9} > p_{s0}$、$Ma_9 = 1.0$,根据公式：

$$p_{t9} = p_{s9}\left(1 + \frac{\gamma - 1}{2} Ma_9^2\right)^{\frac{\gamma}{\gamma - 1}}$$

可以求出 p_{s9}（可以发现 $p_{s9} > p_{s0}$）,根据公式：

$$T_{t9} = T_{s9}\left(1 + \frac{\gamma - 1}{2} Ma_9^2\right)$$

可以求出 T_{s9},进一步求出 a_9 和 c_9 为

$$c_9 = Ma_9 a_9 = a_9 = \sqrt{\gamma R T_{s9}}$$

2）收扩喷管工作特性

收扩喷管在实际使用过程中,在不同的喷管出口总压与外界大气压（背压）以及不同的出口面积与喉部面积比的情况下,会出现七种状态,总体性能一般只关注三种状态（完全膨胀状态、不完全膨胀状态、斜激波在喷管外的过度膨胀状态）。

（1）完全膨胀状态：可以作为收扩喷管的设计状态,也称为最佳状态,喷管出口静压等于外界大气压。根据喷管出口总压 p_{t9} 和外界大气压 p_{s0},可以确定喷管的出口面积与喉部面积之比（图 1-28）。由喷管喉部和喷管出口流量平衡可知:

$$W_{g9i} = K \frac{p_{t9} A_9}{\sqrt{T_{t9}}} q(Ma_9) = K \frac{p_{t8} A_8}{\sqrt{T_{t8}}} \tag{1-44}$$

假设尾喷管内等熵流动,则 $p_{t7} = p_{t8} = p_{t9}$,$T_{t7} = T_{t8} = T_{t9}$,故

$$\frac{A_9}{A_8} = \frac{1}{q(Ma_9)}$$

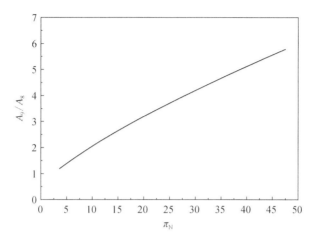

图 1-28　尾喷管 A_9/A_8 与喷管可用落压比 π_N 的关系

可以通过公式：

$$p_{t9} = p_{s0}\left(1 + \frac{\gamma - 1}{2}Ma_9^2\right)^{\frac{\gamma}{\gamma-1}}$$

求出 Ma_9。

（2）不完全膨胀状态：当喷管实际的 A_9/A_8 比尾喷管需要完全膨胀的 A_9/A_8（由 p_{t9}/p_{s0} 确定）小，喷管出口静压 p_{s9} 将会大于环境大气压力 p_{s0}，通过公式：

$$\frac{1}{q(Ma_9)} = \frac{A_9}{A_8}$$

可以求出 Ma_9，再通过公式：

$$p_{t9} = p_{s9}\left(1 + \frac{\gamma - 1}{2}Ma_9^2\right)^{\frac{\gamma}{\gamma-1}}$$

求出 p_{s9}，可以发现 $p_{s9} > p_{s0}$。

（3）斜激波在喷管外的过度膨胀状态：当喷管实际的 A_9/A_8 比尾喷管需要完全膨胀的 A_9/A_8（由 p_{t9}/p_{s0} 确定）大，喷管出口静压 p_{s9} 将会小于环境大气压力 p_{s0}，通过公式：

$$\frac{1}{q(Ma_9)} = \frac{A_9}{A_8}$$

可以求出 Ma_9，再通过公式：

$$p_{t9} = p_{s9}\left(1 + \frac{\gamma - 1}{2}Ma_9^2\right)^{\frac{\gamma}{\gamma-1}}$$

求出 p_{s9}，可以发现 $p_{s9} < p_{s0}$。

无论尾喷管处于不完全膨胀状态还是过度膨胀状态，发动机的推力都比完全膨胀状态的小，因此希望尾喷管尽可能工作在完全膨胀状态，或者尽可能接近完全膨胀状态。

尾喷管气动热力学过程计算如下。

已知：尾喷管进口总温 T_{t7}、总压 p_{t7}、气体流量 W_{g7}、尾喷管速度系数 C_V。

求：尾喷管出口静压 p_{s9}、尾喷管出口面积 A_9 以及出口速度 c_9。

1）设计点计算

对于收敛喷管，首先要判断出口马赫数是否为 1。根据能量守恒方程可知：

$$\begin{cases} c_{9i} = \sqrt{2(h_{t7} - h_{s9})} \\ c_{9i} = a_9 = \sqrt{\gamma R T_{s9}} \end{cases}$$

由上两式迭代求出出口静温 T_{s9} 和理想排气速度 c_{9i}。

收敛喷管的实际排气速度为

$$c_9 = c_{9i} C_V$$

根据等熵过程可以求出喷管出口静压为

$$p_{s9} = p_{t7} \exp\left(\frac{\phi_{s9} - \phi_{t7}}{R}\right)$$

如果 $p_{s9} \geq p_{s0}$，则出口马赫数为 1.0，出口静参数计算完毕。如果 $p_{s9} < p_{s0}$，则按 $p_{s9} = p_{s0}$ 计算出口静参数，步骤如下。

根据等熵过程可以求出喷管出口熵函数为

$$\phi_{s9} = \phi_{t7} - R\ln\left(\frac{p_{t7}}{p_{s0}}\right)$$

根据 ϕ_{s9} 可以求出 T_{s9}，进而求出 h_{s9}，再根据能量守恒方程求出理想出口速度为

$$c_{9i} = \sqrt{2(h_{t7} - h_{s9})}$$

收敛喷管实际排气速度为

$$c_9 = c_{9i} C_V$$

得到出口静参数后，计算出口面积：

$$\rho_{s9} = \frac{p_{s9}}{R T_{s9}}$$

$$A_9 = W_{g7}/(\rho_{s9} c_9)$$

对于收扩喷管,需要计算喉部和出口两个截面的参数。设计点喉部马赫数为 1,喉部的静参数和面积与收敛喷管计算方法相同,收扩喷管出口完全膨胀,按 $p_{s9} = p_{s0}$ 计算出口截面参数:

$$\phi_{s9} = \phi_{t7} - R\ln\left(\frac{p_{t7}}{p_{s0}}\right)$$

$$c_{9i} = \sqrt{2(h_{t7} - h_{s9})}$$

$$c_9 = c_{9i}C_V$$

得到出口静参数后,计算出口面积:

$$p_{s9} = p_{s0}$$

$$\rho_{s9} = \frac{p_{s9}}{RT_{s9}}$$

$$A_9 = W_{g7}/(\rho_{s9}c_9)$$

2）非设计点计算

对于收敛喷管,先计算出口静参数,方法和设计点一样。得到出口静参数后, 由于面积已知,由静参数计算流量 W'_{g7},这个流量与已知的流量 W_{g7} 构成平衡方程 参与非设计点的迭代。

$$\rho_{s9} = \frac{p_{s9}}{RT_{s9}}$$

$$W'_{g7} = A_9\rho_{s9}c_9$$

对于收扩喷管,需要计算喉部和出口两个截面的参数。喉部马赫数为 1,喉部 的静参数和流量 W'_{g7} 的计算与收敛喷管非设计点的计算方法相同。出口参数按设 计点计算的面积来确定,出口流量按 W'_{g7} 计算:

$$\begin{cases} \phi_{s9} = \phi_{t7} - R\ln\left(\frac{p_{t7}}{p_{s9}}\right) \\ c_{9i} = \sqrt{2(h_{t7} - h_{s9})} \\ h_{t7} - h_{s9} = \frac{1}{2}c_{9i}^2 \\ c_9 = c_{9i}C_V \\ \rho_{s9} = \frac{p_{s9}}{RT_{s9}} \\ W'_{g7} = A_9c_9\rho_{s9} \end{cases} \quad (1-45)$$

式中,面积 A_9、总参数和流量 W'_{g7} 都是已知的,未知数有 ϕ_{s9}、p_{s9}、c_9、c_{9i}、ρ_{s9}、T_{s9}、h_{s9} 这 7 个变量。其中 ϕ_{s9}、T_{s9}、h_{s9} 这 3 个变量由变比热关系式可以互求,知道其中一个即可。这样方程组中实际的未知数有 5 个,方程封闭,可以求解。

1.3 涡轮发动机的热力循环

热力循环是指工质从某一个初始状态开始,历经一系列的状态变化之后又回到初始状态的过程。航空燃气涡轮发动机的热力循环,以空气和燃气为工质,属于布雷敦循环(显著特点是等压燃烧)。热力循环分析的目的是研究循环功和热效率与循环参数和热力学过程效率之间的关系。实际的布雷敦循环比较复杂,为了便于进行热力循环分析,常常假设涡轮发动机的热力循环为理想循环。理想循环的特点是所有的压缩过程为等熵压缩过程,而所有的膨胀过程为等熵膨胀过程。本节以涡喷发动机理想循环为重点来进行分析,并给出了实际循环图和其他类型涡轮发动机的热力循环图。

1.3.1 涡喷发动机的热力循环

1. 理想循环

在讨论不加力单轴涡喷发动机的理想循环时,发动机的截面符号定义如图 1-29 所示。

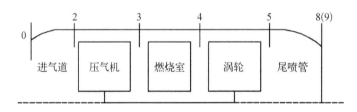

图 1-29 不加力单轴涡喷发动机的截面符号定义

涡喷发动机理想循环的 $p-v$ 图和 $T-s$ 图如图 1-30 和图 1-31 所示(截面符号上标带"*"的表示该截面参数为总参数;不带"*"的为静参数)。

涡喷发动机的理想循环是基于以下假设的:① 循环过程中,工质为热力学上的理想气体,具有恒定的比定压热容 c_p 和比定容热容 c_V,各部件中的气流是一维定常流动;② 进气道和压气机中为等熵压缩过程,燃烧室中为等压加热过程,涡轮和尾喷管中为等熵膨胀过程,燃气在大气中为等压放热过程;③ 对于 2、3、4、5 截面,假设在同一截面上气流的静参数与总参数相等;④ 只在进气道进口和尾喷管出口两个截面上区分总参数和静参数,尾喷管出口静压等于外界大气压。

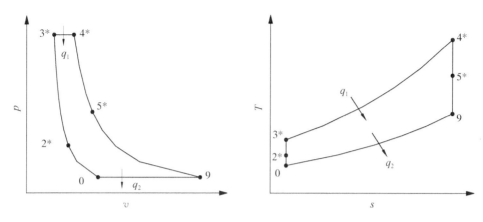

图 1 - 30　涡喷发动机理想循环的 $p - v$ 图　　图 1 - 31　涡喷发动机理想循环的 $T - s$ 图

0~2* 为气流在进气道中的等熵压缩过程;2* ~3* 为气流在压气机中的等熵压缩过程;3* ~4* 为气流在燃烧室中的等压加热过程;4* ~5* 为气流在涡轮中的等熵膨胀过程;5* ~9 为气流在尾喷管中的等熵膨胀过程;9~0 为气流在大气中的等压放热过程

1) 理想循环功

根据热力循环的定义,理想循环功 L_{ei}(下标 i: ideal,表示理想的)为循环中加热量减去放热量,即

$$L_{ei} = q_1 - q_2 \tag{1-46}$$

式中,q_1 为 3* ~4* 等压加热过程的加热量;q_2 为 9~0 等压放热过程的放热量。

采用定比热推导理想循环功 L_{ei} 的表达式为

$$
\begin{aligned}
L_{ei} &= q_1 - q_2 = c_p(T_{t4} - T_{t3}) - c_p(T_{s9} - T_{s0}) \\
&= c_p(T_{t4} - T_{s9}) - c_p(T_{t3} - T_{s0}) \\
&= c_p T_{s9}\left(\frac{T_{t4}}{T_{s9}} - 1\right) - c_p T_{s0}\left(\frac{T_{t3}}{T_{s0}} - 1\right)
\end{aligned}
$$

由 $p - v$ 图可知:

$$\frac{T_{t4}}{T_{s9}} = \left(\frac{p_{t4}}{p_{s9}}\right)^{\frac{\gamma-1}{\gamma}} = \left(\frac{p_{t3}}{p_{s0}}\right)^{\frac{\gamma-1}{\gamma}} = \frac{T_{t3}}{T_{s0}}$$

故

$$L_{ei} = c_p T_{s0}\left(\frac{T_{t3}}{T_{s0}} - 1\right)\left(\frac{T_{s9}}{T_{s0}} - 1\right) = c_p T_{s0}\left(\frac{T_{t3}}{T_{s0}} - 1\right)\left(\frac{T_{t4}/T_{s0}}{T_{t3}/T_{s0}} - 1\right)$$

令 $T_{t4}/T_{s0} = \Delta$ 称为发动机的总加热比,$T_{t3}/T_{s0} = e$ 称为发动机总增压比对应的温度比,则发动机的理想循环功 L_{ei} 与 Δ 和 e 有关,有

$$L_{ei} = c_p T_{s0}(e - 1)\left(\frac{\Delta}{e} - 1\right) \qquad (1-47)$$

考察理想循环功的公式$(1-47)$,发现有以下规律。

（1）循环功与加热比的关系比较简单：在一定的$e(\pi)$时,加热比Δ越大,发动机的循环功越大。因为加热比Δ越大,对应的T_{t4}越高,加入的热量越多。发动机要想获得较大的单位推力,即需要较大的循环功,需要尽可能提高T_{t4}的值。

（2）循环功与增压比的关系比较复杂：在一定的Δ时,当发动机总增压比π为1时,$e=1$,循环功为0;当发动机总增压比π为最大值π_{max}时(对应$e=\Delta$),压气机出口气体温度已经达到T_{t4},燃烧室无法对气体进行加热了,循环功也为0;当$1<\pi<\pi_{max}$时,循环功为正数。因此可以推断,当加热比Δ为固定值时,存在一个使得循环功为最大的π值,称为最佳增压比π_{opt}(下标 opt: optimum,表示最佳的)。利用循环功对e求导,并令导数为零,可以得出最佳增压比对应的温度比为$e = \Delta^{0.5}$。

加热比Δ和总增压比π对循环功的影响如图$1-32$和图$1-33$所示。

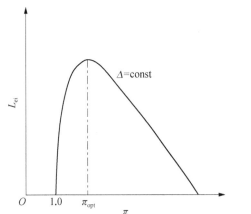
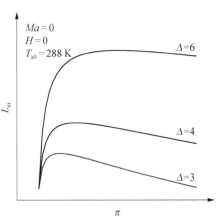

图 1-32　理想循环功与增压比的关系　　**图 1-33　加热比对理想循环功的影响**

从图中可以看出,加热比不变时,存在一个使得循环功为最大的最佳增压比;而增压比不变时,循环功随热比增加而单调增加。

从 0 截面到 9 截面的气流中应用能量守恒方程得

$$c_p T_{s0} + \frac{1}{2}c_0^2 + L_C + q_1 - L_T = c_p T_{s9} + \frac{1}{2}c_9^2$$

式中,c_0为进口速度;c_9为出口速度;L_T为涡轮功;L_C为压气机功。

因为涡轮功等于压气机功,整理上式得

$$q_1 - c_p(T_{s9} - T_{s0}) = q_1 - q_2 = \frac{1}{2}c_9^2 - \frac{1}{2}c_0^2$$

可见,循环功用于增加气体的动能,即

$$L_{ei} = \frac{1}{2}(c_9^2 - c_0^2) \tag{1-48}$$

注意,涡喷发动机与活塞式发动机不同之处在于,活塞式发动机气体膨胀推动的是活塞(产生机械功率),而涡喷发动机的循环功没有用于推动其他物质做功,而是"推动"燃气本身做功,这使得发动机排气的动能增加了。排气动能的增加意味着发动机产生了推力,因此把 L_{ei} 称为"可用能"。当然,这个可用能也可以用来推动物体做功,例如,涡轴和涡桨发动机,燃气发生器(相当于涡喷发动机)产生的高温高压气流,用于推动自由涡轮(或者低压涡轮)发出轴功率(用于驱动旋翼或螺旋桨),与活塞式发动机中高温高压气体推动活塞发出功率道理是一样的。

2）理想循环热效率:

$$\eta_{ti} = \frac{L_{ei}}{q_1} = \frac{q_1 - q_2}{q_1} = 1 - \frac{q_2}{q_1} = 1 - \frac{T_{s9} - T_{s0}}{T_{t4} - T_{t3}} = 1 - \frac{T_{s9}\left(1 - \dfrac{T_{s0}}{T_{s9}}\right)}{T_{t4}\left(1 - \dfrac{T_{t3}}{T_{t4}}\right)}$$

因为

$$\frac{T_{s0}}{T_{s9}} = \frac{T_{t3}}{T_{t4}}$$

所以得到:

$$\eta_{ti} = 1 - \frac{T_{s9}}{T_{t4}} = 1 - \frac{T_{s0}}{T_{t3}} = 1 - \frac{1}{\pi^{\frac{\gamma-1}{\gamma}}} \tag{1-49}$$

可见,理想循环热效率 η_{ti} 只是增压比的函数,增压比越大,理想循环热效率越高。理想循环热效率与增压比的关系如图 1 - 34 所示。

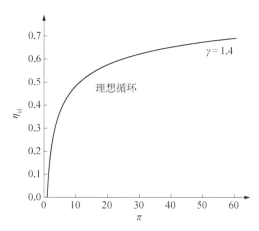

图 1 - 34　理想循环热效率与增压比的关系

3）加力涡喷发动机理想循环

加力涡喷发动机的截面符号定义如图 1 - 35 所示。

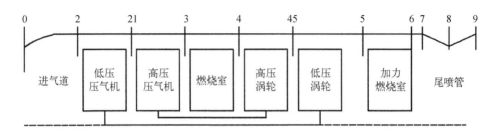

图 1-35　双轴加力涡喷发动机的截面符号定义

加力涡喷发动机理想循环的 $p-v$ 图和 $T-s$ 图如图 1-36 和图 1-37 所示。

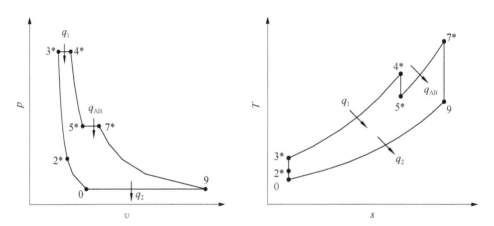

图 1-36　加力涡喷发动机理想循环 $p-v$ 图　图 1-37　加力涡喷发动机理想循环 $T-s$ 图

加力涡喷发动机工质的加热量为主燃烧室和加力燃烧室的加热量之和,即

$$q = q_1 + q_{AB} = c_p(T_{t4} - T_{t3}) + c_p(T_{t7} - T_{t5})$$

因为

$$c_p(T_{t3} - T_{t2}) = c_p(T_{t4} - T_{t5})$$

所以

$$q = c_p(T_{t7} - T_{t2}) \tag{1-50}$$

$$\eta_{t,AB} = \frac{L_{e,AB}}{q}$$

当加力燃烧室出口总温 T_{t7} 一定时,发动机循环的加热量 q 是不变的,此

时存在一个最佳增压比,在这个增压比下循环功 $L_{e,AB}$ 最大,同时热效率 $\eta_{t,AB}$ 也最高。

加力涡喷理想循环存在最佳增压比 π_{opt},其分析思路与不加力涡喷理想循环类似。假设循环增压比 $\pi = 1$,则循环功 $L_{e,AB}$ 为零;假设发动机总增压比为最大值 π_{max} 时,有 $T_{t3} = T_{t4}$,燃烧室无法对气体进行加热,即主燃烧室不产生循环功。对于加力燃烧室,此时存在两种情况。

(1) 当飞行速度为 0 时,则 $p_{t2} = p_{s0}$、$p_{t5} = p_{t7} = p_{s9}$,此时即使向加力燃烧室喷入燃油燃烧,使 $T_{t7} > T_{t5}$,加力燃烧室也不会产生循环功,因为 $p_{t7} = p_{s9}$。 因此在发动机总增压比为最大值 π_{max} 时,加力涡喷发动机的总循环功 $L_{e,AB} = 0$。

(2) 当飞行速度不为 0 时,则 $p_{t2} > p_{s0}$、$p_{t7} > p_{s9}$,此时发动机总的循环功完全来自加力燃烧室的加热量。此时循环功 $L_{e,AB}$ 虽不为 0,但显然小于主燃烧室和加力燃烧室的加热量同时产生的总循环功的情况。

综上所述,必然存在使加力循环功 $L_{e,AB}$ 最大的最佳增压比 π_{opt}。

2. 实际循环

与理想循环相比,涡喷发动机实际循环的主要特点有:① 气体的成分是变化的,进入燃烧室前是空气,经燃烧室后是燃气。气体的性质尤其是比定压热容 c_p 会随温度和组分的变化而变化;② 气流流过各个部件都伴有损失。气流在进气道、燃烧室和尾喷管等部件中有总压损失,在压气机和涡轮中不是等熵过程而是多变过程。

涡喷发动机实际循环的 $p-v$ 图和 $T-s$ 图如图 1-38 和图 1-39 所示。

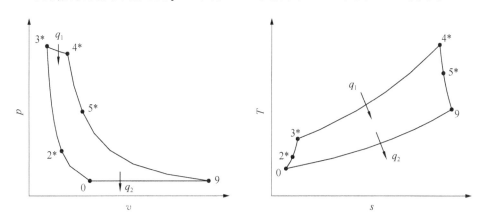

图 1-38　涡喷发动机实际循环 $p-v$ 图　　**图 1-39　涡喷发动机实际循环 $T-s$ 图**

$0 \sim 2^*$ 为气流在进气道中的压缩过程;$2^* \sim 3^*$ 为气流在压气机中的多变压缩过程;$3^* \sim 4^*$ 为气流在燃烧室中的加热过程;$4^* \sim 5^*$ 为气流在涡轮中的多变膨胀过程;$5^* \sim 9$ 为气流在尾喷管中的膨胀过程;$9 \sim 0$ 为气流在大气中的等压放热过程

由于压气机和涡轮的效率影响比较大,下面重点分析压气机和涡轮效率对实际循环的循环功和循环效率的影响,其他部件按理想状态计算,不计总压损失。压气机增压比为 π_C;对应的温度比为 e_C;压气机效率为 η_C;加热比为 Δ;涡轮落压比为 π_T;对应的温度比为 e_T;涡轮效率为 η_T;设飞行马赫数为 0。

实际循环功 L_e 推导如下:

$$
\begin{aligned}
L_e &= q_1 - q_2 = c_p(T_{t4} - T_{t3}) - c_p(T_{s9} - T_{s0}) \\
&= c_p(T_{t4} - T_{s9}) - c_p(T_{t3} - T_{s0}) \\
&= c_p(T_{t4} - T_{t5}) + c_p(T_{t5} - T_{s9}) - c_p(T_{t3} - T_{s0})
\end{aligned}
$$

涡轮功等于压气机功,即

$$
c_p(T_{t4} - T_{t5}) = c_p(T_{t3} - T_{s0})
$$

故

$$
L_e = c_p(T_{t5} - T_{s9}) = c_p T_{t5}\left(1 - \frac{T_{s9}}{T_{t5}}\right) \tag{1-51}
$$

式中,

$$
\frac{T_{s9}}{T_{t5}} = \left(\frac{p_{s9}}{p_{t5}}\right)^{\frac{\gamma-1}{\gamma}} = \left(\frac{p_{s0}}{p_{t3}}\frac{p_{t3}}{p_{t4}}\frac{p_{t4}}{p_{t5}}\right)^{\frac{\gamma-1}{\gamma}} = \left(\frac{\pi_T}{\pi_C}\right)^{\frac{\gamma-1}{\gamma}} = \frac{e_T}{e_C}
$$

下面求 e_T 和 T_{t5},由涡轮和压气机功相等得

$$
T_{t4} - T_{t5} = T_{t3} - T_{s0} = \frac{T_{t3i} - T_{s0}}{\eta_C} = \frac{T_{s0}(e_C - 1)}{\eta_C}
$$

可得 T_{t5} 为

$$
T_{t5} = T_{s0}\left(\Delta - \frac{e_C - 1}{\eta_C}\right)
$$

再由涡轮和压气机功相等的另外一种形式:

$$
\frac{T_{s0}(e_C - 1)}{\eta_C} = T_{t4}\left(1 - \frac{1}{e_T}\right)\eta_T
$$

可计算出 e_T 为

$$
e_T = \frac{\eta_C \eta_T \Delta}{\eta_C \eta_T \Delta - e_C + 1}
$$

将 T_{t5} 和 e_T 代入式(1-51)得

$$L_e = c_p T_{s0} \left(\Delta - \frac{e_C - 1}{\eta_C} \right) \left(1 - \frac{\eta_C \eta_T \Delta}{\eta_C \eta_T \Delta - e_C + 1} \times \frac{1}{e_C} \right) \qquad (1-52)$$

实际循环热效率 η_t 推导如下:

$$\eta_t = \frac{L_e}{q_1}$$

因为

$$q_1 = c_p (T_{t4} - T_{t3})$$

$$T_{t3} = T_{s0} \left(1 + \frac{e_C - 1}{\eta_C} \right)$$

$$q_1 = c_p T_{s0} \left(\Delta - 1 - \frac{e_C - 1}{\eta_C} \right)$$

可以得出实际循环热效率的表达式为

$$\eta_t = \frac{\left(\Delta - \dfrac{e_C - 1}{\eta_C} \right) \left(1 - \dfrac{\eta_C \eta_T \Delta}{\eta_C \eta_T \Delta - e_C + 1} \times \dfrac{1}{e_C} \right)}{\Delta - 1 - \dfrac{e_C - 1}{\eta_C}} \qquad (1-53)$$

可见,实际循环的循环功和循环热效率受到压气机和涡轮效率的影响,因为循环过程中存在损失,与理想循环相比,实际循环的放热量 q_2 偏大,加热量 q_1 偏小。导致实际循环功偏小,热效率低于理想循环的热效率。其他类型的发动机也有类似的结论。

理想循环功随增压比 π 和加热比 Δ 的规律也定性地适用于实际循环,有如下结论:

(1) 实际循环功 L_e 随加热比 Δ 的提高而增加,提高涡轮前温度是增加实际循环功 L_e 的主要措施之一;

(2) 存在最佳增压比 π_{opt} 使实际循环功最大,而且加热比越大,π_{opt} 越大;

(3) 为了获得较大的循环功,在提高涡轮前温度的同时,应同时提高增压比。

实际循环的热效率不仅与增压比有关,也与加热比有关。有如下结论。

(1) 在加热比不变时,存在使实际循环热效率最大的增压比,这与理想循环的趋势不同。对应 η_t 最大的增压比用 π'_{opt} 表示,称为最经济增压比。当增压比很小时,压气机出口的总压和涡轮进口的总压较小,气流膨胀程度小,排气温度高,加热量的大部分被高温的气流带走,热效率低;当增压比很高时,压气机出口总温接近燃烧室出口总温,加热量小,气流流动的损失占加热量的比重增加。极限情况下,加热量仅能克服损失而无有效循环功,热效率为零。所以在某个增压比下有最大的实际循环热效率。

（2）同样的增压比下,加热比越高,实际循环热效率越高。因为 π 一定时,Δ 越大,加热量越大,气流损失所占的比重越小,热效率越高（图 1-40）。

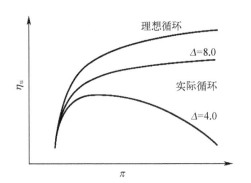

图 1-40   增压比和加热比对热效率的影响

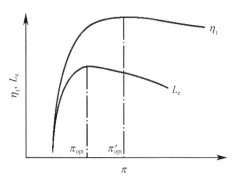

图 1-41   实际循环最佳增压比 π_{opt} 和
最经济增压比 π'_{opt}

（3）使实际循环功最大的最佳增压比 π_{opt} 小于使热效率最高的最经济增压比 π'_{opt}。因为在 π_{opt} 值附近,循环功对增压比的导数为 0,变化平缓,此时增加 π,压气机出口温度升高,加热量减少,循环功基本不变,热效率相应提高,即 π'_{opt} 大于 π_{opt}（图 1-41）。

1.3.2   涡扇发动机的热力循环

双轴混排涡扇发动机的截面符号定义如图 1-42 所示。

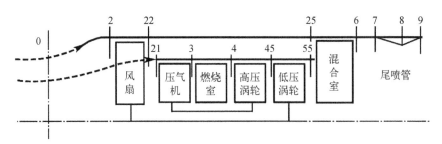

图 1-42   双轴混排涡扇发动机的截面符号定义

混排涡扇发动机实际循环的 $p-v$ 图和 $T-s$ 图如图 1-43～图 1-46 所示。

1. 内涵气流的实际循环

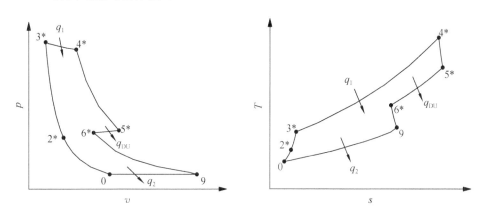

图 1-43　涡扇发动机内涵循环 $p-v$ 图　　　　**图 1-44　涡扇发动机内涵循环 $T-s$ 图**

0~2* 为气流在进气道中的压缩过程;2* ~3* 为气流在风扇和压气机中的多变压缩过程;3* ~4* 为气流在燃烧室中的加热过程;4* ~5* 为气流在高/低涡轮中的多变膨胀过程;5* ~6* 为气流在混合室中的与外涵气流的混合过程(向外涵放热过程);6* ~9 为气流在尾喷管中的膨胀过程;9~0 为气流在大气中的等压放热过程

2. 外涵气流的实际循环

在混排涡扇发动机中,实际循环功 L_e 用于增加内涵和外涵气体的动能,即

$$L_e = \frac{1}{2}(c_9^2 - c_0^2) \tag{1-54}$$

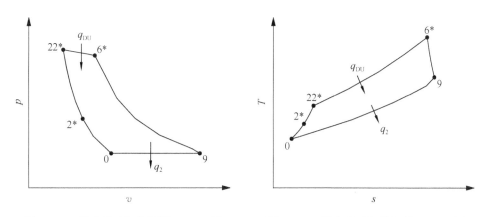

图 1-45　涡扇发动机外涵循环 $p-v$ 图　　　　**图 1-46　涡扇发动机外涵循环 $T-s$ 图**

0~2* 为气流在进气道中的压缩过程;2* ~22* 为气流在风扇中的多变压缩过程;22* ~6* 为气流在混合室中的与内涵气流的混合过程(外涵吸热过程);6* ~9 为气流在尾喷管中的膨胀过程;9~0 为气流在大气中的等压放热过程

热效率为

$$\eta_t = \frac{L_e}{q_1}$$

1.3.3 涡轴/涡桨发动机的热力循环

涡桨发动机的截面符号定义如图 1-47 所示。

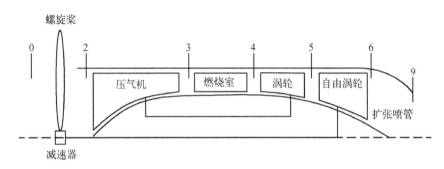

图 1-47 涡桨发动机的截面符号定义

涡轴/涡桨发动机实际循环的 $p-v$ 图和 $T-s$ 图如图 1-48、图 1-49 所示。

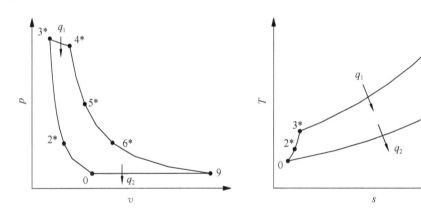

图 1-48 涡轴/涡桨发动机实际循环的
$p-v$ 图

图 1-49 涡轴/涡桨发动机实际循环的
$T-s$ 图

0~2* 为气流在进气道中的压缩过程;2*~3* 为气流在压气机中的多变压缩过程;3*~4* 燃烧室中的加热过程;4*~5* 为气流在燃气发生器的涡轮中的多变膨胀过程;5*~6* 为气流在自由涡轮中的多变膨胀过程;6*~9 为气流在尾喷管中的膨胀过程;9~0 为气流在大气中的等压放热过程

涡轴/涡桨发动机的实际循环图与不加力涡喷发动机的类似,区别是涡喷发动机 5*~9 的过程是在尾喷管中膨胀,涡轴/涡桨发动机 5*~9 的过程是先在自由涡轮中膨胀,再在尾喷管中膨胀。涡轴/涡桨的实际循环功 L_e 主要用于输出轴功率 L_{net},少部分用于增加尾喷管排气气体的动能,即

$$L_e = \frac{1}{2}(c_9^2 - c_0^2) + L_{net} \tag{1-55}$$

热效率的定义与涡喷发动机的相同,即

$$\eta_t = \frac{L_e}{q_1} \approx \frac{L_{net}}{q_1} \tag{1-56}$$

习 题

一、填空题

1. 双轴混排加力涡扇发动机主要由 ＿＿＿＿＿＿、＿＿＿＿＿＿、＿＿＿＿＿＿、＿＿＿＿＿＿、＿＿＿＿＿＿、＿＿＿＿＿＿、＿＿＿＿＿＿、＿＿＿＿＿＿和＿＿＿＿＿＿等部件组成。

2. 流动相似中包含＿＿＿相似、＿＿＿相似、＿＿＿相似和＿＿＿相似。

3. 对于一台稳定运转的定几何涡轮发动机,只要保证＿＿＿＿＿＿＿＿＿＿＿＿,即可使发动机工作在相似的状态。

4. 进气道可分为＿＿＿＿＿＿＿＿＿和＿＿＿＿＿＿＿＿＿两大类。

5. 超声速进气道分为＿＿＿＿＿、＿＿＿＿＿和＿＿＿＿＿等。

6. 理想的超声速内压式进气道是一个具有特殊型面的先＿＿＿＿后＿＿＿＿的管道。

7. 由于内压式进气道存在＿＿＿＿＿＿＿问题,还没有得到实际应用,目前超声速飞行器采用＿＿＿＿＿和＿＿＿＿进气道。

8. 外压式超声速进气道的三种工作状态为＿＿＿＿＿＿、＿＿＿＿＿＿、＿＿＿＿＿＿。

9. 超声速进气道常见的波系有＿＿＿＿＿＿＿、＿＿＿＿＿＿＿和＿＿＿＿＿＿＿。

10. 进气道重要的性能参数包括＿＿＿＿＿＿、＿＿＿＿＿＿、＿＿＿＿＿＿和＿＿＿＿＿＿。

11. 常见的超声速外压式进气道不稳定工作状态包括＿＿＿＿＿＿和＿＿＿＿＿＿。当进气道处于"深度的"亚临界状态时,会发生＿＿＿＿＿＿;当进气道处于"深度的"超临界状态时,会发生＿＿＿＿＿＿。

12. 进气道调节的措施有＿＿＿＿＿＿、＿＿＿＿＿＿、＿＿＿＿＿＿、＿＿＿＿＿＿。

13. 按出口气流方向来分类,压气机可分为＿＿＿＿＿＿、＿＿＿＿＿＿和＿＿＿＿＿＿三大类。

14. 风扇通常只有＿＿＿＿＿＿式,换算流量小的压气机通常采用＿＿＿＿＿＿式

　　或_____式,换算流量大的则采用_____式。

15. 根据相似第二定律,结合量纲分析,可以决定压气机性能参数的两个无量纲参数为_____和_____。

16. 压气机效率是压气机的_____与_____之比。

17. 压气机喘振裕度的定义为_____。

18. 按结构形式分类,燃烧室可以分为_____、_____和_____。

19. 按流动形式分类,燃烧室可以分为_____、_____和_____。

20. 在燃烧室性能参数中,总体性能关心的主要性能参数是_____和_____。

21. 燃烧效率的定义:_____。

22. 按出口气流方向分类,涡轮可以分为_____和_____两大类。换算流量小的涡轮通常采用_____式,其原因是_____;换算流量大的涡轮通常采用_____式,其原因是_____。

23. 涡轮的性能参数主要包括_____、_____和_____。

24. 涡轮的效率是涡轮的_____与_____之比。

25. 加力燃烧室主要由_____、_____、_____和_____组成。

26. 加力燃烧室的性能参数主要为_____、_____和_____。

27. 按流道面积变化分类,尾喷管的主要类型有_____、_____和_____。

28. 涡轴发动机一般使用_____喷管,涡桨和飞行马赫数不高的涡喷、涡扇发动机一般使用_____喷管,飞行马赫数较高的涡扇发动机一般使用_____喷管。亚声速飞机所用的分开排气涡扇发动机一般采用_____尾喷管;现代高超声速飞机用高性能的加力式涡喷发动机、混合排气涡扇发动机都采用_____尾喷管。

29. 收敛尾喷管的工作状态有_____、_____、_____。

30. 尾喷管的主要参数包括_____、_____、_____、_____等。

31. 流量系数的定义:_____与_____之比。

32. 推力系数的定义:_____与_____之比。

33. 速度系数的定义:_____与_____之比。

34. 收扩喷管由_____、_____、_____三段构成。

35. 燃气涡喷发动机的理想循环由_____、_____、_____、

_____四个热力过程构成。

36. 涡轮发动机的理想循环中气流在压气机中是_____过程,在涡轮中是_____过程。

37. 涡轮发动机的理想循环中,最佳增压比和加热比的关系为_____。

38. 在等熵绝热过程的实际计算中,有_____、_____、_____这几种不同的计算方法。

39. 燃气涡喷发动机的理想循环效率由_____决定。

40. 影响航空燃气涡轮发动机理想循环功的因素主要有_____和_____。

41. 假定循环加热比 $\Delta = 5.9$,燃气涡轮发动机的最佳增压比为_____。

42. _____和_____是增加理想循环功的主要途径。

43. 理想循环的热效率只与_____有关,而与_____无关;实际循环的热效率与_____有关。

44. 影响实际循环有效功和热效率的因素有_____、_____、_____。

45. 实际循环功最大的最佳增压比 π_{opt} 比最经济增压比 π_{opt}'_____。

46. 在相同的增压比下,加热比越高,实际循环热效率越_____。

二、选择题

1. 下列不属于燃气发生器的是(　　)。
   A. 进气道　　　　B. 压气机　　　　C. 燃烧室　　　　D. 涡轮

2. 内压式进气道的缺点是(　　)。
   A. 外阻力大　　　　　　　　B. 总压恢复系数低
   C. 起动困难　　　　　　　　D. 结构复杂

3. 何种情况下不可调外压式进气道会喘振(　　)。
   A. 临界　　　　B. 超临界　　　　C. 亚临界　　　　D. 深度亚临界

4. 对于设计马赫数 3.0 的发动机,选用(　　)进气道。
   A. 皮托管式　　B. 内压式　　　　C. 外压式　　　　D. 混压式

5. 典型的亚声速进气道是一段(　　)通道。
   A. 收敛型　　　B. 扩张型　　　　C. 收敛扩张型　　D. 平直型

6. 对于设计飞行马赫数为 0.85 的某民用涡扇发动机,应选用(　　)进气道。
   A. 皮托管式　　B. 内压式　　　　C. 外压式　　　　D. 混压式

7. 内压式进气道由于存在(　　),一般应用不多。
   A. 起动问题　　B. 热防护问题　　C. 溢流问题　　　D. 堵塞问题

8. 下列(　　)不是超声速外压式进气道喘振现象的主要表现。
   A. 正激波在进气道进口内、外迅速往返移动

B. 气流的总压呈低频、大幅度的脉动

C. 空气质量流量呈忽大忽小的波动

D. 进气道处于超临界状态

9. 下列(　　)不是超声速外压式进气道痒振现象的主要表现。

A. 振幅较小的压力振荡

B. 气流压力表现为高频周期性变化

C. 通道附面层与正激波相互作用形成的分离区流动具有强烈的脉动性质

D. 进气道处于亚临界状态

10. 下列哪个操作可以实现内压式进气道的起动?(　　)

A. 减小飞行马赫数

B. 先增大喉部面积至 $\phi = 1$,再减小喉部面积

C. 在设计时适当减小喉部面积

D. 采用多孔式进气道

11. 定比热计算压气机出口总温的公式是(　　)。

A. $T_{t3} = T_{t2} + (T_{t3i} - T_{t2})\eta_C$ 　　B. $T_{t3} = T_{t2} + (T_{t3i} - T_{t2})/\eta_C$

C. $T_{t3} = T_{t2} + (T_{t3i} - T_{t2})^{\wedge}\eta_C$ 　　D. $T_{t3} = T_{t2} + (T_{t3i} - T_{t2})$

12. 定比热的主燃烧室能量守恒方程是(　　)。

A. $W_{f,B}H_u/\eta_B + W_{a3}c_pT_{t3} = W_{a3}c_pT_{t4}$

B. $W_{f,B}H_u\eta_B + W_{a3}c_pT_{t3} = W_{a3}c_pT_{t4}$

C. $W_{f,B}H_u/\eta_B + W_{a3}c_pT_{t3} = (W_{a3} + W_{f,B})c_pT_{t4}$

D. $W_{f,B}H_u\eta_B + W_{a3}c_pT_{t3} = (W_{a3} + W_{f,B})c_pT_{t4}$

13. 下列(　　)不是尾喷管的主要特性参数。

A. 推力系数　　B. 流量系数　　C. 速度系数　　D. 畸变指数

14. 下列(　　)不是收敛型尾喷管的工作状态。

A. 亚临界状态　　B. 临界状态　　C. 超临界状态　　D. 过膨胀状态

15. 收敛-扩张喷管适用于哪种情况?(　　)

A. 亚声速飞行　　B. 超声速飞行　　C. 跨声速飞行　　D. 所有飞行条件

16. 何种状态下收敛喷管的流量达到最大值?(　　)

A. $Ma_9 < 1$　　B. $Ma_9 = 1$　　C. $Ma_9 > 1$　　D. 与 Ma_9 无关

17. 当发动机收缩喷管出口压力等于大气压时,下列说法正确的是(　　)。

A. 一定处于临界状态　　　　B. 一定处于亚临界状态

C. 一定处于超临界状态　　　　D. 处于亚临界或者处于临界状态

18. 亚声速气流流过收敛喷管时,(　　)。

A. 速度增加,静温和静压减小　　B. 速度增加,静压增加,静温不变

C. 速度增加,静压减小,静温增加　　D. 速度减小,静压和静温增加

19. 对于实际循环,以下哪种方法一定能增加循环功?(　　　)
    A. 提高增压比　　　　　　　　　B. 提高涵道比
    C. 提高加热比　　　　　　　　　D. 降低涵道比

20. 以下哪一项不是理想循环的假设?(　　　)
    A. 各部件效率为 1　　　　　　　B. 截面参数均采用静参数
    C. 工质为理想气体　　　　　　　D. 部件内气流一维定常

21. 涡轮发动机的实际循环中气流在压气机中是(　　　)。
    A. 等熵压缩　　　B. 多变压缩　　　C. 等熵膨胀　　　D. 多变膨胀

22. 涡轮发动机的实际循环中气流在涡轮中是(　　　)。
    A. 等熵压缩　　　B. 多变压缩　　　C. 等熵膨胀　　　D. 多变膨胀

23. 压气机特性图在什么情况下要考虑雷诺数的影响?(　　　)
    A. 大尺寸发动机、高空　　　　　B. 小尺寸发动机、高空
    C. 小尺寸发动机、地面　　　　　D. 大尺寸发动机、地面

24. 随着总增压比的增大,理想循环功(　　　)。
    A. 增大　　　　　　　　　　　　B. 减小
    C. 先增大后减小　　　　　　　　D. 先减小后增大

25. 随着总增压比的增大,理想循环的热效率(　　　)。
    A. 增大　　　　　　　　　　　　B. 减小
    C. 先增大后减小　　　　　　　　D. 先减小后增大

26. 其他因素不变,加热比增加,理想循环功(　　　)。
    A. 增大　　　　　　　　　　　　B. 减小
    C. 先增大后减小　　　　　　　　D. 先减小后增大

27. 其他因素不变,加热比增加,实际循环热效率(　　　)。
    A. 增大　　　　　　　　　　　　B. 减小
    C. 先增大后减小　　　　　　　　D. 先减小后增大

28. 关于理想循环下列说法错误的是(　　　)。
    A. 增加燃烧室出口总温是增加理想循环功的主要途径之一
    B. 在加热比不变的情况下,发动机增压比越高,理想循环功越大
    C. 理想循环的热效率只是增压比的函数,随增压比的增大而单调增大
    D. 要获得尽可能大的理想循环功,应当在提高涡轮前总温的同时提高增压比

29. 下列哪种假设不是理想循环所具有的?(　　　)
    A. 工质为热力学上的完全气体,其比定压热容 c_p 与比定容热容 c_V 恒定不变
    B. 发动机各部件的效率或损失系数皆为 1.0
    C. 工质的成分是变化的,在燃烧室之前的工质为空气,经燃烧室后变为燃气
    D. 假设发动机每个部件内的气流为一维定常流

三、简答题

1. 国际标准大气条件下,飞机以 $H = 0$ km、$Ma_0 = 0.8$ 飞行时,试求来流总温和总压。

2. 定比热和变比热的区别是什么?

3. 分别采用平均比热法和变比热法,写出截面气流参数的求解步骤:已知某个截面的空气流量 W_a、总温 T_t、总压 p_t、面积 A 和马赫数 Ma 这 5 个参数中的任意 4 个参数,求解剩下 1 个未知参数,以及对应的静温 T_s 和静压 p_s。

4. 分别用平均比热法和变比热法,写出截面气流参数的求解步骤:已知某个截面的空气流量 W_a、静温 T_s 和静压 p_s、面积 A 和马赫数 Ma 这 5 个参数中的任意 4 个参数,求解剩下 1 个未知参数,以及对应的总温 T_t、总压 p_t。

5. 分别采用平均比热法和变比热法,写出加热管流、摩擦管流、掺混管流、激波管流、变截面管流的出口参数的求解步骤:已知某个截面进口的空气流量 W_a、总温 T_t、总压 p_t、面积 A 和马赫数 Ma 这 5 个参数中的任意 4 个参数,求解该截面的出口参数。

6. 分别用平均比热和变比热方法,写出压气机的设计点气动热力计算过程。

7. 分别用平均比热和变比热方法,写出燃烧室的设计点气动热力计算过程。

8. 分别用平均比热和变比热方法,写出涡轮的设计点气动热力计算过程。

9. 分别用平均比热和变比热方法,写出收敛喷管的设计点气动热力计算过程(完全膨胀)。

10. 分别用平均比热和变比热方法,写出收敛喷管的设计点气动热力计算过程(未完全膨胀)。

11. 分别用平均比热和变比热方法,写出收扩喷管的设计点气动热力计算过程(完全膨胀)。

12. 分别用平均比热和变比热方法,写出收扩喷管的设计点气动热力计算过程(未完全膨胀)。

13. 分别用平均比热和变比热方法,写出收扩喷管的设计点气动热力计算过程(过度膨胀)。

14. 航空燃气涡轮发动机的压气机(风扇)有哪几种结构形式。

15. 进气道有哪些结构形式,各有何优缺点?

16. 涡轮有哪几种结构形式? 简述不同涡轮结构类型的优缺点及其用途。

17. 已知压气机进口总温为 288.15 K、进口总压为 101 325 Pa、进口流量为 100 kg/s、压比为 10、效率为 0.85,用平均比热法求出压气机出口总温、出口总压以及压气机功率。

18. 已知燃烧室进口总温为 603 K、进口总压为 1 013 250 Pa、进口流量为 90 kg/s、总压损失系数 $\Delta p_B = 0.05$、燃烧效率 $\eta_B = 0.99$、燃烧室出口总温 $T_{t4} = 1\,500$ K、

航空煤油低热值 $H_u = 42\,900\ \mathrm{kJ/kg}$，用平均比热法计算燃烧室出口总压、油气比、出口流量和燃油流量。

19. 已知涡轮进口燃气流量为 90 kg/s、进口总温为 1 500 K、进口总压为 970 000 Pa、涡轮效率 $\eta_T = 0.90$、冷却气流量为 10 kg/s，都用于冷却涡轮导向器叶片，不计冷却掺混损失，冷却气温度为 603 K，用平均比热法计算涡轮出口总温、落压比、出口总压、出口流量。

20. 已知收敛喷管的速度系数 $C_V = 0.985$，进口流量为 102 kg/s，进口总温为 1 140 K，进口总压为 367 400 Pa，大气静压为 101 325 Pa，求尾喷管出口面积，尾喷管出口静温、静压、排气速度、出口马赫数。

21. 航空燃气轮发动机的效率有哪些？写出其表达式并加以解释。

22. 进气道的主要特征参数有哪些？写出其表达式并加以解释。

23. 常见的超声速进气道有哪几种形式？它们的有何优缺点和使用条件？

24. 试推导马赫数 Ma 和速度因数 λ 之间的关系。

25. 试推导流量公式 $W_a = K \dfrac{p_t}{\sqrt{T_t}} Aq(Ma)$ 中 $q(Ma)$ 的表达式。

26. 为什么实际循环的最经济增压比大于最佳增压比？

27. 加力涡喷发动机的理想循环中，给定加力燃烧室出口温度，为什么存在一个增压比使循环功和热效率同时达到最大？

28. 外压式进气道有哪些特点？

29. 亚声速进气道在低超声速飞行时都有哪些工作状态？

30. 画出二波系二元外压式进气道的结构示意图，并解释其工作原理。

31. 请画出三波系外压式进气道的示意图并简述其工作原理。

32. 请简述内压式进气道的优缺点。

33. 试论述各种类型进气道的优缺点。

34. 请简单分析超声速外压式进气道喘振形成的原因。

35. 请简要描述常见的喘振防止手段。

36. 请简单分析超声速外压式进气道痒振形成的原因。

37. 什么是外压式进气道的节流特性？试画出不可调外压式进气道的节流特性，并解释特性的变化规律。

38. 内压式超声速进气道的设计马赫数等于 2.5，试问理想设计状态下的喉部与进口的面积比为多少？假设用放大喉部面积的办法实现起动，则与理想状态相比，喉部面积应至少放大多少？在放大了的喉部面积下工作时，喉部的气流马赫数等于多少？

39. 内压式、外压式和混合式进气道的主要特点和适用范围是什么？

40. 为什么尾喷管需要调节？

41. 以收敛型喷管为例,推导速度系数与总压恢复系数之间的关系式。

42. 什么是尾喷管的推力系数? 收敛喷管和收扩喷管的推力系数中分别考虑了哪些因素引起的推力损失?

43. 某发动机在飞机起飞时,尾喷管内气流总压 $p_{t9} = 2.3 \times 10^5$ Pa,总温 $T_{t9} = 928.5$ K,若要使气流在尾喷管内得到完全膨胀,应采用面积比 A_9/A_8 为多大的收敛-扩张型尾喷管? 这时排气速度比收敛尾喷管大多少?(设大气压强 $p_{s0} = 0.981 \times 10^5$ Pa,燃气的比热比 $\gamma = 1.33$)。

44. 收敛-扩张型尾喷管喉部的气流总温为 1 000 K,总压为 2.8×10^5 Pa,喉部面积为 0.03 m²,设计成完全膨胀到出口压力 0.35×10^5 Pa。尾喷管的速度系数为 0.95,$\gamma = 1.33$。计算出口截面的温度、压力、速度、马赫数。

45. 简述收敛-扩张尾喷管工作原理。

46. 收敛尾喷管有哪几种工作状态,如何判别收敛尾喷管的工作状态?

47. 画出几何不可调外压式进气道的特性图(总压恢复系数与流量系数之间的关系),并进行简单解释。

48. 理想循环的假设有哪些?

49. 画出单轴涡喷发动机理想循环的 $p-v$ 图并对其进行解释,试推导涡喷发动机的理想循环功、理想循环功最大值、理想循环的热效率。

50. 画出涡喷发动机理想循环的 $T-s$ 图,并标出 $T-s$ 图上各段对应于发动机的什么工作过程。

51. 理想循环功的含义是什么,如何推导理想循环功?

52. 实际循环的特点有哪些?

53. 试推导涡喷发动机的实际循环功、实际循环功最大值、实际循环的热效率。

54. 单轴涡喷发动机理想循环和实际循环有何区别? 请用 $p-v$ 图进行对比分析。

55. 等熵过程是什么、绝热过程是什么、绝能过程是什么、它们有什么联系和区别?

56. 画出分排涡扇发动机理想循环的 $p-v$ 图并对其进行解释,推导理想循环功和理想循环效率的表达式。

57. 燃气涡轮发动机的实际循环与理想循环相比有什么特点?

58. 假设在标准大气条件下 $T_{s0} = 288.15$ K,发动机增压比 $\pi = 35$,涡轮前总温 $T_{t4} = 1\,850$ K,试计算理想循环热效率和理想循环的循环功。

59. 在上题的条件下,计算压缩终了时的总温和在燃烧室中对每千克空气的加热量。

60. 假定循环加热比 $\Delta = 5.9$,计算燃气涡轮发动机的最佳增压比、相应的最大循环功和循环热效率。

61. 为什么实际循环的最佳增压比小于理想循环的最佳增压比?

62. 为什么实际循环的热效率与循环加热比 Δ 有关? 在其他参数不变时,为什么

循环加热比 Δ 越大,实际循环的热效率越高? 最佳增压比也越大?

63. 为什么加力式燃气涡轮发动机在给定加力燃烧室出口总温时,只存在一个对应的最大循环功和最大热效率? 为什么加力式燃气涡轮发动机加力时的热效率总是低于相应的非加力状态下的热效率?

64. 为了提高燃气涡轮发动机的性能,为什么要设法提高涡轮前总温? 又为什么在提高涡轮前总温的同时要增大压气机的设计增压比?

65. 航空涡轮发动机常用的压气机有哪几种类型? 表征压气机的参数有哪些? 压气机的不稳定工作是指什么?

66. 请画出涡轮特性图,并加以简单的解释。

67. 试解释飞行马赫数 $Ma_0 = 0$ 时,涡扇发动机比涡喷发动机省油的原因。

68. 简述尾喷管的主要作用,结合涡喷 13 发动机尾喷管电调的改进措施,解释发动机尾喷管喉部面积可调的好处。

第2章
航空燃气涡轮发动机的
类型与性能参数

　　1903年美国的莱特兄弟驾驶"飞行者1号"飞机,完成了人类历史上首次有动力的飞行,开创了飞行的新纪元。当时使用活塞式发动机(功率为12 hp[①],质量为77.2 kg)输出轴功率,采用螺旋桨作为推进器。从20世纪初到20世纪40年代中期,以活塞式发动机/螺旋桨为动力推进系统的飞行器几乎主宰了人类的天空。

　　然而,活塞式发动机加螺旋桨的动力形式存在两方面的问题,一方面是随着飞机速度的提高,飞行阻力随速度平方增大,所需的发动机功率迅速增加,而螺旋桨产生的拉力,随飞行速度提高而下降,从而导致发动机质量迅速增大,无法满足飞机对发动机质量的要求;另一方面,当飞行速度接近800 km/h,螺旋桨的桨尖速度已接近声速,桨叶叶背形成激波阻力并诱发振动,导致螺旋桨工作不稳定,推进效率急剧下降。正是因为这两方面原因极大地限制了以活塞发动机加螺旋桨为动力的飞行器飞行速度。那些试图用活塞式飞机突破"声障"的飞行员均以失败告终。屡次的失败教训表明:人类要想实现超声速飞行,必须期待新型动力的出现。在此背景下,第一台涡轮喷气发动机 HeS-3 应运而生。

　　1935年,德国人汉斯·冯·奥海因(图2-1右)博士开始了世界上第一台涡轮喷气发动机 HeS-3A 的设计(图2-2),并于1936年完成研制。该发动机的发展型 HeS-3B 推力约 400 daN[②],用作首架喷气式飞机亨克尔 He-178 的动力,并在1939年8月27日完成首飞。同期,英国人惠特尔(图2-1左)也完成了相似的涡喷发动机 W1 的研制(图2-3)。

图2-1　奥海因(右)与惠特尔(左)

①　1英制马力(hp)= 0.745 7 千瓦(kW)。
②　1大牛(daN)= 10 牛(N)。

图 2 - 2　奥海因设计的 HeS - 3A 型涡喷发动机　　图 2 - 3　惠特尔设计的 W1 型涡喷发动机

涡喷发动机既能够通过涡轮发出功率又能够通过尾喷管产生推力,因此是集热机和推进器功能于一体的动力装置。随飞行速度增大,涡喷发动机推力的衰减较螺旋桨而言要缓和很多,因此它的发明从根本上解决了"声障"问题对飞行器设计师的困扰,从而为人类早日实现超声速飞行提供了切实可行的动力装置。至此人类飞行进入了"喷气时代"。

1935 年至今的 80 多年来,在涡轮喷气发动机的基础上,设计师们发展出了涡轮风扇发动机、涡轮轴发动机、涡轮螺旋桨发动机、涡轮桨扇发动机、变循环发动机和其他新概念航空燃气轮机。每一种发动机的各方面性能都取得了长足的进步,应用范围遍及军用和民用领域。形形色色的发动机,为人类的生活和日常社会活动提供了大量的、不同形式的动力来源,成为人类社会运行和发展离不开的名副其实的"源动力"。

2.1　涡轮发动机的基本结构、功能与用途

常见的航空燃气涡轮发动机可以分为直接推进式发动机和间接推进式发动机[12]。

既作为热机(把热能转化为机械能)又作为推进器(把机械能转化为推进功,推力在发动机内部产生)的发动机,也就是说,发动机自己就产生推力,称为直接推进式发动机,也叫喷气式发动机。这一类发动机包括:涡轮喷气发动机(涡喷发动机)和涡轮风扇发动机(涡扇发动机)等,统称喷气发动机。

只作为热机的发动机,称为间接推进式发动机,推进器为发动机以外的其他装置,也就是说,发动机必须借助其他的推进装置才能够产生推力。这一类发动机包括:涡轮螺旋桨发动机(涡桨发动机)、涡轮轴发动机(涡轴发动机)和涡轮桨扇发

动机(桨扇发动机)等。

2.1.1　涡轮喷气发动机

涡轮喷气发动机简称涡喷发动机,最简单的一种类型(也是最基本的)就是单轴(单转子)涡喷发动机,为第一代航空燃气涡轮发动机,用作早期的飞机动力。其部件包括压气机、燃烧室、涡轮及尾喷管。涡轮产生的功率通过一根轴传递给压气机。来流空气通过压缩、燃烧、膨胀做功等过程动能增加,从而产生推力。

采用不同类型的压气机,涡喷发动机的结构会有明显的不同。早期的涡喷发动机多数采用离心压气机,见图2-4。离心压气机结构简单,制造方便,坚固耐用,工作稳定性较好,但离心压气机单位迎风面积大、效率和流通能力不如轴流压气机。目前,尺寸较大的发动机都不再使用离心压气机,只有微小型涡喷发动机、中小型涡扇发动机、小型涡轮螺旋桨和涡轴发动机才采用离心压气机或轴流加离心组合式压气机。

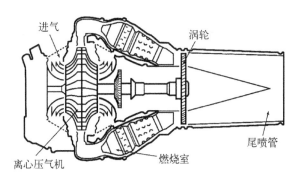

图2-4　采用离心压气机的单轴涡喷发动机结构示意图

轴流压气机具有效率高、增压比大(通过多级叠加)和流通能力强等优点,目前尺寸较大的涡喷发动机均采用轴流压气机,图2-5展示了这种涡喷发动机的结构示意图。美国的J79单轴涡喷发动机是这种类型发动机的典型代表,该发动机及其装备的F104战斗机见图2-6。

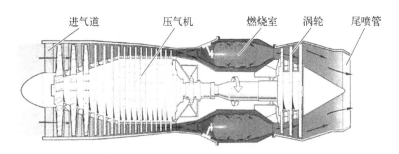

图2-5　采用轴流压气机的单轴涡喷发动机结构示意图

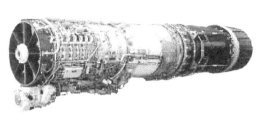

图 2-6　美国 J79 单轴涡喷发动机和 F104 战斗机

　　为进一步提高循环压比,改善发动机的性能,出现了第二代涡喷发动机——双轴涡喷发动机,见图 2-7。双轴涡喷发动机的压气机被分成低压压气机和高压压气机,目的是解决高增压比压气机的工作稳定性问题。高压涡轮通过空心的高压轴连接和驱动高压压气机,低压涡轮通过低压轴(从高压轴中间穿过)连接和驱动低压压气机,因此双轴涡喷发动机的转子系统由低压和高压两部分组成。双轴涡喷发动机的压气机压比和涡轮进口总温与第一代单轴涡喷发动机相比有所提高,因此性能得到了明显的改善。

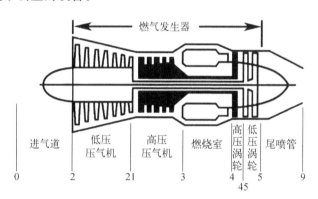

图 2-7　双轴涡喷发动机的结构示意图

　　航空燃气涡轮发动机结构上的共同特征是具有燃气发生器。燃气发生器由压气机、燃烧室和涡轮共同组成,其作用是产生高温高压的燃气。

　　核心机是由发动机高压转子部件(高压压气机和高压涡轮)和燃烧室共同构成的组件。燃气发生器的界定范围比核心机要宽,因为燃气发生器可以是双转子的。

　　在喷气式发动机涡轮和尾喷管之间设置加力燃烧室,通过在加力燃烧室内进一步燃烧燃料提高排气温度可增大发动机推力,以提高飞机的飞行速度和机动性。加力式涡喷发动机(图 2-8)是超声速飞机常用的动力形式,奥林帕斯 593 发动机加力式涡喷发动机(图2-9左)是人类首款投入商业运营的民用超声速运输机"协和"号(图2-9右)的动力。过去的战斗机只有使用加力涡喷发动机才能够实现超声速飞行,现代的战斗机则通过加力提高飞机的机动性(起飞距离、水平加速度、爬升率和盘旋过载等)。由于加力状态的耗油率很高且加力燃烧室和尾喷管易烧蚀,故加力状态只适合短时使用。

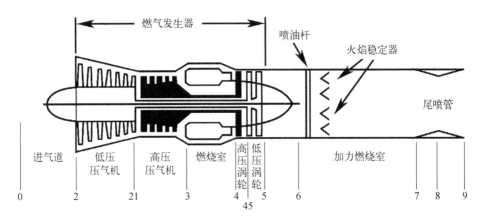

图2-8　加力式涡喷发动机的结构示意图

图2-9　加力式涡喷发动机(奥林帕斯593)与飞机("协和"号)

2.1.2　涡轮风扇发动机

涡轮风扇发动机简称涡扇发动机。其特点是在燃气发生器前加装风扇,使更多的气流以更低的速度和温度排出发动机,从而提高推进效率,获得比涡喷发动机更低的耗油率。风扇后的气流分为两路,一路流经燃气发生器,称为内涵气流;另一路流经风扇后的外涵道,称为外涵气流。外涵气流的质量流量与内涵气流的质量流量之比称为涡扇发动机的涵道比(bypass ratio)。涵道比是涡扇发动机的重要循环参数。

    涡扇发动机的结构类型较多,按照有无加力燃烧室可以分为加力式和不加力式,加力式一般为超声速战斗机用,不加力式一般为亚声速飞行器用。按照排气方式可以分为混排式和分排式,涵道比较小或需要加力燃烧室的发动机通常采用混排方式(战斗机用,图 2-10),涵道比较高时可以采用分排方式(图 2-11)。按照转子数目可以分为单轴涡扇发动机、双轴涡扇发动机和三轴涡扇发动机。按照涵道比的大小,涡扇发动机大致可划分为小涵道比(1.0 以下)、中等涵道比(1.0~3.0)和大涵道比(3.0~10.0 及 10.0 以上)三类。小涵道比涡扇发动机的飞行马赫数可达 2.0 以上,而大、中涵道比的涡扇发动机的飞行马赫数一般不超过 0.85。

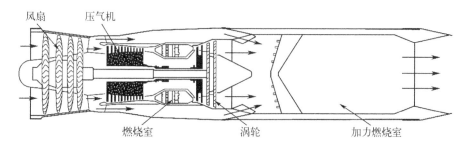

图 2-10 双轴混排加力涡扇发动机的结构示意图

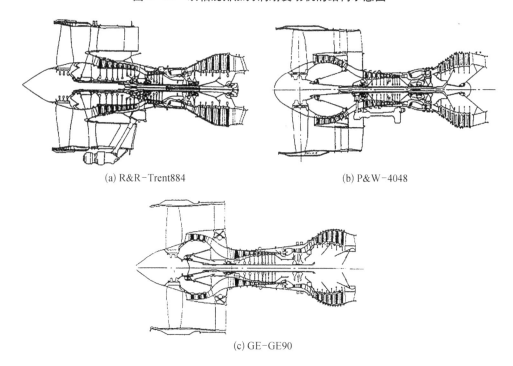

(a) R&R-Trent884

(b) P&W-4048

(c) GE-GE90

图 2-11 大涵道比分排涡扇发动机的结构示意图

    涡扇发动机的结构差异如此之大,是因为不同的飞行器对发动机性能的要求差异比较大。不同结构的涡扇发动机及其配装的飞机如图 2 - 12 ~ 图 2 - 16 所示。

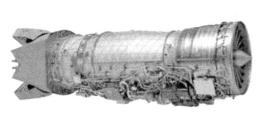

图 2 - 12　双轴混排加力涡扇发动机(F119)与配装的飞机(F22)

图 2 - 13　分排涡扇发动机(CFM56)与配装的飞机(B737)

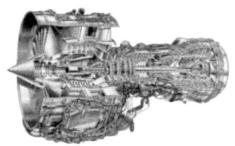

图 2 - 14　混排涡扇发动机(V2500)与配装的飞机(A320)

图 2 - 15 三轴涡扇发动机(Trent 700)与配装的飞机(A330)

图 2 - 16 大涵道比涡扇发动机(GEnx)与配装的飞机(B787)

2.1.3 涡轮螺旋桨发动机

涡轮螺旋桨发动机简称涡桨发动机。既然涡喷发动机涡轮后的燃气具有很高的能量(高温高压燃气),那么就可以利用涡轮吸收更多的燃气中的能量,这时涡轮的功率就比压气机需要的功率多,多余部分通过轴功率输出。输出的功率在发动机以外的推进装置中做推进功。

涡桨发动机(图2-17)是由燃气发生器驱动螺旋桨产生拉力或推力,螺旋桨是推进器。尾喷管排出的燃气仅产生很少的推力,发动机为热机。与涡喷和涡扇

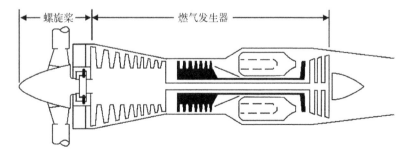

图 2 - 17 涡桨发动机的结构示意图

发动机相比,这种发动机比较省油,多用作低亚声速的公务机和运输机动力。这些飞行器的飞行马赫数通常不超过0.5。中国航空工业集团有限公司研制的 Ma700 支线客机使用了加拿大普惠公司生产的 PW150 涡桨发动机,见图2-18。

图2-18　涡桨发动机(PW150)与飞机(Ma700)

2.1.4　涡轮轴发动机

涡轮轴发动机简称涡轴发动机。其特点是将燃气的能量全部用于驱动自由涡轮,产生轴功率输出,最终排出的燃气不产生推力。图2-19展示了典型的涡轴发动机结构示意图。涡轴发动机被广泛用于直升机,也可以用于坦克、舰船和地面燃机发电等的动力装置(一般称为燃气轮机)。美国 GE 公司研制的 T700 系列涡轴发动机(图2-20)是涡轴发动机中的经典之作,其装备黑鹰、阿帕奇等直升机畅销全球。

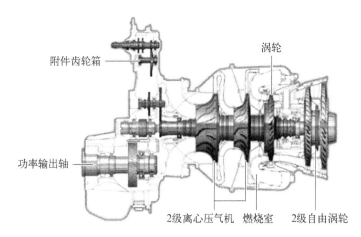

图2-19　涡轴发动机的结构示意图

2.1.5　涡轮桨扇发动机

涡轮桨扇发动机简称桨扇发动机,也称开式转子发动机,其特点:兼有涡桨发动机油耗低和涡扇发动机飞行速度高的双重优点,故起名桨扇发动机。桨扇发动机可在 $Ma_0 = 0.7 \sim 0.8$ 下保持较高的推进效率。桨扇实际上是一种在高飞行马

图 2 - 20　涡轴发动机(T700)与配装的直升机(阿帕奇)

赫数条件下仍然能够保持高的推进效率的螺旋桨(或风扇),因此桨扇看起来既像螺旋桨又像风扇。目前,唯一投入使用的乌克兰桨扇发动机Д - 27 为双排对转结构,如图 2 - 21 所示,它是为安 - 70 军用运输机及其改进型飞机设计的,采用了三转子结构和许多新技术,具有耗油率低的特点。

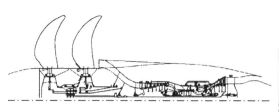

图 2 - 21　乌克兰桨扇发动机(Д - 27)与配装的飞机(安 - 70)

2.1.6　其他类型的航空燃气涡轮发动机

随着技术的发展,逐渐出现了升力风扇/可转向推力发动机(图 2 - 22)、变循环发动机(图 2 - 23)、自适应发动机(图 2 - 24)、分布式推进系统(图 2 - 25)、脉冲爆震涡轮发动机(图 2 - 26)、混合推进系统(图 2 - 27)、涡轮基组合循环发动机(图 2 - 28)等结构形式的发动机(第 7 章有简略介绍)。

图 2 - 22　美国 F135 涡扇发动机与配装的 F35 飞机

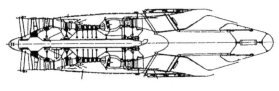

图 2-23　美国 F120 变循环涡扇发动机与配装的 F23 飞机

图 2-24　美国 ACE 涡扇发动机与第五代战斗机(设想图)

图 2-25　美国 NASA 的分布式推进飞机

图 2-26　美国 NASA 的脉冲爆震燃烧发动机

图 2 - 27　欧洲的分布式混合推进飞机

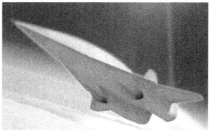

图 2 - 28　美国的组合循环发动机(trijet)与配装的高超声速飞机(SR‑72)

2.2　涡轮发动机的基本工作原理

2.2.1　涡喷发动机与活塞式发动机的对比

对比涡喷发动机和活塞式发动机的工作过程(图 2 - 29),有助于理解涡轮发动机的工作原理。在两种发动机中空气都历经了 4 个"冲程":进气、压缩、燃烧、膨胀(和排气)。所不同的是,活塞式发动机的 4 个"冲程"是在同一空间(活塞腔)的不同时间完成的,而涡喷发动机的 4 个"冲程"则是在同一时间的不同空间连续发生。进气道实现进气"冲程",压气机中进行压缩,燃烧室内实现燃烧,最终在涡轮和尾喷管中实现膨胀和排气。正是因为涡喷发动机的 4 个"冲程"是同时发生的(连续不断的),故发动机在相同的尺寸质量下具有更高的推力,能够实现突破"声障"的飞行——即超声速飞行。

2.2.2　涡喷发动机的力学原理

既然喷气式发动机是一种推进器,就有必要讨论其产生推力的原理。

物理学中有 4 种基本力:① 万有引力:两个具有一定质量的物体之间的吸引力(牛顿、爱因斯坦理论);② 电磁力:电磁场之间的作用力(麦克斯韦理论);③ 核力(强核作用力):原子核内部的强作用力(量子力学);④ 弱力(弱核作用力):与原子衰变(放射性)有关的力(量子力学)。

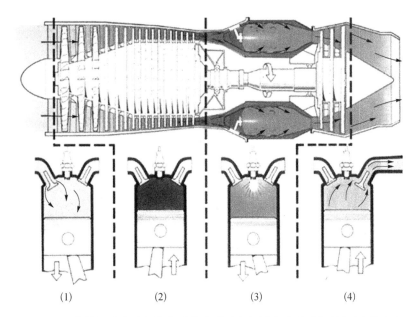

图 2 – 29　单轴涡喷发动机的气动热力学过程与活塞式发动机的"冲程"对比

（1）活塞式发动机进气冲程对应涡喷发动机进气道的进气过程；（2）活塞式发动机压缩冲程对应涡喷发动机压气机的压缩过程；（3）活塞式发动机燃烧与膨胀冲程对应涡喷发动机燃烧室和涡轮的燃烧和膨胀过程；（4）活塞式发动机排气冲程对应涡喷发动机的尾喷管的排气过程

　　按照上述分类,发动机的推力属于电磁力。气体分子与发动机固体壁面之间的电磁作用力在宏观上体现为对表面微元的压力和摩擦力,压力垂直于表面微元,摩擦力平行于表面微元。气体自身的重力（万有引力）相对太小,一般可以忽略。

　　回顾一下牛顿力学三定律。第一定律即惯性定律,数学模型描述为 $F = 0 \Rightarrow \mathrm{d}c/\mathrm{d}t = 0$；第二定律即加速度定律,数学描述为 $F = m \times a = m \times \mathrm{d}c/\mathrm{d}t$；第三定律即作用力与反作用力定律,数学描述为 $F' = -F$。

　　下面以单人双桨划船为例,介绍推进系统中是如何利用牛顿"三大力学定律"的。首先,假设小船在平静的湖面上做匀速直线运动,根据牛顿第一定律,由于小船做匀速直线运动,船受到的合外力一定等于零,船的重力与水的浮力在 y 方向（竖直方向）上相等而保持平衡,船体在水里运动受到水向后的阻力,一定有一个向前的"推力"和阻力在 x 方向（水平方向）上互相抵消。其次,人用双桨把水往后划,被双桨推动的水往后加速了,根据牛顿第二定律,水一定是受到了一个推力（和水的质量与加速度相关）；最后,根据牛顿第三定律,既然双桨往后对水施加了一个作用力,水也会给双桨一个大小相等方向相反的反作用力,这个反作用力通过双桨和人体传递到小船,即为与水的阻力互相抵消的"推力"。

现在来考察飞机在等速平飞(巡航状态,可以视为匀速直线运动)过程中的受力情况,见图 2 - 30。

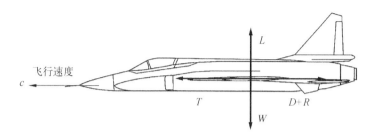

图 2 - 30　飞机水平飞行时的受力情况

T 为发动机安装推力;$D+R$ 为飞机受到的阻力;W 为飞机的重力;L 为飞机的升力

飞机做匀速直线运动时,合外力为零。在 y 方向上机翼产生的升力 L 和飞机的重力 W 相等,在 x 方向上发动机产生的安装推力 T 与飞机的阻力($D+R$:D 为无外挂时的飞机阻力,R 为外挂如副油箱、导弹等的阻力)相等。可是发动机在空中"前不着村后不着店",怎么样才能够产生推力呢? 其实,航空涡轮发动机产生推力的基本原理和人划船、走路、鱼儿游泳、鸟儿飞翔的力学原理在本质上是一样的。

将坐标系固定在飞机上,则空气相对飞机以飞行速度向后运动。把发动机看成一个"黑匣子"(不管其内部结构和细节的受力情况),见图 2 - 31,空气在大气中本来是以相对飞机的飞行速度运动的,如果气体流过发动机不受到力的作用,那么还会以原来的速度排出发动机(牛顿第一定律)。实际情况是空气流经发动机后,被加速了($c_9 > c_0$)。为什么经过发动机排出后,速度增加了? 一定是发动机推了空气一把力 F',否则空气是不会加速的。

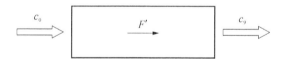

图 2 - 31　流经发动机内部气体的受力

既然空气被加速了,根据动量定理(来源于牛顿第二定律,作用在运动流体上时,也称作"动量方程"),其动量变化量就是发动机推动空气的力,这个力的大小近似为

$$F' = W_a \times (c_9 - c_0) \tag{2 - 1}$$

助记:

$$F' = m \times a = m \times \frac{\mathrm{d}c}{\mathrm{d}t} = \frac{m}{\mathrm{d}t} \times \mathrm{d}c = W_a \times (c_9 - c_0)$$

发动机推了空气一把力 F', 空气也一定会反过来推发动机一把, 这样发动机就产生了推力(提供给飞机)。发动机的推力与发动机推动气体的力大小相等、方向相反(牛顿第三定律),见图 2-32。

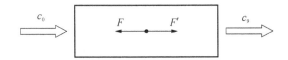

图 2-32 气体给发动机的反作用力

因为发动机推力的方向定义和空气受力的方向相反,故发动机的推力 F 可以近似表示为

$$F = W_a \times (c_9 - c_0) \tag{2-2}$$

这个公式和后面要完整推导的发动机推力公式已经非常接近了。

现在打开涡轮发动机这个"黑匣子",发现实际的发动机内部是这样实现对气流加速的:进气道——将前方空气引入发动机;压气机——对气流做功,使得空气的压力和温度升高;燃烧室——在高温高压空气中,燃烧航空煤油使得气流的总温大幅度升高;涡轮——吸收燃气中的能量并带动压气机;尾喷管——使得涡轮后的高温高压燃气加速排出。空气经过发动机后,先后经过进气、压缩、燃烧、膨胀和排气等过程,使得排气速度 c_9 大于来流速度 c_0,从而产生推力。发动机的力学原理是本课程讲述的第一个基本原理。

值得注意的是,并不是发动机每一个部件都产生与发动机推力方向一致的正推力,有的部件产生的是正推力,有的部件产生的是负推力,所有部件的合力等于发动机推力,各部件的受力情况如图 2-33 所示。

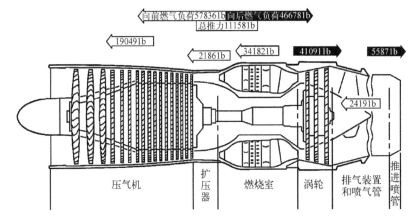

图 2-33 发动机各部件的受力情况

1 磅(lb)= 0.453 6 千克(kg)

流经发动机各部件的过程中,气体的温度、压力和速度都发生了显著的变化,如图 2-34 所示。

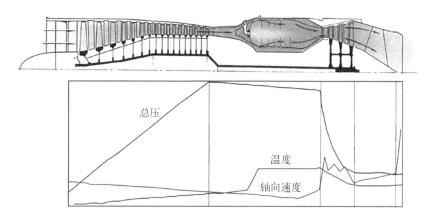

图 2-34 沿发动机轴线气流温度、压力和速度的变化图

2.2.3 航空燃气涡轮发动机原理的主要研究范围

由上述分析可知,既然排气速度 c_9 大于来流速度 c_0,那么流经发动机内部气流的动能一定增加了。气流动能的增加量等于循环的有效功:

$$L_e = \frac{1}{2}c_9^2 - \frac{1}{2}c_0^2 \qquad (2-3)$$

发动机排气的动能从哪里来呢?

回过头看看人类划船的能量转换过程:食物→吃→胃→消化→肠→吸收→营养成分→血液→循环系统→肌肉→动力(在大脑控制下)→桨的机械运动→对外做功→产生推力。最终,人类通过各个器官和系统的协作运行,将食物中的化学能转换成机械能。

发动机的部件主要包括:进气道、压气机、燃烧室、涡轮和尾喷管,它们就像是发动机的"器官"。发动机不能够"吃饭",只能够"吃"油(航空煤油)了。那么,发动机如何将航空煤油的化学能转换成机械能呢?

能量转换原理以及能量转换效率,是本课程讲述的第二个基本原理,已在本书1.3 节中介绍过。如何在给定的设计点、部件参数和循环参数的情况下,计算出发动机的性能参数(推力、单位推力、耗油率和一些重要的气动热力参数等),是本课程的第三个重点,将在第 3 章中讲述。运动员的各个器官需协调工作,才能够赛出好成绩。发动机的各个部件也得协调工作,尽量发挥潜力而又不能够超过工作极限,才能够发挥出更好的性能且工作更可靠更安全。发动机的各大部件是如何协调工作的(即发动机的共同工作和控制规律)?这是本课程的第四个重点,也是本课程的核心和关键,本书将在第 4 章中回答这个问题。如何在给定的飞行条件、部件特性、控制规律情况下,计算出发动机的特性参数(推力、单位推力、耗油率和一些重要的气动热力参数等),这些特性参数的变化规律是什么? 是本课程的第五个重点,将在本书第 5 章中讲述。此外,本教材还在第 6 章中简要介绍了航空燃气涡轮发动机的使用特性,并在第 7 章中补充了新概念发动机的基本知识。第 1 章补充讲述了进气道和尾喷管的一些知识,其他部件知识在专业的航空院校的飞行器动力工程专业的专业课里面讲过,不具备这些知识的读者请在第 1 章和相关专业教材中学习。

综上所述,航空燃气涡轮发动机原理主要包括: 基本结构/用途/性能参数、力学原理、能量转换原理、性能计算方法、共同工作与控制规律以及特性计算与分析方法。

2.3   涡轮发动机的性能参数

一台航空燃气涡轮发动机的性能好与坏、技术水平先进与否,该如何评价呢? 这就需要用一些基本上与发动机体积大小、结构形式无关的技术参数来衡量(一般来说采用某种比值)。不能因为发动机推力大,就评价发动机先进、性能好,正如评价钟和手表的性能一样,不能因为钟比手表体积大,就认为钟高档、名贵和技术先进。

2.3.1   涡喷、涡扇发动机的性能参数

通常用以下参数评价涡喷、涡扇发动机的性能。

1. 推力 F 和单位推力 F_s

发动机推力 F 是涡喷涡扇发动机的一个主要性能参数。推力的国际单位为 N,但是工程上通常习惯以公斤力(kgf)或者大牛(daN)为单位。三者的转化关系为 $1\,\text{kgf} = 9.81\,\text{N} = 0.981\,\text{daN}$。单位推力 F_s 的定义为单位空气质量流量产生的推力:

$$F_s = F/W_a \qquad (2-4)$$

式中,W_a 为发动机的空气流量,下标 s 为 specific(单位的)。因此 F_s 的单位是 daN/(kg/s)。先进涡扇发动机加力状态的 F_s 可以达到 120 daN/(kg/s),不加力状态的 F_s 可以达到 80 daN/(kg/s)。

2. 单位燃油消耗率 sfc

单位燃油消耗率(specific fuel consumption, sfc)简称耗油率,定义为燃气涡轮发动机每小时的燃油消耗量与发动机推力之比:

$$\text{sfc} = \frac{3\,600 W_f}{F} \qquad (2-5)$$

式中，W_f 为发动机的燃油流量（kg/s）。因此 sfc 的单位是 kg/(daN·h)。先进民用涡扇发动机巡航状态（$H = 10\,668$ m、$Ma = 0.80$）的 sfc 可以低到 0.518 kg/(daN·h)以下。

3. 推质比（推重比）$F_m(F_w)$

发动机推力 F 与发动机质量 M（重力 W）之比称为推质比（推重比）：

$$F_m = F/M \quad 或者 \quad F_w = F/W \tag{2-6}$$

式中，F 为发动机的推力（daN）；M 为发动机质量（kg）；W 为发动机的重力（kgf）。虽然在不同的地方地球的重力加速度略有区别而导致相同质量的重力不同，但是这种影响是微弱的。因此，采用 kgf 作为发动机的重力的单位时，重力和质量的数值差异是微弱的，故一般情况下不区分"推质比"和"推重比"。对于战斗机来说，发动机的推重比非常重要，第四代战斗机用涡扇发动机的加力状态推重比已经达到 10 一级。

4. 单位迎面推力 F_a

单位迎面推力 F_a 定义为发动机单位迎风面积产生的推力。

$$F_a = F/A_m \tag{2-7}$$

式中，A_m 为发动机的迎风面积（一般是指发动机进口面积或者发动机的最大截面积）。因此 F_a 的单位是 daN/m^2 或者 kgf/m^2。F_a 对于战斗机发动机来说非常重要，它关系到战斗机的阻力大小，第四代战斗机用涡扇发动机加力状态的 F_a 已经达到 $20\,000$ kgf/m^2。

2.3.2　涡轴、涡桨发动机的性能参数

涡轴、涡桨发动机性能参数的定义和涡喷、涡扇的"异曲同工"。

1. 功率 P 与单位功率 P_s

$$P_s = P/W_a \tag{2-8}$$

式中，P 为发动机的功率（kW）；W_a 为发动机的空气流量（kg/s）。因此 P_s 的单位是 kW/(kg/s)。先进涡轴发动机的 P_s 可以达到 300 kW/(kg/s)以上。

值得注意的是，涡桨发动机还会产生一部分喷气推力，将喷气推力与飞行速度的乘积定义为喷气推进功率。喷气推进功率与螺旋桨轴功率之和定义为当量功率。使用螺旋桨轴功率计算的单位功率称为单位轴功率；使用当量功率计算的单位功率称为单位当量功率。

2. 耗油率 sfc

耗油率定义为燃气涡轮发动机每小时的燃油消耗量与发动机功率之比：

$$sfc = \frac{3\,600W_f}{P} \tag{2-9}$$

式中，W_f 为发动机的燃油流量（kg/s），因此 sfc 的单位是 kg/（kW·h）。先进涡轴发动机地面静止状态的 sfc 可以低到 0.25 kg/（kW·h）以下。

3. 功质比（功重比）P_m（P_w）

发动机功率 P（英制马力，hp）与发动机质量 M（重力 W）之比称为功质比（功重比）：

$$P_m = P/M \quad 或者 \quad P_w = P/W \tag{2-10}$$

式中，M 为发动机的质量（kg）；W 为发动机的重力（kgf）。同理，一般情况下也不区分"功质比"和"功重比"。

通常取功重比的单位为 hp/kgf，因此在计算功重比时，需要将功率的单位从千瓦（kW）换算为英制马力（hp）：1 hp = 0.745 7 kW。对于武装直升机来说，功重比非常重要，先进的涡轴发动机功重比可高达 10 以上，相比之下，普通家用小汽车的发动机的功重比小于 1.0，高功重比航空活塞式发动机的功重比也就只有 1.5 左右。

直接推进和间接推进涡轮发动机在使用过程中，还有以下方面的使用性要求。

（1）起动迅速可靠：起动快速，起动成功率高。

（2）加速性好：从慢车到最大工况的加速时间短（也称为发动机的"泼辣性"好）。

（3）工作安全可靠：使用条件内，不喘振、不熄火、不损坏。

（4）发动机寿命长：出厂到第一次大修之间的使用时间长，累计寿命长。

（5）其他：噪声低、排放低、可维护性好、成本低等。

详见第 6 章。

2.3.3　涡轮发动机性能参数的发展趋势

到目前为止，现役战斗机已经发展到第四代，军用涡喷、涡扇发动机也走过了四代的发展历程。第一代喷气战斗机诞生于 20 世纪 40 年代末，其动力要求为达到高亚声速或跨声速，发动机以单轴涡喷发动机为主。第二代喷气战斗机诞生于 20 世纪 60 年代初，飞机设计强调高空高速性能，战斗机的最大飞行马赫数普遍为 2~2.5，因此第二代军用涡轮发动机多为加力涡喷发动机与小涵道比加力涡扇发动机。第三代喷气战斗机诞生于 20 世纪 70 年代中期，飞机设计要求兼顾高低速飞行，均具有较好的机动性，发动机普遍以加力涡扇发动机为主。第四代空中优势战斗机诞生于 20 世纪 90 年代末、21 世纪初，其区别于三代机的指标被称作 4S，即隐身（stealth）、超声速巡航（supersonic-cruise）、超视距感知（superior-sensor）和超机动（super-agility）。第四代战斗机对动力的要求为：推重比达到 10 一级、具有低可探测性、矢量推力、不加力超声速巡航能力。第一代至第四代发动机的典型型号与装机对象如表 2-1 所示[13]。

表 2 - 1　各代战斗机用涡轮发动机及其飞行器

序　号	典型发动机	主要特点	典型飞机	装备时间
第一代	涡喷发动机：J57、BK-1	推重比 3~4 涡轮进口总温 1 200~1 300 K	F-86、F-100、米格-15、米格-19	20 世纪 40 年代末
第二代	加力涡喷/涡扇发动机：J79、TF30、M53-P2、P11-300、P29-300	推重比 5~6 涡轮进口总温 1 400~1 500 K	F-4、F-104、米格-21、米格-23、幻影-F1	20 世纪 60 年代初
第三代	加力涡扇发动机：F100、F404、RB199、РД-33、АЛ-31Ф、M88-2	推重比 7.5~8 涡轮进口总温 1 600~1 750 K	F-15、F-16、F18、米格-29、苏-27、幻影-2000	20 世纪 70 年代中
第四代	高推重比涡扇发动机：F119、F135、EJ200、АЛ-41Ф、M88-3	推重比 10 一级 涡轮进口总温 1 850~2 000 K	F-22、F-35、EF2000、T-50	21 世纪初

　　由表中数据可见,军用涡喷、涡扇发动机基本可以按照推重比及涡轮进口总温来划分代数,推重比的提高对于战斗机具有诸多有利方面,提高涡轮进口总温是提高发动机推重比最有效的技术手段之一(其他主要的技术手段还包括降低涵道比、采用合理的总增压比、提高部件负荷/降低各部件级数尺寸与质量、采用轻质复合材料等)。涡轮前温度的提高涉及耐高温材料制备、零部件制造工艺、冷却以及隔热涂层等核心技术,是先进涡扇发动机技术的制高点。

　　通过对国外典型型号的军用涡扇发动机和涡轴发动机的总体性能进行统计、评估、分析,获得了总体性能参数数据库,根据数据库的技术参数绘制了各代涡扇/涡轴发动机性能技术参数趋势图见图 2-35~图 2-46(图中虚线代表最高值;实线代表平均值;点画线代表最低值)。

　　1. 军用涡扇发动机的总体性能参数随代数的变化

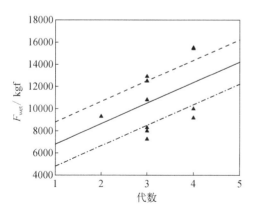

图 2-35　军用涡扇发动机的加力推力

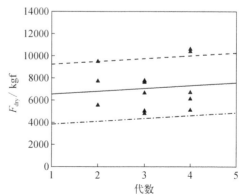

图 2-36　军用涡扇发动机的中间状态推力

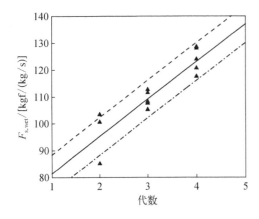

图2-37　军用涡扇发动机的加力单位推力

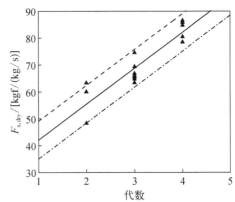

图2-38　军用涡扇发动机的中间状态单位推力

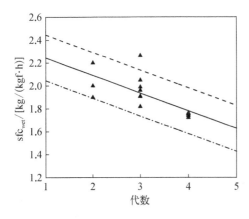

图2-39　军用涡扇发动机的加力耗油率

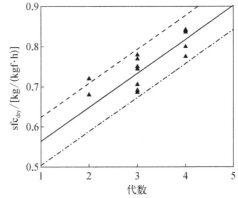

图2-40　军用涡扇发动机的中间状态耗油率

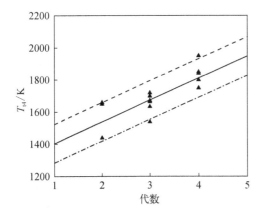

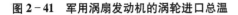

图2-41　军用涡扇发动机的涡轮进口总温

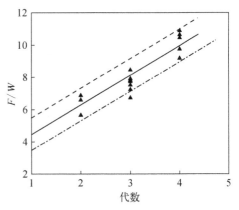

图2-42　军用涡扇发动机的推重比(加力)

2. 军用涡轴发动机的总体性能参数随代数的变化

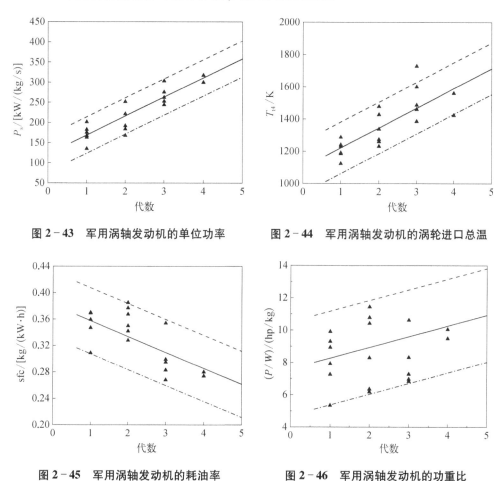

图 2-43　军用涡轴发动机的单位功率　　　图 2-44　军用涡轴发动机的涡轮进口总温

图 2-45　军用涡轴发动机的耗油率　　　图 2-46　军用涡轴发动机的功重比

2.4　涡轮发动机的推力和功率

2.4.1　涡喷发动机的推力公式

涡喷发动机以空气为工质实现布雷敦循环,产生循环功并产生推力。推导涡喷发动机的推力公式需要研究空气的受力情况。力学面对不同的研究对象(固体和流体)有两种研究方法:第一种方法称为拉格朗日法,以体系(一个物质的集合)为研究对象,坐标系一般情况下随着质点一起运动。对于空气(属于流体)来说,拉格朗日法研究起来并不方便,因为空气容易变形,无法跟踪每一个空气分子(微团)的运动轨迹,取而代之的研究方法为欧拉法。欧拉法的研究对象为控制体(空间中一个闭合的容积),优点是无论控制体形状内部有多复杂,控制体内表面对流体的所有作用力(由压力和摩擦力组成)的合力,都可以简化为一个等效的力,故受力问题在控制体中研究起来非常方便。可以说欧拉法的本质意义是"以静制动"或者"以不变应万变"。

将牛顿第二定律应用于控制体得到动量方程,其矢量形式为

$$\sum F = W_a(c_2 - c_1)$$

标量形式为

$$\begin{cases} \sum F_x = W_a(c_{2x} - c_{1x}) \\ \sum F_y = W_a(c_{2y} - c_{1y}) \\ \sum F_z = W_a(c_{2z} - c_{1z}) \end{cases}$$

动量定理意义:作用在控制体内部气体的合外力,等于流经控制体的气体的动量变化量。在控制体中利用动量定理求发动机推力的三个步骤:① 选取正确的控制体;② 定义控制体内部所有固体壁面对气体作用力的合力为 F_{in},找到控制体所有外界气体表面的压力(压强)作用力($p \times A$);③ 根据受力和气流的动量变化,正确应用动量定理,并推导出 F_{in}。

1. 发动机推力

下面利用"孤立发动机"(和飞行器无关)受力的分析方法,推导发动机的推力公式。在"孤立发动机"受力分析中,假设"涡喷发动机不影响周围的空气流动",即发动机不影响控制体进出口周围气流的轴向运动。

首先选择控制体,涡喷发动机的控制体选择如图 2-47 所示:从发动机前方无穷远处 A 点开始(气流不受发动机干扰,气流静压为大气压 p_{s0}),平行来流至 B 点,垂直来流至 9 点(尾喷管出口截面),沿发动机外表面至 i 点(发动机进口截面),沿

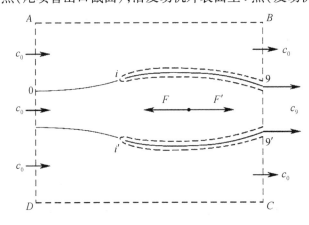

图 2-47　推导涡喷发动机推力公式的控制体

发动机内表面至 9 点,垂直于尾喷管出口气流速度至 9′点,沿发动机内表面至 i' 点,沿发动机外表面至 9′点,垂直来流至 C 点,平行来流至 D 点,垂直来流至 A 点。显然控制体同时包含流经发动机内部的内流和流经发动机外部的外流两部分。内流由于受到发动机的作用力,其速度从 c_0 加速到 c_9,而外流不受发动机的影响,气流速度不变,进口为 c_0,出口也为 c_0。没有气流从 $A-B$ 和 $C-D$ 表面流过。

　　然后,定义控制体内部所有固体壁面对气体的轴向作用力的合力为 F',找到控制体所有外界气体表面的压力的轴向作用力。首先定义控制体进口截面 AD 的面积为 A_0,发动机内流出口截面(尾喷管出口)面积为 A_9,则

　　(1) $A-D$ 表面的压力为 $p_{s0}A_0$;

　　(2) $9-9'$ 表面的压力为 $p_{s9}A_9$;

　　(3) $B-9$ 和 $9'-C$ 表面的压力为 $p_{s0}(A_0-A_9)$。

　　最后,在控制体上应用动量方程,先假设气流运动速度方向为正(向右),因此所有向右的力减去所有向左的力,就等于流经控制体气流的动量增量,即

$$F' + p_{s0}A_0 - p_{s9}A_9 - p_{s0}(A_0 - A_9) = W_{g9}c_9 - W_{a0}c_0 + W_{a,\,out}(c_0 - c_0)$$

由于 $W_{a,\,out}(c_0 - c_0) = 0$,故有

$$F' + p_{s0}A_0 - p_{s9}A_9 - p_{s0}(A_0 - A_9) = W_{g9}c_9 - W_{a0}c_0 \qquad (2-11)$$

即

$$F' = W_{g9}c_9 - W_{a0}c_0 + (p_{s9} - p_{s0})A_9$$

　　由于有"涡喷发动机不影响周围的空气流动"的假设,F' 就是发动机对内流的作用力,根据牛顿第三定律,内流也给了发动机一个大小相等,方向相反的作用力 F。但是,发动机推力的方向定义和气流的运动速度方向相反(向左),所以发动机推力为

$$F = W_{g9}c_9 - W_{a0}c_0 + (p_{s9} - p_{s0})A_9 \qquad (2-12)$$

　　式(2-12)就是发动机的推力公式,这个推力 F 也称为内推力或标准推力,也就是发动机性能参数中的发动机推力。

　　推力公式可进一步分解成几项来讨论:

　　(1) $W_{g9}c_9 - W_{a}c_0$ 称为冲量推力;

　　(2) $(p_{s9} - p_{s0})A_9$ 称为压力推力;

　　(3) $W_{g9}c_9$ 为喷管总推力;

　　(4) $W_{a}c_0$ 为冲量阻力。

　　当尾喷管完全膨胀时,压力推力为零,推力公式变为

$$F = W_{g9}c_9 - W_{a0}c_0 \qquad (2-13)$$

当尾喷管完全膨胀且飞行马赫数为零时,推力公式变为

$$F = W_{g9}c_9 \qquad (2-14)$$

则单位推力为

$$F_s \approx c_9 \qquad (2-15)$$

因此,发动机在地面静止条件下做试验的时候,发动机推力就等于发动机的燃气流量(空气流量加燃油流量)与排气速度的乘积,而排气速度就等于单位推力(推力以牛顿计)。

当尾喷管完全膨胀时,发动机的推力为最大值,因此要尽可能使得尾喷管工作在完全膨胀状态。可是从推力公式可以看出,完全膨胀状态比不完全膨胀状态的推力公式里面少了压力推力项,为什么推力还是最大值呢? 下面利用受力分析的方法加以证明。

由图 2-48 中可知,当尾喷管为不完全膨胀状态时,尾喷管浪费了一部分推力 ΔF[图 2-48(b)],而当尾喷管为过度膨胀状态时,尾喷管多了一份阻力$-\Delta F$[图 2-48(c)],所以尾喷管为完全膨胀状态下发动机推力最大。这同样解释了尾喷管从不完全膨胀状态变成完全膨胀状态时,压力推力转化为动量推力了,而且得到了更多的推力收益。

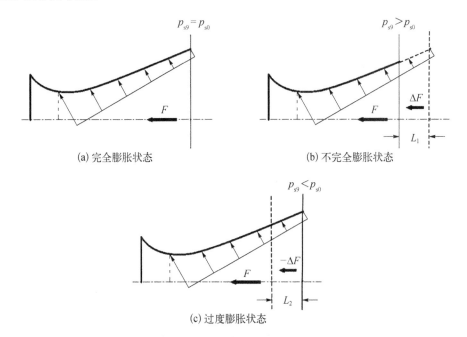

(a) 完全膨胀状态　　　　　(b) 不完全膨胀状态

(c) 过度膨胀状态

图 2-48　尾喷管在完全膨胀、不完全膨胀和过度膨胀状态下的受力

2. 阻力

然而,"涡喷发动机不影响周围的空气流动"的假设条件在一般情况下并不完全正确(不严格的),也就是说外流流经发动机外表面后,从 B-9 和 $9'$-C 流出去的速度不再是 c_0,而是 c_0'(一般小于 c_0),因此发动机在使用过程中会有各种阻力:附加阻力、压差阻力和摩擦阻力。

考察外流的轴向受力情况:

$$p_{s0}A_{A-0} + \int_0^i p\,\mathrm{d}A + \int_i^9 p\,\mathrm{d}A - \int_i^9 \tau\,\mathrm{d}A - p_{s0}A_{B-9} = W_{a,\,out}(c_0' - c_0) < 0$$

由于控制体外表面所受的压力都是大气压力 p_{s0},则 p_{s0} 沿控制体外表面的封闭积分为零,即

$$\oint p_{s0}\mathrm{d}A = p_{s0}A_{A-0} + \int_0^i p_{s0}\mathrm{d}A + \int_i^9 p_{s0}\mathrm{d}A - p_{s0}A_{B-9} = 0$$

所以

$$\int_0^i (p - p_{s0})\,\mathrm{d}A + \int_i^9 (p - p_{s0})\,\mathrm{d}A - \int_i^9 \tau\,\mathrm{d}A = W_{a,\,out}(c_0' - c_0) < 0$$

式中,左边的第一项为沿着 0-i 自由流管表面压力在轴向分量的积分,称为附加阻力 X_d,第二项是沿着发动机外表面压力在轴向分量的积分,称为压差阻力 X_p,第三项是沿着发动机外表面摩擦力 τ 在轴向分量的积分,称为摩擦阻力 X_f,所以

$$X_d = \int_0^i (p - p_{s0})\,\mathrm{d}A$$

$$X_p = \int_i^9 (p - p_{s0})\,\mathrm{d}A$$

$$X_f = \int_i^9 \tau\,\mathrm{d}A$$

发动机安装到飞机上工作时,飞机"感受"到发动机的推力称为安装推力 T(或净推力,也称为有效推力 F_{eff}):

$$T = F_{eff} = F - X_d - X_p - X_f \tag{2-16}$$

对于短舱形式安装的亚声速飞行器发动机(如客机),发动机的各项阻力都比较小,但是对于内埋于机身的超声速飞机的发动机,由于流动分离和激波等因素,安装阻力非常显著,应该准确计算这些阻力。

3. 附加阻力

将发动机有效推力计算的控制体的进口选在发动机进口(真正的发动机受力情况应该是这样的),这样才能够求出发动机真正的推力 F_A 来,此时有

$$F_A = \left[W_{g9}c_9 + (p_{s9} - p_{s0})A_9 \right] - \left[W_{ai}c_i + (p_{si} - p_{s0})A_i \right]$$

但是,发动机进口处的气流参数不容易确定(c_i 随发动机工况和飞行条件变化而变化),所以在定义发动机推力时,为了方便起见将进口截面前移到了 $0-0$ 截面。

比较发动机真正的推力 F_A 和发动机推力 F,不难看出:

$$F - F_A = W_{ai}c_i + (p_{si} - p_{s0})A_i - W_{a0}c_0$$

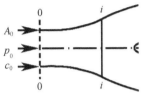

图 2-49　附加阻力控制体

在 $0-0$ 截面到 $i-i$ 截面之间的控制体(图 $2-49$)应用动量方程,有

$$p_{s0}A_0 + \int_0^i p\,dA - p_{si}A_i = W_{ai}c_i - W_{a0}c_0$$

大气对封闭体积的压力合力为

$$p_{s0}A_0 + \int_0^i p_{s0}\,dA - p_{s0}A_i = 0 \qquad (2-17)$$

[注:式($2-17$)的等号右侧实际上不为零,而是该封闭体积在空气中产生的浮力,由于浮力太小,故忽略不计。]

这样一来,有

$$\int_0^i (p - p_{s0})\,dA - (p_{si} - p_{s0})A_i = W_{ai}c_i - W_{a0}c_0$$

即

$$\int_0^i (p - p_{s0})\,dA = W_{ai}c_i + (p_{si} - p_{s0})A_i - W_{a0}c_0$$

可见,推力 F_A 和 F 之间的区别就是进气道附加阻力,由于发动机推力公式中多了这一部分推力,在发动机安装推力的计算中,必须将进气道附加阻力扣除。实际情况如下所示:

(1) 在亚声速飞行时,进气道的前缘吸力大约等于进气道的附加阻力,故亚声速飞行时,安装推力(有效推力)近似等于发动机推力;

(2) 在超声速飞行时,进气道附加阻力比较大,安装推力(有效推力)明显小于发动机推力;

(3) 发动机的安装推力(有效推力)小于发动机推力,由耗油率公式定义可知,发动机安装耗油率就大于发动机耗油率。

2.4.2　其他类型的涡轮发动机推力公式

由上面的推导过程可知,混排涡扇发动机的推力公式与涡喷发动机的相同。

对于分排涡扇发动机,分别在发动机内涵气流和外涵气流应用动量方程,不难推导出内外涵气流对发动机产生的推力为

$$F_1 = W_{g9}c_9 - W_{a1}c_0 + (p_{s9} - p_{s0})A_9$$

$$F_2 = W_{a92}c_{92} - W_{a2}c_0 + (p_{s92} - p_{s0})A_{92} \qquad (2-18)$$

式中,W_{g9}、W_{a92}、c_{92}、p_{s92}、A_{92} 分别为内涵道燃气流量、外涵出口空气流量、外涵喷管排气速度、外涵喷管出口静压和外涵喷管出口面积。

分别排气发动机推力为

$$F = F_1 + F_2$$

涡桨发动机的推力由螺旋桨拉力和发动机喷气推力共同组成(请参考文献[2])。

2.4.3　涡轴、涡桨发动机功率

对于"直接推进"的涡喷、涡扇发动机来说,发动机的循环功(可用能)用于加速气流排出发动机,因此产生了推力。而对于"间接推进"的涡轴、涡桨发动机来说,不需要产生推力(或者不产生主要推力),因此发动机的可用能通过涡轮、动力涡轮(低压涡轮)对外输出功率。

对于固定涡轮式涡轴涡桨发动机,可用功率为

$$P_{id} = W_{g9}(h_{t4} - h_{s9}) - P_C/\eta_m \qquad (2-19)$$

相应的单位功率为

$$P_{s,id} = h_{t4} - h_{s9} - L_C/\eta_m \qquad (2-20)$$

对于自由涡轮式涡轴涡桨发动机,可用功率为

$$P_{id} = W_{g9}(h_{t5} - h_{s9}) \qquad (2-21)$$

相应的单位功率为

$$P_{s,id} = h_{t5} - h_{s9} \qquad (2-22)$$

对于自由涡轮式涡轴涡桨发动机,如果已知燃气发生器出口的总温 T_{t5}、总压 p_{t5},膨胀到外界环境静压为 p_{s0} 时,则可用功率为

$$P_{id} = W_{g5}c_{pg}T_{t5}\left[1 - (p_{s0}/p_{t5})^{\frac{\gamma-1}{\gamma}}\right] \qquad (2-23)$$

相应的单位功率为

$$P_{s,id} \approx c_{pg}T_{t5}\left[1 - (p_{s0}/p_{t5})^{\frac{\gamma-1}{\gamma}}\right] \qquad (2-24)$$

由于涡轴、涡桨发动机还具有一定的排气速度 c_9,并且将可用功率转化成为输出功率时,会涉及动力涡轮(低压涡轮)效率 η_{FT} 和减速器机械效率 η_m,故动力涡轮输出功率为

$$P = \left(P_{id} - \frac{1}{2}W_{g9}c_9^2\right)\eta_{FT}\eta_m \qquad (2-25)$$

2.5　涡轮发动机的能量转换和效率

2.5.1　涡轮发动机的热效率

热机的热效率定义:循环有效功 L_e 与加热量 q_0 之比(详见 1.3 节),即

$$\eta_t = L_e/q_0 \qquad (2-26)$$

式中,q_0 为单位质量空气消耗的燃料完全燃烧产生的热量;L_e 发动机热力循环的有效功。

热效率中考虑到的损失如下所示[14]。

(1) 不完全燃烧:占 q_0 的 0.5%~2%。

(2) 发动机排气带走的热量:占 q_0 的 55%~75%。

(3) 通过发动机壁面向外散失的热量:占 q_0 的 1%~2%。

目前,航空燃气涡轮发动机的热效率为 25%~40%。

2.5.2　涡喷、涡扇发动机的推进效率

推进效率定义:推进功率 $(P_p = F \times c_0)$(下标 p: propulsion)与循环有效功率 $(P_{cy} = W_a L_e)$ 之比(下标 cy: cycle),即

$$\eta_p = \frac{P_p}{P_{cy}} = \frac{Fc_0}{W_a L_e} \qquad (2-27)$$

对于涡喷发动机(尾喷管完全膨胀)有

$$F = W_a(c_9 - c_0)$$

$$Fc_0 = W_a(c_9 - c_0)c_0$$

$$P_{cy} = \frac{1}{2}W_a(c_9^2 - c_0^2)$$

因此

$$\eta_p = \frac{2}{1 + c_9/c_0} \qquad (2-28)$$

由上式可以得到以下结论：

（1）由于涡扇发动机的排气速度比涡喷发动机的低，故涡扇发动机的推进效率高，更省油；

（2）发动机的推进效率与 c_9/c_0 成反比，$c_0 = 0$ 时，发动机推力不做功，推进效率为 0；

（3）一般的飞行状态下发动机推力为正，总有 $c_9 > c_0$，故 $\eta_p \leqslant 1.0$。将单位质量工质的循环功减去推进功，则有

$$\frac{1}{2}(c_9^2 - c_0^2) - (c_9 - c_0)c_0 = \frac{1}{2}(c_9 - c_0)^2$$

从定义 c_0 的绝对坐标系（地球）来观察，发动机排气时带走了 $(c_9 - c_0)^2/2$ 的动能，这个能量也叫"离速损失"。

（4）对于喷气式发动机，循环功全部应用于增加气体的动能，c_9 一般很大，所以推进效率较低，但是随着飞行速度增加，推进效率会提高。

2.5.3　涡喷、涡扇发动机的总效率

总效率定义为推进功率与每秒消耗燃料产生的热量 Q_0（实际上是发动机消耗燃料的"热功率"）之比，即

$$\eta_0 = \frac{推进功率}{每秒消耗燃料的热量} = \frac{Fc_0}{Q_0} = \frac{Fc_0}{W_a L_e} \times \frac{W_a L_e}{Q_0} = \eta_t \eta_p \qquad (2-29)$$

由于耗油率的表达式可以写为

$$\mathrm{sfc} = \frac{3\ 600 W_f}{F} = \frac{3\ 600 Q_0}{F H_u} \qquad (2-30)$$

将式（2-29）代入式（2-30）中，不难推导出耗油率和总效率的关系为

$$\mathrm{sfc} = \frac{3\ 600 c_0}{H_u \eta_0} = \frac{3\ 600 a_0 M a_0}{H_u \eta_0} \qquad (2-31)$$

因此，在一定的飞行马赫数下，耗油率与发动机总效率成反比。也就是说，只有在相同的飞行条件下，才能够比较两个发动机的经济性。由于经常在地面静止条件下评定发动机的经济性，此时发动机的总效率为零，故常用发动机的耗油率作为经济性的衡量指标。

2.5.4　关于能量与动量（力）的关系

考察两个运动的球体，它们分别具有质量 m_1 和 m_2，假如两个小球具有相同的

动能,则有

$$\frac{1}{2}m_1 c_1^2 = \frac{1}{2}m_2 c_2^2$$

可以推出:

$$\frac{c_1}{c_2} = \sqrt{\frac{m_2}{m_1}}$$

两个球体的动量之比为

$$\frac{m_1 c_1}{m_2 c_2} = \sqrt{\frac{m_1}{m_2}}$$

可见,在动能相同的情况下,两个球体的动量之比与质量之比的二分之一次方成正比,要在相同的时间 t 内,把这两个球体从静止加速到 c_1 和 c_2 的状态,或者把它们从 c_1 和 c_2 的状态减速到零速度,需要的平均受力是不同的,质量大的球体受的力要大:

$$\frac{F_1}{F_2} = \frac{F_1 t}{F_2 t} = \frac{m_1 c_1}{m_2 c_2} = \sqrt{\frac{m_1}{m_2}}$$

理解这个简单的道理,对理解发动机能量利用和推力产生之间的关系,非常有用。但是再次提醒,两者的研究方法是不一样的,球体的研究方法属于拉格朗日法(体系法),而发动机的研究方法属于欧拉法(控制体法)。

由发动机的热力循环可知,静止条件下,每秒钟输入发动机的总热量 Q_1(燃油燃烧释放出来的化学能),被转化为两部分,一部分是发动机排出的燃气具有的热量 Q_2;另外一部分就是发动机排出的燃气具有的动能 $E_x = W_{g9} c_9^2 / 2$。正是因为有了排气速度 c_9,发动机才会有推力 $W_{g9} c_9$,因此 E_x 称为"可用能"(这里指可以产生推力的能量)。E_x 的不同使用方法将会产生不同的效果。考察这样的一台涡喷发动机和一台涡扇发动机:涡扇发动机的核心机和涡喷发动机的空气流量($W_{a,core} = W_a$)、燃油流量以及热效率相同($\eta_{t,F} = \eta_{t,J}$),那么它们的可用能也相等($E_{x,F} = E_{x,J}$),涡扇发动机把核心机的一部分可用能全部传递到外涵气流,内外涵道排气速度相同,因此

$$E_{x,F} = \frac{1}{2}W_{g9,F} c_{9F}^2 \approx \frac{1}{2}W_{a,F} c_{9F}^2 = E_{k,J} = \frac{1}{2}W_{g9,J} c_{9J}^2 \approx \frac{1}{2}W_{a,J} c_{9J}^2$$

即涡喷发动机和涡扇发动机的排气动能相等:

$$\frac{1}{2}W_{\mathrm{a,F}}c_{9\mathrm{F}}^{2} = \frac{1}{2}W_{\mathrm{a,J}}c_{9\mathrm{J}}^{2}$$

可以推出:

$$\frac{c_{9\mathrm{F}}}{c_{9\mathrm{J}}} = \sqrt{\frac{W_{\mathrm{a,J}}}{W_{\mathrm{a,F}}}}$$

涡扇发动机推力 F_{F} 和涡喷发动机的推力 F_{J} 分别为

$$F_{\mathrm{F}} = W_{\mathrm{a,F}}c_{9\mathrm{F}}; \quad F_{\mathrm{J}} = W_{\mathrm{a,J}}c_{9\mathrm{J}}$$

涡扇发动机和涡喷发动机推力的比值为

$$\frac{F_{\mathrm{F}}}{F_{\mathrm{J}}} = \frac{W_{\mathrm{a,F}}}{W_{\mathrm{a,J}}} \times \frac{c_{9\mathrm{F}}}{c_{9\mathrm{J}}} = \sqrt{\frac{W_{\mathrm{a,F}}}{W_{\mathrm{a,J}}}} \tag{2-32}$$

根据涡扇发动机的涵道比 BPR 的定义可得

$$\frac{F_{\mathrm{F}}}{F_{\mathrm{J}}} = \sqrt{1 + \mathrm{BPR}} \tag{2-33}$$

根据上面的假设,涡喷发动机和涡扇发动机具有相同的燃油流量,于是涡扇发动机的耗油率 $\mathrm{sfc}_{\mathrm{F}}$ 和涡喷发动机的耗油率 $\mathrm{sfc}_{\mathrm{J}}$ 之比为

$$\frac{\mathrm{sfc}_{\mathrm{F}}}{\mathrm{sfc}_{\mathrm{J}}} = \frac{1}{\sqrt{1 + \mathrm{BPR}}} \tag{2-34}$$

可见,随着涵道比的增大,涡扇发动机的推力增大而耗油率降低,这就是涡扇发动机比涡喷发动机省油的原因。如果考虑飞行马赫数的影响,情况会变得复杂一些,但是,在所遇到的大多数情况中,涡扇发动机的耗油率总是比涡喷发动机的要低一些,只不过随着飞行马赫数的增加,涡扇发动机获得的耗油率收益会减小。

上面的推导表明这样一个事实,对于同样的可用能 E_{x},如果空气流量大,发动机的推力更大,耗油率就更低,这和两个运动的球体的规律在本质上是一样的,因此,正确地理解和掌握能量与动量之间的协调关系,是分析发动机推进效率的基础。

双转子涡扇发动机是通过低压涡轮把核心机的一部分可用能传递给风扇外涵气流。如果把低压涡轮的这一部分可用能全部传递到螺旋桨的气流或者直升机的旋翼气流,得到的结论是一样的。对于涡桨(桨扇)发动机,不计核心机的排气产生的推力,在螺旋桨(桨扇)效率为 1.0 的情况下,螺旋桨(桨扇)产生的拉力随着螺旋桨(桨扇)的空气流量(相应的螺旋桨直径,或桨扇直径)增大而增大,涡桨(桨扇)发动机的耗油率随着螺旋桨的空气流量(相应的螺旋桨直径,或桨扇直径)增

大而降低。同理,对于涡轴发动机,旋翼产生的升力随着旋翼的空气流量(相应的旋翼直径)增大而增大。

如果在地面静止状态下,涡轴发动机的燃气发生器具有的可用功为 $P(\mathrm{kW})$,把这些可用功全部转换为旋翼的垂直于地面的空气的动能,并产生 $F(\mathrm{kgf})$ 升力,下面探讨一下 P 和 F 的关系。

假设流经旋翼的空气流量为 W_a,排出旋翼的气流速度为 c_9,按照上面的假设,旋翼的功率 P 和升力 F 分别为

$$P = \frac{1}{2} W_a c_9^2(\mathrm{W}) = \frac{1}{2\,000} W_a c_9^2(\mathrm{kW})$$

$$F = W_a c_9(\mathrm{N}) \approx \frac{1}{10} W_a c_9(\mathrm{kgf})$$

因此

$$\frac{F}{P} = \frac{200}{c_9}(\mathrm{kgf/kW}) \tag{2-35}$$

式(2-35)表明,如果旋翼的排气速度为 200 m/s,1 kW 的功率可以产生 1 kgf 的升力;排气速度为 50 m/s,1 kW 的功率可以产生 4 kgf 的升力。排气速度越低,升力越大。排气速度降低,空气流量就增加,旋翼的面积(直径)就会增大。当旋翼的能量转换有一定的效率时,情况更为复杂,可以通过旋翼性能来计算功率与升力的比值。

如果涡扇发动机核心机的可用能传递给外涵气流的过程中有一定的损失,情况会有所改变,假设涡扇发动机把核心机的一部分可用能传递到外涵气流时能量传递效率为 η_d,记内涵气流速度为 $c_{9,\,\mathrm{core}}$,流量为 $W_{a,\,\mathrm{core}} = W_{a,\,J}$;外涵气流速度为 $c_{9,\,\mathrm{duct}}$,流量为 $W_{a,\,\mathrm{duct}} = \mathrm{BPR} \times W_{a,\,J}$。分析此时的最佳功的分配。

能量传递公式为

$$\frac{1}{2} W_{a,\,J} c_{9,\,J}^2 = \frac{1}{2} W_{a,\,\mathrm{core}} c_{9,\,\mathrm{core}}^2 + \frac{1}{2} W_{a,\,\mathrm{duct}} c_{9,\,\mathrm{duct}}^2 / \eta_d$$

整理得

$$c_{9,\,J}^2 = c_{9,\,\mathrm{core}}^2 + \mathrm{BPR} c_{9,\,\mathrm{duct}}^2 / \eta_d$$

涡扇发动机的推力为

$$F_F = W_{a,\,\mathrm{core}} c_{9,\,\mathrm{core}} + W_{a,\,\mathrm{duct}} c_{9,\,\mathrm{duct}}$$

令核心机流量 $W_{a,\,\mathrm{core}}$ 保持不变,给定涵道比 BPR,求内外涵最佳功的分配,即

求 F_F 最大值。采用拉格朗日乘数法,能量传递公式作为约束。拉格朗日函数如下:

$$L = c_{9,\text{core}} + \text{BPR}c_{9,\text{duct}} + \lambda\left(c_{9,\text{core}}^2 + \text{BPR}c_{9,\text{duct}}^2 / \eta_d - c_{9,J}^2\right)$$

拉格朗日函数对变量和 λ 求导,并令偏导数为 0,有

$$
\begin{cases}
\dfrac{\partial L}{\partial c_{9,\text{core}}} = 1 + 2\lambda c_{9,\text{core}} = 0 \\[3mm]
\dfrac{\partial L}{\partial c_{9,\text{duct}}} = \text{BPR}\left(1 + 2\lambda\dfrac{c_{9,\text{duct}}}{\eta_d}\right) = 0 \\[3mm]
\dfrac{\partial L}{\partial \lambda} = c_{9,\text{core}}^2 + \text{BPR}c_{9,\text{duct}}^2 / \eta_d - c_{9,J}^2 = 0
\end{cases}
$$

由该方程组的前两个式子得

$$c_{9,\text{core}} = -\frac{1}{2\lambda}$$

$$c_{9,\text{duct}} = -\frac{\eta_d}{2\lambda}$$

代入该方程组的第三个式子得

$$\frac{1}{4\lambda^2} + \text{BPR}\frac{\eta_d}{4\lambda^2} = c_{9,J}^2$$

由于 λ 为负值,则

$$c_{9,J} = -\frac{\sqrt{1+\text{BPR}\eta_d}}{2\lambda}$$

因此

$$c_{9,\text{core}} = \frac{c_{9,J}}{\sqrt{1+\text{BPR}\eta_d}}$$

$$c_{9,\text{duct}} = \frac{c_{9,J}}{\sqrt{1+\text{BPR}\eta_d}}\eta_d$$

$$c_{9,\text{duct}}/c_{9,\text{core}} = \eta_d$$

因为内涵传递到外涵的能量有损失,推力最大(耗油率最低)时外涵的排气速度略低于内涵。从上面的推导可以看出,给定涵道比时,存在一个最佳的风扇压比

使内外涵排气速度满足上面的关系,使涡扇发动机推力最大,此时涡扇发动机推力为

$$F_{\mathrm{F}} = W_{\mathrm{a, core}} \frac{c_{9, \mathrm{J}}}{\sqrt{1 + \mathrm{BPR}\eta_{\mathrm{d}}}} + W_{\mathrm{a, core}} \frac{c_{9, \mathrm{J}}}{\sqrt{1 + \mathrm{BPR}\eta_{\mathrm{d}}}}\mathrm{BPR}\eta_{\mathrm{d}}$$

$$= W_{\mathrm{a, core}}c_{9, \mathrm{J}}\left(\frac{1 + \mathrm{BPR}\eta_{\mathrm{d}}}{\sqrt{1 + \mathrm{BPR}\eta_{\mathrm{d}}}}\right) = W_{\mathrm{a, core}}c_{9, \mathrm{J}}\sqrt{1 + \mathrm{BPR}\eta_{\mathrm{d}}}$$

涡扇与涡喷发动机的推力和耗油率之比为

$$\frac{F_{\mathrm{F}}}{F_{\mathrm{J}}} = \sqrt{1 + \mathrm{BPR}\eta_{\mathrm{d}}} \tag{2-36}$$

$$\frac{\mathrm{sfc_F}}{\mathrm{sfc_J}} = \frac{1}{\sqrt{1 + \mathrm{BPR}\eta_{\mathrm{d}}}} \tag{2-37}$$

推导结果表明,涡扇发动机的涵道比越大耗油率越低,并不存在最佳涵道比,得到这个结论的原因是推导中认为能量传递效率 η_{d} 是一个常数。实际上,随着涵道比增大,外涵气流动能减小,而外涵的总压损失和风扇效率变化不大,能量传递的损失所占的比重逐渐增大从而 η_{d} 变小,故实际中存在一个最佳的涵道比,因此 $F_{\mathrm{F}}/F_{\mathrm{J}}$ 不会一直增大,$\mathrm{sfc_F}/\mathrm{sfc_J}$ 也不会一直降低。涡轴、涡桨发动机的情况是类似的。

2.5.5　关于能量的量级

标准的 RP-3 航空煤油的低热值为 H_{u} = 42 900 kJ/kg,每千克航空煤油具有的化学能到底是什么量级呢?下面的例子可以帮助理解航空煤油热值的量级。

(1) 一般成年男性重约 70 kg($\approx$ 700 N),如果升高 1 km,那么他的势能变化量为: mg×H $\approx$ 700 kJ。每千克航空煤油的化学能大约相当于正常人升高 60 km (42 900/700 $\approx$ 60 km)需要的能量。如果能量的利用率为 100%,将一个正常体重人送入 600 km 高的太空,只需消耗 10 kg 航空煤油。相比之下,航天员杨利伟体重约 70 kg,神舟五号飞船重约 8 t,运载火箭长征 2F 火箭起飞总重约 500 t,可见人类利用能量的效率是非常低的。

(2) 1 kg 水温度升高 1 K(1 ℃),吸收的热能 4.18 kJ(1 千卡)。燃烧 1 kg 航空煤油可以将约 100 kg、0 ℃ 的水烧开(100 ℃)。因为 100 kg×100 ℃×4.18 kJ/ (kg·℃) $\approx$ 42 900 kJ。

(3) 1 度电为 1 kW·h = 3 600 kJ,可知 1 kg 航空煤油具有的化学能相当于 12 度电(因为 42 900 kJ/3 600 kJ $\approx$ 12)。目前锂电池的能量密度为 0.2 度电/kg,因此,1 kg 航空煤油具有的化学能相当于 60 kg 锂电池贮存的电能。

（4）1 kg 的 TNT 炸药的热值 4 184 kJ/kg，1 kg 航空煤油具有的化学能超过 10 kg 的 TNT 的热值。B737 飞机装满航空煤油约 20 t，能量相当于 200 t 的 TNT 的能量。

（5）按照爱因斯坦质能转换方程：$E = mC^2$，任何具有 1 kg 质量的物质，如果全部转换成能量，则：$E = mC^2 = 1 \times (300\,000\,000)^2 = 9 \times 10^{16}$ J，这大约相当于 200 万吨航空煤油含有的化学能（$2\,000\,000\,000$ kg $\times 42\,900\,000$ J/kg $= 8.58 \times 10^{16}$ J）。

假设燃烧室的燃烧效率为 1.0，根据涡轴发动机耗油率和热效率的定义：

$$sfc = \frac{3\,600W_f}{P}$$

$$\eta_t = \frac{L_e}{q_0} = \frac{W_a L_e}{Q_0} = \frac{W_a L_e}{H_u W_f} = \frac{P}{H_u W_f}$$

可知：

$$P = H_u W_f \eta_t = 42\,900 W_f \eta_t$$

于是得到：

$$sfc = \frac{3\,600W_f}{P} = \frac{3\,600}{42\,900\eta_t} \qquad (2-38)$$

或者

$$sfc \times \eta_t = \frac{3\,600}{42\,900} = 0.083 \qquad (2-39)$$

如果涡轴发动机的热效率为 1.0（能够将热量 100% 转化为输出功率的理想条件），涡轴发动机的耗油率为 0.083 kg/(kW·h)，热效率为 50% 时的耗油率为 0.166 kg/(kW·h)。

分析一下涡轴发动机的耗油率 sfc，其单位是 kg/(kW·h)，这表明如果采用涡轴发动机来发电，耗油率的意义就是发 1 度电所需要的燃油质量。先进涡轴发动机地面静止状态的 sfc 为 0.25 kg/(kW·h)，如果采用该涡轴发动机来发电，不考虑发电机的损失，发出 1 度电需要 0.25 kg 航空煤油，价格约 3.2 元人民币（航空煤油密度为 780 kg/m³，价格按 10 元/升计），而我国目前的居民用电价格为 0.5 元/度。即使用热效率为 1.0 的理想涡轴发动机来发电，发出 1 度电的成本也要 1.06 元。

习　题

一、填空题

1. 双轴涡喷发动机的压气机被分成低压压气机和高压压气机，目的是解决_____的问题。

2. 燃气发生器是由 _____、_____ 和 _____ 共同组成,其作用是 _____。

3. 核心机是由 _____、_____ 和 _____ 共同组成。

4. 发动机的有效推力由 _____、_____、_____、_____ 组成。

5. 航空燃气涡轮发动机常见的主要类型有 _____、_____、_____、_____、_____ 等五种。

6. 涵道比的定义: _____。

7. 按照排气方式,涡扇发动机可分为 _____ 和 _____,涵道比较小或需要加力燃烧室的发动机通常采用 _____(战斗机用),涵道比较高时可以采用 _____。

8. 桨扇发动机兼有 _____ 和 _____ 的双重优点。

9. 空气经过发动机后,先后经过 _____、_____、_____、_____ 和 _____ 等过程,使得排气速度 c_9 大于来流速度 c_0,从而产生推力。

10. 涡喷和涡扇发动机的主要性能参数包括 _____、_____、_____、_____ 等。

11. 涡轴和涡桨发动机的性能参数有 _____、_____、_____。

12. 地面工作时,直接推进式涡轮发动机只能用 _____ 来衡量它的经济性。

13. 涡喷和涡扇的耗油率的定义: _____。

14. 涡轴和涡桨的耗油率的定义: _____。

15. 热效率是 _____ 和 _____ 之比;推进效率是 _____ 和 _____ 之比;总效率是 _____ 和 _____ 之比。

16. 目前现役的高性能战斗机所使用的低涵道比混合排气加力涡扇发动机,其涵道比范围大约是 _____。

17. 当涡喷发动机的尾喷管完全膨胀(忽略燃油流量)时,已知其飞行速度 c_0 和排气速度 c_9,其推进效率的公式为 _____。

18. 对于喷气式发动机,循环功全部应用于 _____, c_9 一般很大,所以推进效率较 _____,但是随着飞行速度 c_0 增加,推进效率会 _____。

19. 推导发动机推力计算公式时,一般采用 _____ 法。

20. 发动机推力公式为: $F = W_{g9}c_9 - W_{a0}c_0 + (p_{s9} - p_{s0})A_9$,其中冲量推力为 _____,压力推力为 _____,尾喷管总推力为 _____,冲量阻力为 _____。

21. 在亚声速飞行时,进气道的前缘吸力 _____(大于/等于/小于)进气道的附加阻力,故亚声速飞行时,安装推力近似 _____(大于/等于/小于)发动机推力;

在超声速飞行时,进气道附加阻力比较_____,安装推力(有效推力)明显_____(大于/等于/小于)发动机推力。

22. 静止条件下,涡喷发动机和涡扇发动机具有相同的燃油流量,则涡扇发动机耗油率 sfc_F 和涡喷发动机的耗油率 sfc_J 之比与涵道比 BPR 的关系为:_____。可见,随着涵道比的增大,涡扇发动机的推力_____而耗油率_____,这就是涡扇发动机比涡喷发动机省油的原因。

23. 地面静止状态下,若涡轴发动机的燃气发生器具有的可用功为 $P(kW)$,把这些可用功全部转换为旋翼的垂直于地面的空气的动能,并产生 $F(kgf)$ 升力,P 和 F 的关系为_____。

24. 假设涡扇发动机把核心机的一部分可用能传递到外涵气流时能量传递效率 η_d 为常数,涡扇发动机的涵道比越大,耗油率_____,并不存在最佳涵道比。

二、选择题

1. 高涵道比分排涡扇发动机一般用于(　　　)。
   A. 直升机　　　　　　　　　　B. 大型民用亚声速运输机
   C. 军用歼击机　　　　　　　　D. 小型民用机

2. 以下哪一项不是高涵道比涡扇发动机的特点?(　　　)
   A. 迎面尺寸大　　　　　　　　B. 推进效率低
   C. 适用于亚声速飞行　　　　　D. 分别排气

3. 下列哪项是涡轴/涡桨发动机的性能参数?(　　　)
   A. 推重比　　　　　　　　　　B. 单位功率
   C. 单位迎面推力　　　　　　　D. 单位推力

4. 下列哪个部件受到的力与发动机推力方向一致?(　　　)
   A. 压气机　　　B. 涡轮　　　C. 加力燃烧室　　　D. 收敛喷管

5. 下列哪些部件所受的轴向力是向后的?(　　　)
   A. 压气机　　　B. 燃烧室　　　C. 涡轮　　　　D. 收敛尾喷管

6. 发动机推力表达式 $F = W_{g9}c_9 - W_{a0}c_0$ 的使用条件是(　　　)。
   A. 发动机尾喷管完全膨胀
   B. 发动机为零飞行速度
   C. 忽略燃气质量流量与空气质量流量的差别
   D. 发动机处于最大状态

7. 第五代航空涡轮发动机的推重比将达到(　　　)。
   A. 2~4　　　B. 4~6　　　C. 6~8　　　D. 10 以上

8. 某涡扇发动机的热效率一般为(　　　)。
   A. 5%　　　B. 28%　　　C. 60%　　　D. 80%

9. 桨扇发动机更适用于马赫数为(　　)的短途运输机。

　　A. 0.4~0.5　　　　B. 0.7~0.8　　　　C. 1.5~1.6　　　　D. 2.1~2.2

10. 对于涡喷涡扇发动机,飞行速度保持不变,排气速度增加,推进效率(　　)。

　　A. 升高　　　　　　　　　　　　B. 先降低后升高

　　C. 先升高后降低　　　　　　　　D. 降低

11. 下列说法错误的是(　　)

　　A. 相同空气质量流量下,低涵道比的涡扇发动机一般比涡喷发动机的质量低。

　　B. 产生相同推力时,涡扇发动机的空气质量流量要大于涡喷发动机。

　　C. 单位迎面推力越大,表示发动机迎风面积越小,有利于设计外形好,阻力小的飞机。

　　D. 尾喷管使气流加速流动,高速喷射产生反作用推力,尾喷管所受到的气动力是向前的,所以发动机才产生向前的推力。

三、简答题

1. 常见的航空燃气涡轮发动机有哪些类型? 各有什么特点和用途?

2. 衡量涡喷和涡扇的性能参数分别有哪些? 衡量涡轴和涡桨的性能参数分别有哪些?

3. 涡喷发动机中,哪些部件受向前的轴向力? 哪些部件受向后的轴向力? 尾喷管使气流加速流动,高速喷射产生反作用推力,为什么尾喷管所受到的气动力却是向后的?

4. 什么是附加阻力? 其物理本质又是什么?

5. 燃气涡轮发动机与活塞发动机有哪些不同之处?

6. 涡桨发动机与涡扇发动机在结构上有何异同?

7. 推导涡喷涡扇发动机的推进效率与进/排气速度的关系。

8. 根据动能和动量的关系分析为什么涡扇发动机的推进效率比涡喷发动机的大。

9. 涡喷发动机与涡桨发动机产生推力的原理有什么不同?

10. 请分别简述单轴涡喷发动机、分别排气涡扇发动机、混合排气涡扇发动机的主要部件。

11. 在不考虑发动机使用过程中各种阻力的条件下,试推导涡喷发动机的推力公式。

12. 试分析尾喷管工作状态对发动机推力的影响。

13. 请解释为何"同参数"下的分别排气涡扇发动机的推进效率高于涡喷发动机?

14. 画出单轴涡喷发动机设计增压比对单位推力和耗油率的影响,并加以解释。

15. 推导短舱安装方式的发动机有效推力计算公式,并写出发动机推力的表达式。

16. 简述发动机产生推力的基本原理,写出发动机推力公式,并解释其中各项的意义。

17. 试推导涡喷发动机、分别排气涡扇发动机的推力公式。

18. 试推导涡喷发动机、分别排气涡扇发动机、混合排气涡扇发动机的推进效率,燃气涡轮发动机热效率、总效率。

19. 安装收敛喷管的涡喷发动机,可以实现超声速飞行吗? 为什么?

20. 使用活塞发动机的飞机难以超声速飞行的原因是什么?

21. 涵道比为 10 的涡扇发动机,风扇效率和低压涡轮效率接近 1.0,其耗油率比相同热效率的涡喷发动机大约低多少?

22. 安装收敛喷管的涡喷发动机在国际标准大气条件、地面静止条件下试车时,测得 $p_{t9} = 3.5 \times 10^5\,\mathrm{Pa}$, $T_{t9} = 1\,000\,\mathrm{K}$, $\mathrm{far}_7 = 1.025$,求发动机的单位推力和耗油率。

23. 装有收敛喷管的涡喷发动机在海平面国际标准大气条件下以 $Ma_0 = 0.80$ 飞行,测得尾喷管进口总温 $T_{t7} = 2\,000\,\mathrm{K}$,进口总压 $p_{t7} = 250\,000\,\mathrm{Pa}$,求发动机的推进效率(尾喷管内等熵流动, $\gamma_\mathrm{g} = 1.33$)。

24. 已知发动机尾喷管出口处的气流速度为飞行速度的两倍,而加入发动机的总热量有 25% 用来增加气流的动能,试求发动机的总效率。

25. 具有收敛型尾喷管的某涡喷发动机在地面试车时,已知 $p_{t9} = 2.5 \times 10^5\,\mathrm{Pa}$, $T_{t9} = 887\,\mathrm{K}$, $W_{g9} = 50.7\,\mathrm{kg/s}$,周围大气压力 $p_{s0} = 1.013\,25 \times 10^5\,\mathrm{Pa}$。 试计算发动机的推力。

26. 协和号飞机装有奥林巴斯 593 涡喷发动机,在 $H = 15\,545\,\mathrm{m}$, $Ma_0 = 2.0$ 巡航飞行时发动机的排气速度 $c_9 = 1\,009\,\mathrm{m/s}$。 试计算发动机的推进效率(设周围大气压力 $p_{s0} = 0.11 \times 10^6\,\mathrm{Pa}$, $T_{s0} = 216.7\,\mathrm{K}$)。

27. 在上题的条件下,发动机的耗油率 sfc 大约为 $1.19\,\mathrm{kg/(kgf \cdot h)}$。试计算发动机的热效率和总效率。

28. 活塞发动机和燃气涡轮发动机的工作过程有什么相同点和不同点?

第3章
航空燃气涡轮发动机设计点性能计算

到目前为止,我们已经学习了发动机各部件的基本原理、热力循环、发动机类型和性能参数、发动机推力公式以及发动机效率等知识。发动机设计点性能的计算方法,是学习航空燃气涡轮发动机原理需要掌握的基本技能,也是航空涡轮发动机总体性能设计、发动机部件共同工作和非设计点特性计算的基础。如何根据发动机的设计点、部件参数和循环参数,计算出发动机的推力、单位推力和耗油率,并在此基础上完成循环分析,分析发动机的性能参数与循环参数之间的关系,是本章讲述的主要内容。随着计算机技术和仿真技术的发展,本章在讲述设计点性能计算的时候,分别采用了分段平均比热和变比热两种方法,以不加力涡喷发动机和混排加力涡扇发动机为例进行阐述,这样做既方便计算过程的分析与理解,又方便实现编程计算。

3.1　涡轮发动机的设计点

航空燃气涡轮发动机的设计点是一个非常重要的概念,要想深入理解设计点,我们不妨先了解一下家用汽车的油耗问题。以一般的家用汽车为例,常见比较省油的 1.6 L 排量的小轿车,购车时汽车厂家标称油耗为 6.0 L/100 km,可是当用户把车买回来使用后会发现,大多数情况下,实际使用的油耗会超过 6.0 L/100 km。这是不是说明该轿车性能不达标? 还是汽车厂家作假欺骗消费者呢? 要回答这个问题,不妨到汽车油耗测量的试验场去看看,我们会发现,汽车厂家标称的油耗为 6.0 L/100 km,在试验场试验时是有条件的: ① 汽车时速为 60 km;② 均速直线运动;③ 高级路面;④ 除驾驶员外载重 60 kg;⑤ 风速小于 5 m/s;⑥ 不开空调……只有在这些条件都满足的时候,汽车的每百公里油耗才是 6.0 L。试验时的条件,就是汽车的"**设计点**"。当消费者使用轿车的时候,经常有低速/高速、加速/减速、爬坡/平路/下坡、停车等红灯、开空调等工况,并不是在上述条件(设计点)使用的,而是在与设计点有区别的条件下使用的,也就是说在"非设计点"情况下使用的,油耗比厂家标称的"设计点"油耗要高,属于正常现象。可见,对于小轿车来说,时速、路面、载重、风速和空调等因素,直接影响其百公里油耗。推而广之,几乎所有的产品、设备和系统都有设计点的概念,譬如人体,"早晨空腹"就是血液指标正常值的"设计点"。

那么,对于航空燃气涡轮发动机来说,哪些条件影响其性能参数呢? 影响涡轮发动机的因素有飞行条件(飞行高度 H 和飞行马赫数 Ma_0)和大气条件(大气温度 T_{s0} 和压力 p_{s0}),例如,Su-27 战斗机使用的加力涡扇发动机 AL-31F 的性能参数是: 加力状态推力为 12 500 kgf、耗油率为 2.00 kg/(kgf·h)。这样的性能同样不是无条件达到的,要想获得这个性能的条件是: 在 $H = 0$ km、$Ma_0 = 0$、国际标准大气条件(大气温度 $T_{s0} = 288.15$ K 以及大气压力 $p_{s0} = 101 325$ Pa,简称 ISA)下发动机工作在最大加力状态,也就是说 AL-31F 发动机在海平面、静止、国际标准大气条件下以最大加力状态工作获得上述性能。**指定的飞行条件和大气条件就是涡轮发动机的"设计点"**,设计点的飞行条件和大气条件由飞机设计人员和发动机设计人员共同来确定。除此以外的其他情况,都称为"非设计点"。如把"设计点"理解为"设计条件"更容易记住。现在的先进飞行器,要求发动机在两个以上设计点获得相应的性能,被称为多设计点发动机。在这种情况下,可选择其中一个状态作为设计点,而其他点则作为检查点。例如,变循环发动机就有地面静止条件、亚声速巡航和超声速巡航这三个典型飞行条件下的推力和耗油率要求。但无论如何,设计点不能没有。

因此,提到发动机性能,首先应该想到的是设计点(也就是发动机性能在什么条件下获得的)。发动机在设计点获得的性能参数,称为发动机性能,而发动机在非设计点(和设计点有区别的条件)获得的性能参数,称为发动机特性(可以理解为"特殊情况下的性能")。通常,设计人员并不强调"性能"和"特性"的区别。

军用涡扇发动机常用的设计点: ① 海平面静止国际标准大气条件为 $H = 0$ km、$Ma_0 = 0$、ISA;② 超声速巡航状态的国际标准大气条件为 $H = 11$ km、$Ma_0 = 1.5$、ISA。

民用大涵道比涡扇发动机常用的设计点: ① 海平面静止国际标准大气条件为 $H = 0$ km、$Ma_0 = 0$、ISA;② 巡航状态国际标准大气条件为 $H = 11$ km、$Ma_0 = 0.8$、ISA。

3.2　设计点性能计算的假设

为了方便进行涡轮发动机设计点的性能计算,做以下假设:

(1) 气流在发动机内部流动为一维定常流动,也就是假定沿气流流动方向上任意一个截面的气流是均匀的,且不随时间的推移发生变化;

(2) "分段平均比热"(以下简称平均比热)计算方法中,假设冷端部件(压气机出口之前)的空气的比定压热容 $c_p = 1 004$ J/(kg·K)、比热比 $\gamma = 1.4$,热端部件(主燃烧室进口之后)的燃气的比定压热容 $c_p = 1\ 150\ \text{J}/(\text{kg} \cdot \text{K})$、比热比 $\gamma_g = 1.33$;

(3) 变比热气动热力参数计算公式的适用范围为 $166\ \text{K} \leqslant T \leqslant 2\ 222\ \text{K}$, $0 \leqslant$ far $\leqslant 0.067\ 6$;

(4) 收扩尾喷管为完全膨胀状态;

(5) 发动机无飞机引气、不向外漏气、不向外散热。

3.3　涡轮发动机设计点的性能计算步骤

设计点性能计算的目的是确定发动机性能参数和各截面气动热力参数,具体的内容是在给定的设计点(飞行条件和大气条件)、部件特性和循环参数的情况下,完成从发动机进口到出口的气动热力计算。发动机设计点性能计算只与气动热力过程有关,不涉及发动机的尺寸与质量估算,因此只能够获得发动机的推力 F、单位推力 F_s 和耗油率 sfc,推重比和单位迎面推力的计算还需要发动机的质量 M 和迎风面积 A,本书不涉及这部分内容。

推力、单位推力和耗油率的表达式分别为

$$F = W_{g9}c_9 - W_{a0}c_0 + (p_{s9} - p_{s0})A_9 \tag{3-1}$$

$$F_s = F/W_{a0} \tag{3-2}$$

$$\text{sfc} = \frac{3\ 600W_f}{F} \tag{3-3}$$

式中,c_0、p_{s0} 可以通过发动机的设计点来确定;空气流量 W_{a0} 不影响 F_s 和 sfc,由发动机的推力确定。因此,只需从发动机进口至出口逐一完成各部件的气动热力计算,就可以确定喷管出口燃气流量 W_{g9}(由空气流量 W_{a0} 和主燃烧室及加力燃烧室总供油量 W_f 来确定)、喷管排气速度 c_9 以及喷管出口静压 p_{s9}。最后获得发动机推力、单位推力和耗油率。

3.3.1　单轴涡喷发动机设计点性能的平均比热计算过程

下面的算例为不加力单轴涡喷发动机。

1. 已知条件

1) 发动机:单轴涡喷发动机(不加力)

2) 设计点:$H = 0\ \text{km}$、$Ma_0 = 0$、国际标准大气(ISA)

3) 各部件参数

(1) 进气道:总压恢复系数 $\sigma_I = 1.00$。

(2) 压气机:压比 $\pi_C = 10.0$、效率 $\eta_C = 0.85$、空气流量 $W_{a0} = 100.0\ \text{kg/s}$、冷

却空气量 $\delta = 10\%$、功率提取为 $0\,\mathrm{kW}$。

（3）燃烧室：总压损失系数 $\Delta p_{\mathrm{B}} = 0.05$、燃烧效率 $\eta_{\mathrm{B}} = 0.99$、燃烧室出口总温 $T_{\mathrm{t4}} = 1\,500\,\mathrm{K}$、航空煤油低热值 $H_{\mathrm{u}} = 42\,900\,\mathrm{kJ/kg}$。

（4）涡轮：效率 $\eta_{\mathrm{T}} = 0.90$。

（5）尾喷管：速度系数 $C_{\mathrm{V}} = 0.985$，收敛喷管。

4）计算站点定义

单轴涡喷发动机的计算站点的定义如图 3-1 所示（由于有冷却气流冷却涡轮，故定义 41 截面为涡轮导向器出口截面，如图 3-2 所示）。

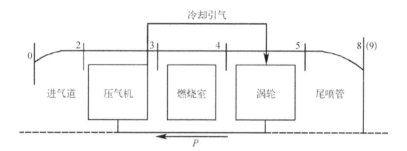

图 3-1　不加力单轴涡喷发动机的计算站点

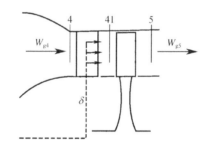

图 3-2　不加力单轴涡喷发动机的涡轮冷却示意图

2. 计算过程

1）大气参数计算

根据 $H = 0\,\mathrm{km}$，计算大气参数得到：$T_{\mathrm{s0}} = 288.15\,\mathrm{K}$、$p_{\mathrm{s0}} = 101\,325.0\,\mathrm{Pa}$，因为 $Ma_0 = 0$，故 $T_{\mathrm{t0}} = T_{\mathrm{s0}} = 288.15\,\mathrm{K}$、$p_{\mathrm{t0}} = p_{\mathrm{s0}} = 101\,325.0\,\mathrm{Pa}$。

2）进气道的气动热力计算

进气道中空气流动为绝能过程，可得进气道出口总温：$T_{\mathrm{t2}} = T_{\mathrm{t0}} = 288.15\,\mathrm{K}$。

根据进气道总压恢复系数的定义，可得进气道出口总压：$p_{\mathrm{t2}} = \sigma_1 p_{\mathrm{t0}} = 101\,325.0\,\mathrm{Pa}$。

3）压气机的气动热力计算

压气机进口空气流量：$W_{\mathrm{a2}} = W_{\mathrm{a0}} = 100\,\mathrm{kg/s}$。

根据压气机压比的定义,压气机出口总压为 $p_{t3} = p_{t2}\pi_C = 1\,013\,250.\,0\,\text{Pa}$。

根据压气机效率定义:

$$\eta_C = \frac{c_p(T_{t3i} - T_{t2})}{c_p(T_{t3} - T_{t2})} = \frac{T_{t2}(\pi_C^{\frac{\gamma-1}{\gamma}} - 1)}{(T_{t3} - T_{t2})}$$

可以计算出压气机出口总温为

$$T_{t3} = T_{t2}[1 + (\pi_C^{\frac{\gamma-1}{\gamma}} - 1)/\eta_C] = 288.\,15 \times [1 + (10^{\frac{1.4-1}{1.4}} - 1)/0.\,85] = 603.\,656\,6\,\text{K}$$

压气机功率为

$$P_C = W_{a2}c_p(T_{t3} - T_{t2}) = 100.\,0 \times 1004 \times (603.\,656\,6 - 288.\,15) = 31\,676\,852\,\text{J/s}$$

压气机出口的空气流量为 $W_{a3} = W_{a2}(1 - \delta) = 90\,\text{kg/s}$。

4)燃烧室的气动热力计算

根据燃烧室总压损失系数的定义,计算燃烧室出口总压 p_{t4} 为

$$p_{t4} = p_{t3}(1 - \Delta p_B) = 1\,013\,250.\,0 \times (1 - 0.\,05) = 962\,587.\,5\,\text{Pa}$$

根据燃烧室中能量守恒方程:

$$W_{a3}c_p T_{t3} + W_{f,B}H_u\eta_B = (W_{a3} + W_{f,B})c_{pg}T_{t4}$$

可以计算出燃烧室油气比为

$$\text{far}_4 = \frac{W_{f,B}}{W_{a3}} = \frac{c_{pg}T_{t4} - c_p T_{t3}}{\eta_B H_u - c_{pg}T_{t4}} = \frac{1150 \times 1500 - 1004 \times 603.\,656\,6}{0.\,99 \times 42\,900 \times 1000 - 1150 \times 1500} = 0.\,027\,46$$

根据油气比的定义,燃烧室燃油流量为

$$W_{f,B} = \text{far}_4 W_{a3} = 0.\,027\,46 \times 90 = 2.\,471\,4\,\text{kg/s}$$

燃烧室出口燃气流量为

$$W_{g4} = W_{a3} + W_{f,B} = W_{a3}(1 + \text{far}_4) = 90 \times (1 + 0.\,027\,46) = 92.\,471\,4\,\text{kg/s}$$

5)涡轮的气动热力计算

假设冷却气流都用于冷却涡轮导向器叶片(实际情况是冷气同时用于冷却导向器叶片和转子叶片,导向器叶片的冷却气比例大一些),并且在冷气与燃气的掺混过程中不计总压损失,则涡轮导向器后的总压 p_{t41} 为

$$p_{t41} = p_{t4} = 962\,587.\,5\,\text{Pa}$$

根据涡轮冷气与燃气掺混前后的能量守恒方程:

$$W_{g4}c_{pg}T_{t4} + W_{a2}\delta c_p T_{t3} = (W_{g4} + W_{a2}\delta)c_{pg}T_{t41}$$

可以计算出涡轮导向器后的总温 T_{t41} 为

$$T_{t41} = \frac{W_{g4} c_{pg} T_{t4} + W_{a2} \delta c_p T_{t3}}{(W_{g4} + W_{a2} \delta) c_{pg}}$$

$$= \frac{92.471\,4 \times 1\,150 \times 1\,500 + 100 \times 0.1 \times 1\,004 \times 603.656\,6}{(92.471\,4 + 100 \times 0.1) \times 1\,150}$$

$$= 1\,405.05\ \text{K}$$

涡轮导向器出口的燃气流量为

$$W_{g41} = W_{g4} + W_{a2} \delta = 92.471\,4 + 100 \times 0.1 = 102.471\,4\ \text{kg/s}$$

根据涡轮与压气机功率平衡(功率提取为 0 kW)有

$$W_{a2} c_p (T_{t3} - T_{t2}) = W_{g41} c_{pg} (T_{t41} - T_{t5})$$

可以计算出涡轮出口的总温 T_{t5} 为

$$T_{t5} = T_{t41} - \frac{W_{a2} c_p (T_{t3} - T_{t2})}{W_{g41} c_{pg}}$$

$$= 1\,405.05 - \frac{100 \times 1\,004 \times (603.656\,6 - 288.15)}{102.471\,4 \times 1\,150}$$

$$= 1\,136.24\ \text{K}$$

根据涡轮效率的定义:

$$\eta_T = \frac{c_{pg}(T_{t41} - T_{t5})}{c_{pg}(T_{t41} - T_{t5i})} = \frac{(T_{t41} - T_{t5})}{T_{t41}(1 - \pi_T^{-\frac{\gamma_g - 1}{\gamma_g}})}$$

可以计算涡轮落压比为

$$\pi_T = \left[1 - \left(1 - \frac{T_{t5}}{T_{t41}} \right) \Big/ \eta_T \right]^{\frac{-\gamma_g}{\gamma_g - 1}} = \left[1 - \left(1 - \frac{1\,136.24}{1\,405.05} \right) \Big/ 0.90 \right]^{\frac{-1.33}{1.33 - 1}} = 2.620\,011$$

则涡轮出口总压 p_{t5} 为

$$p_{t5} = \frac{p_{t41}}{\pi_T} = \frac{962\,587.5}{2.620\,011} = 367\,398.25\ \text{Pa}$$

涡轮出口燃气流量为

$$W_{g5} = W_{g41} = 102.471\,4\ \text{kg/s}$$

6) 尾喷管的气动热力计算

尾喷管出口的燃气流量为

$$W_{g9} = W_{g5} = 102.471\ 4\ \text{kg/s}$$

假设尾喷管流动为等熵过程,则尾喷管出口总温和总压为

$$T_{t9} = T_{t5} = 1\ 136.24\ \text{K}$$

$$p_{t9} = p_{t5} = 367\ 398.25\ \text{Pa}$$

因为收敛喷管 $(p_{t9}/p_{s0}) = 3.63 > (p_{t9}/p_{s0})_{cr} = 1.85$,故尾喷管处于超临界状态,因此,$Ma_9 = 1.0$,尾喷管出口面积 A_9 为

$$A_9 = \frac{W_{g9}\sqrt{T_{t9}}}{Kp_{t9}q(Ma_9)} = \frac{102.471\ 4 \times \sqrt{1\ 136.24}}{0.039\ 7 \times 367\ 398.25 \times 1.0} = 0.236\ 8\ \text{m}^2$$

尾喷管出口静压为

$$p_{s9} = p_{t9}\left(1 + \frac{\gamma_g - 1}{2}Ma_9^2\right)^{\frac{-\gamma_g}{\gamma_g - 1}} = 367\ 398.25 \times \left(1 + \frac{1.33 - 1}{2}\right)^{\frac{-1.33}{1.33 - 1}} = 198\ 528.84\ \text{Pa}$$

尾喷管出口静温为

$$T_{s9} = T_{t9}\left/\left(1 + \frac{\gamma_g - 1}{2}Ma_9^2\right)\right. = 1\ 136.24\left/\left(1 + \frac{1.33 - 1}{2}\right)\right. = 975.31\ \text{K}$$

尾喷管出口的理想排气速度为

$$c_{9i} = Ma_9 a_9 = Ma_9\sqrt{\gamma_g R T_{s9}} = 1.0 \times \sqrt{1.33 \times 287 \times 975.31} = 610.15\ \text{m/s}$$

尾喷管出口的实际排气速度为

$$c_9 = c_{9i} \times C_V = 610.15 \times 0.985 = 601.0\ \text{m/s}$$

7) 总体性能计算

发动机推力为

$$\begin{aligned}F &= W_{g9}c_9 + (p_{s9} - p_{s0})A_9\\ &= 102.471\ 4 \times 601.0 + (198\ 528.84 - 101\ 325) \times 0.236\ 8\\ &= 84\ 603.37\ \text{N}(8\ 624.115\ \text{kgf})\end{aligned}$$

单位推力为

$$F_s = \frac{F}{W_{a0}} = \frac{84\ 603.37}{100} = 846.03\ \text{N/(kg/s)}\left[86.24\ \text{kgf/(kg/s)}\right]$$

耗油率为

$$\mathrm{sfc} = \frac{3\,600 W_{\mathrm{f,\,B}}}{F} = \frac{3\,600 \times 2.471\,4}{84\,603.37} = 0.105\,2\ \mathrm{kg/(N \cdot h)}\,[\,1.032\ \mathrm{kg/(kgf \cdot h)}\,]$$

3.3.2　单轴涡喷发动机设计点性能的变比热计算过程

1. 已知条件

与"单轴涡喷发动机设计点性能的平均比热计算过程"相同。

2. 计算过程

1) 大气参数计算

根据 $H = 0\ \mathrm{km}$，计算大气参数得到：$T_{s0} = 288.15\ \mathrm{K}$、$p_{s0} = 101\,325.0\ \mathrm{Pa}$，因为 $Ma_0 = 0$，故 $T_{t0} = T_{s0} = 288.15\ \mathrm{K}$、$p_{t0} = p_{s0} = 101\,325.0\ \mathrm{Pa}$。

根据变比热关系式：

$$h = f(T,\ \mathrm{far})\ \text{和}\ \phi = f(T,\ \mathrm{far}) \tag{3-4}$$

由总温 T_{t0} 可以计算进气道进口总焓 h_{t0} 和熵函数 ϕ_{t0}。

2) 进气道的气动热力计算

进气道中空气流动是绝能过程，可得进气道出口总温 T_{t2} 为

$$T_{t2} = T_{t0} = 288.15\ \mathrm{K}$$

已知总温 T_{t2}，根据变比热关系式(3-4)，可以计算进气道出口总焓 h_{t2} 和熵函数 ϕ_{t2}。

由于 $\sigma_{\mathrm{I}} = 1.0$，根据进气道总压恢复系数的定义，可以计算出进气道出口总压 p_{t2} 为

$$p_{t2} = \sigma_{\mathrm{I}} p_{t0} = 101\,325.0\ \mathrm{Pa}$$

3) 压气机的气动热力计算

压气机进口的空气流量为 $W_{a2} = W_{a0} = 100\ \mathrm{kg/s}$。

根据压比的定义，可以计算出压气机出口总压 p_{t3} 为

$$p_{t3} = p_{t2} \pi_{\mathrm{C}}$$

根据等熵条件，可以计算出等熵压缩过程中压气机出口的熵函数 ϕ_{t3i}，即

$$\phi_{t3i} = \phi_{t2} + R\ln(\pi_{\mathrm{C}})$$

根据变比热关系式(3-4)，由熵函数 ϕ_{t3i} 可以迭代求解出等熵压缩过程中压气机出口等熵总温 T_{t3i} 及相应的等熵总焓 h_{t3i}。

根据压气机效率的定义，可以计算出压气机出口的实际总焓 h_{t3} 为

$$h_{t3} = h_{t2} + \frac{h_{t3i} - h_{t2}}{\eta_C}$$

根据变比热关系式(3-4),由实际总焓 h_{t3} 可以迭代求出压气机出口总温 T_{t3} 及相应的熵函数 ϕ_{t3}。

根据能量守恒方程可以计算出压气机功率为

$$P_C = W_{a2} \times (h_{t3} - h_{t2})$$

上述热力过程通过计算机程序计算可得

$$p_{t3} = 1\,013\,250.0 \text{ Pa}; T_{t3} = 598.07 \text{ K}; P_C = 31\,644\,450 \text{ J/s}$$

从压气机引出的冷却空气流量为

$$W_{a,\,cool} = W_{a2}\delta = 100 \times 0.1 = 10 \text{ kg/s}$$

压气机出口的空气流量为

$$W_{a3} = W_{a2} - W_{a,\,cool} = 100 - 10 = 90 \text{ kg/s}$$

4）燃烧室的气动热力计算

根据燃烧室总压损失系数的定义,可以计算出主燃烧室出口总压 p_{t4} 为

$$p_{t4} = p_{t3}(1 - \Delta p_B)$$

写出主燃烧室的能量守恒方程为

$$\begin{cases} W_{f,\,B}H_u\eta_B + W_{a3}h_{t3} = h_{t4}W_{a3}(1 + \text{far}_4) \\ h_{t4} = f(T_{t4},\,\text{far}_4) \\ \text{far}_4 = \dfrac{W_{f,\,B}}{W_{a3}} \end{cases} \tag{3-5}$$

式中,航空煤油的低热值 $H_u = 42\,900 \text{ kJ/kg}$。

方程(3-5)为二元方程组,根据 $T_{t4} = 1\,500$ K,迭代求解得燃烧出口的燃油流量 $W_{f,\,B}$、油气比 far_4 以及对应的总焓 h_{t4} 和熵函数 ϕ_{t4}。

上述热力过程通过计算机程序计算可得

$$p_{t4} = 962\,587.5 \text{ Pa}; W_{f,\,B} = 2.407\,3 \text{ kg/s}; \text{far}_4 = 0.026\,748$$

主燃烧室出口的燃气流量 W_{g4} 为

$$W_{g4} = W_{a3} + W_{f,\,B} = W_{a3}(1 + \text{far}_4) = 92.407\,3 \text{ kg/s}$$

5）涡轮的气动热力计算

(1) 涡轮导向器的冷却掺混过程计算(4 截面到 41 截面)。

假设冷却气流都用于冷却涡轮导向器叶片,并且在冷气与燃气的掺混过程中不计总压损失,可计算涡轮导向器后的总压 p_{t41} 为

$$p_{t41} = p_{t4}$$

根据涡轮冷气与燃气掺混前后的能量守恒方程:

$$W_{g4} h_{t4} + W_{a, cool} h_{t3} = (W_{g4} + W_{a, cool}) h_{t41}$$

可以求得涡轮导向器后的总焓 h_{t41}。根据变比热关系式(3-4),由总焓 h_{t41} 可以迭代求解出该截面的总温 T_{t41} 及相应的熵函数 ϕ_{t41}。

上述热力过程通过计算机程序计算可得

$$p_{t41} = 962\,587.5\,\text{Pa}; T_{t41} = 1\,420.27\,\text{K}$$

涡轮导向器出口的燃气流量为

$$W_{g41} = W_{g4} + W_{a, cool} = 92.407\,3 + 10.0 = 102.407\,3\,\text{kg/s}$$

(2) 涡轮膨胀过程计算(41 截面到 5 截面)。

因为涡轮驱动压气机,故根据涡轮与压气机功率平衡方程:

$$W_{a2}(h_{t3} - h_{t2}) = W_{g41}(h_{t41} - h_{t5})$$

可以求得涡轮出口的总焓 h_{t5}。根据变比热关系式(3-4),由总焓 h_{t5} 可以迭代求解出涡轮出口总温 T_{t5} 及对应的熵函数 ϕ_{t5}。

根据涡轮效率的定义:

$$\eta_T = \frac{h_{t41} - h_{t5}}{h_{t41} - h_{t5i}}$$

可以求得出口理想总焓 h_{t5i}。根据变比热关系式(3-4),由理想总焓 h_{t5i} 可以迭代求解出该截面的总温 T_{t5i} 及对应的熵函数 ϕ_{t5i}。

根据等熵条件,可以计算出涡轮出口总压 p_{t5} 为

$$p_{t5} = p_{t41} \times \exp\left(\frac{\phi_{t5i} - \phi_{t41}}{R}\right)$$

上述热力过程通过计算机程序计算可得

$$p_{t5} = 377\,688.3\,\text{Pa}; T_{t5} = 1\,171.00\,\text{K}$$

涡轮出口的燃气流量为

$$W_{g5} = W_{g41} = 102.407\,3\,\text{kg/s}$$

6）尾喷管的气动热力计算

尾喷管出口的燃气流量为

$$W_{g9} = W_{g7} = W_{g5}$$

燃气在涡轮出口至喷管出口中的流动为绝能等熵流动，则尾喷管出口总温和总压为

$$T_{t9} = T_{t7} = T_{t5}$$

$$p_{t9} = p_{t7} = p_{t5}$$

根据变比热关系式（3-4），由总温 T_{t7} 和 T_{t9} 可以计算总焓 h_{t7} 和 h_{t9} 及相应的熵函数 ϕ_{t7} 和 ϕ_{t9}。

对于收敛喷管，先判断喷管出口的流动状态，即判断出口马赫数是否为 1。

此处先假设收敛喷管出口马赫数 $Ma_9 = 1.0$，根据能量守恒方程可知：

$$\begin{cases} h_{t9} - h_{s9} = \dfrac{1}{2}c_{9i}^2 \\ c_{9i} = a_9 = \sqrt{\gamma R T_{s9}} \\ h_{s9} = f(T_{s9}, far_9) \end{cases} \quad (3-6)$$

由方程组（3-6）可以迭代求解出尾喷管出口静温 T_{s9} 和理想排气速度 c_{9i}。

根据变比热关系式（3-4），由静温 T_{s9} 可以计算其静焓 h_{s9} 和相应的熵函数 ϕ_{s9}。

根据速度系数的定义，可以计算出尾喷管出口处的实际排气速度 c_9 为

$$c_9 = c_{9i} \times C_V$$

根据等熵条件，可以计算出喷管出口静压 p_{s9} 为

$$p_{s9} = p_{t9} \exp\left(\frac{\phi_{s9} - \phi_{t9}}{R}\right)$$

根据气体状态方程和流量计算公式：

$$\begin{cases} p_{s9} = \rho_{s9} R T_{s9} \\ W_{g9} = \rho_{s9} A_9 c_9 \end{cases}$$

可以求解出尾喷管出口面积 A_9。

如果 $p_{s9} > p_{s0}$，则尾喷管未完全膨胀，出口马赫数为 1.0，上述假设成立，出口参数计算完毕；如果 $p_{s9} \leqslant p_{s0}$，则尾喷管完全膨胀，按 $p_{s9} = p_{s0}$ 计算出口参数，步骤如下。

根据等熵条件,可以计算出尾喷管出口的熵函数 ϕ_{s9} 为

$$\phi_{s9} = \phi_{t9} - R\ln\left(\frac{p_{t9}}{p_{s9}}\right)$$

根据变比热关系式(3-4),由熵函数 ϕ_{s9} 可以迭代求解出尾喷管出口的静温 T_{s9} 及相应的静焓 h_{s9}。

根据能量守恒方程,可以计算出尾喷管出口处的理想排气速度 c_{9i} 为

$$c_{9i} = \sqrt{2(h_{t9} - h_{s9})}$$

根据速度系数的定义,可以计算出尾喷管出口处的实际排气速度 c_9 为

$$c_9 = c_{9i} \times C_V$$

同样地,根据气体状态方程和流量计算公式:

$$\begin{cases} p_{s9} = \rho_{s9}RT_{s9} \\ W_{g9} = \rho_{s9}A_9c_9 \end{cases}$$

可以计算出尾喷管出口处面积 A_9。

上述热力过程通过计算机程序计算可得

$$p_{s9} = 204\,815.2\ \text{Pa}; T_{s9} = 1\,012.00\ \text{K}; A_9 = 0.234\,8\ \text{m}^2; c_9 = 609.79\ \text{m/s}$$

尾喷管出口燃气流量为

$$W_{g9} = W_{g7} = W_{g5} = 102.407\,3\ \text{kg/s}$$

尾喷管出口总温和总压为

$$T_{t9} = T_{t7} = T_{t5} = 1\,171.00\ \text{K}$$

$$p_{t9} = p_{t7} = p_{t5} = 377\,688.3\ \text{Pa}$$

7) 总体性能计算

发动机推力为

$$\begin{aligned} F &= W_{g9}c_9 + (p_{s9} - p_0)A_9 \\ &= 102.407\,3 \times 609.79 + (204\,815.2 - 101\,325) \times 0.234\,8 \\ &= 86\,746.45\ \text{N}(8\,842.66\ \text{kgf}) \end{aligned}$$

单位推力为

$$F_s = \frac{F}{W_{a0}} = \frac{86\,746.45}{100} = 867.46\ \text{N/(kg/s)}\,[88.43\ \text{kgf/(kg/s)}]$$

耗油率为

$$\text{sfc} = \frac{3\,600W_{\text{f, B}}}{F} = \frac{3\,600 \times 2.407\,3}{86\,746.45} = 0.099\,9\ \text{kg/(N · h)}\,[\,0.980\,1\ \text{kg/(kgf · h)}\,]$$

涡喷发动机平均比热与变比热的计算结果对比如表 3 - 1 所示。

表 3 - 1   涡喷发动机变比热计算和平均比热计算的结果对比

参数	总温/K		总压/Pa		流量/(kg/s)	
截面	平均比热	变比热	平均比热	变比热	平均比热	变比热
0	288.15	288.15	101 325.0	101 325.0	100.0	100.0
2	288.15	288.15	101 325.0	101 325.0	100.0	100.0
3	603.656 6	598.07	1 013 250.0	1 013 250.0	90.0	90.0
4	1 500	1 500	962 587.5	962 587.5	92.471 4	92.407 3
41	1 405.05	1 420.27	962 587.5	962 587.5	102.471 4	102.407 3
5	1 136.24	1 171.00	367 398.25	377 688.3	102.471 4	102.407 3
7	1 136.24	1 171.00	367 398.25	377 688.3	102.471 4	102.407 3
9	1 136.24	1 171.00	367 398.25	377 688.3	102.471 4	102.407 3

其他参数					
	T_{s9}/K	p_{s9}/Pa	A_9/m²	c_9/(m/s)	$W_{\text{f, B}}$/(kg/s)	far_4
平均比热	975.31	198 528.84	0.236 8	601.0	2.471 4	0.027 46
变比热	1 012.00	204 815.2	0.234 8	609.79	2.407 3	0.026 748

性能参数对比		
	F	F_s	sfc
平均比热	84 603.37 N (8 624.115 kgf)	846.03 N/(kg/s) [86.24 kgf/(kg/s)]	0.105 2 kg/(N · h) [1.032 kg/(kgf · h)]
变比热	86 746.45 N (8 842.66 kgf)	867.46 N/(kg/s) [88.43 kgf/(kg/s)]	0.099 9 kg/(N · h) [0.980 1 kg/(kgf · h)]

对比平均比热和变比热的计算结果,以变比热计算结果为基准,平均比热的推力计算误差为 2.47%,耗油率的计算误差为 5.31%。

3.3.3 双轴混排涡扇发动机设计点性能的平均比热计算过程

1. 已知条件

1) 设计点:$H = 11\ \text{km}$、$Ma_0 = 1.5$、国际标准大气

2）各部件参数

（1）进气道：按超声速进气道特性计算。

（2）风扇：压比 $\pi_F = 4.80$、效率 $\eta_F = 0.85$、空气流量 $W_{a0} = 100.0\,\text{kg/s}$、涵道比 $BPR = 0.30$。

（3）压气机：压比 $\pi_C = 6.50$、效率 $\eta_C = 0.86$、冷却空气量比例 $\delta = 20\%$（压气机出口引气用于冷却涡轮，$\delta = W_{a,\,cool}/W_{a21}$，$W_{a,\,cool}$ 为冷却空气流量）、功率提取 $P_{ext} = 200\,\text{kW}$（用于驱动发电机、发动机附件系统和飞机附件系统）。

（4）主燃烧室：总压损失系数 $\Delta p_B = 0.04$、燃烧效率 $\eta_B = 0.995$、出口总温 $T_{t4} = 1\,960\,\text{K}$、航空煤油低热值 $H_u = 42\,900\,\text{kJ/kg}$。

（5）高压涡轮：效率 $\eta_{TH} = 0.90$，冷气比例 $\delta_H = 70\%\delta$。

（6）低压涡轮：效率 $\eta_{TL} = 0.92$，冷气比例 $\delta_L = 30\%\delta$。

（7）外涵道：总压损失系数 $\Delta p_{DU} = 0.05$。

（8）混合室：等截面、无摩擦、充分混合，质量平均总压损失系数 $\Delta p_{MIX} = 0.05$。

（9）加力燃烧室：不开加力时总压损失系数 $\Delta p_{AB} = \Delta p_{dry} = 0.04$、开加力时的加力总压损失系数 $\Delta p_{AB} = 0.06$、燃烧效率 $\eta_{AB} = 0.95$、出口总温 $T_{t7} = 2\,250\,\text{K}$。

（10）尾喷管：速度系数 $C_V = 0.985$，收扩喷管完全膨胀状态。

3）计算站点的定义

双轴混排加力涡扇发动机的计算站点的定义如图 3-3 所示［由于变比热计算中涡轮导向器和涡轮转子均有冷却气流，故定义高压涡轮导向器出口为 41 截面、高压涡轮转子出口为 42（未掺混）和 5 截面（掺混后）、低压涡轮导向器出口为 51 截面、低压涡轮转子出口为 52（未掺混）和 55 截面（掺混后）］。双轴混排加力涡扇发动机的功率提取及冷却气引气关系（含涡轮）如图 3-4 所示。

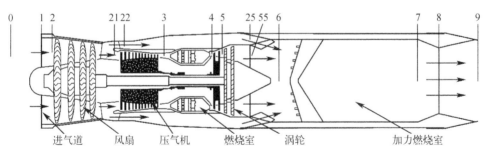

图 3-3　双轴混排加力涡扇发动机的计算站点

2. 计算过程

1）大气参数计算

根据 $H = 11\,\text{km}$ 时，标准大气的大气参数随海拔变化的关系式来计算大气

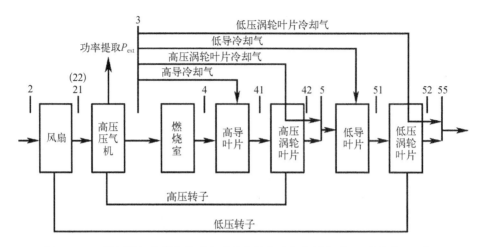

图 3-4 双轴混排加力涡扇发动机功率提取与冷却气引气关系（含涡轮）示意图

参数：

$$T_{s0} = (288.15 - 6.5H) = (288.15 - 6.5 \times 11) = 216.65 \text{ K}$$

$$p_{s0} = 101\,325 \left(1 - \frac{H}{44.308}\right)^{5.2553} = 101\,325 \times \left(1 - \frac{11}{44.308}\right)^{5.2553} = 22\,615.615 \text{ Pa}$$

由于飞行马赫数 $Ma_0 = 1.5$，则进气道进口总温和总压为

$$T_{t0} = T_{s0}\left(1 + \frac{\gamma - 1}{2}Ma_0^2\right) = 216.65 \times \left(1 + \frac{1.4 - 1}{2} \times 1.5^2\right) = 314.143 \text{ K}$$

$$p_{t0} = p_{s0}\left(1 + \frac{\gamma - 1}{2}Ma_0^2\right)^{\frac{\gamma}{\gamma - 1}} = 22\,615.615 \times \left(1 + \frac{1.4 - 1}{2} \times 1.5^2\right)^{\frac{1.4}{1.4 - 1}}$$
$$= 83\,022.615 \text{ Pa}$$

自由来流气流速度为

$$c_0 = Ma_0\sqrt{\gamma R T_{s0}} = 1.5 \times \sqrt{1.4 \times 287 \times 216.65} = 442.56 \text{ m/s}$$

2）进气道的气动热力计算

进气道中空气流动为绝能过程，可得进气道出口总温为 $T_{t2} = T_{t0} = 314.143 \text{ K}$。
进气道总压恢复系数（超声速进气道特性）为

$$\sigma_I = 1.0 - 0.075 \times (Ma_0 - 1)^{1.35} = 0.9705781$$

根据进气道总压恢复系数的定义，可得进气道出口总压为

$$p_{t2} = \sigma_I p_{t0} = 0.9705781 \times 83\,022.615 = 80\,579.932 \text{ Pa}$$

3）风扇的气动热力计算

风扇进口的空气流量为 $W_{a2} = W_{a0} = 100\ \text{kg/s}$。

假设风扇出口内外涵总压一样,根据压比的定义,可计算出风扇出口总压为

$$p_{t21} = p_{t22} = p_{t2}\pi_F = 80\,579.\,932 \times 4.\,8 = 386\,783.\,674\ \text{Pa}$$

根据风扇效率的定义:

$$\eta_F = \frac{c_p(T_{t21i} - T_{t2})}{c_p(T_{t21} - T_{t2})} = \frac{T_{t2}(\pi_F^{\frac{\gamma-1}{\gamma}} - 1)}{(T_{t21} - T_{t2})}$$

可以计算出风扇出口内外涵总温为

$$\begin{aligned}T_{t21} = T_{t22} &= T_{t2}\left[1 + (\pi_F^{\frac{\gamma-1}{\gamma}} - 1)/\eta_F \right] = 314.\,143 \times \left[1 + (4.\,8^{\frac{1.4-1}{1.4}} - 1)/0.\,85 \right]\\ &= 523.\,124\ \text{K}\end{aligned}$$

风扇功率为

$$P_F = W_{a2}c_p(T_{t21} - T_{t2}) = 100.\,0 \times 1\,004 \times (523.\,124 - 314.\,143) = 20\,981\,692\ \text{W}$$

风扇出口流量为

$$W_{a21} + W_{a22} = W_{a2} = 100.\,0\ \text{kg/s}$$

根据涵道比的定义,内涵空气流量为

$$W_{a21} = \frac{W_{a2}}{1 + \text{BPR}} = \frac{100}{1 + 0.\,3} = 76.\,923\ \text{kg/s}$$

外涵空气流量为

$$W_{a22} = W_{a2} - W_{a21} = 100 - 76.\,923 = 23.\,077\ \text{kg/s}$$

4）压气机的气动热力计算

根据压比的定义,可以计算出压气机出口总压 p_{t3} 为

$$p_{t3} = \pi_C p_{t21} = 6.\,5 \times 386\,783.\,674 = 2\,514\,093.\,881\ \text{Pa}$$

根据压气机效率的定义:

$$\eta_C = \frac{c_p(T_{t3i} - T_{t21})}{c_p(T_{t3} - T_{t21})} = \frac{c_p T_{t21}(\pi_C^{\frac{\gamma-1}{\gamma}} - 1)}{c_p(T_{t3} - T_{t21})}$$

可以计算压气机出口总温 T_{t3} 为

$$T_{t3} = T_{t21} + \frac{T_{t21}(\pi_C^{\frac{\gamma-1}{\gamma}} - 1)}{\eta_C} = 523.124 + 523.124 \times \frac{6.5^{\frac{1.4-1}{1.4}} - 1}{0.86} = 953.246 \text{ K}$$

从压气机引出的冷却空气流量为

$$W_{a,cool} = W_{a21}\delta = 76.923 \times 0.2 = 15.3846 \text{ kg/s}$$

压气机出口的空气流量为

$$W_{a3} = W_{a21} - W_{a,cool} = 76.923 - 15.3846 = 61.5384 \text{ kg/s}$$

压气机功率为

$$P_C = W_{a21}c_p(T_{t3} - T_{t21}) = 76.923 \times 1004 \times (953.246 - 523.124) = 33\,218\,620 \text{ W}$$

5）主燃烧室的气动热力计算

根据燃烧室总压损失系数的定义，燃烧室出口总压为

$$p_{t4} = p_{t3}(1 - \Delta p_B) = 2\,514\,093.881 \times (1 - 0.04) = 2\,413\,530.126 \text{ Pa}$$

由燃烧室能量守恒方程：

$$W_{a3}c_pT_{t3} + W_{f,B}H_u\eta_B = (W_{a3} + W_{f,B})c_{pg}T_{t4}$$

可得燃烧室的油气比为

$$\text{far}_4 = \frac{W_{f,B}}{W_{a3}} = \frac{c_{pg}T_{t4} - c_pT_{t3}}{\eta_B H_u - c_{pg}T_{t4}} = \frac{1\,150 \times 1\,960 - 1\,004 \times 953.246}{0.995 \times 42\,900 \times 1\,000 - 1\,150 \times 1\,960}$$

$$= 0.032\,077\,49$$

根据油气比的定义，燃烧室的燃油流量为

$$W_{f,B} = W_{a3}\text{far}_4 = 61.5384 \times 0.032\,077\,49 = 1.974 \text{ kg/s}$$

燃烧室出口的燃气流量为

$$W_{g4} = W_{a3} + W_{f,B} = W_{a3}(1 + \text{far}) = 61.5384 \times (1 + 0.032\,077\,49) = 63.5124 \text{ kg/s}$$

6）高压涡轮的气动热力计算

假设冷却气流都用于冷却高压涡轮导向器叶片，并且在冷却气与燃气的掺混过程中不计总压损失，则高压涡轮导向器后的总压 p_{t41} 为

$$p_{t41} = p_{t4} = 2\,413\,530.126 \text{ Pa}$$

根据高压涡轮冷却气与燃气掺混前后的能量守恒方程：

$$W_{g4}c_{pg}T_{t4} + W_{a,cool}\delta_H c_pT_{t3} = (W_{g4} + W_{a,cool}\delta_H)c_{pg}T_{t41}$$

可得高压涡轮导向器后的总温 T_{t41} 为

$$
\begin{aligned}
T_{t41} &= \frac{W_{g4} c_{pg} T_{t4} + W_{a,\,cool} \delta_H c_p T_{t3}}{(W_{g4} + W_{a,\,cool} \delta_H) c_{pg}} \\
&= \frac{63.512\,4 \times 1\,150 \times 1\,960 + 15.384\,6 \times 0.7 \times 1\,004 \times 953.246}{(63.512\,4 + 15.384\,6 \times 0.7) \times 1\,150} \\
&= 1\,796.497\ \mathrm{K}
\end{aligned}
$$

高压涡轮导向器出口的燃气流量为

$$
W_{g41} = W_{g4} + W_{a,\,cool} \delta_H = 63.512\,4 + 15.384\,6 \times 0.7 = 74.281\,6\ \mathrm{kg/s}
$$

根据高压涡轮与压气机的功率及其提取功率的平衡方程：

$$
W_{a21} c_p (T_{t3} - T_{t21}) + P_{ext} = W_{g41} c_{pg} (T_{t41} - T_{t5})
$$

可计算出高压涡轮出口总温 T_{t5} 为

$$
\begin{aligned}
T_{t5} &= T_{t41} - \frac{W_{a21} c_p (T_{t3} - T_{t21}) + P_{ext}}{W_{g41} c_{pg}} \\
&= 1\,796.497 - \frac{76.923 \times 1\,004 \times (953.246 - 523.124) + 200 \times 1\,000}{74.281\,6 \times 1\,150} \\
&= 1\,405.287\ \mathrm{K}
\end{aligned}
$$

根据高压涡轮效率的定义：

$$
\eta_{TH} = \frac{c_{pg}(T_{t41} - T_{t5})}{c_{pg}(T_{t41} - T_{t5i})} = \frac{(T_{t41} - T_{t5})}{T_{t41}\left(1 - \pi_{TH}^{-\frac{\gamma_g - 1}{\gamma_g}}\right)}
$$

可得高压涡轮落压比为

$$
\pi_{TH} = \left[1 - \left(1 - \frac{T_{t5}}{T_{t41}} \right) \Big/ \eta_{TH} \right]^{\frac{-\gamma_g}{\gamma_g - 1}} = \left[1 - \left(1 - \frac{1\,405.287}{1\,796.497} \right) \Big/ 0.90 \right]^{\frac{-1.33}{1.33 - 1}} = 3.054\,03
$$

则高压涡轮出口总压为

$$
p_{t5} = \frac{p_{t41}}{\pi_{TH}} = \frac{2\,413\,530.126}{3.054\,03} = 790\,277.151\ \mathrm{Pa}
$$

高压涡轮出口的燃气流量为

$$
W_{g5} = W_{g41} = 74.281\,6\ \mathrm{kg/s}
$$

7）低压涡轮的气动热力计算

假设冷却气流都用于冷却低压涡轮导向器叶片，并且在冷气与燃气的掺混过程中不计总压损失，则低压涡轮导向器后的总压 p_{t51} 为

$$p_{t51} = p_{t5} = 790\ 277.\ 151\ \text{Pa}$$

根据低压涡轮冷却气与燃气掺混前后的能量守恒方程：

$$W_{g5}c_{pg}T_{t5} + W_{a,\ cool}\delta_L c_p T_{t3} = (W_{g5} + W_{a,\ cool}\delta_L)c_{pg}T_{t51}$$

可得低压涡轮导向器后的总温 T_{t51} 为

$$
\begin{aligned}
T_{t51} &= \frac{W_{g5}c_{pg}T_{t5} + W_{a,\ cool}\delta_L c_p T_{t3}}{(W_{g5} + W_{a,\ cool}\delta_L)c_{pg}} \\
&= \frac{74.\ 281\ 6 \times 1\ 150 \times 1\ 405.\ 287 + 15.\ 384\ 6 \times 0.\ 3 \times 1\ 004 \times 953.\ 246}{(74.\ 281\ 6 + 15.\ 384\ 6 \times 0.\ 3) \times 1\ 150} \\
&= 1\ 371.\ 764\ \text{K}
\end{aligned}
$$

低压涡轮导向器出口的燃气流量为

$$W_{g51} = W_{g5} + W_{a,\ cool}\delta_L = 74.\ 281\ 6 + 15.\ 384\ 6 \times 0.\ 3 = 78.\ 897\ \text{kg/s}$$

根据低压涡轮与风扇的功率平衡方程：

$$W_{a2}c_p(T_{t21} - T_{t2}) = W_{g51}c_{pg}(T_{t51} - T_{t55})$$

可计算出低压涡轮出口总温 T_{t55} 为

$$
\begin{aligned}
T_{t55} &= T_{t51} - \frac{W_{a2}c_p(T_{t21} - T_{t2})}{W_{g51}c_{pg}} \\
&= 1\ 371.\ 764 - \frac{100 \times 1\ 004 \times (523.\ 124 - 314.\ 143)}{78.\ 897 \times 1\ 150} \\
&= 1\ 140.\ 514\ \text{K}
\end{aligned}
$$

根据低压涡轮效率的定义：

$$\eta_{TL} = \frac{c_{pg}(T_{t51} - T_{t55})}{c_{pg}(T_{t51} - T_{t55i})} = \frac{(T_{t51} - T_{t55})}{T_{t51}(1 - \pi_{TL}^{-\frac{\gamma_g - 1}{\gamma_g}})}$$

可得低压涡轮落压比为

$$\pi_{TL} = \left[1 - \left(1 - \frac{T_{t55}}{T_{t51}}\right) \Big/ \eta_{TL}\right]^{\frac{-\gamma_g}{\gamma_g - 1}} = \left[1 - \left(1 - \frac{1\ 140.\ 514}{1\ 371.\ 764}\right) \Big/ 0.\ 92\right]^{\frac{-1.\ 33}{1.\ 33 - 1}} = 2.\ 260\ 897$$

则低压涡轮出口总压为

$$p_{t55} = \frac{p_{t51}}{\pi_{TL}} = \frac{790\,277.151}{2.260\,897} = 349\,541.421\text{ Pa}$$

低压涡轮出口的燃气流量为

$$W_{g55} = W_{g51} = 78.897\text{ kg/s}$$

8）外涵道的气动热力计算

外涵空气流量为

$$W_{a22} = W_{a25} = W_{a2} - W_{a21} = 100 - 76.923 = 23.077\text{ kg/s}$$

根据总压损失系数计算外涵出口总压为

$$p_{t25} = p_{t22}(1 - \Delta p_{DU}) = 386\,783.674 \times (1 - 0.05) = 367\,444.49\text{ Pa}$$

假设外涵道的空气流动为绝热过程,则出口总温为

$$T_{t25} = T_{t22} = 523.124\text{ K}$$

9）混合室气动热力计算

混合室出口流量为

$$W_{g6} = W_{a25} + W_{g55} = 23.077 + 78.897 = 101.974\text{ kg/s}$$

根据混合室能量守恒方程:

$$W_{a25}c_p T_{t25} + W_{g55}c_{pg}T_{t55} = W_{g6}c_{pg}T_{t6}$$

可计算出混合室出口总温 T_{t6} 为

$$
\begin{aligned}
T_{t6} &= \frac{W_{a25}c_p T_{t25} + W_{g55}c_{pg}T_{t55}}{W_{g6}c_{pg}} \\
&= \frac{23.077 \times 1\,004 \times 523.124 + 78.897 \times 1\,150 \times 1\,140.514}{101.974 \times 1\,150} \\
&= 985.767\text{ K}
\end{aligned}
$$

根据质量平均总压损失系数的定义,可得混合室出口总压 p_{t6} 为

$$
\begin{aligned}
p_{t6} &= \left(\frac{W_{a25}p_{t25} + W_{g55}p_{t55}}{W_{g6}}\right)(1 - \Delta p_{MIX}) \\
&= \left(\frac{23.077 \times 367\,444.49 + 78.897 \times 349\,541.421}{101.974}\right) \times (1 - 0.05) \\
&= 335\,913.289\text{ Pa}
\end{aligned}
$$

10) 加力燃烧室的气动热力计算

(1) 不开加力(总压损失系数为 $\Delta p_{AB} = 0.04$) 时,加力燃烧室的气动热力计算如下。

加力燃烧室出口的总压为

$$p_{t7} = p_{t6}(1 - \Delta p_{AB}) = 335\,913.\,289 \times (1 - 0.\,04) = 322\,476.\,757\,\text{Pa}$$

出口总温为

$$T_{t7} = T_{t6} = 985.\,767\,\text{K}$$

出口流量为

$$W_{g7} = W_{g6} = 101.\,974\,\text{kg/s}$$

(2) 开加力(总压损失系数为 $\Delta p_{AB} = 0.06$) 时,加力燃烧室的气动热力计算如下。

加力燃烧室出口的总压为

$$p_{t7} = p_{t6}(1 - \Delta p_{AB}) = 335\,913.\,289 \times (1 - 0.\,06) = 315\,758.\,492\,\text{Pa}$$

根据加力燃烧室的能量守恒方程:

$$W_{g6}c_{pg}T_{t6} + W_{f,\,AB}H_u\eta_{AB} = (W_{g6} + W_{f,\,AB})c_{pg}T_{t7}$$

可得加力燃烧室的燃油流量为

$$
\begin{aligned}
W_{f,\,AB} &= \frac{W_{g6}(c_{pg}T_{t7} - c_{pg}T_{t6})}{H_u\eta_{AB} - c_{pg}T_{t7}} \\
&= \frac{101.\,974 \times (1\,150 \times 2\,250 - 1\,150 \times 985.\,767)}{42\,900 \times 1\,000 \times 0.\,95 - 1\,150 \times 2\,250} \\
&= 3.\,884\,37\,\text{kg/s}
\end{aligned}
$$

加力燃烧室出口的燃气流量为

$$W_{g7} = W_{g6} + W_{f,\,AB} = 101.\,974 + 3.\,884\,37 = 105.\,858\,37\,\text{kg/s}$$

11) 尾喷管的气动热力计算

(1) 不开加力时,尾喷管的气动热力计算如下。

尾喷管出口的燃气流量为

$$W_{g9} = W_{g8} = W_{g7} = 101.\,974\,\text{kg/s}$$

假设尾喷管的燃气流动为等熵过程,尾喷管出口总温和总压为

$$T_{t9} = T_{t8} = T_{t7} = 985.\,767\,\text{K}$$

$$p_{t9} = p_{t8} = p_{t7} = 322\,476.\,757\,\text{Pa}$$

因为收扩喷管完全膨胀,所以

$$p_{s9} = p_{s0} = 22\ 615.\ 615\ \mathrm{Pa}$$

则计算尾喷管出口马赫数为

$$Ma_9 = \sqrt{\frac{2}{\gamma_g - 1}\left[\left(\frac{p_{t9}}{p_{s9}}\right)^{\frac{\gamma_g - 1}{\gamma_g}} - 1\right]} = \sqrt{\frac{2}{1.\ 33 - 1}\left[\left(\frac{322\ 476.\ 757}{22\ 615.\ 615}\right)^{\frac{1.\ 33 - 1}{1.\ 33}} - 1\right]}$$
$$= 2.\ 378\ 62$$

尾喷管出口静温为

$$T_{s9} = T_{t9}\left(1 + \frac{\gamma_g - 1}{2}Ma_9^2\right)^{-1} = 985.\ 767 \times \left(1 + \frac{1.\ 33 - 1}{2} \times 2.\ 378\ 62^2\right)^{-1}$$
$$= 509.\ 824\ \mathrm{K}$$

尾喷管出口的理想排气速度为

$$c_{9i} = Ma_9 a_9 = Ma_9 \sqrt{\gamma R T_{s9}} = 2.\ 378\ 62 \times \sqrt{1.\ 33 \times 287 \times 509.\ 824}$$
$$= 1\ 049.\ 305\ 6\ \mathrm{m/s}$$

尾喷管的实际排气速度为

$$c_9 = c_{9i} \times C_V = 1\ 049.\ 305\ 6 \times 0.\ 985 = 1\ 033.\ 566\ \mathrm{m/s}$$

(2) 开加力时,尾喷管的气动热力计算如下。

尾喷管出口的燃气流量为

$$W_{g9} = W_{g8} = W_{g7} = 105.\ 858\ 37\ \mathrm{kg/s}$$

假设尾喷管流动为等熵过程,尾喷管出口总温和总压分别为

$$T_{t9} = T_{t8} = T_{t7} = 2\ 250\ \mathrm{K}$$

$$p_{t9} = p_{t8} = p_{t7} = 315\ 758.\ 492\ \mathrm{Pa}$$

因为收扩喷管完全膨胀,所以

$$p_{s9} = p_{s0} = 22\ 615.\ 615\ \mathrm{Pa}$$

则计算尾喷管出口马赫数为

$$Ma_9 = \sqrt{\frac{2}{\gamma_g - 1}\left[\left(\frac{p_{t9}}{p_{s9}}\right)^{\frac{\gamma_g - 1}{\gamma_g}} - 1\right]} = \sqrt{\frac{2}{1.\ 33 - 1}\left[\left(\frac{315\ 758.\ 492}{22\ 615.\ 615}\right)^{\frac{1.\ 33 - 1}{1.\ 33}} - 1\right]}$$
$$= 2.\ 365\ 75$$

尾喷管出口静温为

$$T_{s9} = T_{t9}\left(1 + \frac{\gamma_g - 1}{2}Ma_9^2\right)^{-1} = 2\,250 \times \left(1 + \frac{1.33 - 1}{2} \times 2.365\,75^2\right)^{-1}$$
$$= 1\,169.762\ \text{K}$$

尾喷管出口的理想排气速度为

$$c_{9i} = Ma_9 a_9 = Ma_9\sqrt{\gamma R T_{s9}} = 2.365\,75 \times \sqrt{1.33 \times 287 \times 1\,169.762}$$
$$= 1\,580.827\ \text{m/s}$$

尾喷管的实际排气速度为

$$c_9 = c_{9i} \times C_V = 1\,580.827 \times 0.985 = 1\,557.115\ \text{m/s}$$

12）发动机的性能计算

（1）不加力时，发动机的性能计算如下。

发动机推力为

$$F = W_{g9}c_9 - W_{a0}c_0 = 101.974 \times 1\,033.566 - 100 \times 442.56$$
$$= 61\,140.859\ \text{N}(6\,232.503\ \text{kgf})$$

单位推力为

$$F_s = \frac{F}{W_{a0}} = \frac{61\,140.859}{100} = 611.408\,59\ \text{N/(kg/s)}\,[62.325\ \text{kgf/(kg/s)}]$$

耗油率为

$$\text{sfc} = \frac{3\,600 W_{f,B}}{F} = \frac{3\,600 \times 1.974}{61\,140.859} = 0.116\,23\ \text{kg/(N · h)}\,[1.140\ \text{kg/(kgf · h)}]$$

（2）加力时，发动机的性能计算如下。

发动机推力为

$$F = W_{g9}c_9 - W_{a0}c_0 = 105.858\,37 \times 1\,557.115 - 100 \times 442.56$$
$$= 120\,577.656\ \text{N}(12\,291.3\ \text{kgf})$$

单位推力为

$$F_s = \frac{F}{W_{a0}} = \frac{120\,577.656}{100} = 1\,205.776\,56\ \text{N/(kg/s)}\,[122.913\ \text{kgf/(kg/s)}]$$

耗油率为

$$\text{sfc} = \frac{3\,600(W_{\text{f, B}} + W_{\text{f, AB}})}{F} = \frac{3\,600 \times (1.974 + 3.884\,37)}{120\,577.656}$$

$$= 0.174\,91\ \text{kg}/(\text{N} \cdot \text{h})\,[\,1.716\ \text{kg}/(\text{kgf} \cdot \text{h})\,]$$

3.3.4　双轴混排涡扇发动机设计点性能的变比热计算过程

1. 已知条件

为了更接近实际情况,假设高压涡轮的冷却气流的 65% 用于导向器冷却,35% 用于转子冷却;低压涡轮的冷却气流的 54% 用于导向器冷却,46% 用于转子冷却; 冷却空气在导向器和转子叶片中的掺混损失为燃气流的总压的 0.5%;内涵出口马赫数 $Ma_{55} = 0.3$;其他条件同上。

2. 计算过程

1）大气参数计算

根据给定的飞行高度 $H = 11\ \text{km}$,可以查国际标准大气表可得到: $T_{s0} = 216.65\ \text{K}$、 $p_{s0} = 22\,632.1\ \text{Pa}$。

按变比热计算比热比 γ,然后根据飞行马赫数,可以计算出飞行速度 c_0 为

$$c_0 = Ma_0 \times a_0 = Ma_0 \sqrt{\gamma R T_{s0}} = 442.79\ \text{m/s}$$

根据变比热关系式(3-4):

$$h = f(T,\ \text{far})\ \text{和}\ \phi = f(T,\ \text{far})$$

已知静温 T_{s0},可计算出静焓 h_{s0} 和熵函数 ϕ_{s0}。根据能量守恒方程,可计算进口总焓 h_{t0} 为

$$h_{t0} = h_{s0} + \frac{1}{2}c_0^2$$

已知总焓 h_{t0},根据变比热关系式(3-4),利用牛顿迭代法求解出总温 T_{t0} 及相应的熵函数 ϕ_{t0}。

根据等熵条件,可以计算总压 p_{t0} 为

$$p_{t0} = p_{s0} \exp\left(\frac{\phi_{t0} - \phi_{s0}}{R}\right)$$

上述热力过程通过计算机程序计算可得

$$T_{t0} = 314.52\ \text{K}; p_{t0} = 83\,113.4\ \text{Pa}$$

2）进气道的气动热力计算

进气道中空气的流动为绝能过程,则进气道出口总温 T_{t2} 为

$$T_{t2} = T_{t0} = 314.52 \text{ K}$$

已知总温 T_{t2}，根据变比热关系式（3-4），可以计算进气道出口总焓 h_{t2} 和熵函数 ϕ_{t2}。

进气道总压恢复系数（超声速进气道特性）为

$$\sigma_I = 1.0 - 0.075 \times (Ma_0 - 1)^{1.35} = 0.970\,578\,1$$

根据进气道总压恢复系数的定义，可以计算进气道出口总压 p_{t2} 为

$$p_{t2} = \sigma_I p_{t0} = 0.970\,578\,1 \times 83\,113.4 = 80\,668.1 \text{ Pa}$$

3）风扇气动热力计算

风扇进口的空气流量为 $W_{a2} = W_{a0} = 100 \text{ kg/s}$。

假设风扇出口内、外涵的总压一样，则可以计算出风扇出口总压为

$$p_{t21} = p_{t22} = p_{t2}\pi_F$$

根据等熵条件，可以计算出等熵压缩过程中风扇出口的熵函数 ϕ_{t21i}，即

$$\phi_{t21i} = \phi_{t2} + R\ln(\pi_F)$$

根据变比热关系式（3-4），由熵函数 ϕ_{t21i} 可以迭代求解出风扇出口的等熵总温 T_{t21i} 及相应的等熵焓 h_{t21i}。

根据风扇效率的定义，可以计算出风扇出口实际总焓 h_{t21} 为

$$h_{t21} = h_{t2} + \frac{h_{t21i} - h_{t2}}{\eta_F}$$

根据变比热关系式（3-4），由实际总焓 h_{t21} 可以迭代求出风扇出口总温 T_{t21} 及相应的熵函数 ϕ_{t21}。

根据能量守恒方程可以计算风扇功率为

$$P_F = W_{a2} \times (h_{t21} - h_{t2})$$

上述热力过程通过计算机程序计算可得

$$p_{t21} = p_{t22} = 387\,206.7 \text{ Pa}; T_{t21} = T_{t22} = 521.26 \text{ K}; P_F = 21\,001\,634 \text{ J/s}$$

风扇出口的空气流量为

$$W_{a21} + W_{a22} = W_{a2} = 100.0 \text{ kg/s}$$

根据涵道比的定义，内涵空气流量为

$$W_{a21} = \frac{W_{a2}}{1 + \text{BPR}} = \frac{100}{1 + 0.3} = 76.923 \text{ kg/s}$$

外涵空气流量为

$$W_{a22} = W_{a2} - W_{a21} = 100 - 76.923 = 23.077 \text{ kg/s}$$

4）压气机的气动热力计算

根据压比的定义，可以计算压气机出口总压 p_{t3} 为

$$p_{t3} = p_{t21} \pi_C$$

根据等熵条件，可以计算出等熵压缩过程中压气机出口的熵函数 ϕ_{t3i} 为

$$\phi_{t3i} = \phi_{t21} + R\ln(\pi_C)$$

根据变比热关系式（3-4），由熵函数 ϕ_{t3i} 可以迭代求解出等熵压缩过程中压气机出口等熵总温 T_{t3i} 及相应的等熵焓 h_{t3i}。

根据压气机效率的定义，可以计算压气机出口实际总焓 h_{t3} 为

$$h_{t3} = h_{t21} + \frac{h_{t3i} - h_{t21}}{\eta_C}$$

根据变比热关系式（3-4），由实际总焓 h_{t3} 可以迭代求解出压气机出口总温 T_{t3} 及相应的熵函数 ϕ_{t3}。

根据能量守恒方程可以计算压气机功率为

$$P_C = W_{a21} \times (h_{t3} - h_{t21})$$

上述热力过程通过计算机程序计算可得

$$p_{t3} = 2\,516\,843.5 \text{ Pa}; T_{t3} = 914.87 \text{ K}; P_C = 32\,654\,244 \text{ J/s}$$

从压气机引出的冷却空气流量为

$$W_{a,\text{cool}} = W_{a21}\delta = 76.923 \times 0.2 = 15.3846 \text{ kg/s}$$

压气机出口的空气流量为

$$W_{a3} = W_{a21} - W_{a,\text{cool}} = 76.923 - 15.3846 = 61.5384 \text{ kg/s}$$

5）主燃烧室的气动热力计算

根据燃烧室总压损失系数的定义，可以计算出主燃烧室出口总压 p_{t4} 为

$$p_{t4} = p_{t3}(1 - \Delta p_B)$$

主燃烧室的能量守恒方程为

$$\begin{cases} W_{f,B} H_u \eta_B + W_{a3} h_{t3} = h_{t4} W_{a3}(1 + \text{far}_4) \\ h_{t4} = f(T_{t4}, \text{far}_4) \\ \text{far}_4 = \dfrac{W_{f,B}}{W_{a3}} \end{cases} \quad (3-7)$$

方程(3-7)为二元方程组,根据 $T_{t4} = 1\,960\,\text{K}$,迭代求解得燃烧出口燃油流量 $W_{f,B}$、油气比 far_4 以及对应的总焓 h_{t4} 和熵函数 ϕ_{t4}。

上述气动热力过程通过计算机程序计算可得

$$p_{t4} = 2\,416\,169.8\,\text{Pa}; W_{f,B} = 2.055\,0\,\text{kg/s}; \text{far}_4 = 0.033\,39$$

主燃烧室出口燃气流量 W_{g4} 为

$$W_{g4} = W_{a3} + W_{f,B} = W_{a3}(1 + \text{far}_4) = 63.594\,\text{kg/s}$$

6) 高压涡轮的气动热力计算

(1) 高压涡轮导向器的冷却掺混过程计算(4 截面到 41 截面)如下。

高压涡轮导向器引冷却气比例为 $\delta_{HV} = \delta_H \delta_V = 0.7 \times 0.65 = 0.455$。

根据掺混总压损失系数的定义,可以计算高压涡轮导向器后的总压 p_{t41} 为

$$p_{t41} = p_{t4}(1 - \Delta p_{HV})$$

根据高压涡轮冷气与燃气掺混前后的能量守恒方程:

$$W_{g4} h_{t4} + W_{a,cool} \delta_{HV} h_{t3} = (W_{g4} + W_{a,cool} \delta_{HV}) h_{t41}$$

可以求得高压涡轮导向器后的总焓 h_{t41}。根据变比热关系式(3-4),由总焓 h_{t41} 可以迭代求解出该截面的总温 T_{t41} 及相应的熵函数 ϕ_{t41}。

上述气动热力过程通过计算机程序计算可得

$$p_{t41} = 2\,404\,089.0\,\text{Pa}; T_{t41} = 1\,866.0\,\text{K}$$

高压涡轮导向器出口燃气流量为

$$W_{g41} = W_{g4} + W_{a,cool} \delta_{HV} = 63.594 + 15.384\,6 \times 0.455 = 70.59\,\text{kg/s}$$

(2) 高压涡轮的膨胀过程计算(41 截面到 42 截面)如下。

因为高压涡轮驱动压气机,故根据高压涡轮与压气机功率平衡方程(假设转子的冷却气不参与涡轮做功)为

$$W_{a21}(h_{t3} - h_{t21}) + P_{ext} = W_{g41}(h_{t41} - h_{t42})$$

可以求得该截面的总焓 h_{t42}。根据变比热关系式(3-4),由总焓 h_{t42} 可以迭代求解出该截面的总温 T_{t42} 及对应的熵函数 ϕ_{t42}。

根据高压涡轮效率的定义:

$$\eta_{TH} = \frac{h_{t41} - h_{t42}}{h_{t41} - h_{t42i}}$$

可以求得高压涡轮膨胀后的理想总焓 h_{t42i}。根据变比热关系式(3-4),由理想总

焓 h_{t42i} 可以迭代求解出该截面的总温 T_{t42i} 及对应的熵函数 ϕ_{t42i}。

根据等熵条件,可以计算出口总压 p_{t42} 为

$$p_{t42} = p_{t41} \times \exp\left(\frac{\phi_{t42i} - \phi_{t41}}{R}\right)$$

上述气动热力过程通过计算机程序计算可得

$$p_{t42} = 813\,811.\,6\,\mathrm{Pa};\ T_{t42} = 1\,508.\,2\,\mathrm{K}$$

高压涡轮膨胀后的燃气流量为

$$W_{g42} = W_{g41} = 70.\,59\,\mathrm{kg/s}$$

(3) 高压涡轮转子的冷却掺混过程计算(42 截面到 5 截面)如下。

高压涡轮转子引冷却气的比例为 $\delta_{HB} = \delta_H \delta_B = 0.\,7 \times 0.\,35 = 0.\,245$。

根据掺混总压损失系数的定义,可以计算高压涡轮出口的总压 p_{t5} 为

$$p_{t5} = p_{t42}(1 - \Delta p_{HB})$$

根据高压涡轮的冷却气与燃气掺混前后的能量守恒方程:

$$W_{g42} h_{t42} + W_{a,\,cool} \delta_{HB} h_{t3} = (W_{g42} + W_{a,\,cool} \delta_{HB}) h_{t5}$$

可以计算高压涡轮出口的总焓 h_{t5}。根据变比热关系式(3-4),由总焓 h_{t5} 可以迭代求解出高压涡轮出口的总温 T_{t5} 及对应的熵函数 ϕ_{t5}。

上述气动热力过程通过计算机程序计算可得

$$p_{t5} = 809\,742.\,5\,\mathrm{Pa};\ T_{t5} = 1\,480.\,5\,\mathrm{K}$$

高压涡轮转子冷却后出口燃气流量为

$$W_{g5} = W_{g42} + W_{a,\,cool} \delta_{HB} = 70.\,59 + 15.\,384\,6 \times 0.\,245 = 74.\,36\,\mathrm{kg/s}$$

7) 低压涡轮的气动热力计算

(1) 低压涡轮导向器的冷却掺混过程计算(5 截面到 51 截面)如下。

低压涡轮导向器引冷却气的比例为 $\delta_{LV} = \delta_L \delta_V = 0.\,3 \times 0.\,54 = 0.\,162$。

根据掺混总压损失系数的定义,可以计算出低压涡轮导向器后的总压 p_{t51} 为

$$p_{t51} = p_{t5}(1 - \Delta p_{LV})$$

低压涡轮的冷却气与燃气掺混时,根据掺混前后的能量守恒方程:

$$W_{g5} h_{t5} + W_{a,\,cool} \delta_{LV} h_{t3} = (W_{g5} + W_{a,\,cool} \delta_{LV}) h_{t51}$$

可以求出高压涡轮导向器后的总焓 h_{t51}。根据变比热关系式(3-4),由总焓 h_{t51} 可以迭代求解出总温 T_{t51} 及对应的熵函数 ϕ_{t51}。

上述气动热力过程通过计算机程序计算可得

$$p_{t51} = 805\ 693.\ 8\ \text{Pa}; T_{t51} = 1\ 463.\ 6\ \text{K}$$

低压涡轮导向器出口的燃气流量为

$$W_{g51} = W_{g5} + W_{a,\ cool}\delta_{LV} = 74.\ 36 + 15.\ 384\ 6 \times 0.\ 162 = 76.\ 852\ 3\ \text{kg/s}$$

（2）低压涡轮的膨胀过程计算（51 截面到 52 截面）如下。

因为低压涡轮驱动风扇，故根据低压涡轮与风扇的功率平衡方程（假设转子的冷却气不参与涡轮做功）有

$$W_{a2}(h_{t21} - h_{t2}) = W_{g51}(h_{t51} - h_{t52})$$

可以计算该截面总焓 h_{t52}。根据变比热关系式（3-4），由总焓 h_{t52} 可以迭代求解出该截面的总温 T_{t52} 及相应的熵函数 ϕ_{t52}。

根据低压涡轮效率的定义：

$$\eta_{TL} = \frac{h_{t51} - h_{t52}}{h_{t51} - h_{t52i}}$$

可以求得低压涡轮膨胀后的理想焓 h_{t52i}。根据变比热关系式（3-4），由理想焓 h_{t52i} 可以迭代求解出该截面的理想总温 T_{t52i} 及相应的熵函数 ϕ_{t52i}。

根据等熵条件，可以计算出出口总压 p_{t52} 为

$$p_{t52} = p_{t51} \times \exp\left(\frac{\phi_{t52i} - \phi_{t51}}{R}\right)$$

上述气动热力过程通过计算机程序计算可得

$$p_{t52} = 372\ 807.\ 8\ \text{Pa}; T_{t52} = 1\ 264.\ 0\ \text{K}$$

低压涡轮膨胀后的燃气流量为

$$W_{g52} = W_{g51} = 76.\ 852\ 3\ \text{kg/s}$$

（3）低压涡轮转子的冷却掺混过程计算（52 截面到 55 截面）如下。

低压涡轮转子引冷却气的比例为 $\delta_{LB} = \delta_L\delta_B = 0.\ 3 \times 0.\ 46 = 0.\ 138$。

根据掺混总压损失系数的定义，可以计算低压涡轮出口的总压 p_{t55} 为

$$p_{t55} = p_{t52}(1 - \Delta p_{LB})$$

根据低压涡轮冷却气与燃气掺混前后的能量守恒方程：

$$W_{g52}h_{t52} + W_{a,\ cool}\delta_{LB}h_{t3} = (W_{g52} + W_{a,\ cool}\delta_{LB})h_{t55}$$

可以计算出低压涡轮出口的总焓 h_{t55}。根据变比热关系式（3-4），由总焓 h_{t55} 可以

迭代求解出该低压涡轮出口的总温 T_{t55} 及相应的熵函数 ϕ_{t55}。

上述气动热力过程通过计算机程序计算可得

$$p_{t55} = 370\ 931.3\ \text{Pa}; T_{t55} = 1\ 237.7\ \text{K}$$

低压涡轮转子冷却后的出口燃气流量为

$$W_{g55} = W_{g52} + W_{a,\ cool}\delta_{LB} = 76.852\ 3 + 15.384\ 6 \times 0.138 = 78.98\ \text{kg/s}$$

8）外涵道的气动热力计算

外涵空气流量为

$$W_{a22} = W_{a25} = W_{a2} - W_{a21} = 100 - 76.923 = 23.077\ \text{kg/s}$$

根据总压损失系数计算外涵出口总压为

$$p_{t25} = p_{t22}(1 - \Delta p_{DU}) = 387\ 206.7 \times (1 - 0.05) = 367\ 846.3\ \text{Pa}$$

假设外涵道的空气流动为绝热过程,则出口总温为

$$T_{t25} = T_{t22} = 521.26\ \text{K}$$

根据变比热关系式(3-4),可以计算其外涵出口总焓 h_{t22} 和 h_{t25} 及相应的熵函数 ϕ_{t22} 和 ϕ_{t25}。

9）混合室的气动热力计算

混合室出口流量为

$$W_{g6} = W_{a25} + W_{g55} = 23.077 + 78.98 = 102.06\ \text{kg/s}$$

根据混合室的能量守恒方程:

$$W_{a25}h_{t25} + W_{g55}h_{t55} = W_{g6}h_{t6}$$

可以计算混合室出口总焓 h_{t6}。根据变比热关系式(3-4),由总焓 h_{t6} 可以迭代求解出混合室出口总温 T_{t6} 及相应的熵函数 ϕ_{t6}。

已知内涵出口马赫数 $Ma_{55} = 0.3$ 和 55 截面的总参数,可由方程组(3-8):

$$\begin{cases} \phi_{t55} - \phi_{s55} = R\ln(p_{t55}/p_{s55}) \\ W_{g55} = \rho_{55}c_{55}A_{55} \\ c_{55} = \sqrt{2(h_{t55} - h_{s55})} \\ Ma_{55} = c_{55}/\sqrt{\gamma RT_{s55}} \\ p_{s55} = \rho_{55}RT_{s55} \end{cases} \quad (3-8)$$

以及变比热关系式(3-4),迭代求解出混合室内涵进口截面的面积 A_{55}、燃气速度

c_{55}、静温 T_{s55}、静压 p_{s55} 以及相应的熵函数 ϕ_{s55}。

根据混合室进口的内外涵静压平衡的条件可知:

$$p_{s55} = p_{s25}$$

同样地,已知燃烧室外涵进口静压 p_{s25} 及相应的总参数,参考上述方法可以求解混合室外涵道进口截面的面积 A_{25}、空气速度 c_{25}、静温 T_{25} 以及相应的熵函数 ϕ_{s25}。

混合室出口的面积为

$$A_6 = A_{25} + A_{55}$$

由动量方程得

$$W_{g6} c_6 + p_{s6} A_6 = (W_{a25} c_{25} + p_{s25} A_{25}) + (W_{g55} c_{55} + p_{s55} A_{55})$$

以及对出口截面使用状态方程和流量公式:

$$W_{g6} = \rho_6 c_6 A_6$$

$$p_{s6} = \rho_6 R T_{s6}$$

则可计算出混合室出口的静压 p_{s6}、静温 T_{s6} 及相应的熵函数 ϕ_{s6}。再根据等熵条件,即可计算混合室出口的总压 p_{t6} 为

$$p_{t6} = p_{s6} \times \exp\left(\frac{\phi_{t6} - \phi_{s6}}{R}\right)$$

上述气动热力过程通过计算机程序计算可得

$$p_{t6} = 369\ 623.6\ \text{Pa}; T_{t6} = 1\ 089.0\ \text{K}$$

10) 加力燃烧室的气动热力计算

(1) 不开加力(总压损失系数为 $\Delta p_{AB} = 0.04$)时,加力燃烧室的气动热力计算如下。

根据总压损失系数的定义,可以计算加力燃烧室出口的总压 p_{t7} 为

$$p_{t7} = p_{t6}(1 - \Delta p_{AB}) = 369\ 623.6 \times (1 - 0.04) = 354\ 832.7\ \text{Pa}$$

加力燃烧室的出口总温为

$$T_{t7} = T_{t6} = 1\ 089.0\ \text{K}$$

根据变比热关系式(3-4),由总温 T_{t7} 可以计算出加力燃烧室出口的总焓 h_{t7} 及熵函数 ϕ_{t7}。

加力燃烧室的出口流量为

$$W_{g7} = W_{g6} = 102.06\ \text{kg/s}$$

（2）开加力（总压损失系数为 $\Delta p_{AB} = 0.06$）时,加力燃烧室的气动热力计算如下。

根据总压损失系数的定义,可以计算加力燃烧室出口的总压 p_{t7} 为

$$p_{t7} = p_{t6}(1 - \Delta p_{AB})$$

加力燃烧室的能量守恒方程为

$$\begin{cases} W_{f,AB}H_u\eta_{AB} + W_{g6}h_{t6} = h_{t7}W_{g6}\left(1 + \dfrac{W_{f,AB}}{W_{g6}}\right) \\ h_{t7} = f(T_{t7}, \text{far}_7) \end{cases} \quad (3-9)$$

式中, far_7 为加力燃烧室的油气比; H_u 为航空煤油的低热值 $H_u = 42\,900\ \text{kJ/kg}$。

方程(3-9)为二元方程组,根据 $T_{t7} = 2\,250\ \text{K}$,迭代求解出加力燃烧室出口的燃油流量 $W_{f,AB}$、油气比 far_7 以及对应的总焓 h_{t7} 和熵函数 ϕ_{t7}。

上述气动热力过程通过计算机程序计算可得

$$p_{t7} = 347\,496.8\ \text{Pa}; W_{f,AB} = 4.331\,5\ \text{kg/s}; \text{far}_7 = 0.063\,853$$

加力燃烧室出口的燃气流量 W_{g7} 为

$$W_{g7} = W_{g6} + W_{f,AB} = 102.06 + 4.331\,5 = 106.391\,5\ \text{kg/s}$$

11）尾喷管的气动热力计算

尾喷管出口的燃气流量为 $W_{g9} = W_{g8} = W_{g7}$。

假设尾喷管内的流动为等熵过程,则尾喷管出口的总温和总压为

$$T_{t9} = T_{t8} = T_{t7}$$

$$p_{t9} = p_{t8} = p_{t7}$$

根据变比热关系式(3-4),由总温 T_{t8} 和 T_{t9} 可以计算总焓 h_{t8} 和 h_{t9} 及相应的熵函数 ϕ_{t8} 和 ϕ_{t9}。

对于收扩喷管的喉部截面,由于 $Ma_8 = 1$,根据能量守恒方程可知:

$$\begin{cases} h_{t8} - h_{s8} = \dfrac{1}{2}c_8^2 \\ c_8 = a_8 = \sqrt{\gamma R T_{s8}} \\ h_{s8} = f(T_{s8}) \end{cases} \quad (3-10)$$

由方程组(3-10)可以迭代求解出尾喷管喉部静温 T_{s8} 和喉部气流速度 c_8。

根据变比热关系式(3-4),由静温 T_{s8} 可以计算其静焓 h_{s8} 和相应的熵函数 ϕ_{s8}。

根据等熵条件,可以计算喷管喉部静压 p_{s8} 为

$$p_{s8} = p_{t8}\exp\left(\frac{\phi_{s8} - \phi_{t8}}{R}\right)$$

根据气体状态方程和流量计算公式:

$$\begin{cases} p_{s8} = \rho_{s8}RT_{s8} \\ W_{g8} = \rho_{s8}A_8c_8 \end{cases}$$

可以求解出喉部面积 A_8。

由于收扩喷管出口完全膨胀,则 $p_{s9} = p_{s0} = 22\ 632.1\ \text{Pa}$。

由等熵条件可以计算熵函数 ϕ_{s9} 为

$$\phi_{s9} = \phi_{t9} - R\ln\left(\frac{p_{t9}}{p_{s9}}\right)$$

根据变比热关系式(3-4),由熵函数 ϕ_{s9} 可以迭代求解出尾喷管出口的静温 T_{s9} 及相应的静焓 h_{s9}。

根据能量守恒方程,可以计算尾喷管出口处的理想排气速度 c_{9i} 为

$$c_{9i} = \sqrt{2(h_{t9} - h_{s9})}$$

根据速度系数的定义,可以计算尾喷管出口处的实际排气速度 c_9 为

$$c_9 = c_{9i} \times C_V$$

同样地,根据气体状态方程和流量计算公式:

$$\begin{cases} p_{s9} = \rho_{s9}RT_{s9} \\ W_{g9} = \rho_{s9}A_9c_9 \end{cases}$$

可以计算尾喷管出口处的面积 A_9。

上述气动热力过程通过计算机程序计算可得到以下内容。

(1) 不开加力时,尾喷管的气动热力计算如下。

尾喷管出口的燃气流量为 $W_{g9} = W_{g8} = W_{g7} = 102.06\ \text{kg/s}$。

尾喷管出口的总温和总压为

$$T_{t9} = T_{t8} = T_{t7} = 1\ 089.0\ \text{K}$$

$$p_{t9} = p_{t8} = p_{t7} = 3\ 548\ 322.7\ \text{Pa}$$

尾喷管各截面的面积为 $A_8 = 0.239\ 5\ \text{m}^2$;$A_9 = 0.626\ 6\ \text{m}^2$。

尾喷管出口的静压和排气速度为

$$T_{s9} = 539.85 \text{ K}; p_{s9} = 22\ 632.1 \text{ Pa}; c_9 = 1\ 099.5 \text{ m/s}$$

（2）开加力时，尾喷管的气动热力计算如下。

尾喷管出口的燃气流量为 $W_{g9} = W_{g8} = W_{g7} = 106.391\ 5 \text{ kg/s}$。

尾喷管出口的总温和总压为

$$T_{t9} = T_{t8} = T_{t7} = 2\ 250 \text{ K}$$

$$p_{t9} = p_{t8} = p_{t7} = 347\ 496.8 \text{ Pa}$$

尾喷管各截面的面积为 $A_8 = 0.373\ 4 \text{ m}^2$；$A_9 = 1.045\ 6 \text{ m}^2$。

尾喷管出口的静温、静压和排气速度为

$$T_{s9} = 1\ 271.8 \text{ K}; p_{s9} = 22\ 632.1 \text{ Pa}; c_9 = 1\ 620.02 \text{ m/s}$$

12）发动机性能计算

（1）不开加力时，发动机的性能计算如下。

发动机推力为

$$\begin{aligned}
F &= W_{g9}c_9 - W_{a0}c_0 = 102.06 \times 1\ 099.5 - 100.00 \times 442.79 \\
&= 67\ 935.97 \text{ N}(6\ 925.18 \text{ kgf})
\end{aligned}$$

单位推力为

$$F_s = \frac{F}{W_{a0}} = \frac{67\ 935.97}{100} = 679.359\ 7 \text{ N/(kg/s)} [69.252 \text{ kgf/(kg/s)}]$$

耗油率为

$$\text{sfc} = \frac{3\ 600 W_{f,B}}{F} = \frac{3\ 600 \times 2.055}{67\ 935.97} = 0.108\ 9 \text{ kg/(N} \cdot \text{h)} [1.068 \text{ kg/(kgf} \cdot \text{h)}]$$

（2）开加力时，发动机的性能计算如下。

发动机推力为

$$\begin{aligned}
F &= W_{g9}c_9 - W_{a0}c_0 = 106.391\ 5 \times 1\ 620.02 - 100.00 \times 442.79 \\
&= 128\ 077 \text{ N}(13\ 055.8 \text{ kgf})
\end{aligned}$$

单位推力为

$$F_s = \frac{F}{W_{a0}} = \frac{128\ 077.36}{100} = 1\ 280.773\ 6 \text{ N/(kg/s)} [130.558 \text{ kgf/(kg/s)}]$$

耗油率为

$$\text{sfc} = \frac{3\,600(W_{\text{f, B}} + W_{\text{f, AB}})}{F} = \frac{3\,600 \times (2.\,055 + 4.\,331\,5)}{128\,077.\,36}$$

$$= 0.\,179\,5\ \text{kg}/(\text{N} \cdot \text{h})\,[\,1.\,761\ \text{kg}/(\text{kgf} \cdot \text{h})\,]$$

3.4　涡轮发动机的循环分析

循环分析的内容是：给定循环参数范围,并在该范围内选取若干点进行设计点性能计算,绘制循环分析图,定量分析循环参数对单位推力和耗油率的影响;根据给定的单位推力 F_{s} 和耗油率 sfc,在循环分析图上确定发动机的循环参数方案。根据循环分析确定的发动机方案可任意放大缩小,其循环参数、F_{s} 和 sfc 保持不变,称为橡皮发动机。进一步根据发动机推力 F 的要求,可确定发动机的空气流量（发动机大小）。

由设计点的性能计算可知,其任务是根据给定的设计点、部件参数和循环参数,计算出发动机性能参数和重要截面参数。令表征单轴涡喷发动机设计点参数组成的向量为 X_1,部件参数组成的向量为 X_2,循环参数为 X_3,发动机设计点的性能参数和重要截面参数构成向量 Y,则 Y 是 X_1、X_2 和 X_3 的函数：

$$Y = Y(X_1,\ X_2,\ X_3) \tag{3-11}$$

式中,

$$Y = (F,\ F_{\text{s}},\ \text{sfc},\ P_i)^{\text{T}} \tag{3-12}$$

式中,P_i 代表发动机各截面的气动热力参数和几何参数,$P_i = (T_{ti},\ P_{ti},\ T_{si},\ P_{si},\ Ma_i,\ A_i,\ \text{far}_i,\ \cdots)^{\text{T}}$,对于涡喷发动机 $i = 0$、1、2、3、4、5、8(9),数值与图 3-1 的计算站对应（如果带加力燃烧室,则定义其出口截面符号为 7）。对于涡扇发动机 $i = 0$、1、2、21、22、3、4、45、5、55、25、6、7、8、9,数值与图 3-3 的计算站对应。

$$X_1 = (H,\ Ma,\ T_{s0})^{\text{T}} \tag{3-13}$$

$$X_2 = (\boldsymbol{\eta}_i,\ \Delta \boldsymbol{p}_i,\ C_{\text{V}})^{\text{T}} \tag{3-14}$$

式中,$\boldsymbol{\eta}_i$ 代表发动机各部件的效率;$\Delta \boldsymbol{p}_i$ 代表发动机各部件的总压损失。对于单轴加力涡喷发动机：$\boldsymbol{\eta}_i = (\boldsymbol{\eta}_{\text{C}},\ \boldsymbol{\eta}_{\text{B}},\ \boldsymbol{\eta}_{\text{T}},\ \boldsymbol{\eta}_{\text{AB}})^{\text{T}}$;$\Delta \boldsymbol{p}_i = (\Delta \boldsymbol{p}_{\text{B}},\ \Delta \boldsymbol{p}_{\text{AB}},\ 1 - \sigma_{\text{I}})^{\text{T}}$。对于双轴混排加力涡扇发动机：$\boldsymbol{\eta}_i = (\boldsymbol{\eta}_{\text{F}},\ \boldsymbol{\eta}_{\text{C}},\ \boldsymbol{\eta}_{\text{B}},\ \boldsymbol{\eta}_{\text{TH}},\ \boldsymbol{\eta}_{\text{TL}},\ \boldsymbol{\eta}_{\text{AB}})^{\text{T}}$;$\Delta \boldsymbol{p}_i = (\Delta \boldsymbol{p}_{\text{DU}},\ \Delta \boldsymbol{p}_{\text{B}},\ \Delta \boldsymbol{p}_{\text{AB}},\ 1 - \sigma_{\text{I}})^{\text{T}}$。

对于涡喷发动机：

$$X_3 = (T_{t4},\ \pi_{\text{C}},\ T_{t7})^{\text{T}} \tag{3-15}$$

对于涡扇发动机:

$$X_3 = (\mathrm{BPR}, \; T_{t4}, \; \pi_\mathrm{F}, \; \pi_\mathrm{C}, \; T_{t7})^\mathrm{T} \qquad (3-16)$$

当给定 X_1 和 X_2 时,计算 $Y = Y(X_3)$ 就是循环分析:发动机性能参数随循环参数的变化规律。计算 $\Delta Y = \Delta Y(\Delta X)$ 就是敏感性分析:发动机性能参数随设计点、部件参数和循环参数的变化规律,研究设计点、部件参数和循环参数变化对性能参数的影响大小,可以指明总体性能设计应该避免的风险和改进的方向。循环分析和敏感性分析时最关心的是发动机的单位推力和耗油率,因此 $Y = (F_\mathrm{s}, \; \mathrm{sfc})^\mathrm{T}$。循环分析和敏感性分析是发动机总体性能设计中的重要内容。

3.4.1　涡喷发动机的循环分析

1. 单因素影响分析

为了便于理解,下面先分析压气机压比 π_C 和涡轮进口总温 T_{t4} 单独对涡喷发动机的单位推力和耗油率的影响。此时的发动机性能函数表示为 $Y = Y(\pi_\mathrm{C})$ 和 $Y = Y(T_{t4})$。发动机设计点为 $H = 0 \, \mathrm{km}$、$Ma_0 = 0$、ISA。发动机的部件参数和 3.3 节中的单轴涡喷发动机的相同,采用变比热计算方法。

给定涡轮进口总温为 $T_{t4} = 1\,200 \, \mathrm{K}$,$\pi_\mathrm{C}$ 对 F_s 和 sfc 的影响关系如图 3-5 所示。

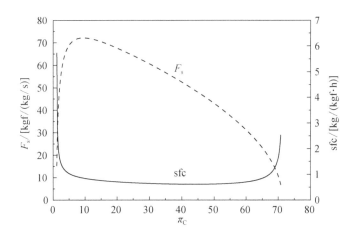

图 3-5　设计点 π_C 对单轴涡喷 F_s 和 sfc 的影响(不加力)

从图 3-5 中可见,当 π_C 从 1 增加到 70 时,单位推力 F_s 在 $\pi_\mathrm{C} = 9$ 左右出现最大值,称此时的 π_C 为最佳增压比 π_opt。耗油率 sfc 在 $\pi_\mathrm{C} = 45$ 左右出现最低值,称此时的 π_C 为最经济压比 π_ec。下面对这两个参数进行分析。

涡喷发动机的单位推力与循环功的关系:

$$F_\mathrm{s} = W_{g9} c_9 / W_{a0} \approx c_9 = \sqrt{2 L_\mathrm{e}} \qquad (3-17)$$

耗油率与发动机的油气比和热效率有关：

$$\text{sfc} = \frac{3\,600\text{far}}{F_s} = \frac{3\,600\text{far}}{\sqrt{2L_e}} = \frac{3\,600\text{far}}{\sqrt{2\text{far} \times H_u \times \eta_t}} \tag{3-18}$$

根据式(3-17)和式(3-18)以及第1章中加热比和增压比对循环功和热效率的影响结果，可以分析循环参数对性能的影响。

(1)假定涡轮进口总温 T_{t4} 不变，即加热比不变，存在使循环功 L_e 为最大的增压比，对应单位推力 F_s 为最大，这就是最佳增压比 π_{opt}。

(2)当 π_C 接近1时，由于各部件损失的存在，加热量仅够维持发动机运转，排气速度接近于零，F_s 接近于零，sfc 趋向最大。而当 π_C 接近70时，压气机出口总温 T_{t3} 接近 T_{t4}，同样由于各部件损失的存在，加热量仅够维持发动机运转，排气速度接近于零，F_s 接近于零，sfc 趋向最大。因此可以推断存在使得 sfc 为最小的 π_C，这就是最经济压比 π_{ec}。

(3)最佳增压比 π_{opt} 低于最经济增压比 π_{ec} 的原因是：当增压比达到最佳增压比 π_{opt} 时，单位推力对增压比的导数为0，F_s 随增压比变化非常平缓，增压比提高则 T_{t3} 升高，T_{t4} 不变时，加热量下降，far 下降速度大于 F_s 的下降速度，耗油率会继续下降，只有等到 F_s 的下降趋势超过了 far 的下降趋势后，sfc 才开始上升，此时的增压比即为 π_{ec}，因此最经济增压比 π_{ec} 大于最佳增压比 π_{opt}。

(4)为了获得比较高的 F_s，可以选择最佳增压比 π_{opt} 作为涡喷发动机或者燃气发生器的设计增压比。但是，一般不会选择 π_{ec} 作为涡喷发动机或者燃气发生器的设计增压比，因为在目前的技术条件下 π_{ec} 很难达到，而且发动机还有压气机出口总温 T_{t3} 的限制和最低 F_s 的限制。

给定涡轮进口总温分别为 $T_{t4} = 1\,200\,\text{K}$、$1\,500\,\text{K}$ 和 $1\,800\,\text{K}$，π_C 对 F_s 和 sfc 的影响关系如图3-6所示。

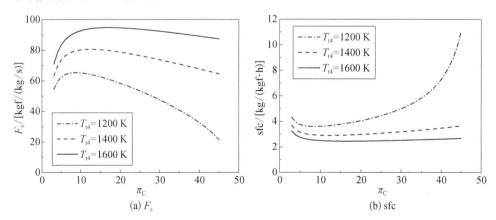

图3-6   不同 T_{t4} 下设计点 π_C 对单轴涡喷 F_s 和 sfc 的影响(不加力)

可见, π_{opt} 和 π_{ec} 随 T_{t4} 的升高而增大。

给定压气机压比 $\pi_C = 10$, T_{t4} 对 F_s 和 sfc 的影响关系如图 3-7 所示。

从图 3-7 中可见, 当 T_{t4} 从 720 K 升高到 2 000 K 时, 单位推力 F_s 一直呈上升趋势。耗油率 sfc 则先下降后上升, 在 850 K 左右出现最低值, 称此时的 T_{t4} 为最经济涡轮进口总温 $T_{t4,ec}$。

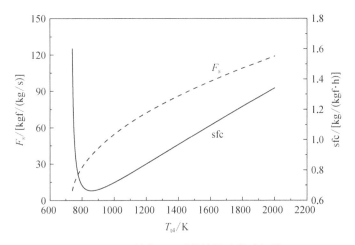

图 3-7　设计点 T_{t4} 对单轴涡喷发动机的
F_s 和 sfc 的影响(不加力)

同样可以用式(3-17)和式(3-18)来进行分析。由式(3-17)可知, 保持增压比 π_C 不变, 随涡轮进口总温 T_{t4} 的升高, 循环功 L_e 增加, 发动机的单位推力 F_s 单调增大。T_{t4} 的升高使热效率 η_t 和油气比 far 同时增加, 一开始热效率 η_t 起主要作用, 之后油气比 far 增加起主要作用, 由式(3-18)可知, 耗油率 sfc 呈现先下降后上升的趋势。因此存在使耗油率最低的最经济涡轮进口总温 $T_{t4,ec}$。不选择 $T_{t4,ec}$ 作为涡喷发动机或者燃气发生器涡轮进口总温的原因是 $T_{t4,ec}$ 对应的 F_s 太小。

2. 循环分析

压气机压比 π_C 和涡轮进口总温 T_{t4} 同时对涡喷发动机的单位推力和耗油率的影响时, 发动机性能函数可表示为 $Y = Y(\pi_C, T_{t4})$。要表示两个函数对两个变量的变化关系, 常常把这种关系图绘制成"地毯图": 图中的横坐标和纵坐标都是函数, 构成网格的网格线对应的变量是自变量。单轴涡喷发动机不加力状态的循环分析图如图 3-8 所示。压气机压比 π_C 的变化范围为 5~25, 间隔为 5; 涡轮出口总温 T_{t4} 范围为 1 200~2 000 K, 间隔为 200 K。π_C 和 T_{t4} 覆盖了可能选择的参数范围。发动机的设计点为 $H = 0$ km、$Ma_0 = 0.0$、ISA。发动机的部件参数和 3.3 节中的单轴涡喷发动机的相同, 采用变比热计算方法。

从图 3-8 中可见, 由于所给定的 T_{t4} 都大于 $T_{t4,ec}$, 故在一定的总压比下, 随涡

轮进口总温 T_{t4} 的升高,耗油率升高。同时,加热比增大使得 L_e 增大,F_s 单调增大。在一定的 T_{t4} 下,总压比的增大总是使得 sfc 下降,这是因为总压比一直小于 $\pi_{C,ec}$。还可以发现,给定 T_{t4} 时,存在一个 π_{opt},对应的单位推力 F_s 最大,并且 π_{opt} 随 T_{t4} 的升高而增大。

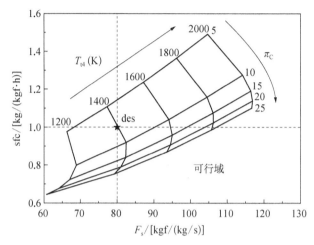

图 3-8 设计点 T_{t4} 和 π_C 对单轴涡喷发动机的 F_s 和 sfc 的影响(不加力)

图 3-8 还表明了这样一个事实:如果要同时提高 F_s 并兼顾低 sfc,技术手段是同时提高 T_{t4} 和 π_C。

注意,循环分析图中的任意一个点,就代表一台发动机的总体性能方案。假如给定性能要求 $F_s = 80\ \mathrm{kgf/(kg/s)}$、sfc $= 1.0\ \mathrm{kg/(kgf \cdot h)}$,在图上虚线划分的右下区域为可行域(因为 F_s 比给定的高和 sfc 比给定的低,都是符合要求的),为了减小部件负荷和设计难度,在可行域中选取 T_{t4} 较低,π_C 较低的点作为设计点,$F_s = 80\ \mathrm{kgf/(kg/s)}$、sfc $= 1.0\ \mathrm{kg/(kgf \cdot h)}$ 的发动机的循环参数为 $\pi_C = 7$、$T_{t4} = 1\,400\ \mathrm{K}$。根据发动机的推力需求,可以获得发动机的空气流量 $W_{a0} = F/F_s$,进而确定发动机的尺寸大小。

取加力燃烧室的出口总温 T_{t7} 的变化范围为 $2\,000 \sim 2\,200\ \mathrm{K}$,间隔为 $100\ \mathrm{K}$,压气机压比 π_C 的变化范围为 $5 \sim 25$,间隔为 5,涡轮出口总温 T_{t4} 的变化范围为 $1\,200 \sim 2\,000\ \mathrm{K}$,间隔为 $200\ \mathrm{K}$,单轴涡喷发动机加力状态的循环分析图见图 3-9。

加力涡喷发动机的循环参数对性能影响分析如下。

(1)T_{t4} 对加力 F_s 和 sfc 的影响规律:保持加力燃烧室出口温度 T_{t7} 和增压比 π_C 不变,当涡轮进口总温 T_{t4} 升高时,发动机的单位推力增大,耗油率下降。原因是 T_{t4} 升高,涡轮落压比下降,加力燃烧室出口的总压增大,尾喷管出口的马赫数和

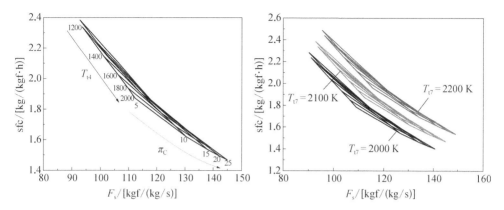

图 3 - 9　设计点 T_{t4}、π_C 和 T_{t7} 对单轴涡喷发动机的 F_s 和 sfc 的影响(加力)

排气速度增大,所以单位推力增大。而在 T_{t7} 不变的情况下,忽略主燃烧室和加力燃烧室的燃烧效率,加力涡喷的总加热量不变,加力燃烧室出口油气比 far_7 基本上不变,由公式(3 - 18)可知加力耗油率下降。

(2) π_C 对加力 F_s 和 sfc 的影响规律:在加力燃烧室出口温度 T_{t7} 和涡轮进口总温 T_{t4} 不变的情况下,π_C 对加力 F_s 和 sfc 影响规律和 T_{t4} 的影响规律类似。原因是 π_C 增大,涡轮后总压增大,加力燃烧室出口总压增大,尾喷管出口马赫数和排气速度增大,所以单位推力增大,进而耗油率降低。不同的是,T_{t4} 升高,更多的加热量从主燃烧室加入,而 π_C 增大,更多的加热量从加力燃烧室加入,主燃烧室燃烧效率较高,因此 T_{t4} 增加时耗油率下降的速度大于 π_C 增大时的情况。

(3) T_{t7} 对加力 F_s 和 sfc 影响规律:随加力燃烧室出口温度 T_{t7} 的升高,发动机单位推力 F_s 和 sfc 单调增大。原因是 T_{t7} 升高,排气速度增大,单位推力增大,但是 F_s 增大的速度(与 $\sqrt{T_{t7}}$ 成正比)比 sfc 增大的速度(与 T_{t7} 成正比)慢。

3.4.2　涡喷发动机的敏感性分析

设计点、部件参数以及循环参数和 3.3 节中的单轴涡喷发动机相同,分别将每个参数变化+1%,得到的敏感性分析图见图 3 - 10 和图 3 - 11。

由图 3 - 10 和图 3 - 11 可知,π_C 和 T_{t4} 对 F_s 和 sfc 的影响与循环分析的趋势一致,压气机效率 η_C 和涡轮效率 η_T 对性能拥有相同的影响。除 η_B 外,其他参数的影响规律可以概括为:部件效率的提高,总是对 F_s 和 sfc 产生有利的影响;总压损失系数的提高,总是对 F_s 和 sfc 产生不利的影响。而 η_B 升高使得 F_s 下降的原因是燃烧效率升高燃油流量下降,尾喷管出口的燃气流量下降。

通过敏感性分析,可以为总体性能设计提供改进的方向以及应该避免的风险。凡是不利于提高 F_s 和降低 sfc 的参数变化,都应该予以重视,应该努力使得这些参数向着有利的方向变化,尤其是影响量值较大的参数。

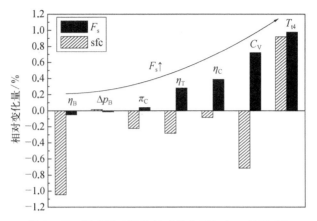

图 3 - 10　涡喷发动机的敏感性分析(对 F_s 的影响)

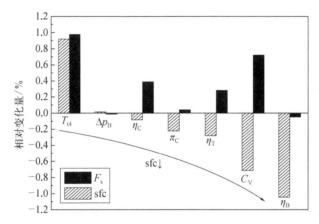

图 3 - 11　涡喷发动机的敏感性分析(对 sfc 的影响)

3.4.3　涡扇发动机的循环分析

1. 涡扇发动机循环参数之间的关系

涡扇发动机的循环参数包括涡轮进口总温 T_{t4}、涵道比 BPR、风扇压比 π_F 和总压比 π_Σ。对于混排涡扇发动机,为了在满足加力燃烧室冷却要求的情况下尽可能减小混合室的掺混损失,在选择循环参数时,要保证混合室进口内、外涵总压近似相等($p_{t25} = p_{t55}$)。这一准则使得其循环参数产生内在的联系,选定 T_{t4} 和 π_F 后(假设冷却空气量是常数),BPR 自然就确定了。T_{t4}、BPR 和 π_F 之间的关系如图 3 - 12 所示。

对于分排涡扇发动机,在给定的 T_{t4} 和 BPR 下,存在使得发动机 sfc 为最小的外涵喷管排气速度,外涵喷管排气速度又取决于 π_F,因此为了考虑发动机的经济性,在选定 T_{t4} 和 BPR 后,π_F 也是确定的。给定 T_{t4} 和 BPR 时分排涡扇发动机 π_F 对耗油率的影响如图 3 - 13 所示。因此针对不同的 T_{t4} 和 BPR 组合,需要获得最佳的 π_F(图 3 - 14)。

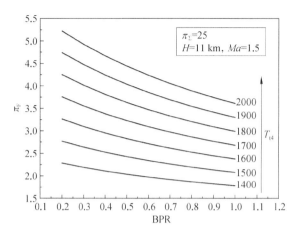

图 3 - 12　混排涡扇 π_F 随 BPR 和 T_{t4} 的变化关系（$p_{t25} = p_{t55}$）

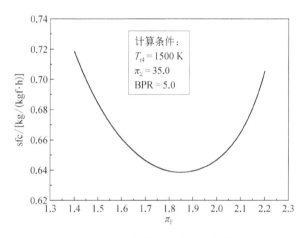

图 3 - 13　分排涡扇 π_F 对耗油率的影响

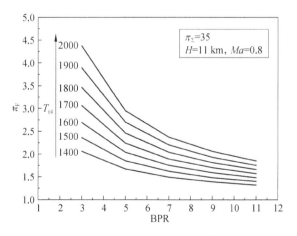

图 3 - 14　不同 T_{t4} 和 BPR 时分排涡扇的最佳 π_F

从图 3 - 12 和图 3 - 14 可见,满足混排涡扇发动机 $p_{t25} = p_{t55}$ 以及分排涡扇发动机耗油率最低的 π_F 随 BPR 和 T_{t4} 的变化关系十分相似:一定的 T_{t4} 下,π_F 随 BPR 的增大而减小,一定的 BPR 下,π_F 随 T_{t4} 的升高而增大。

2. 循环分析

1) 混排涡扇发动机(不加力)

混排涡扇发动机的循环分析可以描述为 $Y = Y(T_{t4},\ \text{BPR},\ \pi_\Sigma)$。 涡轮出口总温 T_{t4} 的变化范围为 $1\,400 \sim 2\,000\ \text{K}$,间隔为 $100\ \text{K}$,BPR 的变化范围为 $0.2 \sim 1.0$,间隔为 0.1,π_Σ 为 15、25 和 35,T_{t4}、BPR 和 π_Σ 的变化范围覆盖了目前战斗机用混排涡扇发动机的循环参数选择范围。发动机的设计点为 $H = 11\ \text{km}$、$Ma_0 = 1.5$、ISA。 发动机的部件参数和 3.3 节中的双轴混排加力涡扇发动机的相同,采用变比热计算方法。循环分析图见图 3 - 15。

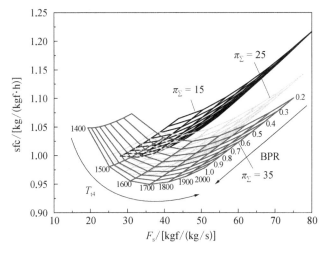

图 3 - 15　设计点 T_{t4} 和 BPR 对混排涡扇 F_s 和 sfc 的影响(不加力)

不加力混排涡扇发动机的循环参数对性能参数的影响分析如下。

(1) 给定涵道比 BPR、涡轮进口总温 T_{t4} 和总压比 π_Σ 时,风扇压比由 $p_{t25} = p_{t55}$ 的约束唯一确定,不能自由选择。因此混排涡扇发动机的循环分析是一个 3 维问题,变量有涵道比 BPR、涡轮进口总温 T_{t4} 和总压比 π_Σ。

(2) 涡轮进口总温 T_{t4} 的影响规律:给定总压比 π_Σ 和涵道比 BPR 时,随 T_{t4} 升高,发动机的单位推力单调增大,耗油率先下降后上升,存在最经济 T_{t4}。对比蓝色和红色图发现,随着 π_Σ 的降低,最经济 T_{t4} 降低,当 π_Σ 降低到 15 时,在所研究的 T_{t4} 范围内,没有遇到最经济 T_{t4}。

(3) BPR 的影响规律:给定 π_Σ 和 T_{t4} 时(即循环功基本不变),随 BPR 增大,发动机的空气流量增大,发动机的单位推力和耗油率单调下降,没有发现使耗油率最低的最佳 BPR, 是因为所研究的 BPR 范围比较小。

（4） π_Σ 的影响规律: 给定 BPR 和 T_{t4}, 随 π_Σ 增大, 在高 T_{t4} 范围内, 单位推力变化不大而耗油率降低。在低 T_{t4} 范围内, 单位推力降低而耗油率反而增大。

（5） 对于先进战斗机用混排涡扇发动机, 不加力时要求高的发动机单位推力（不加力超声速巡航的要求）, 因此常常选用尽可能高的 T_{t4}, 而为了兼顾较低的耗油率, 也会采用比较高的总压比。目前先进的小涵道比涡扇发动机在海平面静止状态下的循环参数范围为 BPR = 0.25 ~ 0.4、π_F = 4.0 ~ 5.0、T_{t4} = 1 850 ~ 2 000 K 和 π_Σ = 25 ~ 35。

2） 混排涡扇发动机（加力）

加力燃烧室出口总温 T_{t7} = 2 000 K 时, 涡轮出口总温 T_{t4} 的变化范围为 1 400 ~ 2 000 K, 间隔为 100 K, BPR 的变化范围为 0.1 ~ 1.0, 间隔为 0.1, π_Σ 为 15、25 和 35, 画出的加力状态循环分析结果如图 3 - 16(a) 所示, 不同 T_{t7} 下的循环分析结果图 3 - 16(b) 所示。

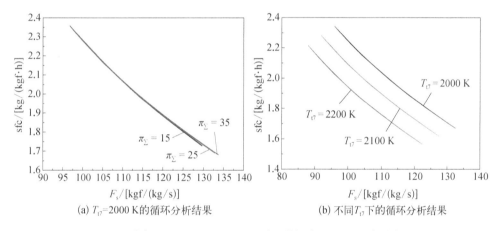

(a) T_{t7}=2 000 K 的循环分析结果　　　　　(b) 不同 T_{t7} 下的循环分析结果

图 3 - 16　设计点 T_{t4}、T_{t7}、BPR 和 π_Σ 对混排涡扇 F_s 和 sfc 的影响（加力）

加力混排涡扇发动机的循环参数对性能参数的影响分析如下。

（1） 加力燃烧室的出口总温确定时, "地毯图" 的网格集聚为一条线, 如图 3 - 16(a) 所示, 已经无法看清楚 T_{t4}、BPR 和 π_Σ 对 F_s 和 sfc 的影响。原因是在一定的 T_{t7} 下, 加力涡扇发动机的单位推力仅取决于风扇压比 π_F, 由于受到混合室进口 $p_{t25} = p_{t55}$ 的限制, 无论什么样的 T_{t4}、BPR 和 π_Σ 的组合, 都会确定出一定的 π_F, 进而对应一定的 F_s 和 sfc。也可以说, 由于有 $p_{t25} = p_{t55}$ 的限制条件, T_{t4}、BPR 和 π_Σ 对 F_s 和 sfc 的影响关系, 转换成了 π_F 对 F_s 和 sfc 的影响关系。

（2） T_{t7} 对加力 F_s 和 sfc 的影响规律与加力涡喷的类似: 随加力燃烧室出口温度 T_{t7} 的升高, 发动机单位推力 F_s 和 sfc 单调增加。原因与加力涡喷发动机相同。

3) 分排涡扇发动机(不加力)

取设计点在 $H = 11$ km、$Ma_0 = 0.80$、ISA，给定 BPR = 3、5、7、9、11，$T_{t4} = $
1 400、1 500、1 600、1 700、1 800、1 900、2 000，总压比 25、35、45(以及最优的
π_F)，T_{t4}、BPR 和 π_Σ 的范围覆盖了目前客机和运输机用分排涡扇发动机的循环参
数选择范围。发动机的部件参数和 3.3 节中的双轴混排加力涡扇发动机的相同，
采用变比热计算方法。计算和绘制循环分析的地毯图见图 3 – 17。

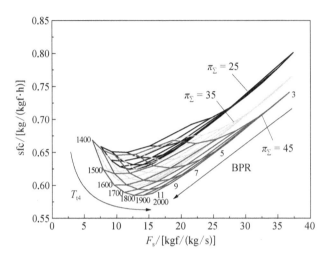

**图 3 – 17   设计点 T_{t4} 和 BPR 对分排涡扇 F_s 和
sfc 的影响(不加力)**

分排涡扇发动机的循环参数对性能参数的影响分析如下。

(1) 给定涵道比 BPR、涡轮进口总温 T_{t4} 和总压比 π_Σ 时，由第 2 章的分析，
内、外涵气流速度要满足：

$$c_{9,\,\text{duct}} = c_{9,\,\text{core}}\eta_d \qquad\qquad (3-19)$$

风扇压比由式(3 – 19)约束唯一确定，无须自由选择。因此分排涡扇发动机的
循环分析也是一个 3 维问题，变量有涵道比 BPR、涡轮进口总温 T_{t4} 和总压比 π_Σ。

(2) 涡轮进口总温 T_{t4} 的影响规律：给定总压比 π_Σ 和涵道比 BPR 时，随着
T_{t4} 升高，发动机单位推力单调增大，耗油率先下降后上升，存在最经济 T_{t4}。对比
蓝色、红色和黑色图发现，随着 π_Σ 的降低，最经济 T_{t4} 降低。

(3) BPR 的影响规律：给定 π_Σ 和 T_{t4} 时(即循环功基本不变)，随着 BPR 增
大，发动机的空气流量增大，发动机的单位推力和耗油率单调下降，在 T_{t4} 比较低的
区域，耗油率先下降后上升，存在使耗油率最低的最佳 BPR。当 T_{t4} 比较高时，没有
出现最经济 BPR，是因为所研究的 BPR 上限不够大。

(4) π_Σ 的影响规律：给定 BPR 和 T_{t4}，随 π_Σ 增大，在高 T_{t4} 范围内，单位推力

变化不大而耗油率降低。在低 T_{t4} 范围内,单位推力和耗油率的变化不大。

（5）对于客机和运输机用分排涡扇发动机,在满足发动机单位推力（发动机进口直径的限制）的前提下,希望耗油率尽可能低,因此常常选用尽可能高的 T_{t4}、BPR 和 π_Σ,高性能民用大涵道比涡扇发动机的参数为 $T_{t4} = 1\,850 \sim 1\,950\,\text{K}$、$\text{BPR} \geqslant 10$ 和 $\pi_\Sigma = 45 \sim 50$。

同理,混排涡扇发动机和分排涡扇发动机的循环分析图中的任意一个点,就代表一台发动机的总体性能方案。给定性能要求（F_s 和 sfc）的情况下,需要根据经验和其他方面的要求,合理选择一组 T_{t4}（加力混排涡扇发动机还有 T_{t7}）、BPR、π_Σ 以及由 T_{t4} 和 BPR 共同决定的 π_F。

3.4.4 涡扇发动机的敏感性分析

1. 混排涡扇发动机的敏感性分析

设计点、部件参数以及循环参数和 3.3 节中的双轴混排加力涡扇发动机相同,分别将每个参数变化+1%,得到不加力状态的敏感性分析图如图 3-18 所示。图中可以将参数分为两类,一类对性能影响较大［图 3-19（a）］,如 Ma_0、BPR、压比、各部件效率、T_{t4} 以及速度系数 C_V;另一类基本对性能不影响［图 3-19（b）］,如飞行高度 H 和各部件总压损失系数。

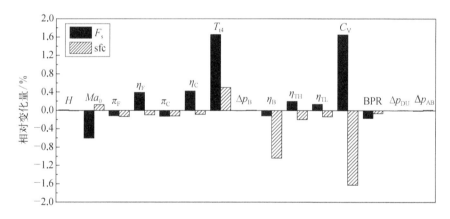

图 3-18 双轴混排加力涡扇发动机不加力状态敏感性分析结果

双轴混排加力涡扇发动机加力状态敏感性分析结果如图 3-20 所示,各参数按其对性能影响同样可分为两类,如图 3-21 所示。和不加力状态不同的是,涵道比 BPR、风扇压比 π_F 和压气机压比 π_C 在加力状态下,对发动机性能产生的影响很小。

此外,对于 T_{t4} 升高时的影响,无论是否加力,单位推力 F_s 都增大,而对耗油率 sfc 的影响则相反。在不加力状态下,随着 T_{t4} 升高,耗油率 sfc 增加（图 3-18）;加

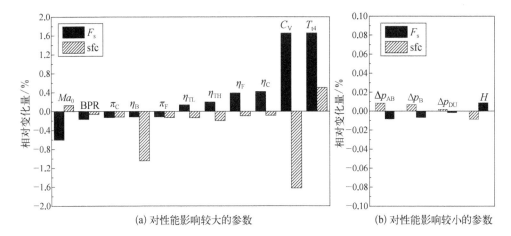

(a) 对性能影响较大的参数　　　　　　(b) 对性能影响较小的参数

图 3 - 19　双轴混排加力涡扇发动机不加力状态敏感性分析

力状态下,随着 T_{t4} 升高,耗油率 sfc 下降(图 3 - 20)。其原因是加力状态下,加力燃烧室 T_{t7} 是固定的,即对于发动机来说,总加热量是固定的,当 T_{t4} 增加时,即在主燃烧室加油,燃烧效率更高,因此耗油率 sfc 下降。

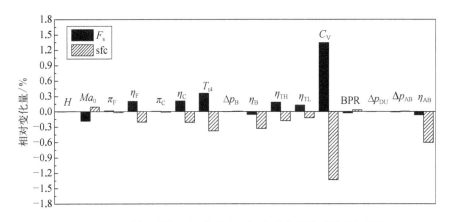

图 3 - 20　双轴混排加力涡扇发动机加力状态的敏感性分析结果

2. 分排涡扇发动机的敏感性分析

分排涡扇发动机的敏感性分析图如图 3 - 22 所示。由于各参数对单位推力 F_s 和耗油率 sfc 的影响差异较大,这里将各参数对单位推力 F_s 的影响和对耗油率 sfc 的影响分开研究,如图 3 - 23 和图 3 - 24 所示。由图可见,在分排涡扇发动机中,各压比对单位推力 F_s 的影响较大,对耗油率 sfc 的影响较小。燃烧效率 η_B 对单位推力 F_s 的影响较小,对耗油率 sfc 的影响较大;涵道比 BPR 对单位推力 F_s 的影响较大,对耗油率 sfc 的影响较小。

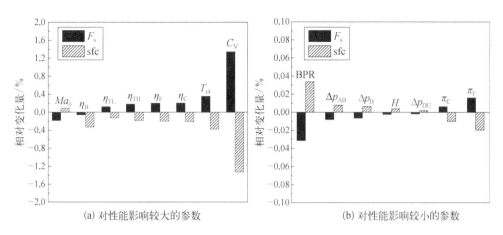

(a) 对性能影响较大的参数　　　　　　　(b) 对性能影响较小的参数

图 3 - 21　双轴混排加力涡扇发动机加力状态的敏感性分析

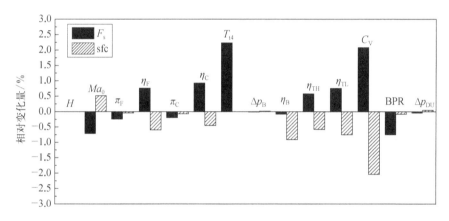

图 3 - 22　分排涡扇发动机的敏感性分析结果

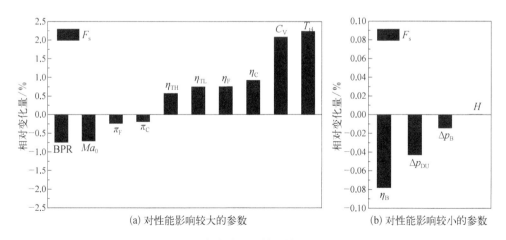

(a) 对性能影响较大的参数　　　　　　　(b) 对性能影响较小的参数

图 3 - 23　分排涡扇发动机的敏感性分析 (对 F_s 的影响)

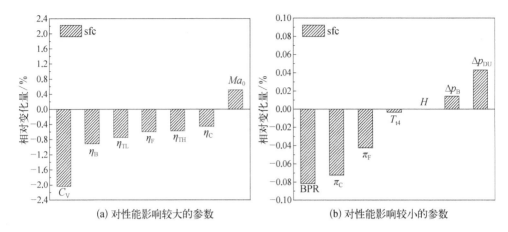

(a) 对性能影响较大的参数   (b) 对性能影响较小的参数

图 3 - 24   分排涡扇发动机的敏感性分析(对 sfc 的影响)

3.4.5   涡轴发动机的循环参数对性能参数的影响分析

单轴燃气发生器涡轴发动机的循环参数为压气机增压比 π_C 和涡轮进口总温 T_{t4},性能参数为单位功率 P_s 和耗油率 sfc。为了研究涡轴发动机的循环参数对性能参数的影响,这里选择的发动机设计点为 $H = 0$ km、$Ma_0 = 0$、ISA。 发动机部件参数为 $\sigma_I = 0.975$、$\eta_C = 0.82$、$\delta = 15\%$、$\eta_B = 0.99$、$\Delta p_B = 0.05$、$\eta_T = 0.89$、$\eta_{FT} = 0.90$、$C_V = 0.985$。 计算过程采用变比热计算方法。

1. 单因素的影响分析

给定涡轮进口总温 $T_{t4} = 1\,600$ K, 压比 π_C 对单轴燃气发生器涡轴发动机的单位功率 P_s 和耗油率 sfc 的影响关系如图 3 - 25 所示。

由图 3 - 25 可见,给定涡轮进口总温 $T_{t4} = 1\,600$ K, 当 π_C 从 2 增大到 60 时,涡

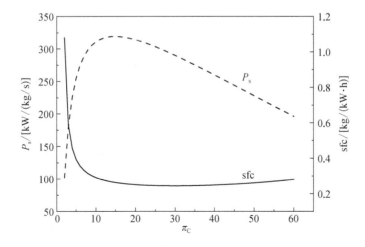

图 3 - 25   设计点 π_C 对涡轴 P_s 和 sfc 的影响 ($T_{t4} = 1\,600$ K)

轴发动机的单位功率 P_s 随着增压比 π_C 的增大,先上升后下降,存在最佳增压比 $\pi_{opt} = 15$,使得发动机的单位功率 P_s 最大;耗油率 sfc 则随着增压比 π_C 的增大,先下降后上升,存在最经济增压比 $\pi_{ec} = 30$,使得发动机的耗油率 sfc 最低。最经济增压比 π_{ec} 比最佳增压比 π_{opt} 大,原因分析同单轴涡喷发动机。

给定压气机压比为 $\pi_C = 20$,涡轮进口总温 T_{t4} 对单轴涡轴发动机的单位功率 P_s 和耗油率 sfc 的影响关系如图 3 – 26 所示。

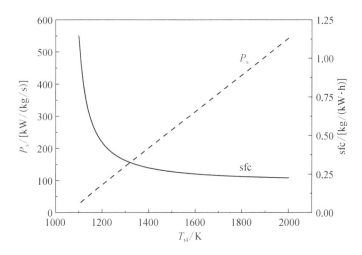

图 3 – 26 设计点 T_{t4} 对涡轴发动机的 P_s 和 sfc 的影响

由图 3 – 26 可知,当涡轮进口总温 T_{t4} 从 1 100 K 升高到 2 000 K 时,单位功率一直呈上升趋势;耗油率则一直呈下降趋势,并不存在使耗油率最低的涡轮进口总温 T_{t4},这是和涡喷发动机的最大区别。

2. 双因素的影响分析

压气机压比 π_C 和涡轮进口总温 T_{t4} 同时影响涡轴发动机单位推力和耗油率时,发动机的性能函数表示为 $Y = Y(\pi_C, T_{t4})$。要表示两个函数对两个变量的变化关系,常常把这种关系图绘制成为"地毯图",如图 3 – 27 所示。图中的横坐标和纵坐标都是函数,构成网格的网格线对应的变量是自变量。压气机压比 π_C 的变化范围为 10~22,间隔为 2,涡轮出口总温 T_{t4} 范围为 1 300~1 800 K,间隔为 50 K,π_C 和 T_{t4} 基本上覆盖了可能选择的参数范围。发动机的设计点为 $H = 0$ km、$Ma_0 = 0$、ISA。发动机的部件参数和上述分析中的涡轴发动机相同,采用变比热计算方法。

根据第 1 章的 1.3 节可知,涡轴发动机的单位功率为循环功为

$$P_s = L_e \tag{3-20}$$

故循环功越大,发动机的单位功率越大。

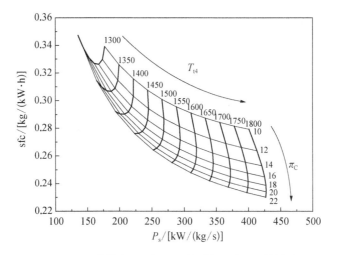

图 3 - 27　设计点 T_{t4} 和 π_C 对涡轴 P_s 和 sfc 的影响

耗油率与热效率有关：

$$\text{sfc} = \frac{3\ 600\text{far}}{P_s} = \frac{3\ 600\text{far}}{L_e} = \frac{3\ 600\text{far}}{\text{far} \times H_u \times \eta_t} = \frac{3\ 600}{H_u \times \eta_t} \quad (3-21)$$

因此,涡轴发动机的循环参数对性能的影响分析如下。

（1）在涡轮进口总温 T_{t4} 不变(即加热比)的情况下,存在使循环功最大的增压比,此时对应的单位功率最大。存在使热效率最大的增压比,即为使耗油率最低的增压比。对涡轴发动机,存在使单位功率最大的最佳增压比 π_{opt} 和使耗油率最低的最经济增压比 π_{ec}。

（2）最佳增压比 π_{opt} 低于最经济增压比 π_{ec},原因与不加力涡喷发动机类似。

（3）保持增压比不变,随涡轮进口总温 T_{t4} 的升高,加热比增大,则循环功和热效率同时增大,即单位功率增大,耗油率下降,没有使耗油率最低的涡轮进口总温。这是涡轴发动机与涡喷发动机的主要区别。

3.5　涡扇发动机技术参数的选择

3.5.1　涡扇发动机技术参数的限制值

上文讲述了发动机的循环分析以及如何根据给定的发动机推力、单位推力和耗油率,选取相应的发动机循环参数。那么是不是所有给定的发动机性能参数都能够被满足呢？这个问题涉及发动机循环参数和部件参数的极限值。循环参数和部件参数都处于极限值的发动机称为极限发动机,与热力循环分析中的理想循环发动机类似,只不过极限发动机中需要考虑最高燃烧室油气比和热力学参数随温度的变化关系。研究极限发动机对于总体性能设计人员具有重要的意义：可以明确地知道目前的发动机性能还有多少提升空间。

对于涡喷、涡扇和涡轴极限发动机，定义各部件的效率和总压恢复系数均为1.0，冷气量为零，燃烧室（主燃烧室）最高油气比为当量油气比 $far_4 = 0.067\,6$（所供的燃油流量，正好把空气中的氧气燃烧完，并且不考虑由于高温引起的热离解），涡扇发动机加力燃烧室的油气比 $far_7 = 0.067\,6$。

1. 极限涡喷发动机

设计条件为 $H = 0$、$Ma_0 = 0$、ISA，由于追求高单位推力，按最高油气比，极限涡喷发动机的单位推力和耗油率随总压比的变化规律如图 3-28 所示。

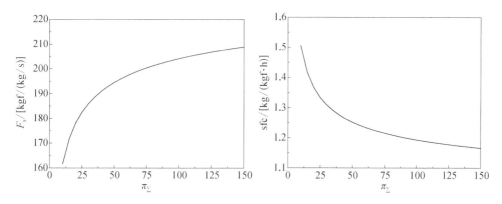

图 3-28　极限涡喷发动机的 F_s 和 sfc 随总增压比 π_Σ 的变化关系

由图 3-28 中曲线可见，极限涡喷发动机在 π_Σ 为 150 时，单位推力接近210 kgf/(kg·s)，耗油率约为 1.17 kg/(kgf·h)。

2. 极限混排涡扇发动机

设计条件为 $H = 0$、$Ma_0 = 0.0$、ISA，由于追求高单位推力，按最高油气比，涵道比为 0.4 的极限混排涡扇发动机的单位推力和耗油率随总压比的变化规律如图3-29 所示。由图 3-29 的中曲线可见，涵道比为 0.4 的极限混排涡扇发动机在π_Σ 为 150 时，单位推力超过 175 kgf/(kg·s)，耗油率低于 1.00 kg/(kgf·h)。

3. 极限分排涡扇发动机

设计条件为 $H = 0$、$Ma_0 = 0.0$、ISA，总压比 π_Σ 分别 30、40 和 50，由于追求低耗油率，按最经济 T_{t4} 和最佳风扇压比 π_F，极限分排涡扇发动机的单位推力和耗油率随涵道比的变化规律如图 3-30 所示。

由图 3-30 中的曲线可见，极限分排涡扇发动机在 BPR 为 40 时，单位推力约为 30 kgf/(kg·s)，耗油率接近 0.2 kg/(kgf·h)。

4. 极限涡轴发动机

设计条件为 $H = 0$、$Ma_0 = 0.0$、ISA，极限涡轴发动机的单位功率和耗油率随总

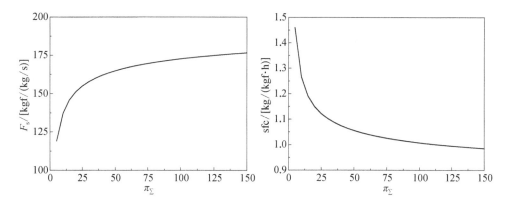

图 3 - 29　极限混排涡扇发动机 F_s 和 sfc 随总增压比 π_Σ 的变化关系

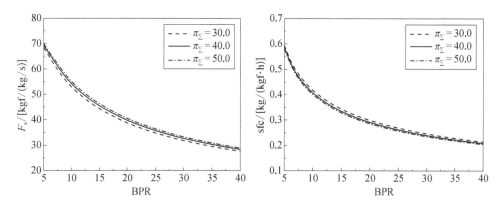

图 3 - 30　极限混排涡扇发动机的 F_s 和 sfc 随总增压比 π_Σ 的变化关系

压比的变化规律如图 3 - 31 所示。

　　由图 3 - 31 中的曲线可见,极限涡轴发动机在 π_Σ 为 150 时,单位功率超过 1 600 kW/(kg/s),耗油率约为 0.13 kg/(kW·h)。

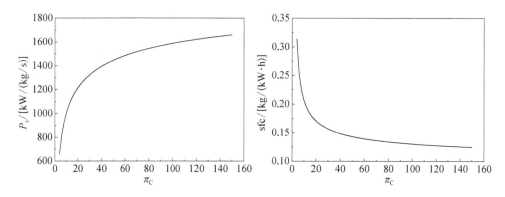

图 3 - 31　极限涡轴发动机的 F_s 和 sfc 随总增压比 π_Σ 的变化关系

目前,涡轮发动机各种技术极限主要受到材料耐温、冷却技术、压气机和涡轮级数,叶片最小高度、发动机长度、直径和质量等方面的限制。由于无法对压气机出口级叶片进行冷却,一般压气机出口总温 T_{t3} 的限制为 $850 \sim 950 \text{ K}$(对应地面条件下压气机总增压比为 $35 \sim 50$),涡轮进口总温 $T_{t4} \leqslant 2\,200 \text{ K}$,分排涡扇涵道比 $\text{BPR} \leqslant 15$,加力燃烧室的出口总温 $T_{t7} \leqslant 2\,300 \text{ K}$。

3.5.2　涡扇发动机技术参数的发展趋势

经过对国内外第二代至第四代 15 台典型的双轴混排加力涡扇发动机的技术参数进行收集、统计和评估,获得各种技术参数的变化趋势和分布范围如图 3-32~图 3-44 所示(图中虚线代表最高值,实线代表平均值,点画线代表最低值)。

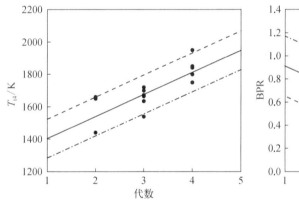

图 3-32　军用涡扇发动机的涡轮进口总温　　　　图 3-33　军用涡扇的发动机涵道比

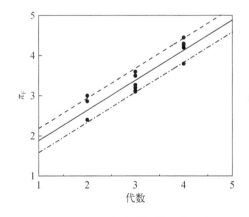
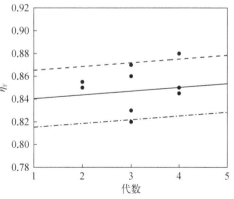

图 3-34　军用涡扇发动机的风扇压比　　　　图 3-35　军用涡扇发动机的风扇效率

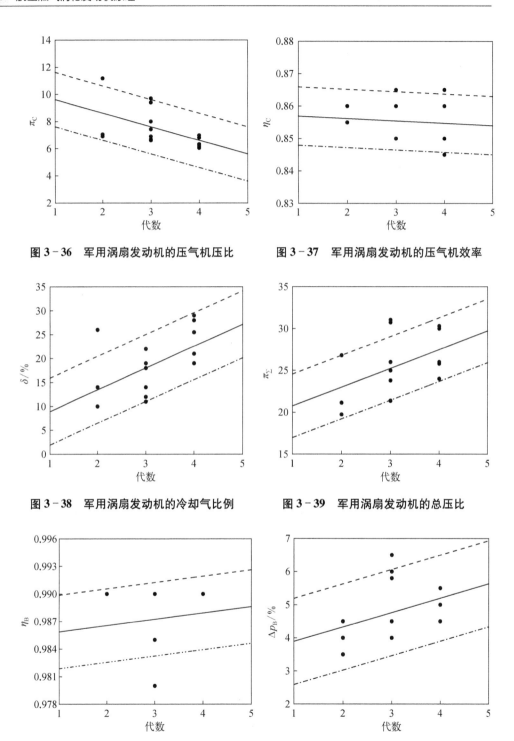

图 3-36 军用涡扇发动机的压气机压比

图 3-37 军用涡扇发动机的压气机效率

图 3-38 军用涡扇发动机的冷却气比例

图 3-39 军用涡扇发动机的总压比

图 3-40 军用涡扇发动机主燃烧室效率

图 3-41 军用涡扇发动机主燃烧室
总压损失系数

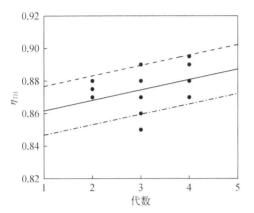
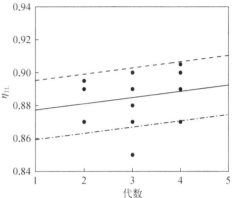

图 3－42　军用涡扇发动机的高压涡轮效率　　图 3－43　军用涡扇发动机的低压涡轮效率

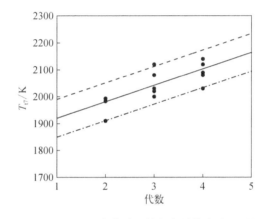

图 3－44　军用涡扇发动机的加力燃烧室出口总温

　　图 3－32～图 3－44 中,15 台典型的双轴混排加力涡扇发动机:第二代(英国 Spey_MK202、美国 F101－GE－100、俄罗斯 D30－F6);第三代(美国 F100－PW－100、中国某两型涡扇发动机、俄罗斯 RD－33、美国 F404－GE－400、美国 F110－GE－100、俄罗斯 AL－31F);第四代(美国 F414－GE－400、法国 M88－2、欧洲 EJ200、美国 F119－PW－100、中国某型涡扇发动机)。

习　题

一、填空题

1. 发动机的设计点是指_____。

2. 发动机在设计点获得的性能参数,称为_____,而发动机在非设计点获得的性能参数,称为_____。

3. 军用涡扇发动机常用的设计点:(1)_____;

（2）_____。

4. 民用大涵道比涡扇发动机常用的设计点：（1）_____；
（2）_____。

5. 在发动机性能计算中，可用 $Y = Y(X_1, X_2, X_3)$ 的关系来描述发动机的性能计算过程，其中变量 X_1、X_2、X_3 分别表示了_____、_____、_____这三类发动机性能计算需要给定的参数，而 Y 表示发动机设计点的性能参数和重要截面参数。

6. 发动机的循环分析是指：_____。

7. 发动机的敏感性分析是指：_____。

8. 循环分析和敏感性分析时最关心的性能参数是_____和_____。

9. 涡喷发动机的循环参数有_____；涡扇发动机的循环参数有_____。

10. 在涡轮进口总温 T_{t4} 不变时，涡喷发动机的单位推力随压气机增压比的变化趋势是_____，_____（存在/不存在）最佳增压比 π_{opt}；耗油率的变化趋势是_____，_____（存在/不存在）最经济增压比 π_{ec}。

11. 随着涡轮进口总温 T_{t4} 的升高，最佳增压比 π_{opt} 会_____，最经济增压比 π_{ec} 会_____；在相同 T_{t4} 时，最佳增压比 π_{opt}_____（大于/等于/小于）最经济增压比 π_{ec}。

12. 给定增压比下，当 T_{t4} 升高时，单位推力 F_s 的变化趋势是_____，_____（存在/不存在）最佳涡轮进口总温 $T_{t4, opt}$；耗油率 sfc 的变化趋势是_____，_____（存在/不存在）最经济涡轮进口总温 $T_{t4, ec}$。

13. T_{t7} 对加力 F_s 和 sfc 影响规律：随加力燃烧室出口温度 T_{t7} 的升高，发动机的单位推力 F_s_____，sfc_____。原因是 T_{t7} 的升高，排气速度_____，单位推力_____，但是 F_s 增大的速度比 sfc 的增大速度_____，因此耗油率_____。

14. 部件效率的提高，总是对 F_s 和 sfc 产生_____影响，总压损失系数的提高，总是对 F_s 和 sfc 产生_____影响。

15. 在理想循环条件下，气流流过外涵道没有损失，涡扇发动机的最大单位推力是在_____条件下获得的。

16. 满足混排涡扇发动机 $p_{t25} = p_{t55}$ 以及分排涡扇发动机耗油率最低的 π_F 随 BPR 和 T_{t4} 的变化关系十分相似：一定的 T_{t4} 下，π_F 随 BPR 的增大而_____，一定的 BPR 下，π_F 随 T_{t4} 的增大而_____。

17. 对于不加力混排涡扇发动机，给定 BPR 和 T_{t4}，随 π_Σ 增大，在高 T_{t4} 范围内，单位推力_____而耗油率_____。在低 T_{t4} 范围内,单位推力_____而耗油率_____。

18. 保持增压比不变,当涡轮进口总温 T_{t4} 增加时,单位功率一直呈_____趋势;耗油率则一直呈_____趋势,_____(存在/不存在)使耗油率最低的涡轮进口总温 T_{t4},这是与涡喷发动机的最大区别。

19. 在涡扇发动机总增压比和单位推力不变的条件下,涵道比越高,涡轮前总温_____。

20. 航空燃气涡轮发动机设计参数的选择由_____和_____确定。

21. 战斗机的主要工作状态有_____、_____、_____、_____、_____、_____。

二、选择题

1. 下面哪一项不是设计点计算的已知条件?(　　　)
   A. 飞行高度　　　B. 部件特性　　　C. 推力要求　　　D. 部件效率

2. 对于涡扇发动机,提高涵道比 BPR 会(　　　)。
   A. 降低单位推力　　　　　　　B. 提高最经济增压比
   C. 提高耗油率　　　　　　　　D. 降低推进效率

3. 下列属于发动机循环参数的是(　　　)。
   A. 飞行高度、马赫数　　　　　B. 压气机、涡轮效率
   C. 尾喷管出口面积　　　　　　D. 总增压比、涡轮前温度

4. 对于混排涡扇发动机,随着压气机总增压比的增大,耗油率(　　　)。
   A. 增大　　　　　　　　　　　B. 先减小后增大
   C. 先增大后减小　　　　　　　D. 减小

5. 对于战斗机来说,一般选用涵道比为(　　　)的混排涡扇发动机。
   A. 0~1　　　　B. 3~4　　　　C. 6~7　　　　D. 9~10

6. 其他因素不变,涡轮前温度升高,则发动机的单位推力(　　　)。
   A. 增大　　　　　　　　　　　B. 先减小后增大
   C. 先增大后减小　　　　　　　D. 减小

7. 对于涡喷发动机,下列说法错误的是(　　　)。
   A. 在给定的涡轮前总温的情况下,存在使单位推力达到最大值的压气机最佳增压比
   B. 在给定的涡轮前总温的情况下,存在使耗油率达到最小值的压气机最佳增压比
   C. 压气机最佳增压比随着涡轮前总温的升高而增大,随飞行马赫数的增大而增大

    D. 在给定的压气机增压比下,单位推力随涡轮前总温的升高而增大

8. 对于分别排气涡扇发动机,下列说法错误的是(　　)。

    A. 随着发动机涵道比的增大,最佳增压比增大,单位推力降低

    B. 随着发动机涵道比的增大,耗油率减小

    C. 随着涡轮前总温的升高,单位推力增大

    D. 存在最经济涡轮前总温使耗油率最低

三、简答题

1. 简述何为航空燃气涡轮发动机的设计点?

2. 设计点计算的目的是什么?

3. 涡扇发动机设计点气动热力计算的已知条件是什么? 目的是什么?

4. 为什么涡扇发动机设计点气动热力计算时,风扇压比、涡轮进口总温和涵道比这三个参数不能够随意选取?

5. 如何提高发动机的单位推力?

6. 简述涡喷发动机循环分析中性能参数(单位推力、耗油率)随循环参数(增压比、涡轮前温度)的变化规律。

7. 涡扇发动机循环分析时,风扇压比的选择有什么依据(分排、混排分别讨论)?

8. 在设计歼击机和远程大型民用运输机发动机的过程中,发动机涵道比选择的原则和原因是什么?

9. 发动机设计点的气动热力计算在发动机设计过程中发挥的作用是什么?

10. 简要描述发动机的单位推力和耗油率随增压比的变化关系,并画出简图。

11. 简要描述发动机的热效率和耗油率随加热比的变化关系,并画出简图。

12. 在 $Ma_0 = 0.8$、$H = 11$ km 的巡航状态下,分别排气涡扇发动机的风扇增压比 $\pi_F = 1.7$、$\eta_F = 0.88$;高压压气机增压比 $\pi_C = 18$、$\eta_C = 0.87$,试计算风扇出口及高压压气机出口的总温。

13. 对于单轴涡喷发动机,请由以下条件,计算出其推力及耗油率:
$Ma_0 = 0$;$H = 0$;$T_{s0} = 288.15$ K;$p_{s0} = 101\,325$ Pa;$\pi_C = 10.0$;$T_{t4} = 1\,350$ K 各部件的效率及总压恢复系数皆为 1.0。

14. 自行推导混合排气加力涡扇发动机设计点的分段定比热气动热力计算过程。

15. 自行推导涡桨发动机设计点的分段定比热气动热力计算过程。

16. 简述航空燃气涡轮发动机设计点热力计算的作用。

17. 单轴涡喷发动机特性的通用计算方法中一般需要假设几个独立变量? 为什么?

18. 请绘制出涡喷发动机的循环分析图,并说明性能参数随循环参数变化的趋势。

19. 安装收敛喷管的涡喷发动机在国际标准大气条件、地面静止条件下试车时,测

得 $p_{t3} = 6.5 \times 10^5$ Pa、$T_{t9} = 1\,000$ K，求发动机的单位推力和耗油率。

20. 在地面试车时，测得 $p_{t9} = 3.5 \times 10^5$ Pa、$T_{t9} = 1\,000$ K、$\text{far}_7 = 1.025$，求发动机的单位推力和耗油率。

21. 某单轴涡喷发动机在高度 $H = 11$ km、马赫数 $Ma_0 = 1.6$ 条件下飞行，测得压气机出口总压 $p_{t3} = 5 \times 10^5$ Pa、燃烧室出口燃气总温为 $T_{t4} = 1\,500$ K，燃气流量为 $W_{g4} = 50$ kg/s，发动机安装收敛喷管。试求：发动机推力和耗油率。（已知：$H = 11$ km 时 $T_{s0} = 216.7$ K、$p_{s0} = 0.226 \times 10^5$ Pa、进气道和燃烧室的总压恢复系数分别为 $\sigma_I = 0.95$ 和 $\sigma_B = 0.96$、压气机、燃烧室和涡轮效率分别为 $\eta_C = 0.85$、$\eta_B = 0.99$ 和 $\eta_T = 0.90$；假定：尾喷管内气流流动为等熵流动，转子机械效率 $\eta_m = 1.00$，计算压气机与涡轮功率平衡时，可忽略发动机燃气流量与空气流量之差别）

22. 某单轴涡喷发动机在高度 $H = 11$ km、马赫数 $Ma_0 = 1.6$ 条件下飞行，测得压气机出口总压 $p_{t3} = 5 \times 10^5$ Pa、燃烧室出口燃气总温为 $T_{t4} = 1\,500$ K，发动机安装收敛喷管（$A_8 = 0.20$ m^2）。试求：（1）发动机推力和耗油率；（2）若发动机安装收-扩喷管（$A_8 = 0.20$ m^2）且处于完全膨胀状态，发动机推力提高百分之多少？（已知：$H = 11$ km 时 $T_{s0} = 216.7$ K、$p_{s0} = 0.226 \times 10^5$ Pa、进气道和燃烧室的总压恢复系数分别为 $\sigma_I = 0.95$ 和 $\sigma_B = 0.96$、压气机、燃烧室和涡轮效率分别为 $\eta_C = 0.85$、$\eta_B = 0.99$ 和 $\eta_T = 0.90$；假定：尾喷管内气流流动为等熵流动，转子机械效率 $\eta_m = 1.00$，计算压气机与涡轮功率平衡时，可忽略发动机燃气流量与空气流量之差别）

23. 某单轴涡喷发动机在高度 $H = 0$ km、马赫数 $Ma_0 = 0$、国际标准大气条件下工作，测得燃烧室出口燃气总温为 $T_{t4} = 1\,500$ K，涡轮落压比 $\pi_T = 2.0$，发动机安装收敛喷管（$A_8 = 0.15$ m^2）。试求：（1）发动机推力；（2）若发动机安装收-扩喷管（$A_8 = 0.15$ m^2）且处于完全膨胀状态，发动机推力提高多少？（已知：进气道和燃烧室的总压恢复系数分别为 $\sigma_I = 1.0$ 和 $\sigma_B = 0.96$、压气机和涡轮效率分别为 $\eta_C = 0.85$ 和 $\eta_T = 0.90$；假定：尾喷管内气流流动为等熵流动、发动机燃气流量与空气流量相等）

24. 某单轴涡喷发动机在高度 $H = 11$ km、马赫数 $Ma_0 = 0.8$ 条件下飞行，测得发动机空气流量为 $W_a = 20$ kg/s、压气机压比为 $\pi_C = 4.5$、燃烧室出口燃气总温为 $T_{t4} = 1\,650$ K，发动机安装的收-扩喷管处于完全膨胀状态，试求发动机推力。（已知：$H = 11$ km 时 $T_{s0} = 216.7$ K、$p_{s0} = 22\,700$ Pa、进气道和燃烧室的总压恢复系数分别为 $\sigma_I = 0.97$ 和 $\sigma_B = 0.95$、压气机和涡轮效率分别为 $\eta_C = 0.85$ 和 $\eta_T = 0.90$；假定：尾喷管内气流流动为等熵流动、发动机燃气流量与空气流量相等）

25. 已知收敛喷管出口面积 $A_8 = 1 \text{ m}^2$，进口总温 $T_{t7} = 2\,000 \text{ K}$，进口总压 $p_{t7} = 500 \text{ kPa}$，外界大气压 $p_{s0} = 101 \text{ kPa}$，求尾喷管排气速度 c_9 和燃气流量 W_{g9}。（尾喷管燃气 $\gamma_g = 1.3$）

26. 已知收敛喷管燃气流量 $W_{g9} = 100 \text{ kg/s}$，进口总温 $T_{t7} = 2\,000 \text{ K}$，进口总压 $p_{t7} = 500 \text{ kPa}$，外界大气压 $p_{s0} = 101 \text{ kPa}$，求尾喷管排气速度 c_9 和出口面积 A_9。（尾喷管燃气 $\gamma_g = 1.3$）

27. 已知收扩喷管燃气流量 $W_{g9} = 100 \text{ kg/s}$，进口总温 $T_{t7} = 2\,000 \text{ K}$，进口总压 $p_{t7} = 500 \text{ kPa}$，外界大气压 $p_{s0} = 101 \text{ kPa}$，求完全膨胀状态下的尾喷管排气速度 c_9 和出口面积 A_9。（尾喷管燃气 $\gamma_g = 1.3$）

28. 为某涡扇发动机设计了风扇和高压压气机，其性能参数分别为：风扇的换算流量 $W_{a2,\,cor} = 100 \text{ kg/s}$、效率 $\eta_F = 0.85$、压比 $\pi_F = 4.5$；高压压气机：换算流量 $W_{a21,\,cor} = 20 \text{ kg/s}$、效率 $\eta_C = 0.86$、压比 $\pi_C = 6.5$；试求：(1)涡扇发动机的涵道比；(2)高压涡轮功；(3)涡扇发动机的单位推力。[已知：飞行高度 $H = 0 \text{ km}$、飞行马赫数 $Ma_0 = 0$、国际标准大气条件、外涵道总压恢复系数 $\sigma_{DU} = 0.95$、混合器总压恢复系数 $\sigma_{mix} = 0.96$、加力燃烧室总压恢复系数 $\sigma_{AB} = 0.94$、加力燃烧室出口总温 $T_{t7} = 2\,100 \text{ K}$、尾喷管完全膨胀、尾喷管速度系数 $Cv = 0.985$、空气 $\gamma = 1.40$、$c_p = 1\,004 \text{ J/(kg} \cdot \text{K)}$、燃气 $\gamma_g = 1.25$、$c_{pg} = 1\,400 \text{ J/(kg} \cdot \text{K)}$、忽略空气流量与燃气流量的区别、高/低压转子的机械效率分别为 $\eta_{mH} = 0.985, \eta_{mL} = 0.995$]

第 4 章
航空燃气涡轮发动机部件的
共同工作和控制规律

4.1 非设计点特性与共同工作

    发动机的总体性能方案设计结束之后下一步工作就是给各部件、各系统下达设计指标,各部件按要求分别完成设计任务。例如总体给压气机下达的设计指标为压气机设计点压比、换算流量、效率和喘振裕度。其他的部件和系统亦如此。如果所有的部件在设计点达到要求,发动机整机在设计点工作时,就能够获得预期的发动机设计点性能(F、F_s 和 sfc)。

    在发动机各部件和整机设计出来之前,设计人员也很关心发动机的特性,例如四代机的涡扇发动机在海平面条件下循环分析获得循环参数和设计点性能之后,飞机设计人员非常关心所设计的发动机在超声速巡航条件下,发动机不加力状态的推力是否满足飞机超声速巡航的要求。为了避免发动机总体性能方案设计出现颠覆性错误,设计点性能计算和非设计点特性计算往往是同步开展的。

    对于一台给定的涡轮发动机,以计算和仿真的手段获取发动机性能随飞行高度、飞行马赫数、大气温度以及油门杆位置的变化,称为发动机特性计算。发动机各部件的共同工作是特性计算的基础,而部件共同工作原理的掌握,是本课程的核心和重点,也是难点。单轴涡喷发动机部件共同工作是各种类型涡轮发动机部件共同工作的基础。本章将以单轴涡喷发动机为重点,分别采用简化的共同工作方程(以定比热法为基础)和复杂的共同工作方程组(以变比热法为基础)两种方式,从压气机的简单匹配情况开始,由浅入深地讲述和讨论。

4.2 获得压气机特性图的试验方法

    一旦压气机(以及其他部件)设计好并经过试验,将会给总体性能专业提供"通用部件特性"。请注意,此时的压气机已经确定了,也就是说压气机的各种特性参数必须满足"通用部件特性"的约束。

　　压气机(或风扇)的特性是如何获取的呢? 最直接的方法是通过试验。如图 4-1 所示,常见的压气机特性试验台主要包括以下设备(装置):进气装置(工艺进气道);进口气流参数测量装置 2(可以测量进气装置的测量段内气流的总温 T_{t2}、总压 p_{t2} 和静压 p_{s2});试验压气机(或风扇);出口气流参数测量装置 3(可以测量压气机出口的测量段内气流参数,如总温 T_{t3} 和总压 p_{t3} 等);节流阀(类似收敛尾喷管,可以调节出口流通面积以改变压气机的空气流量,其出口面积定义为 A_8);驱动电动机(可以保持一定的转速 n 并测量出电动机输出给压气机的实际功率 P_{C})。

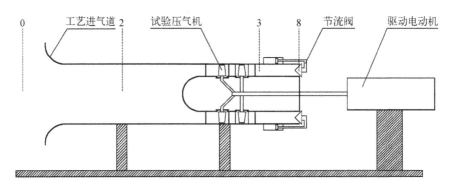

图 4-1　压气机(风扇)特性试验示意图

1. 根据测量参数计算压气机特性参数的方法

(1) 根据进口气流参数测量装置 2 所测得的总温 T_{t2}、总压 p_{t2} 和静压 p_{s2},可以求出测量段气流的马赫数 Ma_2(利用测量的总压和静压的关系),已知压气机的进口面积(圆面积而不是环面积)A_2,进而可以求出压气机的空气流量为

$$W_{\mathrm{a}2} = K\frac{p_{t2}A_2}{\sqrt{T_{t2}}}q(Ma_2) \qquad (4-1)$$

(2) 压气机的换算流量为

$$W_{\mathrm{a}2,\,\mathrm{cor}} = W_{\mathrm{a}2}\frac{101\,325}{p_{t2}} \times \sqrt{\frac{T_{t2}}{288.15}} = \frac{101\,325}{\sqrt{288.15}} \times W_{\mathrm{a}2}\frac{\sqrt{T_{t2}}}{p_{t2}} \qquad (4-2)$$

　　由式(4-1)和式(4-2)可以看出,压气机的换算流量 $W_{\mathrm{a}2,\,\mathrm{cor}}$ 与流量函数 $q(Ma_2)$ 有如下关系:

$$W_{\mathrm{a}2,\,\mathrm{cor}} = \frac{101\,325}{\sqrt{288.15}} \times W_{\mathrm{a}2}\frac{\sqrt{T_{t2}}}{p_{t2}} = \frac{101\,325}{\sqrt{288.15}} \times KA_2q(Ma_2)$$

$$= C \times q(Ma_2) \qquad (4-3)$$

式中, C 为常数, $C = 101\,325KA_2/\sqrt{288.15}$ 。

由于压气机的换算流量 $W_{2a,\,cor}$ 与流量函数 $q(Ma_2)$ 之间只差常倍数, 故下面的分析也用流量函数 $q(Ma_2)$ 来代表换算流量 $W_{2a,\,cor}$, 压气机特性图上也可使用 $q(Ma_2)$ 来代替 $W_{2a,\,cor}$。

（3）压气机压比为

$$\pi_C = \frac{p_{t3}}{p_{t2}}$$

（4）压气机的换算转速为

$$n_{cor} = n\sqrt{\frac{288.15}{T_{t2}}} = C \times \frac{n}{\sqrt{T_{t2}}}$$

压气机的等熵压缩功率为

$$P_{C,\,i} = W_{a2}(h_{t3i} - h_{t2}) = W_{a2}c_p T_{t2}(e_C - 1)$$

压气机的实际功率为电动机输出给压气机的实际功率 P_C, 当然 P_C 也可以根据测量参数求出: $P_C = W_{a2}c_p(T_{t3} - T_{t2})$。

（5）压气机的效率为

$$\eta_C = \frac{P_{C,\,i}}{P_C}$$

2. 压气机特性试验的步骤

（1）节流阀打开到最大位置, 将电动机设置在预定的转速(例如压气机设计点的转速)。

（2）将节流阀逐步关小, 直至压比(或换算流量)等于设计点的值。

（3）根据此时的各种测量值, 获得压气机的相对换算转速 $\bar{n}_{cor}$、换算流量 $W_{a2,\,cor}$、压比 π_C 和效率 η_C。以 $W_{a2,\,cor}$ 为横坐标, 即可获得压气机特性图上设计点的压比 π_C 和效率 η_C(特性图中的设计点"des")。

（4）保持压气机转速不变, 逐渐关小(或者开大)节流阀的出口面积 A_8, 可以获得一系列压气机的性能参数, 把这些参数绘制到特性图中, 就可以得到一条等相对换算转速的特性线; 试验过程中, 当节流阀出口面积 A_8 关小到某一个位置时, 压气机出现喘振或失速现象, 此时的特性参数称为喘振边界, 对应该相对换算转速下压气机能够稳定工作的最小换算流量和最大压比, 而当节流阀出口面积 A_8 开大到某一个位置时, 压气机增压比不再继续下降, 此时的特性称为堵塞边界, 对应该相对换算转速下压气机的最大换算流量和最小压比。

（5）改变压气机转速, 重复第(3)、(4)步, 可以获得另外一条等相对换算转速的特性线。如此进行下去,可以获得压气机的特性图(一般情况下,压气机特性图中的最低相对换算转速比发动机慢车状态的略低,而最高相对换算转速比发动机最大状态的略高)。

通过试验获得的压气机通用特性图(图4-2)可以表达为

$$\pi_C = f_1(W_{a2, cor}, \bar{n}_{cor})$$

$$\eta_C = f_2(W_{a2, cor}, \bar{n}_{cor})$$

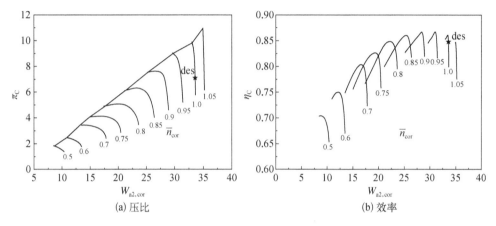

(a) 压比   (b) 效率

图4-2 压气机的通用特性图

航空燃气涡轮发动机部件的共同工作反映在压气机特性图上会得到一系列共同工作点,这些点组成了发动机的共同工作线。提到发动机部件的共同工作,首先应该想到的是压气机特性图。其原因是:一方面,压气机具有一个特殊的工况——"喘振",当压气机应用于发动机时,"喘振"工况是不允许发生的,因为压气机一旦喘振,将会给发动机整机造成严重的破坏,而共同工作线表征了发动机工作点的喘振裕度,因此应予以高度关注;另一方面,共同工作线上的转速表征发动机的状态,压比为发动机的循环参数,而流量和效率也直接影响发动机的性能,这些因素都说明了共同工作线的重要性。另外,当发动机整机工况变化时,压气机的各种参数的变化范围远比其他部件的要宽得多,因此,发动机部件共同工作的研究,通常是在压气机特性图上进行的。当然,为了一些研究目的,设计人员也会关心其他部件的特性图(如燃烧室特性图和涡轮特性图等)。

4.3 压气机的简单匹配机理——压气机与节流阀的"共同工作"

本节从研究压气机和节流阀的"共同工作"开始,帮助读者理解压气机和节流阀之间的"匹配",有助于理解后续的涡轮发动机部件共同工作原理。

4.3.1　压气机与节流阀的"简单匹配"

假设压气机的相对换算转速为 1.0,节流阀的开度保证此时的压气机"工作点"(由相对换算转速和换算流量来确定)距离喘振边界有一定的距离,也就是说有合适的喘振裕度(如 25%)。节流阀的开度为定值,控制驱动电动机使得压气机的相对换算转速降低到某一个已知值时(如 0.90),压气机的工作点会怎么改变呢? 怎样确定呢? 这就需要设法把此时的压气机工作点对应的压比和换算流量求出来。

1. 第一种方法——试凑法

(1) 先在压气机某个相对换算转速线上(如 0.90)假设一个工作点的初值,并在特性图上找到对应的换算流量 $W_{a2, cor}$、压比 π_C 和效率 η_C。

(2) 可以求出压气机出口的总温、总压和空气流量分别为

$$T_{t3} = T_{t2}\left(1 + \frac{e_C - 1}{\eta_C}\right) \tag{4-4}$$

$$p_{t3} = \pi_C p_{t2} \tag{4-5}$$

$$W_{a2} = W_{a2, cor} \times \frac{p_{t2}}{101\ 325} \times \sqrt{\frac{288.15}{T_{t2}}} \tag{4-6}$$

(3) 考察节流阀的空气流量,已知节流阀的出口面积 A_8、总压 p_{t8} 和总温 T_{t8}(即压气机的出口总压 p_{t3} 和总温 T_{t3})以及外界背压(即 p_{s0}),当节流阀处于亚临界状态时,利用节流阀出口截面总压和静压的关系:

$$\frac{p_{t8}}{p_{s0}} = \frac{p_{t3}}{p_{s0}} = \left(1 + \frac{\gamma - 1}{2}Ma_8^2\right)^{\frac{\gamma}{\gamma-1}} \tag{4-7}$$

可以求出节流阀的出口马赫数 Ma_8,当节流阀处于临界或超临界状态时 $Ma_8 = 1.0$,进一步可以求出节流阀出口的空气流量为

$$W_{a8} = K\frac{p_{t3}A_8}{\sqrt{T_{t3}}}q(Ma_8) = K\frac{p_{t3}A_8}{\sqrt{T_{t3}}} \tag{4-8}$$

(4) 检查是否满足:

$$W_{a8} = W_{a2} \tag{4-9}$$

显然,当压气机和节流阀都工作在稳态时,压气机的空气流量是通过节流阀流出去的流量(守恒定律),W_{a2} 应该等于 W_{a8}(守恒条件)。如果上述求出来的 $W_{a8} =$

W_{a2}，表明第（1）步给定的初值满足流量平衡的约束，这个初值就是正确的工作点；如果 $W_{a8} \neq W_{a2}$，则需要不断调整工作点并重复（2）~（4）步直到 $W_{a8} = W_{a2}$ 为止。

在最小相对换算转速和最大相对换算转速之间设定若干个转速，求出若干个工作点，将这些工作点用一条线连接起来，就是压气机和节流阀的共同工作线（图4-3）。

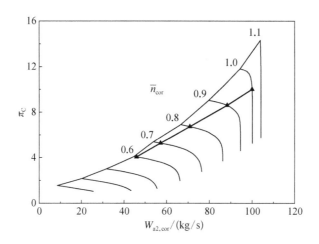

图4-3　压气机和节流阀的"共同工作线"（"简单匹配"）

2. 第二种方法——建立简化共同工作方程

假设节流阀出口截面为临界或超临界状态，压气机进口和节流阀出口的空气流量平衡方程为

$$W_{a2} = K \frac{p_{t2} A_2}{\sqrt{T_{t2}}} q(Ma_2) = W_{a8} = K \frac{p_{t3} A_8}{\sqrt{T_{t3}}} q(Ma_8) \tag{4-10}$$

因为要在压气机特性图上研究共同工作方程，故应该在式（4-10）的基础上，设法把它变成压气机特性参数描述的方程。由于节流阀出口截面为临界或超临界状态，故 $q(Ma_8) = 1.0$，式（4-10）可以变为

$$\frac{\pi_C}{q(Ma_2)} \sqrt{\frac{T_{t2}}{T_{t3}}} = C \tag{4-11}$$

式中，$C = A_2/A_8$。

假设压气机的压缩过程的多变指数为 n，式（4-11）变为

$$\frac{\pi_C^A}{q(Ma_2)} = C \tag{4-12}$$

式中，$A = (n + 1)/2n$。具体推导过程如下：

$$\pi_C \sqrt{\frac{T_{t2}}{T_{t3}}} = \pi_C \left(\frac{T_{t3}}{T_{t2}}\right)^{-\frac{1}{2}} = \pi_C \left(\frac{p_{t3}}{p_{t2}}\right)^{-\frac{1}{2} \times \frac{n-1}{n}} = \pi_C (\pi_C)^{-\frac{n-1}{2n}} = (\pi_C)^{\frac{n+1}{2n}}$$

式(4-12)就是节流阀出口为临界或超临界状态条件下，压气机和节流阀的共同工作方程，它描述了压气机压比 π_C 和换算流量 $q(Ma_2)$ 之间的关系。将该关系式绘制在压气机特性图上即可得到压气机与节流阀的共同工作线。请注意，在推导方程(4-12)时，尽可能把流量平衡方程转换成为压气机特性参数表示的方程，以便在压气机特性图中研究共同工作。

方程(4-12)的求解，可以参考上述的试凑法来求解：根据节流阀和压气机的第一个工作状态(最小相对换算转速)可以求出常数 C。在下一个相对换算转速上(如 0.90)，试取一个点，将该工作点对应的压比 π_C 和流量函数 $q(Ma_2)$(可以通过换算流量 $W_{a2, cor}$ 求出来)代入方程(4-12)，直到满足方程(4-12)为止，工作点就求出来了，进一步就可以求出共同工作线(图 4-3)。为了得到简明扼要的(这样便于理论分析)共同工作方程(4-12)，这里做了"节流阀出口截面为临界或超临界状态"的假设，然而对于压气机的压比比较低的情况，节流阀出口截面不满足临界或超临界状态，此时方程(4-12)并不成立。

3. 第三种方法——建立完整共同工作方程

已知压气机的物理转速 n，结合进口总温 T_{t2}，可以求出压气机的换算转速为

$$n_{cor} = n \sqrt{\frac{288.15}{T_{t2}}} \tag{4-13}$$

在该换算转速 n_{cor} 下，计算其相对换算转速 $\bar{n}_{cor}$，并取一个未知数 Z_C(称为压比比)：

$$Z_C = \frac{\pi_{C, o} - \pi_{C, min}}{\pi_{C, max} - \pi_{C, min}} \tag{4-14}$$

式中，$\pi_{C, o}$ 为工作点的压比；$\pi_{C, min}$ 为等相对换算转速线上堵塞边界的压比；$\pi_{C, max}$ 为等相对换算转速线上喘振边界的压比，所以 $0 \leqslant Z_C \leqslant 1.0$。根据压气机特性：

$$\begin{cases} \pi_C = f_1(Z_C, \bar{n}_{cor}) \\ W_{a2, cor} = f_2(Z_C, \bar{n}_{cor}) \\ \eta_C = f_3(Z_C, \bar{n}_{cor}) \end{cases} \tag{4-15}$$

可以求出工作点的压比 π_C、换算流量 $W_{a2, cor}$ 和效率 η_C，进一步可以完成压气机的变比热压缩过程计算，压气机出口总压为

$$p_{t3} = \pi_C p_{t2} \tag{4-16}$$

压气机出口的空气流量为

$$W_{a3} = W_{a2} = W_{a2,\,cor} \times \frac{p_{t2}}{101\,325} \times \sqrt{\frac{288.15}{T_{t2}}} \tag{4-17}$$

压气机经等熵压缩后的出口熵函数为

$$\phi_{t3i} = \phi_{t2} + R \times \ln(\pi_C) \tag{4-18}$$

根据熵函数 ϕ_{t3i} 可以迭代求出压气机出口的等熵温度 T_{t3i}，进而求出压气机出口等熵焓为

$$h_{t3i} = f(T_{t3i}) \tag{4-19}$$

根据压气机效率的定义可以求出出口实际焓为

$$h_{t3} = h_{t2} + (h_{t3i} - h_{t2})/\eta_C \tag{4-20}$$

根据压气机出口 $h_{t3} = f(T_{t3})$ 可以迭代求出压气机出口总温 T_{t3}。

节流阀的空气流量计算时，首先要判断节流阀出口马赫数是否为 1.0。根据能量守恒方程可知：

$$h_{s8} = h_{t3} - \frac{1}{2}c_8^2 \tag{4-21}$$

$$c_8 = a_8 = \sqrt{\gamma R T_{s8}} \tag{4-22}$$

由式(4-21)和式(4-22)迭代求出出口静温 T_{s8} 和排气速度 c_8。

根据等熵过程可以求出节流阀出口静压为

$$p_{s8} = p_{t3} \times \exp\left(\frac{\phi_{s8} - \phi_{t3}}{R}\right) \tag{4-23}$$

如果 $p_{s8} \geq p_{s0}$，则节流阀处于临界或超临界状态，出口马赫数为 1.0，p_{s8} 为真值，转入式(4-26)即可求出空气流量。

如果 $p_{s8} < p_{s0}$，则节流阀处于亚临界状态，出口马赫数小于 1.0，按 $p_{s8} = p_{s0}$ 计算出口的静参数，步骤如下。

根据等熵过程可以求出节流阀出口熵函数为

$$\phi_{s8} = \phi_{t3} - R\ln\left(\frac{p_{t3}}{p_{s0}}\right) \tag{4-24}$$

根据 ϕ_{s8} 可以求出 T_{s8}，进而求出 h_{s8}，再根据能量守恒方程求出理想出口速

度为

$$c_8 = \sqrt{2(h_{t3} - h_{s0})} \tag{4-25}$$

进而由式(4-26)求出节流阀的流量为

$$\rho_{s8} = \frac{p_{s8}}{RT_{s8}}$$

$$W_{a8} = A_8 \rho_{s8} c_8 \tag{4-26}$$

根据压气机和节流阀的流量平衡,令

$$y = W_{a8} - W_{a3} = 0 \tag{4-27}$$

可以写为

$$y = y(x) = 0 \tag{4-28}$$

式中,y 代表流量平衡(可以记为 ΔW_{a8});x 为独立变量 Z_C。

$y(Z_C) = 0$ 不太容易写成像式(4-12)那样显而易见的解析式方程,而是由式(4-13)~式(4-27)共同构成,仍然是一元非线性方程,可以使用数值解法来求解。求解非线性方程的常用方法是一元牛顿迭代法,其原理示意图见图4-4,进一步说明如下。

问题描述:已知非线性函数 $y = f(x)$,求解 $y = 0$ 时对应的 x 的值。

具体的求解步骤如下。

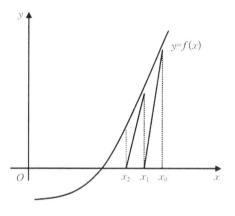

图 4-4 一元牛顿迭代法原理示意图

任取 x 的初值 x_0,构造下面的迭代格式进行迭代计算,有

$$x_{k+1} = x_k - \frac{f(x_k)}{f'(x_k)} \tag{4-29}$$

正如式(4-28)所描述的方程一样,很多工程问题中函数 $f(x)$ 或其导数 $f'(x)$ 无法直接用表达式描述,所以在数值计算方法中常采用差商代替导数,有

$$f'(x_k) \approx \frac{f(x_k + \Delta x) - f(x_k)}{\Delta x} \tag{4-30}$$

实际应用中 Δx 可以取一个小量,如 $0.01|x_k| \sim 0.001|x_k|$。

按照式(4-29)一直进行迭代计算,直到 $|f(x_k)|$ 小于给定的误差视为迭代

收敛。

设计点的相对换算转速为 1.0, 喘振裕度为 25%, 流量为 100.0 kg/s, 压比为 10.0, 可以计算出压比比为 0.723, 对应的 A_8 为 0.054 0 m^2。下面给定相对换算转速为 0.9, 保持 A_8 不变, 通过流量平衡迭代求解压比比。

x 为压比比, y 为流量平衡误差的相对值, Z_C 初值为设计点的值 (0.723) 完整的迭代收敛过程如表 4 - 1 所示。

表 4-1　一元牛顿迭代法的收敛过程

迭代次数 k	x	y	$\mathrm{d}y/\mathrm{d}x$
1	0.723 000	0.123 414	−0.005 15
2	0.842 752	0.047 905	−0.007 34
3	0.891 685	0.010 187	−0.008 30
4	0.903 958	−0.000 061	—

可见, 牛顿法的收敛速度非常快, 本算例中只需要 4 次迭代即可收敛 (达到流量平衡误差精度要求)。同理, 保持 A_8 不变, 给定若干个相对换算转速 $\bar{n}_{\mathrm{cor}}$ (如 0.8、0.7 和 0.6), 重复求解共同工作方程 $y(Z_C) = 0$, 可以获得若干个工作点, 连接这些工作点即可得到压气机和节流阀的"简单匹配"的"共同工作线"如图 4 - 3 所示。

4.3.2　压气机与节流阀的"复杂匹配"

进一步假设压气机的换算转速为最大值, 控制驱动电动机使得其输出功率 P_{motor} 为定值, 节流阀出口面积 A_8 的开度减小 (或放大) 时, 压气机的转速会如何变化呢? 工作点会怎样移动呢? 如何求解呢?

这个例子比第一个要更复杂一些, 因为"压气机转速为已知值"的这个条件已经没有了, 不但需要确定压比比 Z_C, 而且需要确定压气机转速 n。参照上一节中第三种方法, 通过建立完整的共同工作方程组来求解, 下文在建立方程组的过程中使用了变比热计算方法。

取压气机的物理转速 n 为第一个未知数, 结合进口总温 T_{t2}, 可以求出压气机的换算转速为

$$n_{\mathrm{cor}} = n\sqrt{\frac{288.15}{T_{t2}}} \tag{4-31}$$

在该换算转速下,求得相对换算转速 $\bar{n}_{\mathrm{cor}}$,并取 Z_{C} 为第二个未知数(同上),根据压气机特性图有

$$
\begin{cases}
\boldsymbol{\pi}_{\mathrm{C}} = f_1(Z_{\mathrm{C}},\ \bar{n}_{\mathrm{cor}}) \\
W_{\mathrm{a2,\ cor}} = f_2(Z_{\mathrm{C}},\ \bar{n}_{\mathrm{cor}}) \\
\eta_{\mathrm{C}} = f_3(Z_{\mathrm{C}},\ \bar{n}_{\mathrm{cor}})
\end{cases}
\tag{4-32}
$$

可以通过插值得到工作点的换算流量 $W_{\mathrm{a2,\ cor}}$、效率 η_{C} 和压比 $\boldsymbol{\pi}_{\mathrm{C}}$,按照式(4-17)~式(4-26)完成压气机的变比热气动热力过程计算,并获得压气机出口的空气流量 W_{a3} 和节流阀出口的空气流量 W_{a8}。

根据压气机和节流阀的流量平衡,以及压气机和电动机的功率平衡,令

$$
\begin{cases}
y_1 = \Delta W_8 = W_{\mathrm{a8}} - W_{\mathrm{a3}} = y_1(Z_{\mathrm{C}},\ n) = 0 \\
y_2 = \Delta P = P_{\mathrm{C}} - P_{\mathrm{motor}} = y_2(Z_{\mathrm{C}},\ n) = 0
\end{cases}
\tag{4-33}
$$

可以写为

$$
\boldsymbol{y} = \boldsymbol{y}(\boldsymbol{x}) = \boldsymbol{0}
\tag{4-34}
$$

式中,$\boldsymbol{y} = (\Delta W_{\mathrm{a8}},\ \Delta P)^{\mathrm{T}}$,$\boldsymbol{x} = (Z_{\mathrm{C}},\ n)^{\mathrm{T}}$。

同理,$\boldsymbol{y} = \boldsymbol{y}(\boldsymbol{x}) = \boldsymbol{0}$ 不太容易写成像式(4-12)那样显而易见的解析式方程,而是由式(4-13)~式(4-26)以及式(4-33)共同构成,现在式(4-34)是二元非线性方程组。求解非线性方程的常用方法是多元牛顿法,多元牛顿法是一元牛顿法的推广(也称为牛顿-拉弗森法)。

问题描述:已知非线性方程组 $\boldsymbol{y} = \boldsymbol{y}(\boldsymbol{x}) = \boldsymbol{0}$,且 $\boldsymbol{y}$ 与 $\boldsymbol{x}$ 的维数相同。求 $\boldsymbol{y}$ 为零向量时,对应 $\boldsymbol{x}$ 向量的值。$\boldsymbol{y} = \boldsymbol{y}(\boldsymbol{x})$ 可以写成:

$$
\begin{cases}
y_1 = y_1(x_1,\ x_2,\ x_3,\ \cdots,\ x_n) \\
y_2 = y_1(x_1,\ x_2,\ x_3,\ \cdots,\ x_n) \\
y_3 = y_1(x_1,\ x_2,\ x_3,\ \cdots,\ x_n) \\
\qquad\qquad\qquad \vdots \\
y_n = y_1(x_1,\ x_2,\ x_3,\ \cdots,\ x_n)
\end{cases}
\tag{4-35}
$$

式中,n 称为方程组的维数。

任取 $\boldsymbol{x}$ 的初值 $\boldsymbol{x}_0$,构造下面的迭代格式进行迭代计算,有

$$
\boldsymbol{x}_{k+1} = \boldsymbol{x}_k - \boldsymbol{J}^{-1}\boldsymbol{y}_k
\tag{4-36}
$$

其中,$\boldsymbol{J}$ 是雅可比矩阵($\boldsymbol{J}^{-1}$ 为 $\boldsymbol{J}$ 的逆矩阵),其具体表达式如下:

$$J = \begin{bmatrix} \dfrac{\partial y_1}{\partial x_1} & \dfrac{\partial y_1}{\partial x_2} & \cdots & \dfrac{\partial y_1}{\partial x_n} \\[2mm] \dfrac{\partial y_2}{\partial x_1} & \dfrac{\partial y_2}{\partial x_2} & \cdots & \dfrac{\partial y_2}{\partial x_n} \\[2mm] \vdots & \vdots & \ddots & \vdots \\[2mm] \dfrac{\partial y_n}{\partial x_1} & \dfrac{\partial y_n}{\partial x_2} & \cdots & \dfrac{\partial y_n}{\partial x_n} \end{bmatrix} \tag{4-37}$$

式(4-36)等价于求解如下线性方程组:

$$J(\boldsymbol{x}_k - \boldsymbol{x}_{k+1}) = \boldsymbol{y}_k \tag{4-38}$$

再计算 $\boldsymbol{x}_{k+1}$,式(4-38)可以用全选主元消去法等方法求解。

与一元牛顿迭代一样,J 中的偏导数用差商代替,有

$$\frac{\partial y_i}{\partial x_j} \approx \frac{f_i(x_1, x_2, \cdots, x_{j-1}, x_j + \Delta x_j, x_{j+1}, \cdots, x_n) - f_i(x_1, x_2, \cdots, x_{j-1}, x_j, x_{j+1}, \cdots, x_n)}{\Delta x_j} \tag{4-39}$$

实际应用中 Δx_j 可以取一个小量,如 $0.01|x_j| \sim 0.001|x_j|$。

迭代计算直到 $\boldsymbol{y}_k$ 的每一个分量的绝对值小于给定的误差,视为迭代收敛。下面采用二元牛顿法求解共同工作方程组(4-34)。

保持电机功率为设计点的值,调节 A_8 为设计点的110%,利用牛顿-拉弗森法迭代求解发动机的转速和压比比的过程如表 4-2 所示($\boldsymbol{x}$ 为百分比转速和压比比;$\boldsymbol{y}$ 为流量平衡误差和功率平衡误差的相对值;J 为雅可比矩阵)。

表 4-2　二元牛顿迭代法的收敛过程

迭代次数 k	x		y		J	
1	x_1 x_2	100.0 0.723 0	y_1 y_2	-0.099 999 0.000 000	-6.409E-003 -1.258E-002	3.162E-003 2.494E-002
2	x_1 x_2	101.3 0.619 1	y_1 y_2	-0.046 923 -0.005 190	-6.597E-003 -9.912E-003	3.284E-003 2.206E-002
3	x_1 x_2	102.6 0.547 0	y_1 y_2	-0.010 179 -0.001 967	-6.860E-003 -8.627E-003	3.499E-003 2.211E-002
4	x_1 x_2	102.9 0.527 1	y_1 y_2	0.000 015 -0.000 052	—	

同样,牛顿-拉弗森法的收敛速度也非常快,本算例中只需要 4 次迭代即可收敛(同时达到流量平衡误差和功率平衡误差精度要求)。同理,保持电机功率不变,阀门面积从设计点的 85% 调整到 120%,得到压气机和节流阀"复杂匹配"的共同工作线如图 4-5 所示。

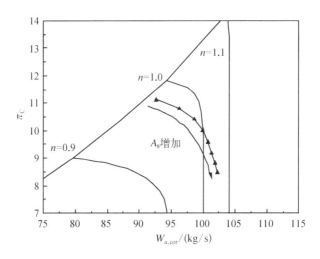

图 4-5　压气机和节流阀的"共同工作线"("复杂匹配")

本算例中,如果将电机的功率和节流阀出口面积视为控制参数,则压气机转速 n 和压气机压比 Z_C 即为被控参数,显然控制参数数量总是和被控参数数量相等,就像有几个方程就能求解几个未知数一样。

4.4　定几何单轴涡喷发动机部件的共同工作

下面开始研究定几何单轴涡喷发动机各部件的共同工作原理并推导共同工作方程。各部件之间共同工作也称为各部件的匹配。通过上面的压气机与节流阀的共同工作,读者实际上有了一些匹配的基本概念。现在不妨再梳理一下:单独的压气机部件,可以在压气机特性图中最小相对换算转速和最大相对换算转速之间、堵塞边界和喘振边界之间的任何一个点上工作,只要允许任意调节压气机转速和出口流量就可以实现。但是,当压气机和节流阀一起匹配工作时,情况就发生变化了,例如,在第一个"简单匹配"的例子中,只要节流阀不可调,无论电动机的转速(相应的功率)如何改变,压气机的"工作线"就只有一条,压气机的工作状态就不能够随心所欲地改变了。这是为什么呢?通过分析可知,压气机受到了节流阀和电动机的影响,节流阀限制了压气机的空气流量,而电动机限制了压气机的功率。

接下来的涡喷发动机各部件的共同工作,情况就更为复杂,但是可以确定各部件匹配的本质是,部件与部件之间一旦在一起联合起来工作,他们之间就会发生联系、影响和限制。因此,互相联系、互相影响、互相限制是部件匹配的三要素,通常这三个要素用守恒定律来描述。当进气道、压气机、燃烧室、涡轮和尾喷管组成一个涡喷发动机后,各部件之间的互相联系、作用、限制是什么? 这就是推导共同工作方程的主要任务:通过物理现象和客观事实中的各种守恒定律(也称为平衡),建立发动机各部件的共同工作方程。而剖析各部件之间的互相联系、相互作用、限制结果是什么,就是求解共同工作方程及分析其工作线规律的主要任务。下面的共同工作方程(组)的推导将采用两种方法来进行:一种是简化的共同工作方程,便于理论分析;另一种是复杂的共同工作方程组,便于编程实现高精度的计算。

4.4.1　共同工作方程

定几何单轴涡喷发动机共同工作的假设:

(1) 发动机的几何参数不会发生变化,即定几何;

(2) 空气和燃气为理想气体,比定压热容 c_p 和比热比 γ 不变;

(3) 忽略空气流量和燃气流量的区别;

(4) 忽略冷气量和引气量;

(5) 转子的机械效率为 1.0;

(6) 涡轮导向器喉部和尾喷管喉部处于临界或超临界状态。

显然,当定几何单轴涡喷发动机稳定工作时,共同工作时满足的平衡(守恒)条件如下。

(1) 压气机与涡轮功率平衡:压气机由涡轮带动,功率相等(忽略机械损失)。

(2) 流量平衡:压气机进口的空气流量与通过涡轮导向器的燃气流量相等,涡轮出口的燃气流量与通过尾喷管喉部的燃气流量相等。

(3) 转速相等:压气机和涡轮连在一根轴上,故转速相等。

定几何单轴涡喷发动机共同工作方程的推导过程如下。

1. 压气机进口与涡轮导向器喉部流量平衡

由压气机进口(下标 2)与涡轮导向器喉部(下标 nb)的流量平衡可得

$$A_2 K \frac{p_{t2}}{\sqrt{T_{t2}}} q(Ma_2) = A_{nb} K \frac{p_{t,nb}}{\sqrt{T_{t,nb}}} q(Ma_{nb}) \qquad (4-40)$$

式中,涡轮导向器喉部的总压 $p_{t,nb} = p_{t3}\sigma_{nb}\sigma_B$, σ_{nb} 为涡轮导向器的总压恢复系数, σ_B 为主燃烧室的总压恢复系数;涡轮导向器喉部总温 $T_{t,nb} = T_{t4}$。 由于涡轮导向器喉部处于临界或超临界状态,故 $q(Ma_{nb}) = 1.0$。

设法把式(4-40)变成压气机特性参数描述的方程,即

$$\pi_C = C\sqrt{\frac{T_{t4}}{T_{t2}}}q(Ma_2) \qquad (4-41)$$

式中的常数 C（后面常用 C 代表某个常数，根据不同的情况，C 有不同的值，后面不再专门说明）为

$$C = \frac{A_2}{A_{nb}\sigma_B\sigma_{nb}} \qquad (4-42)$$

由式（4-41）可知，若令 $\sqrt{T_{t4}/T_{t2}} = C$，则式（4-41）为压气机特性图中的一条过（0，0）点的直线；在 $\bar{n}_{cor} = C$ 的曲线上，$\sqrt{T_{t4}/T_{t2}}$ 增加，直线的斜率越大，工作线靠近喘振边界（图 4-6）。工作线的这种变化趋势，与压气机试验中减小节流阀的作用是一样的，在一定的 T_{t2} 下，由于燃烧室总温的升高，导致工作线靠近喘振边界的现象称为"热节流"。

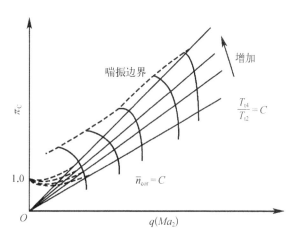

图 4-6　低相对换算转速的工作线形状变化

值得注意的是，当飞行条件不变，发动机的相对换算转速降低导致压比降低到一定程度，涡轮导向器为亚临界状态，式（4-41）不再是一条压气机特性图上过（0，0）点的直线，而是逐渐弯曲交于（0，1）点，因为发动机不工作的时候压气机的换算流量［或流量函数 $q(Ma_2)$］为 0，而压比为 1.0。这些弯曲的线大部分区域对应发动机的起动过程。

2. 压气机与涡轮的功率平衡

发动机稳定工作时，压气机功率和涡轮功率相等，忽略空气流量和燃气流量的区别，由压气机和涡轮功率平衡得

$$L_C = c_p T_{t2}(e_C - 1)/\eta_C = L_T = c_p T_{t4}\left(1 - \frac{1}{e_T}\right)\eta_T \qquad (4-43)$$

因此有

$$\frac{T_{t4}}{T_{t2}} = \frac{(e_C - 1)/\eta_C}{\left(1 - \dfrac{1}{e_T}\right)\eta_T} \qquad (4-44)$$

式中，$e_C = \pi_C^{\frac{\gamma-1}{\gamma}}$；$e_T = \pi_T^{\frac{\gamma-1}{\gamma}}$。

3. 涡轮导向器喉部与尾喷管喉部的流量平衡

涡轮导向器喉部和尾喷管喉部流量平衡有

$$A_{nb}K\frac{p_{nb}}{\sqrt{T_{t,\,nb}}}q(Ma_{nb}) = A_8 K\frac{p_{t8}}{\sqrt{T_{t8}}}q(Ma_8) \qquad (4-45)$$

已知 $p_{nb} = p_{t4}\sigma_{nb}$，$p_{t8} = p_{t5}\sigma_N$，将式(4-45)整理为用涡轮特性参数表示的方程，即

$$\frac{p_{t4}}{p_{t5}}\sqrt{\frac{T_{t5}}{T_{t4}}} = C \qquad (4-46)$$

假设涡轮膨胀过程的多变指数为 n，则有

$$\frac{T_{t5}}{T_{t4}} = \left(\frac{p_{t5}}{p_{t4}}\right)^{\frac{n-1}{n}} \qquad (4-47)$$

进而得到：

$$\pi_T = \left[\frac{A_8\sigma_N q(Ma_8)}{A_{nb}\sigma_{nb}q(Ma_{nb})}\right]^{\frac{2n}{n+1}} \qquad (4-48)$$

假设多变指数 n、尾喷管的总压恢复系数 σ_N 以及涡轮导向器的总压恢复系数 σ_{nb} 为常数，由于涡轮导向器和尾喷管处于临界或超临界条件下，则

$$\pi_T = C \qquad (4-49)$$

由于涡轮效率 η_T 变化非常小，故一般假设 $\eta_T = C$，于是式(4-44)变成：

$$\frac{T_{t4}}{T_{t2}} = C\frac{e_C-1}{\eta_C} \qquad (4-50)$$

4. 共同工作方程

联立式(4-41)和式(4-50)消去 T_{t4}/T_{t2}，得发动机各部件的共同工作方程为

$$\frac{q(Ma_2)}{\pi_C}\sqrt{\frac{e_C-1}{\eta_C}} = C \qquad (4-51)$$

式(4-51)即为涡轮导向器和尾喷管处于临界或超临界条件下的几何不可调单轴涡喷发动机的共同工作方程。

5. 共同工作线

由发动机的共同工作方程可知，压气机的换算流量、压比和效率之间满足一定

的关系。在发动机整机环境中,压气机不再像孤立的压气机一样可以在其特性图上任意点工作,而是受到发动机共同工作方程的约束,只能在压气机特性图上的某条线上工作,这条线称为共同工作线(图 4 - 7)。换言之,共同工作线就是共同工作方程的解(在压气机特性图中)。

共同工作方程中有三个未知数[压气机换算流量 $W_{a2,cor}$、压比 π_C 和效率 η_C,其中 $W_{a2,cor} = C \times q(Ma_2)$],必须与压气机特性联立求解:

$$\begin{cases} \dfrac{q(Ma_2)}{\pi_C}\sqrt{\dfrac{e_C - 1}{\eta_C}} = C \\ \pi_C = f_1(W_{a2,\,cor},\ \bar{n}_{cor}) \\ \eta_C = f_2(W_{a2,\,cor},\ \bar{n}_{cor}) \end{cases} \tag{4-52}$$

即便如此,上面的方程组(三个方程)需要求解四个未知数,即压气机换算流量 $W_{a2,cor}$[或流量函数 $q(Ma_2)$]、压比 π_C、效率 η_C 和相对换算转速 $\bar{n}_{cor}$,方程有无穷解。当给定压气机相对换算转速 $\bar{n}_{cor}$ 时(即控制规律,详见后面的解释),上述方程组有解。参考压气机与节流阀简单匹配中的试凑法,可以求解该方程组,求解步骤如下。

(1) 因为共同工作方程在发动机设计点也成立,而在设计点方程式(4 - 51)中等号左边的参数是已知的,所以可根据发动机设计点的压气机特性图中参数 $q(Ma_2)_d$、压比 $\pi_{C,d}$ 和效率 $\eta_{C,d}$,计算式(4 - 51)中等号右边的常数值,即

$$C = \dfrac{q(Ma_2)_d}{\pi_{C,d}}\sqrt{\dfrac{e_{C,d} - 1}{\eta_{C,d}}}$$

设计点上参数自然满足共同工作方程。假定在图 4 - 7 上对应 D 点,相对换算转速为

$$\bar{n}_{cor} = \dfrac{n/\sqrt{T_{t2}}}{(n/\sqrt{T_{t2}})_d} = 100\%$$

(2) 在图 4 - 7 上任取一条 $\bar{n}_{cor} = C$ 的曲线(如 $\bar{n}_{cor} = 90\%$)。

(3) 在这条 $\bar{n}_{cor} = 90\%$ 线上任意取一点 A,并查得相应的压气机的参数 $q(Ma_2)$、压比 π_C、效率 η_C。

(4) 代入式(4 - 51)计算其等号左边的值。

(5) 比较第(4)步计算的值

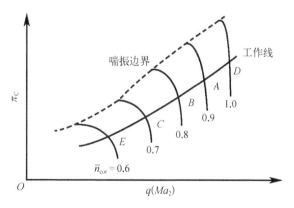

图 4 - 7　单轴涡喷发动机共同工作方程的求解方法

与第(1)步计算的 C 值是否相等。若相等则表明 A 点是 $\bar{n}_{cor} = 90\%$ 时的共同工作点;若不相等,则在该等相对换算转速线上重新取一点,重复第(2)~(5)步,直到满足一定的误差要求为止。

(6) 在另一条等相对换算转速线(如 $\bar{n}_{cor} = 80\%$)上,以上述同样的方法求得共同工作点 B。

(7) 如此类推,在所有等相对换算转速线上都可找到共同工作点 B、C 和 D(简称工作点)。

(8) 将所有的共同工作点连起来即得共同工作线(简称工作线)。

可见,工作线上有无穷多个工作点,每一个工作点都是共同工作方程的解,正好与式(4-51)本质上有无穷解的性质相符。

6. 影响工作点和工作线位置的因素分析

1) 工作点位置的变化

以上所讲的工作线是几何不可调、涡轮导向器和尾喷管处于临界或超临界状态下单轴涡轮发动机的工作线。在上述条件下涡轮落压比 $\pi_T = C$,所以又称为定涡轮落压比的工作线。

当发动机安装在飞机上稳定运转时,只要上述条件成立,发动机工作点必然在工作线上,故工作点的位置,只取决于换算转速 n_{cor} 的大小,一旦物理转速 n 已知,工作点只与发动机进口总温有关,无论进口总温是由于飞行高度的变化,飞行马赫数的变化,还是大气温度的变化(气候变化)。例如,当转速 $n = C$ 时,飞行马赫数 Ma_0 增加,则 T_{t2} 增加,由 $n_{cor} = \sqrt{288.15} \cdot n / \sqrt{T_{t2}}$ 可知,n_{cor} 减小($\bar{n}_{cor}$ 减小),发动机工作点则沿工作线向左下方移动。总结起来:当转速 $n = C$ 时,只要发动机进口总温升高(对应于飞行高度下降、飞行马赫数升高和大气温度上升),发动机的工作点向左下方移动;只要发动机进口总温降低(对应于飞行高度升高、飞行马赫数降低和大气温度降低),发动机的工作点向右上方移动。当飞行高度和飞行马赫数不变,发动机油门杆推高时,发动机的工作点向右上方移动;发动机油门杆拉低时,发动机的工作点向左下方移动。

2) 工作线位置的变化

如果发动机的尾喷管喉部面积 A_8 可以调节,则发动机工作线的位置可以改变,原理分析如下。

假定 A_8 放大,由式(4-48)可知涡轮落压比 π_T 增加,涡轮功增加,就破坏了原来工作点上的功平衡,压气机和涡轮必然要重新在新的 A_8 下获得平衡。根据涡轮与压气机的功平衡有

$$L_C = L_T = c_p T_{t4}\left(1 - \frac{1}{e_T}\right)\eta_T$$

假设 L_C 不变,由上式可知涡轮落压比 π_T 增加使得 e_T 增加,必须减小 T_{t4},才能满足 A_8 增加情况下的功平衡。在等相对换算转速线上,工作线向右下方移动(远离喘振边界),对应前面 T_{t4}/T_{t2} 减小的情况(图 4-6)。当然,工作线向右下方移动,压气机的功 L_C 又会降低,使得 T_{t4} 进一步降低,直到涡轮和压气机功率平衡为止。反之 A_8 减小,工作线向左上方移动(靠近喘振边界)(图 4-8)。可见,尾喷管喉部面积的调整可以调节发动机的工作线,进而控制压气机的喘振裕度,尾喷管的这个功能非常重要。

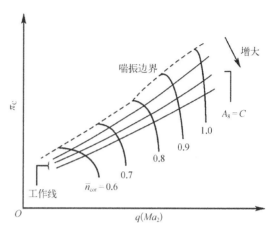

图 4-8　A_8 对单轴涡喷发动机工作线的影响

在低速飞行和物理转速较小的情况下,发动机总的增压比较低,尾喷管可能处于亚临界状态,$q(Ma_8)<1.0$,这时工作线与飞行马赫数 Ma_0 有关,如图 4-9 所示。其原因如下。

考察 $\bar{n}_{cor}=60\%$ 特性线上的 a、b、c 三个点(此时尾喷管处于亚临界工作状态)。因为 $q(Ma_8)<1.0$,由式(4-48)可知,涡轮落压比 π_T

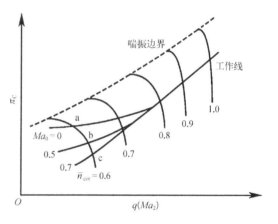

图 4-9　Ma_0 对单轴涡喷发动机工作线的影响

小于尾喷管处于临界或超临界状态时的值。飞行马赫数越小(如 $Ma_0=0$),进气道中的速度增压(冲压增压)越小,尾喷管进口的总压越低,结果是 $q(Ma_8)$ 越小,π_T 越小。据上文中的解释,飞行马赫数越低,π_T 越小,则工作线沿等相对换算转速线向左上方移动。反之,飞行马赫数越高(如 $Ma_0=0.7$),工作线沿等相对换算转速线向右下方移动。

7. 影响工作线变化趋势的原理分析

进口导叶不可调节的压气机工作线的变化趋势,与压气机设计点压比 $\pi_{C,d}$ 的大小直接相关,图 4-10 是高设计压比和低设计压比的压气机工作线,可以明显看出,随着相对换算转速 $\bar{n}_{cor}$ 的下降,高设计增压比的压气机工作线逐渐靠近喘振边界,低设计增压比的压气机工作线逐渐远离喘振边界。其原因有两个方面:一方面是压气机自身特性;另一方面是工作线走势。下面针对多级轴流压气机进行

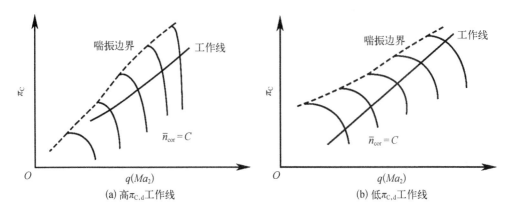

图 4 - 10   不同 $\pi_{C,d}$ 对单轴涡喷发动机工作线变化趋势的影响

分析。

　　多级轴流压气机由若干级(一级分为一排转子叶片和一排静子叶片)组成,压气机特性也就由各级的级特性(类似压气机特性)共同组成,相同的级负荷(级压比)条件下,压气机设计点压比越高,级数就越多($\pi_C = \pi_{C1} \times \pi_{C2} \times \cdots \times \pi_{Ck}$)。无论高设计增压比的压气机还是低设计增压比的压气机,在设计点工作时(假设相对换算转速为最大值),各级的流动状态和"级工作点"是可以根据喘振裕度的需求进行合理分配的。但是,当发动机工作在低相对换算转速时,各级之间会有流量匹配问题,因为第一级压气机的流量流经每一级后从末级流出。下面简单分析一下压气机的级间流量匹配和级间匹配特性。

　　不失一般性,下面讨论6级压气机:假设每一级的级特性形状相似,不同的是后面级的进口总温高,按等功设计的级压比较前面级降低了。设计点各级的工作点如图4-11中的"★"所示($S_1 \sim S_6$ 表示 1~6 级)。

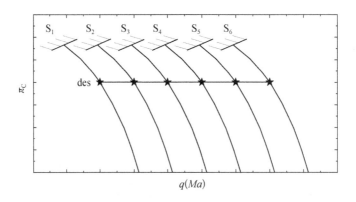

图 4 - 11   多级压气机在设计点时各级的工作点

假设中间级出口马赫数 Ma_k 基本不变,由每一级的流量平衡,即

$$A_1 K \frac{p_{t1}}{\sqrt{T_{t1}}} q(Ma_1) = A_2 K \frac{p_{t2}}{\sqrt{T_{t2}}} q(Ma_2) = \cdots = A_k K \frac{p_{tk}}{\sqrt{T_{tk}}} q(Ma_k) \quad (4-53)$$

可以迭代计算求出各级的工作点,如图 4-12 中的"●"所示。

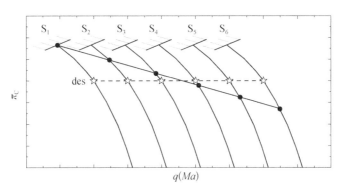

图 4-12　多级压气机 $\bar{n}_{cor}$ 下降时各级的工作点

由图 4-12 可见,当 $\bar{n}_{cor}$ 降低时,前面级的工作点靠近喘振边界,后面级的工作点远离喘振边界,中间级的工作点位置变化较小。这种现象被形象地称为"前重后轻"或者"前喘后涡",即压气机前面级的压比增加和功增加(有喘振的趋势),后面级的压比减小和功减小(有工作在涡轮态的趋势)。从压气机转子叶片的速度三角形来说(图 4-13),在设计点攻角下气流流动正常,不会发生流动分离[图 4-13(b),对应图 4-11 的工作点];攻角增加时,压气机负荷增加,压比升高而换算流量减小,容易导致叶背气流分离而使得喘振裕度不足[图 4-13(c),对应图 4-12 的前面级工作点];攻角减小时,压气机负荷减小,压比降低而换算流量增加,容易导致叶盆气流分离而使得压气机出口堵塞: $q(Ma_k) = 1.0$[图 4-13(a),对

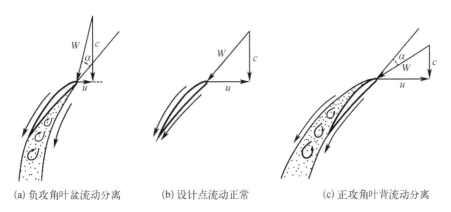

(a) 负攻角叶盆流动分离　　　(b) 设计点流动正常　　　(c) 正攻角叶背流动分离

图 4-13　压气机转子叶片攻角变化时的流动现象

应图 4-12 的后面级工作点]。叶盆分离会导致压气机效率下降,而叶背分离则会发生失速(旋转失速或喘振),在发动机工作范围内压气机失速是不允许发生的。

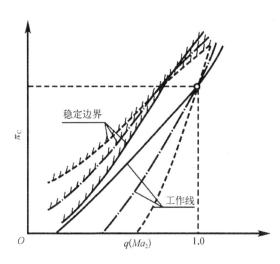

图 4-14 不同 $\pi_{C,d}$ 对应的压气机喘振边界和工作线

实线为高设计压比;点画线为中等设计压比;虚线为低设计压比

而整个压气机的喘振边界是由第一级确定的。级数越少,第一级的喘振裕度就越高,因此,在某一个相同的低 $\bar{n}_{cor}$ 下,高设计压比的压气机喘振边界的换算流量较小,$\bar{n}_{cor}$ 越低,这种趋势就越严重。于是,在整个压气机特性图范围内,高设计压比的压气机喘振边界比较低陡,低设计压比的压气机喘振边界比较平(图 4-14)。

对于工作线走势的分析,需要找到一个显而易见的情况,按照前面的分析,某个相对换算转速下的工作点位置与喘振边界的距离,只需对比此时的 T_{t4} 即可。再次关注涡轮和压气机的功率平衡,有

$$L_C = c_p T_{t2}(e_C - 1)/\eta_C = L_T = c_p T_{t4}\left(1 - \frac{1}{e_T}\right)\eta_T \qquad (4-54)$$

假设发动机保持物理转速 $n = C$,飞行高度不变,随着飞行马赫数的增加,T_{t2} 升高,由 $n_{cor} = \sqrt{288.15} \cdot n / \sqrt{T_{t2}}$ 可知,n_{cor} 降低($\bar{n}_{cor}$ 降低),工作点沿工作线向左下方移动,压气机压比 π_C 降低,e_C 降低,η_C 有所变化。同时,e_T 和 η_T 基本不变,那么 T_{t4} 将会如何变化呢? 将式(4-54)变为

$$c_p T_{t4} = C \times c_p T_{t2}(e_C - 1)/\eta_C \qquad (4-55)$$

可见,T_{t4} 的变化取决于 T_{t2} 和 $(e_C-1)/\eta_C$ 的变化规律,把 $W_{a2} c_p T_{t2}(e_C-1)/\eta_C$ 称为压气机功率 P_C,$c_p T_{t2}(e_C-1)/\eta_C$ 称为压气机单位功 L_C,$(e_C-1)/\eta_C$ 称为压气机比功,用 l_C 来表示。

因此,n_{cor} 降低时,如果 l_C 的降低速度高于 T_{t2} 的升高速度,在保持 $n = C$ 时,T_{t4} 就降低;如果 l_C 的降低速度低于 T_{t2} 的升高速度,在保持 $n = C$ 时,T_{t4} 就升高;如果 l_C 的降低速度等于 T_{t2} 的升高速度,在保持 $n = C$ 时,T_{t4} 就不变。

按照前面多级压气机各级在等相对换算转速的匹配可知,压气机设计点压比

越高级数就越多,当换算转速降低时,前面的功增加的级数就越多,前面级增加的功率超过了后面级功的降低时,整个压气机的功率是增加的,压气机就称为"加重的"压气机。反之,低设计压比的压气机称为"减轻的"压气机。在实际情况中,对于几何不可调的大多数压气机和所有的定几何压气机,设计点压比高于 6 甚至 10 的是"加重的"压气机;设计点压比低于 5 甚至 4 的是"减轻的"压气机;设计点压比为 5~6 的,压气机的"加重"或"减轻"趋势不明显。

高设计压比(加重的)压气机表现为,在保持 $n = C$ 时,随着 n_{cor} 降低,l_C 的降低速度低于 T_{t2} 的升高速度,T_{t4} 升高;低设计压比(减轻的)压气机表现为,在保持 $n = C$ 时,随着 n_{cor} 降低,l_C 的降低速度高于 T_{t2} 的升高速度,T_{t4} 降低;中等设计压比压气机表现为,在保持 $n = C$ 时,随着 n_{cor} 降低,l_C 的降低速度接近 T_{t2} 的升高速度,T_{t4} 基本上不变。因此,高设计压比压气机的工作线更接近喘振边界(更平);低设计压比压气机的工作线更远离喘振边界(更陡);中等设计压比压气机工作线居中(图 4 - 14)。

式(4 - 55)可以改写为

$$c_p T_{t4} = C \times c_p T_{t2} l_C \qquad (4 - 56)$$

对于中等设计压比的压气机, $n = C$ 时, $T_{t4} = C$,因此

$$l_C = C \times \frac{1}{T_{t2}} = C \times \frac{n^2}{T_{t2}} = C \times n_{cor}^2 \qquad (4 - 57)$$

可见,中等设计压比的 l_C 与换算转速的平方(n_{cor}^2)成正比,由此可以更准确地定义:"加重的"压气机(高设计压比)为 l_C 的降低比 n_{cor}^2 慢,"减轻的"压气机(低设计压比)为 l_C 的降低比 n_{cor}^2 快(图 4 - 15)。

当然,在分析压气机的级间匹配的时候,作了"出口马赫数不变"的假设。实际情况更为复杂,由压气机出口(下标 3)与涡轮导向器喉部(下标 nb)的流量平衡可得

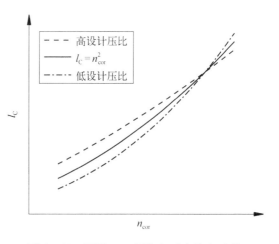

图 4 - 15　不同 $\pi_{C, d}$ 压气机对应的 l_C 变化

$$A_3 K \frac{p_{t3}}{\sqrt{T_{t3}}} q(Ma_3) = A_{nb} K \frac{p_{t, nb}}{\sqrt{T_{t, nb}}} q(Ma_{nb}) \qquad (4 - 58)$$

进而得

$$q(Ma_3) = C \times \sqrt{\frac{T_{t3}}{T_{t4}}} \qquad (4-59)$$

因为

$$\frac{T_{t3}}{T_{t4}} = \frac{T_{t3}}{T_{t2}} \frac{T_{t2}}{T_{t4}} \qquad (4-60)$$

由压气机与涡轮功率平衡得

$$\frac{T_{t4}}{T_{t2}} = C \times \frac{(e_C - 1)}{\eta_C} \qquad (4-61)$$

联立 $T_{t3}/T_{t2} = 1 + l_C$ 代入式(4-60)可得

$$\frac{T_{t4}}{T_{t3}} = C \times \frac{l_C}{1 + l_C} \qquad (4-62)$$

可见,不管什么样的压气机,当 n_{cor} 降低,l_C 下降使得 T_{t4}/T_{t3} 下降,$q(Ma_3)$ 增加,末级压气机减轻的趋势增加,缓解了压气机前级的加重趋势。而在压气机与节流阀的匹配问题中,在换算转速比较高的区域,压比较高,使得节流阀出口处于临界或超临界状态,故 $q(Ma_3)$ 为常数。对比两种匹配问题可见,涡喷发动机的工作线比压气机与节流阀的匹配工作情况要好一些。

在定义了 $l_C = (e_C - 1)/\eta_C$ 之后,共同工作方程变成更便于分析的形式:

$$\frac{\pi_C}{q(Ma_2)} = C \sqrt{l_C} \qquad (4-63)$$

例如:高设计压比的涡喷发动机在低换算转速下,l_C 比较大,因此 $\pi_C/q(Ma_2)$ 的数值也比较大,意味着工作点更靠近喘振边界;而低设计压比的涡喷发动机在低换算转速下,l_C 比较小,因此 $\pi_C/q(Ma_2)$ 的数值也比较小,意味着工作点更远离喘振边界。

因此,高设计压比的压气机工作线更平,低设计压比的压气机工作线更陡,结合压气机喘振边界,可以解释高设计压比和低设计压比的压气机共同工作线的相对位置变化趋势。

以上详细分析了不同设计压比的压气机的共同工作特性,获得了发动机物理转速 n 和涡轮进口总温 T_{t4} 随发动机进口总温的变化趋势。这些变化趋势非常重要,因为 n 代表了发动机的机械负荷,T_{t4} 代表了发动机的热负荷,这为后面的发动机控制规律设计提供了理论分析手段。

4.4.2　共同工作方程组

前面针对定几何单轴涡喷发动机推导的简化的共同工作方程有具体的方程形式,可以采用手动方式来进行求解,当然也便于定性地分析发动机的共同工作机理。随着计算机和计算技术的发展,手动求解的方法在实际中使用较少,取而代之的是更为精确的计算机模拟方法。下面介绍基于计算机模拟的发动机共同工作方程组的推导及其数值求解方法。

发动机共同工作方程组的推导中,不需要假设定比热、涡轮导向器和尾喷管喉部临界或超临界等条件,因此计算精度更高,适用的情况更宽,当然计算速度也更快。

回顾第 3 章的涡喷发动机设计点性能的变比热计算过程:设计点性能计算中,各部件的效率(损失)和循环参数是可以任意给定的(只要合理)。但是在非设计点特性计算时,必须考虑各部件特性的约束,而在简化的共同工作方程中,仅仅包含压气机特性,因为作了"燃烧室性能不变、涡轮性能不变"等假设,这是为了简单明了地分析共同工作的一些特性。为了更准确地计算发动机非设计点特性,下面推导定几何单轴涡喷发动机共同工作方程的复杂形式——共同工作方程组。

如图 4 - 16 所示,无论是涡喷发动机的设计点性能计算,还是非设计点特性计算,都是在给定的飞行条件和大气条件下,从发动机进口到尾喷管出口进行所有部件的气动热力计算,最终获取发动机的特性(推力和耗油率)。图中的矢量 P 表示各重要截面的参数组成的向量(包括每个部件进、出口和喉部的气动热力参数和几何参数)。

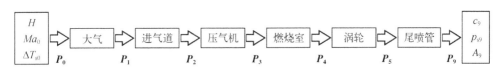

图 4 - 16　涡喷发动机的气动热力计算过程

设计点性能计算中,各部件的性能参数是已知的,非设计点特性计算中,只有发动机各部件特性,并不知道各部件的性能参数,也就是说并不知道各部件的工作点在特性图中的哪个位置。如何确定各部件的工作点,是复杂的共同工作方程组推导的主要任务。下面考察在非设计点特性计算中,每个部件需要知道哪些参数。

1. 大气参数

在已知非设计点[飞行条件下(H 和 Ma_0)和大气条件 ISA]时的 ΔT_{s0} 的情况下,可以完成大气层参数计算(参见 3.3 节,计算流程如图 4 - 17 所示)。

2. 进气道

在不考虑流量系数对进气道总压恢复系数的影响时,已知飞行马赫数 Ma_0 的条件下,就可以完成进气道的气动热力计算(参见 3.3 节,计算流程如图 4 - 18 所示)。

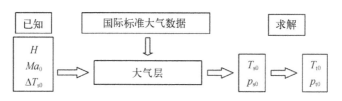

图 4 - 17　大气层的气动热力计算示意图

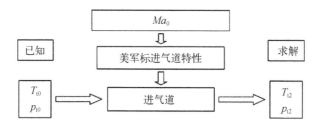

图 4 - 18　进气道的气动热力计算示意图

3. 压气机

在给定压气机特性图的情况下,要完成压气机的气动热力计算,必须知道 π_C、η_C、$W_{a, cor}$(或 Z_C、n),因此,这些参数是未知数,有了这些参数,就可以完成压气机的气动热力计算(参见 3.3 节,计算流程如图 4 - 19 所示)。

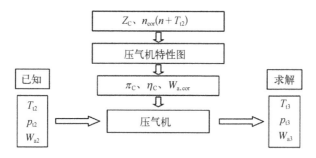

图 4 - 19　压气机的气动热力计算示意图

4. 燃烧室

在给定燃烧室特性图的情况下,要完成燃烧室的气动热力计算,必须知道 T_{t4}(或 $W_{f, B}$),因此,T_{t4}(或 $W_{f, B}$)是未知数,有了这些参数,就可以完成燃烧室的气动热力计算(参见 3.3 节,计算流程如图 4 - 20 所示)。

5. 涡轮

在给定涡轮特性图的情况下,要完成涡轮的气动热力计算,必须知道 P_T、η_T(或 $W_{g4, cor}$、n),因此,这些参数是未知数,有了这些参数,就可以完成涡轮的气动热力计算(参见 3.3 节,计算流程如图 4 - 21 所示)。

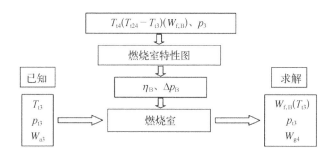

图 4 - 20　燃烧室的气动热力计算示意图

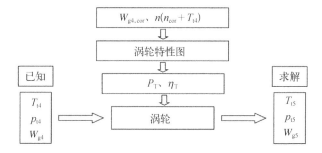

图 4 - 21　涡轮的气动热力计算示意图

6. 尾喷管

只要已知尾喷管的速度系数 C_V、进口参数和背压,就可以完成尾喷管的气动热力计算(参见 3.3 节,计算流程如图 4 - 22 所示)。

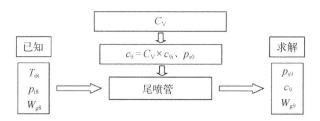

图 4 - 22　尾喷管的气动热力计算示意图

综上所述,如果给定 Z_C、n、T_{t4} 和 $W_{g4,cor}$ 这 4 个参数,就可以完成涡喷发动机的非设计点特性计算,因此把 Z_C、n、T_{t4} 和 $W_{g4,cor}$ 称为独立变量。可是,这些参数该怎么正确选择呢?选择方法和简化的共同工作方程的平衡条件是一样的,就要看所选择的独立变量是否满足部件共同工作的平衡条件(守恒条件):压气机和涡轮功率平衡,压气机和涡轮流量平衡,涡轮和尾喷管流量平衡。

根据守恒条件可获得三个误差方程:压气机与涡轮功率误差方程 y_1、压气机与涡轮流量误差方程 y_2 以及涡轮与尾喷管流量误差方程 y_3。令 $\boldsymbol{x} = (Z_C, n, T_{t4},$

$W_{g4, cor})^T$，给定一组 x，可计算出各个部件的性能参数和进出口的气动热力参数。由上面的计算过程可知误差方程 y_1、y_2 和 y_3 都是独立变量 x 的函数。

$$令 \qquad\qquad y = (\Delta W_{g4},\ \Delta W_{g8},\ \Delta P)^T \qquad\qquad (4-64)$$

式中：

$\Delta W_{g4} = (W_{g4} - W'_{g4})/W_{g4}$ 代表压气机与涡轮的流量平衡误差（W_{g4} 是根据涡轮换算流量和涡轮进口总温和总压计算得到的燃气流量，W'_{g4} 是燃烧室出口的燃气流量，等于压气机出口的空气流量，减去冷却空气量，加上燃烧室的燃油流量）；

$\Delta W_{g8} = (W_{g8} - W'_{g8})/W_{g8}$ 代表涡轮和尾喷管的流量平衡误差（W_{g8} 是根据喷管出口面积和喷管进口总温和总压计算得到的燃气流量，W'_{g8} 是涡轮出口的燃气流量）；

$\Delta P = (P_C - P_T)/P_C$ 代表压气机与涡轮功率平衡误差，P_C 是压气机功率，P_T 是涡轮功率。

$$令 \qquad\qquad x = (Z_C,\ n,\ T_{t4},\ W_{g4, cor})^T \qquad\qquad (4-65)$$

显然，Z_C、n、T_{t4} 和 $W_{g4, cor}$ 这 4 个参数（独立变量）就可以确定压气机和涡轮的工作点，也可以确定燃烧室的工作点。

于是，定几何单轴涡喷发动机的共同工作方程组可以描述为

$$y = y(x) = 0 \qquad\qquad (4-66)$$

这就是定几何单轴涡喷发动机的共同工作方程组，y 为 3 元方程组，x 有 4 个分量。如果 x 的值使得 y 全部为零，说明发动机工作满足守恒条件，也就是说此时的 x 的值是共同工作方程组的解。

与前面的压气机与节流阀共同工作方程组的情况类似，定几何单轴涡喷发动机的共同工作方程组 y 也没有具体的表达式，是由从大气层、进气道一直到尾喷管的气动热力过程计算的所有变比热公式共同组成，本质上是一个多元非线性方程组，和前面的共同工作方程差别比较大。误差方程有 3 个，而独立变量有 4 个，方程组是不"封闭"的（无法求解的），因此需要确定一个独立变量使得方程组"封闭"（**控制规律的数学意义在于此**），进而求解该方程组。常见的方法是给定压气机物理转速 n 或者涡轮进口总温 T_{t4}。

同理，方程组 $y = y(x) = 0$ 可以采用多元牛顿法求解，求解方程组获得的压气机压比和换算流量，绘制到压气机特性图中，即可获得工作点和工作线。[提示，给定一个 n，得到一个工作点，给定很多个 n，就会得到很多个工作点，所以，共同工作方程组确实有无穷解。这些无穷解（点）在压气机特性图上连起来，就是工作线。]当然，根据需要，工作线还可以绘制在涡轮特性图和燃烧室特性图中（图 4-23）。

共同工作方程组的优点是，不需要作太多与实际情况不相符的假设，计算精度高。同样可以揭示前面讲述部件共同工作的所有现象和规律，并且是完成发动机

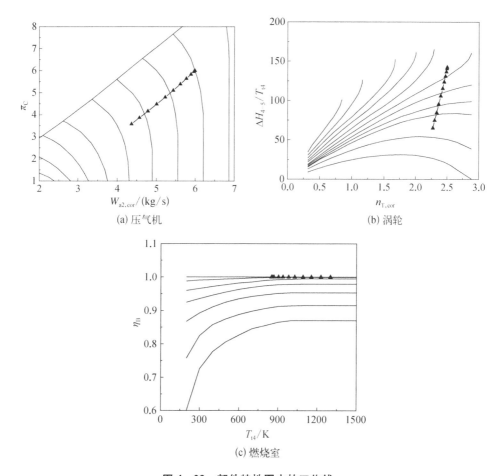

(a) 压气机

(b) 涡轮

(c) 燃烧室

图 4 – 23　部件特性图中的工作线

非设计点特性计算（变比热法）的基础；缺点是不利于直观地分析发动机部件共同工作，尤其对于初学者来说。

4.5　其他类型涡轮发动机的共同工作方程（组）

4.5.1　双轴涡喷发动机

1. 基本假设

高压涡轮导向器喉部、低压涡轮导向器喉部以及尾喷管喉部处于临界或超临界状态。

2. 守恒条件

（1）流量平衡：低压压气机与高压压气机的流量平衡、高压压气机与高压涡轮的流量平衡、高压涡轮与低压涡轮的流量平衡、低压涡轮与尾喷管的流量平衡。

（2）功率平衡：低压压气机与低压涡轮的功率平衡、高压压气机与高压涡轮的功率平衡。

3. 共同工作方程（组）

1）共同工作方程

根据上面的基本假设和守恒条件，参照定几何单轴涡喷发动机共同工作方程的推导方法，得到高压转子共同工作方程为

$$\frac{\pi_{CH}}{q(Ma_{21})} = C\sqrt{l_{CH}} \qquad (4-67)$$

式中，π_{CH} 为高压压气机压比；$q(Ma_{21})$ 为高压压气机进口换算流量；l_{CH} 为高压压气机比功。可见高压转子共同工作方程与单轴涡喷发动机形式完全一样。

低压转子共同工作方程为

$$\frac{\pi_{CL}\pi_{CH}}{q(Ma_2)} = C\sqrt{l_{CL}} \qquad (4-68)$$

式中，π_{CL} 为低压压气机压比；$q(Ma_2)$ 为低压压气机进口换算流量；l_{CL} 为低压压气机比功。可见低压转子共同工作方程中，含有高压压气机的参数，因此低压转子的共同工作线受到高压转子的影响。

2）共同工作方程组

共同工作方程组并不区分高、低压转子，则有

$$y = y(x) = 0$$
$$y = (\Delta W_{a21}, \Delta W_{g4}, \Delta W_{g45}, \Delta W_{g8}, \Delta P_H, \Delta P_L)^T \qquad (4-69)$$

式中：

$\Delta W_{a21} = (W_{a21} - W'_{a21})/W_{a21}$ 代表低压压气机与高压压气机的流量平衡误差（W_{a21} 是根据高压压气机换算流量和高压压气机进口总温和总压计算得到的空气流量，W'_{a21} 是低压压气机出口空气流量）；

$\Delta W_{g4} = (W_{g4} - W'_{g4})/W_{g4}$ 代表高压压气机与高压涡轮的流量平衡误差（W_{g4} 是根据高压涡轮换算流量和高压涡轮进口总温和总压计算得到的燃气流量，W'_{g4} 是燃烧室出口燃气流量，等于高压压气机出口空气流量加上燃烧室的燃油流量）；

$\Delta W_{g45} = (W_{g45} - W'_{g45})/W_{g45}$ 代表高压涡轮与低压涡轮的流量平衡误差（W_{g45} 是根据低压涡轮换算流量和低压涡轮进口总温和总压计算得到的燃气流量，W'_{g45} 是低压涡轮出口燃气流量）；

$\Delta W_{g8} = (W_{g8} - W'_{g8})/W_{g8}$ 代表低压涡轮和尾喷管的流量平衡误差（W_{g8} 是根据喷管出口面积和喷管进口总温和总压计算得到的燃气流量，W'_{g8} 是低压涡轮出口燃气流量）；

$\Delta P_H = (P_{CH} - P_{TH})/P_{CH}$ 代表高压压气机与高压涡轮的功率平衡误差，P_{CH} 是

高压压气机功率，P_{TH} 是高压涡轮功率；

$\Delta P_L = (P_{CL} - P_{TL})/P_{CL}$ 代表低压压气机与低压涡轮的功率平衡误差，P_{CL} 是低压压气机功率，P_{TL} 是低压涡轮功率。

独立变量为

$$x = (Z_{CL}, n_L, Z_{CH}, n_H, T_{t4}, W_{g4, cor}, W_{g45, cor})^T \qquad (4-70)$$

式中，Z_{CL} 为低压压气机压比比；n_L 为低压转子物理转速；Z_{CH} 为高压压气机压比比；n_H 为高压转子物理转速；T_{t4} 为高压涡轮进口总温；$W_{g4, cor}$ 为高压涡轮换算流量；$W_{g45, cor}$ 为低压涡轮换算流量。

双轴涡喷发动机的共同工作方程组误差方程有 6 个，独立变量有 7 个。常见的控制规律是给定低压压气机物理转速 n_L、高压压气机物理转速 n_H 或者高压涡轮进口总温 T_{t4} 中的一个参数作为被控参数。

4. 共同工作线的特点

工作线有两条，一般将高压转子工作线绘制在高压压气机特性图（图 4-24）中，高压转子工作线不受低压转子工况的影响；将低压转子工作线绘制在低压压气机特性图（图 4-25）中，低压转子工作线会受到高压转子工况的影响。高压转子工作线上的一个工作点，唯一对应一个低压转子工作线上的一个点，因此，虽然双轴涡喷发动机比单轴涡喷发动机多了一个转子，但是从控制的角度上来说，发动机的"自由度"并没有增加，定几何双轴涡喷发动机只有一个被控参数。因为 A_8 的变化只影响低压涡轮落压比，而不影响高压涡轮落压比，所以打开 A_8，低压转子工作线向左上方移动，靠近喘振边界，高压转子工作线不变。

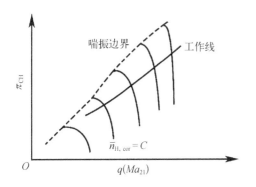

图 4-24　双轴涡喷发动机的高压转子工作线

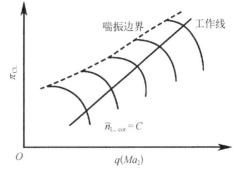

图 4-25　双轴涡喷发动机的低压转子工作线

4.5.2　混排涡扇发动机

1. 基本假设

高压涡轮导向器喉部、低压涡轮导向器喉部以及尾喷管喉部处于临界或超临界状态。

2. 守恒条件

（1）流量平衡：压气机与高压涡轮的流量平衡、高压涡轮与低压涡轮的流量平衡、混合室进口内外涵的静压平衡（流量平衡的另外一种表达式）、混合室出口与尾喷管的流量平衡。

（2）功率平衡：风扇与低压涡轮的功率平衡、高压压气机与高压涡轮的功率平衡。

3. 共同工作方程（组）

1）共同工作方程

根据上面的基本假设和守恒条件，参照定几何双轴涡喷发动机共同工作方程的推导方法，得到高压转子的共同工作方程为

$$\frac{\pi_C}{q(Ma_{21})} = C\sqrt{l_C} \tag{4-71}$$

式中，π_C 为压气机压比；$q(Ma_{21})$ 为压气机进口换算流量；l_C 为压气机比功。可见高压转子共同工作方程与单轴涡喷发动机形式完全相同。

低压转子共同工作方程为

$$\frac{\pi_F \pi_C}{q(Ma_2)} = C\sqrt{\frac{l_F}{(1 + BPR)}}\sqrt{\frac{1}{(1 - 1/e_{TL})\eta_{TL}}} \tag{4-72}$$

式中，π_F 为风扇压比；$q(Ma_2)$ 为风扇进口换算流量；l_F 为风扇比功 $l_F = (e_F - 1)/\eta_F$。可见低压转子共同工作方程中，含有高压压气机的参数和涵道比，因此低压转子的共同工作线受到高压转子的影响。如果尾喷管和低压涡轮导向器喉部处于临界或超临界状态，A_8 不可调，则 e_{TL} 和 η_{TL} 不变，低压转子的共同工作方程为

$$\frac{\pi_F \pi_C}{q(Ma_2)} = C\sqrt{\frac{l_F}{(1 + BPR)}} \tag{4-73}$$

2）共同工作方程组

共同工作方程组并不区分高、低压转子，则有

$$y = y(x) = 0$$
$$y = (\Delta W_{g4}, \Delta W_{g45}, \Delta p_{s25}, \Delta W_{g8}, \Delta P_C, \Delta P_F)^T \tag{4-74}$$

式中：

$\Delta W_{g4} = (W_{g4} - W'_{g4})/W_{g4}$ 代表压气机与高压涡轮的流量平衡误差（W_{g4} 是根据高压涡轮换算流量和高压涡轮进口总温和总压计算得到的燃气流量，W'_{g4} 是燃烧

室出口燃气流量,等于压气机出口空气流量加上燃烧室的燃油流量);

$\Delta W_{g45} = (W_{g45} - W'_{g45})/W_{g45}$ 代表高压涡轮与低压涡轮的流量平衡误差(W_{g45} 是根据低压涡轮换算流量和低压涡轮进口总温和总压计算得到的燃气流量,W'_{g45} 是高压涡轮出口燃气流量);

$\Delta p_{s25} = (p_{s25} - p_{s55})/p_{s25}$ 代表混合室外涵进口与混合室内涵进口的静压平衡误差(p_{s25} 是根据风扇出口外涵部分的空气流量和混合室外涵进口面积 A_{25} 求出来的静压,p_{s55} 是根据低压涡轮出口燃气流量和混合室内涵进口面积 A_{55} 求出来的静压);

$\Delta W_{g8} = (W_{g8} - W'_{g8})/W_{g8}$ 代表混合室出口和尾喷管的流量平衡误差(W_{g8} 是根据喷管出口面积和喷管进口总温和总压计算得到的燃气流量,W'_{g8} 是混合室出口燃气流量);

$\Delta P_C = (P_C - P_{TH})/P_C$ 代表压气机与高压涡轮的功率平衡误差,P_C 是压气机功率,P_{TH} 是高压涡轮功率;

$\Delta P_F = (P_F - P_{TL})/P_F$ 代表风扇与低压涡轮的功率平衡误差,P_F 是风扇功率,P_{TL} 是低压涡轮功率。

独立变量为

$$x = (Z_F, n_F, Z_C, n_C, T_{t4}, W_{g4,\ cor}, W_{g45,\ cor})^T \qquad (4-75)$$

式中,Z_F 为风扇压比比;n_F 为风扇物理转速;Z_C 为压气机压比比;n_C 为压气机物理转速;T_{t4} 为高压涡轮进口总温;$W_{g4,\ cor}$ 为高压涡轮换算流量;$W_{g45,\ cor}$ 为低压涡轮换算流量。

双轴混排涡扇发动机的共同工作方程组误差方程有 6 个,独立变量有 7 个。常见的控制规律是给定风扇物理转速 n_F、高压压气机物理转速 n_C 或者高压涡轮进口总温 T_{t4} 中的一个参数作为被控参数。

4. 共同工作线与特点

工作线有两条,一般将高压转子工作线绘制在压气机特性图(图 4 - 26)中,高压转子工作线不受低压转子工况的影响;将低压转子工作线绘制在风扇特性图(图 4 - 27)中,低压转子工作线会受到高压转子工况的影响。高压转子工作线上的一个工作点,唯一对应一个低压转子工作线上的一个点,因此,虽然双轴混排涡扇发动机比单轴涡喷发动机多了一个转子,但是从控制的角度上来说,发动机的"自由度"并没有增加,定几何双轴混排涡扇发动机只有一个被控参数。因为 A_8 的变化只影响低压涡轮落压比,而不影响高压涡轮落压比,所以打开 A_8,风扇工作线向右下方移动,远离喘振边界,高压转子工作线不变。当风扇相对换算转速降低时,双轴混排涡扇发动机的压气机工作线比其风扇工作线更远离喘振边界。

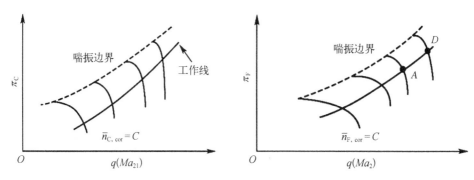

图 4 - 26   双轴混排涡扇发动机   图 4 - 27   双轴混排涡扇发动机
高压转子工作线   低压转子工作线

4.5.3   分排涡扇发动机

1. 基本假设

高压涡轮导向器喉部、低压涡轮导向器喉部、内涵尾喷管喉部以及外涵尾喷管处于临界或超临界状态。

2. 守恒条件

(1) 流量平衡：压气机与高压涡轮的流量平衡、高压涡轮与低压涡轮的流量平衡、涡扇外涵出口流量与外涵尾喷管喉部的流量平衡、低压涡轮出口与内涵尾喷管的流量平衡。

(2) 功率平衡：风扇与低压涡轮的功率平衡、高压压气机与高压涡轮的功率平衡。

3. 共同工作方程(组)

1) 共同工作方程

根据上面的基本假设和守恒条件,参照定几何双轴混排涡扇发动机共同工作方程的推导方法,得到高压转子共同工作方程为

$$\frac{\pi_C}{q(Ma_{21})} = C\sqrt{l_C} \qquad (4-76)$$

式中,π_C 为压气机压比;$q(Ma_{21})$ 为压气机进口换算流量;l_C 为压气机比功。可见高压转子共同工作方程与单轴涡喷发动机形式完全一样。

低压转子共同工作方程为

$$\frac{\pi_F \pi_C}{q(Ma_2)} = C\sqrt{\frac{l_F}{(1 + BPR)}} \qquad (4-77)$$

式中,π_F 为风扇压比;$q(Ma_2)$ 为风扇进口换算流量;l_F 为风扇比功。可见低压转子

的共同工作方程中,含有高压压气机的参数,因此低压转子的共同工作线受到高压转子的影响。

2) 共同工作方程组

共同工作方程组并不区分高、低压转子,即

$$y = y(x) = 0$$

$$y = (\Delta W_{g4},\ \Delta W_{g45},\ \Delta W_{g81},\ \Delta W_{g82},\ \Delta P_C,\ \Delta P_F)^T \quad (4-78)$$

式中:

$\Delta W_{g4} = (W_{g4} - W'_{g4})/W_{g4}$ 代表压气机与高压涡轮的流量平衡误差(W_{g4} 是根据高压涡轮换算流量和高压涡轮进口总温和总压计算得到的燃气流量,W'_{g4} 是燃烧室出口燃气流量,等于压气机出口空气流量加上燃烧室的燃油流量);

$\Delta W_{g45} = (W_{g45} - W'_{g45})/W_{g45}$ 代表高压涡轮与低压涡轮的流量平衡误差(W_{g45} 是根据低压涡轮换算流量和低压涡轮进口总温和总压计算得到的燃气流量,W'_{g45} 是高压涡轮出口燃气流量);

$\Delta W_{g81} = (W_{g81} - W'_{g81})/W_{g81}$ 代表低压涡轮出口和内涵尾喷管的流量平衡误差(W_{g81} 是根据内涵喷管出口面积和内涵喷管进口总温和总压计算得到的燃气流量,W'_{g81} 是低压涡轮出口燃气流量);

$\Delta W_{g82} = (W_{g82} - W'_{g82})/W_{g82}$ 代表风扇外涵与外涵尾喷管喉部的流量平衡误差(W_{g82} 等于风扇出口空气流量减去压气机进口流量,W'_{g82} 是根据风扇外涵出口总温和总压以及外涵尾喷管喉部面积 A_{82} 求出来的空气流量);

$\Delta P_C = (P_C - P_{TH})/P_C$ 代表压气机与高压涡轮的功率平衡误差,P_C 是压气机功率,P_{TH} 是高压涡轮功率;

$\Delta P_F = (P_F - P_{TL})/P_F$ 代表风扇与低压涡轮的功率平衡误差,P_F 是风扇功率,P_{TL} 是低压涡轮功率。

独立变量为

$$x = (Z_F,\ n_F,\ Z_C,\ n_C,\ T_{t4},\ W_{g4,\,cor},\ W_{g45,\,cor})^T \quad (4-79)$$

式中,Z_F 为风扇压比;n_F 为风扇物理转速;Z_C 为压气机压比;n_C 为压气机物理转速;T_{t4} 为高压涡轮进口总温;$W_{g4,\,cor}$ 为高压涡轮换算流量;$W_{g45,\,cor}$ 为低压涡轮换算流量。

双轴分排涡扇发动机的共同工作方程组误差方程有 6 个,独立变量有 7 个。常见的控制规律是给定风扇物理转速 n_F、压气机物理转速 n_C 或者高压涡轮进口总温 T_{t4} 中的一个参数作为被控参数。

4. 共同工作线与特点

工作线有两条,一般将高压转子工作线绘制在压气机特性图(图 4-28)中,高压转子工作线不受低压转子工况的影响;将低压转子工作线绘制在风扇特性图(图4-29)中,低压转子工作线会受到高压转子工况的影响。

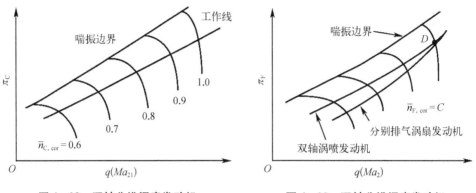

图4-28　双轴分排涡扇发动机
　　　　　高压转子工作线

图4-29　双轴分排涡扇发动机
　　　　　低压转子工作线

　　高压转子工作线上的一个工作点,唯一对应一个低压转子工作线上的一个点,因此,虽然双轴分排涡扇发动机比单轴涡喷发动机多了一个转子,但是从控制的角度上来说,发动机的"自由度"并没有增加,定几何双轴分排涡扇发动机只有一个被控参数。如果外涵尾喷管喉部处于亚临界工作状态,飞行马赫数的改变会影响风扇工作线位置:飞行马赫数增加,风扇工作线远离喘振边界。由于有外涵道对空气流量的调节作用,当风扇相对换算转速降低时,双轴分排涡扇发动机的风扇工作线比双轴涡喷发动机的低压压气机工作线更远离喘振边界(图4-29)。

4.5.4　涡轴、涡桨、桨扇发动机

　　涡轴、涡桨和桨扇发动机都有单轴和双轴燃气发生器之分,且有自由式涡轮和固定式涡轮之分(图4-30)。固定式涡轮同时驱动压气机和螺旋桨/旋翼,自由式涡轮(也称为动力涡轮)不驱动压气机,只驱动螺旋桨/旋翼。因此,自由涡轮的单轴燃气发生器的高压转子共同工作线与单轴涡喷发动机的相同,而自由涡轮的双轴燃气发生器的高/低压转子共同工作线与双轴涡喷发动机的相同。特殊之处在于动力涡轮换算转速的变化,会对涡轮(低压涡轮)的落压比略有影响,从而对工作线(低压转子工作线)有一定的影响。固定式涡轮驱动的压气机(低压压气机),会受到螺旋桨/旋翼/桨扇的工作状态影响,其影响规律非常复杂,这里不再论述。

　　综上所述:当简化方法应用于推导双轴涡喷、涡扇、涡轴、涡桨以及桨扇发动机的部件共同工作方程时,共同工作方程变得非常复杂,用于分析共同工作特性时,不像单轴涡喷发动机那样显而易见,也不太容易记住,因此上面只列出这些关

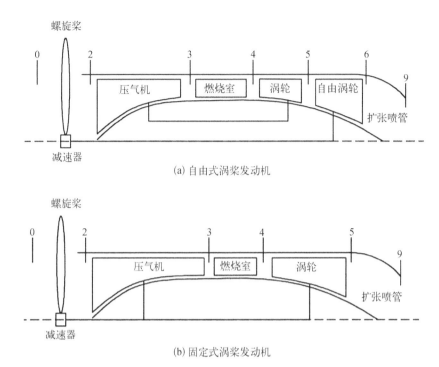

图 4 - 30　自由式涡轮和固定式涡轮的涡桨发动机结构示意图

系式,也不详细描述其推导过程。建议在掌握单轴涡喷发动机的共同工作方程后,研究其他结构复杂的涡轮发动机,采用共同工作方程组辅以非设计点特性计算的变比热计算方法来进行研究。

4.6　涡轮发动机的控制规律

4.6.1　关于控制规律

前文中讲过,对于共同工作方程(组),控制规律的意义是使得共同工作方程(组)封闭,这是数学上的意义。下面将从控制系统和发动机的角度来研究控制规律。

广义地讲,让某个系统的某个(某些)可控参数按照预定的规律来变化,就是控制(闭环),而预定的规律就是控制规律。

控制规律在现实生活中也很常见,比如说普通人骑自行车,自行车前后轮胎与地面的接触部位可以简化为前后两个着力点。只有当人和自行车构成的整体的**重心**绝对准确地垂直投影在前后轮两个着力点的**连线上**,自行车才不会摔倒,可是这是不可能做到的,也是一个静不稳定问题(一旦有扰动就会发散)。那么人是如何"平衡"自行车的呢? 实际上,当自行车在作近似直线运动的时候,重心的垂直投影往往都不在前后两个着力点的连线上,当重心偏离连线而在右边的时候,人感觉到自行车要往右边倾倒的趋势,就会自动调整车把(车龙头)右转,前轮的着力点在运动的过程中相对重心来说向右移了,连线向重心的位置移动,直至重心基本上在连线上为止,因此自行车不会摔倒。自行车车把在整个行车过程中,人总是在根据重心与连线位置之间的关系作及时调整,使得重心始终在连线附近来回移动,真实的运动轨迹是"蛇形"的,这是一个动态平衡过程。

对于骑自行车而言,控制过程如图 4 - 31 所示。其控制的目标是"自行车不能摔倒"(实际上是重心投影在连线上),被控参数是重心和连线的相对位置,控制参数是车把的转动角度。小脑根据情况(路况、车速)完成控制目标生成(不摔倒)、实时感受重心变化、实时重心与目标重心的比较、计算和控制指令发出(Δ 车把角度′)等功能,双手完成执行机构的功能(把大脑想要的 Δ 车把角度′转换成实际控制自行车的 Δ 车把角度)。实际上大脑也参与控制,这个问题比较复杂,这里不再深入讨论。

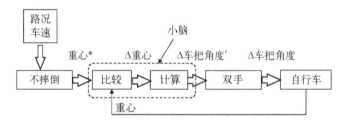

图 4 - 31　骑自行车的控制功能示意图

人在骑自行车的过程中,就隐含着实现"不摔倒"这一"控制规律":让人和自行车构成的整体的重心垂直投影始终在前后轮两个着力点的连线上。

4.6.2　单轴涡喷发动机的电子计算机控制简介

控制系统是如何完成对发动机的控制呢? 以发动机物理转速 n 为被控参数的涡喷发动机单变量电子控制系统的功能示意图如图 4 - 32 所示。

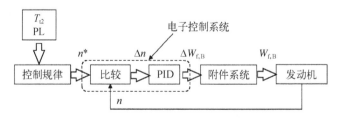

图 4 - 32　单变量电子控制系统与发动机

控制系统获得发动机进口总温 T_{t2} 和油门杆位置 PL 信号,经过控制规律函数计算得到发动机转速的目标值 n^*,转速传感器从发动机获取转速信号 n(被控参数)的实际值,将 n 与目标值 n^* 进行对比,计算得到差值 Δn,比例积分微分(proportional integral derivative,PID)控制算法单元根据 Δn 计算出供油量的偏差值 $\Delta W_{f,B}$,附件系统把电信号 $\Delta W_{f,B}$ 转换成实际的供油量 $W_{f,B}$(控制参数),$W_{f,B}$ 将会改变发动机的转速 n,使得 n 尽可能与 n^* 相等。因此,对于控制系统来说,**控制规律就是被控参数的目标值的变化规律**。

如上所述,涡轮发动机在工作的时候,由控制系统来进行自动控制。控制系统如何控制发动机,需要有控制实现的目标,这个目标就是控制规律,因此,涡轮发动机的控制规律定义为:**被控参数随着油门杆位置、飞行条件和大气条件的变化规律**。设计发动机控制规律的目的是,在保证工作安全可靠的情况下,优化发动机的性能,充分发挥发动机的潜力。涡轮发动机的控制规律包括稳态控制规律和过渡态控制规律。稳态控制规律包括:最大状态控制规律、节流状态控制规律、加力状态控制规律以及慢车状态控制规律等。过渡态控制规律包括:起动控制规律、加/减速控制规律、加力接通/断开控制规律以及变循环发动机的模态转换控制规律等。下面只讨论最大状态控制规律、节流状态控制规律和加力状态控制规律。

4.6.3　单轴涡喷发动机的最大状态控制规律

1.　涡喷发动机的最大状态控制规律——单一控制规律

下面讨论定几何单轴涡喷发动机的最大状态控制规律,当油门杆推到最大时发动机处于最大状态工作,飞机希望发动机发出的推力为最大,因此最大状态控制规律设计的目标是发动机推力为最大。可是发动机安装在飞机上使用时,并不测量发动机的推力。于是需要找一个和发动机推力相关的参数作为被控参数。在一定的飞行条件下,发动机转速 n 决定了压气机压比和空气流量,而涡轮进口总温 T_{t4} 决定了发动机的排气速度,发动机的推力和转速与涡轮进口总温直接相关,因此可以选择发动机的转速 n 和涡轮进口总温 T_{t4} 作为被控参数。

从保证安全性和发挥发动机潜力的角度出发,被控参数的应该具有如下特点:

(1) 被控参数能够反映发动机的性能(推力和耗油率);

(2) 被控参数能够反映发动机的负荷(机械负荷、热负荷和稳定性);

(3) 被控参数可以被方便/准确/长期/可靠地测量出来。

因此在实际使用中,为了高温测量的可靠性,经常用涡轮出口总温代替进口总温,这是因为高温燃气经过涡轮膨胀做功后总温降低了,对于温度测量来说更为可靠。在下面的分析中,为了方便起见仍然以 T_{t4} 作为被控参数进行分析。

最大状态控制规律设计的原则是:当发动机油门杆位置为最大时,尽可能保证发动机的物理转速 n 或(和)涡轮进口总温 T_{t4} 为最大值。

1) 选定 n 作为被控参数

选定 n 作为被控参数时,飞行器的飞行高度、飞行马赫数以及大气温度都是任意改变的,按照发动机控制规律的定义,控制规律应该描述为 $n = f(H, Ma_0, p_{s0}, T_{s0})$,但是,根据共同工作方程的分析可知,$H$、$Ma_0$、$p_{s0}$ 和 T_{s0} 的改变,发动机仅仅能够感受到大气静压 p_{s0}、进口总温 T_{t0} 和总压 p_{t0} 的变化,多数情况下 p_{s0} 和 p_{t0} 并不影响发动机的工作状态(工作线),而 T_{t2} 直接影响发动机的换算转速和涡轮前温度。因此将最大状态控制规律描述为发动机进口总温 T_{t2} 的函数关系为

$$n = f(T_{t2}) = n_{max} = C \qquad (4-80)$$

控制系统实现控制的过程如图 4-33 所示。图 4-33 中,被控参数为 n,控制参数为 $W_{f,B}$,控制系统的控制逻辑可以简单描述为 $W_{f,B} \to n = n_{max} = C$。

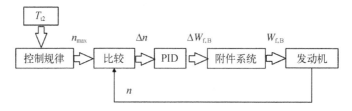

图 4-33 $n = n_{max}$ 的控制过程

2) 选定 T_{t4} 作为被控参数

同理,选定 T_{t4} 作为被控参数时,控制规律描述为

$$T_{t4} = f(T_{t2}) = T_{t4,max} = C \qquad (4-81)$$

控制系统实现控制的过程如图 4-34 所示。

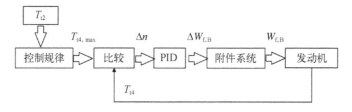

图 4-34 $T_{t4} = T_{t4,max}$ 的控制过程

图 4-34 中,被控参数为 T_{t4};控制参数为 $W_{f,B}$;控制系统的控制逻辑可以简单描述为 $W_{f,B} \to T_{t4} = T_{t4,max} = C$。在实际使用中,为了高温测量的可靠性,经常用涡轮出口总温 T_{t5}(或者发动机排气总温 T_{t8})代替涡轮进口总温。

2. 发动机最大状态控制规律——组合控制规律

在单一控制规律设计的时候,并没有考虑发动机的工作稳定性(由 n_{cor} 代表)、机械负荷(由 n 代表)和热负荷(由 T_{t4} 代表)之间的关系,当考虑 n_{cor}、n、T_{t4} 之间的变化关系时,一般情况下单一控制规律的设计是不够合理的:T_{t2} 比较低的时候,

对应飞行高度高、马赫数低和气温低,这个时候飞机的阻力往往比较小,因此不需要保持 n 或者 T_{t4} 为最大。而 T_{t2} 比较高的时候,对应飞行高度低、马赫数高和气温高,这个时候飞机的阻力往往比较大,希望发动机的推力尽可能大,因此需要让 n 或者 T_{t4} 为最大。于是针对高设计压比和低设计压比的涡喷发动机,分别采用如图 4-35 所示的组合控制规律。

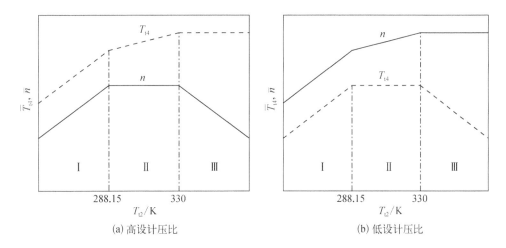

(a) 高设计压比　　　　　　　　　(b) 低设计压比

图 4-35　高、低设计压比涡喷发动机的组合控制规律

1）高设计压比的涡喷发动机

第一阶段（Ⅰ）：当 $T_{t2} \leqslant 288.15\,\text{K}$ 时,控制换算转速 $n_{\text{cor}} = n/\sqrt{288.15}$,随着 T_{t2} 升高,n 升高,由压气机和涡轮功率平衡有

$$c_p T_{t2}(e_C - 1)/\eta_C = c_p T_{t4}\left(1 - \frac{1}{e_T}\right)\eta_T$$

因为压气机的工作点不变,压比和效率不变,$l_C = (e_C - 1)/\eta_C$ 不变;尾喷管处于临界或超临界状态,涡轮落压比和效率不变,因此

$$T_{t4}/T_{t2} = C$$

T_{t4} 随着 T_{t2} 的升高而升高。此时,发动机的换算转速最大,发动机的压比最大,在保证发动机推力的同时,发动机的耗油率最低。

第二阶段（Ⅱ）：当 $288.15\,\text{K} \leqslant T_{t2} \leqslant 330\,\text{K}$ 时（包含飞机的跨声速飞行状态,飞机阻力大对发动机推力的需求高）,控制物理转速 $n = n_{\max} = C$,由于高设计压比的压气机是"加重的",此阶段的 T_{t4} 一直升高,有利于提高发动机推力。

第三阶段（Ⅲ）：当 $T_{t2} \geqslant 330\,\text{K}$ 时,当 T_{t2} 达到 330 K 以后,T_{t4} 达到最大值,进入 $T_{t4} = T_{t4,\max} = C$ 的控制规律。此时,由于高设计压比的压气机是"加重的",此阶段

的 n 一直降低。

可见,高设计压比的发动机在进口总温比较高(对应于高速飞行)时,T_{t4} 比地面状态的高,通常把 $T_{t4,\,max}/T_{t4,\,des}$ 称为节流比(throttle ratio,THR)表示,一般战斗机用的涡喷涡扇发动机 THR = 1.05 ~ 1.10。

2)低设计压比的涡喷发动机

第一阶段(Ⅰ):当 $T_{t2} \leqslant 288.15$ K 时,同理,控制换算转速 $n_{cor} = n_{cor,\,max} = C$,随着 T_{t2} 升高,n 和 T_{t4} 都升高。

第二阶段(Ⅱ):当 288.15 K $\leqslant T_{t2} \leqslant 330$ K 时,控制涡轮进口总温 $T_{t4} = T_{t4,\,max} = C$,由于低设计压比的压气机是"减轻的",此阶段的 n 一直升高,有利于提高发动机推力。

第三阶段(Ⅲ):当 $T_{t2} \geqslant 330$ K 时,当 T_{t2} 达到 330 K 以后,n 达到最大值,进入 $n = n_{max} = C$ 的控制规律。此时,由于低设计压比的压气机是"减轻的",此阶段的 T_{t4} 一直降低。

可见,低设计压比发动机在进口总温比较高(对应于高速飞行)时,n 比地面状态的高,因此,想获得更好的高速特性,发动机设计时应该预留一定的物理转速裕度。

上面的分析揭示了这样一个事实,无论什么样的涡喷发动机(实际上其他类型的涡轮发动机也一样),当发动机的进口总温改变后,发动机的 n_{cor}、n 和 T_{t4} 是不能够同时达到最大的,凡是有一个参数达不到最大值,发动机的某种性能就会没有充分发挥,控制规律设计的主要任务是,针对不同的阶段的发动机性能需求,合理协调好 n_{cor}、n 和 T_{t4} 之间的关系,使得发动机尽量发挥某个方面的潜力。

3. 发动机最大状态控制规律——双变量控制规律

共同工作的研究中,可以发现尾喷管喉部面积 A_8 可以改变发动机的工作线位置,实际上,A_8 的调节也可以改变 n 和 T_{t4} 之间的关系,据此,可以考虑采用双变量控制规律。考察高设计压比涡喷发动机的组合控制规律,如果在第三阶段保持 T_{t4} 为最大的同时,也能够保持 n 为最大,发动机推力就会更大(因为相同的 T_{t2} 下,n 增加 n_{cor} 增加,发动机的空气流量增加,故推力升高),这个阶段可以用控制供油量和 A_8 面积的方法来实现同时 $n = n_{max} = C$ 和 $T_{t4} = T_{t4,\,max} = C$。控制规律(含 A_8)如图 4-36 所示。

从图 4-36 中的曲线变化可见,在第三阶段中,由于 A_8 的打开(点画线),涡轮

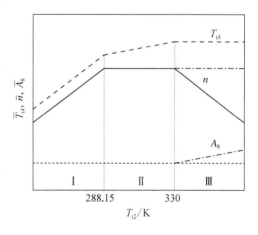

图 4-36   高设计压比涡喷发动机的
双变量控制规律

落压比的增加,使得涡轮功增加,可以保证在 $T_{t4} = C$ 的同时,保证 $n = C$(点画线)。

双变量控制系统中,被控参数为 T_{t4} 和 n,控制参数为 $W_{f,B}$ 和 A_8。控制系统的控制逻辑可以简单描述为

$$\text{“}W_{f,B} + A_8\text{”} \rightarrow \text{“}n = n_{\max} = C\text{”} + \text{“}T_{t4} = T_{t4,\max} = C\text{”}$$

或者

$$W_{f,B} \rightarrow n = n_{\max} = C$$
$$A_8 \rightarrow T_{t4} = T_{t4,\max} = C \qquad\qquad (4-82)$$

提示:发动机的被控参数和控制参数的关系,就像方程组和自变量(未知数)的关系一样,方程个数与未知数个数相等时有唯一解,方程个数多于未知数个数时有最小二乘解,方程个数少于未知数个数时有无穷解(最优解)。通常情况下,被控参数的数目和控制参数的一样多。

4.6.4　单轴涡喷发动机的巡航状态控制规律

发动机的巡航状态是一种节流状态,其推力与飞机巡航状态的阻力平衡。一般情况下飞机在巡航状态的油耗占比最大,因此要求发动机在巡航状态工作时,要尽可能省油,因此巡航状态控制规律设计的目标是发动机的耗油率为最小值。对于定几何单轴涡喷发动机,飞行状态一定时工作点是唯一的,发动机的耗油率也是唯一的。若想要降低耗油率,需要调节尾喷管喉部面积 A_8。

一种设计巡航状态控制规律的方法是,在给定的飞行条件下,给定一系列不同的发动机 $W_{f,B}$(比最大状态的小),改变 A_8 计算出发动机的物理转速和推力(图 4-37),获取不同 $W_{f,B}$ 对应的推力最大的 n_{cor} 和 A_8。由于 $W_{f,B}$ 为定值,F 最大自然对应 sfc 最低。再把 A_8 绘制为 n_{cor} 的关系图即为巡航状态控制规律(图 4-38)。

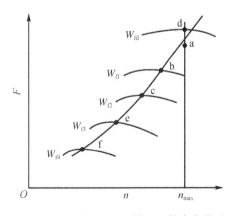

图 4-37　不同 A_8 下 F 随 n_{cor} 的变化关系

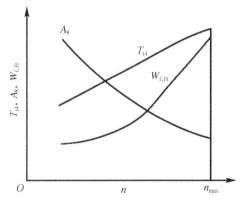

图 4-38　A_8 可调巡航状态控制规律

飞行马赫数会影响最优的巡航状态控制规律,因此这样获得的控制规律并不能很好地适应所有飞行条件。当然,可以针对不同的巡航马赫数,获取适应性更好的巡航状态控制规律 $A_8 = f(n_{cor}, Ma_0)$,这里不再深入讨论。

4.6.5　单轴涡喷发动机加力状态控制规律

当飞机油门操纵杆处于最大位置时,发动机产生最大推力。如果这时还要增加推力,则对于带有加力燃烧室的发动机来说可以将油门杆推到加力位置以接通加力。发动机从最大状态过渡到加力状态时,希望加力燃烧室之前的参数及发动机的转速仍然保持最大状态不变,以便在最大推力的基础上进一步增加推力。为此接通加力时须相应地放大尾喷管最小截面(喉部)面积以保证涡轮落压比 π_T 不变,涡轮与压气机的共同工作就不受影响。尾喷管喉部截面面积的放大量可根据流量平衡确定。写出涡轮导向器临界截面和尾喷管喉部的流量平衡方程为(为了简化,忽略两个截面之间加力燃烧室的供油量 $W_{f,AB}$)

加力时　　　　$A_{nb}\sigma_{nb}\dfrac{p_{t4}}{\sqrt{T_{t4}}}q(Ma_{nb}) = A_{8ab}\sigma_{AB}\sigma_N\dfrac{p_{t5}}{\sqrt{T_{t7}}}q(Ma_8)$

不加力时　　　$A_{nb}\sigma_{nb}\dfrac{p_{t4}}{\sqrt{T_{t4}}}q(Ma_{nb}) = A_8\sigma_{AB}\sigma_N\dfrac{p_{t5}}{\sqrt{T_{t5}}}q(Ma_8)$

式中,A_{nb}、A_{8ab}、A_8 分别为涡轮导向器的临界截面面积以及加力与不加力时的尾喷管的喉部面积;$q(Ma_{nb})$、$q(Ma_8)$ 分别为涡轮导向器和尾喷管临界截面处的流量函数,假定涡轮导向器和尾喷管处于临界或超临界状态,$q(Ma_{nb})$、$q(Ma_8)$ 均等于1.0;σ_{nb}、σ_{AB}、σ_N 分别为涡轮导向器、加力燃烧室和尾喷管的总压恢复系数,假定等于常数。

如果加力和不加力时加力燃烧室之前的参数都不变,则前面两式等号左边相同,因此两式相比可得

$$\frac{A_{8ab}}{A_8} = \sqrt{\frac{T_{t7}}{T_{t5}}} \qquad (4-83)$$

式(4-83)的物理意义是明显的:接通加力后,尾喷管的进口总温由 T_{t5} 提高到 T_{t7},燃气比热容增加,如果不放大 A_8,由尾喷管喉部的流量公式可知,尾喷管流过相同的燃气流量,必须提高尾喷管喉部总压 p_{t8},需要提高相应的涡轮出口总压 p_{t5},总压 p_{t5} 增加导致涡轮落压比减 π_T 小。这样就维持不了发动机原来最大状态的转速等参数。

加力状态的控制规律是指,接通加力后,尾喷管最小截面面积由 A_8 放大到 A_{8ab} 之后,飞行条件变化时发动机的控制规律。

1）A_{8ab} 不可调时 $\pi_T = C$ 的控制规律

当发动机加力状态尾喷管喉部面积不可调时（$A_{8ab} = C$），一种可能的控制规律是

$$\begin{cases} W_{f,\,B} \to n = n_{max} \\ W_{f,\,AB} \to \pi_T = C \\ (A_{8ab} = C) \end{cases} \qquad (4-84)$$

通常简称为 $\pi_T = C$ 的控制规律。

式（4-84）的意义是：当飞行条件变化时，发动机控制系统通过调节主燃烧室的供油量 $W_{f,\,B}$ 控制转速等于最大值不变；通过调节加力燃烧室的供油量 $W_{f,\,AB}$ 控制涡轮落压比 $\pi_T = C$，而发动机几何不变，即 $A_{8ab} = C$。

这种控制规律的特点如下。

（1）加力时发动机（压气机与涡轮）的共同工作线不变，因为涡轮落压比 $\pi_T = C$。

（2）加力温度 T_{t7} 随飞行条件变化。根据压气机与涡轮的功相等，有

$$L_C = L_T = c_p T_{t4} \left(1 - \frac{1}{\pi_T^{\frac{\gamma-1}{\gamma}}} \right) \eta_T$$

式中，$\pi_T = C$，而涡轮效率 η_T 也可近似认为不变，故有

$$\frac{L_C}{T_{t4}} = C \qquad (4-85)$$

式（4-85）说明，在所讨论的发动机控制规律下，涡轮前总温 T_{t4} 与压气机功 L_C 成正比。随着飞行条件的变化，压气机功 L_C 是变化的，故 T_{t4} 也是变化的。

既然涡轮落压比和涡轮效率都等于常数，所以涡轮出口与进口的总温比也不变，即

$$\frac{T_{t5}}{T_{t4}} = C \qquad (4-86)$$

另外，根据式（4-83），因为 A_{8ab} 不变，所以

$$\frac{T_{t7}}{T_{t5}} = C \qquad (4-87)$$

由式（4-85）~式（4-87）可知，加力燃烧室总温 T_{t7} 随着飞行条件的变化而变化。这一结论对于双轴涡喷发动机也适用。

2）几何不可调时的组合控制规律

采用控制规律式（4-84）的问题是：当加力燃烧室的余气系数 $\alpha \leqslant \alpha_{min}$（$\alpha_{min}$ 为

余气系数限制值,通常取值范围为 1.1~1.15)时, $\pi_T = C$,调节器失效。这是因为加力燃烧室内的燃油分布是不均匀的,总体上说余气系数 $\alpha \leqslant \alpha_{min}$,但在局部地区可能已严重富油,若继续增加供油量可能使燃烧效率大大下降,并且由于燃油汽化吸热使加力温度反而下降,因此出现涡轮落压比 π_T 升高的反调现象。按正常规律,若控制系统的敏感元件感受到 π_T 增大,燃油控制器就自动增加加力燃烧室的供油量,提高加力总温 T_{t7},使涡轮后总压上升,以保持 $\pi_T = C$,但如果加力燃烧室已处于富油状态($\alpha \leqslant \alpha_{min}$),增加供油反而使 π_T 升高,即使 $\pi_T = C$ 的调节器失效,直至富油熄火。

因此,如果加力时加力燃烧室的余气系数 α 变化范围很大,则宜采用如下的组合控制规律(以某型涡扇发动机为例):

$$\begin{cases} W_{f,B} \to n = n_{max} \\ W_{f,AB} \to \pi_T = C, \ \alpha > 1.12 \\ W_{f,AB} \to W_{f,AB}/p_{t3} = C, \ \alpha \leqslant 1.12 \\ A_{8ab} = C \end{cases} \qquad (4-88)$$

控制规律式(4-88)表示:主发动机采用主燃烧室供油量 $W_{f,B}$ 为调节量,调节转速 n 保持其最大值不变;当加力燃烧室的余气系数 $\alpha > 1.12$ 时,通过加力供油量 $W_{f,AB}$ 控制涡轮落压比 $\pi_T = C$;当加力燃烧室的余气系数 $\alpha \leqslant 1.12$ 时,通过加力供油量 $W_{f,AB}$ 控制 $W_{f,AB}/p_{t3} = C$。这后一种情况,当飞行条件变化时会引起涡轮落压比 π_T 的变化,主发动机(即压气机和涡轮)共同工作线将受加力的影响。

3)A_{8ab} 可调时 $T_{t7} = C$ 的控制规律

如果接通加力后,随着飞行条件的变化尾喷管临界截面面积 A_{8ab} 可以调节,则可以采用如下控制规律:

$$\begin{cases} W_{f,B} \to n = n_{max} \\ A_{8ab} \to T_{t4} = T_{t4,max} \\ W_{f,AB} \to T_{t7} = C \end{cases} \qquad (4-89)$$

这种控制规律的特点如下。

(1)发动机的共同工作和共同工作线不受加力影响。因为加力燃烧室之前的涡轮与压气机的共同工作始终是在 $n = n_{max}$, $T_{t4} = T_{t4,max}$ 的控制规律之下。

(2)随着飞行条件变化涡轮落压比 π_T 是变化的,因为压气机的功随飞行条件而变化。由压气机与涡轮的功平衡方程:

$$L_C = L_T = c_p T_{t4} \left(1 - \frac{1}{\pi_T^{\frac{\gamma-1}{\gamma}}} \right) \eta_T$$

可知,既然 $T_{t4} = C$, 而 L_C 变化,故 π_T 必变化。

（3）$T_{t7} = C$, 不能充分发挥加力燃烧室增大推力的潜力。很明显,发动机总加热量 q_Σ（在主燃烧室与加力燃烧室中加给 1 kg 工质的热量之和）与温度差 $T_{t7} - T_{t2}$ 成正比,即

$$q_\Sigma = C(T_{t7} - T_{t2})$$

而加力燃烧室中的总余气系数 α_Σ 与发动机总加热量 q_Σ 的关系为

$$\alpha_\Sigma = \frac{H_u}{q_\Sigma L_0} \qquad (4-90)$$

式中,L_0 为 1 kg 燃油完全燃烧时所需要的理论空气量。所以有

$$\alpha_\Sigma = \frac{C}{T_{t7} - T_{t2}} \qquad (4-91)$$

式中,T_{t7} 为加力燃烧室出口总温;T_{t2} 为进气道出口总温。

由式（4-91）可见,当飞行马赫数 Ma_0 增加使 T_{t2} 增加时,α_Σ 增加。α_Σ 增加意味着加力燃烧室内油气比减小,加力温度没有达到其最大可能值,所以不能充分发挥加力燃烧室增大推力的潜力。如果加力燃烧室采用 $\alpha_\Sigma = C$ 的控制规律,则可以获得更大的加力推力。

4）A_{8ab} 可调时 $\alpha_\Sigma = C$ 的控制规律

这时加力燃烧室之前的主发动机仍采用主燃烧室供油量 $W_{f,B}$ 和尾喷管临界截面面积 A_{8ab} 控制转速 n 与涡轮前总温 T_{t4} 保持其最大值不变;而用加力供油量 $W_{f,AB}$ 控制发动机总油气比 $\alpha_\Sigma = C$ 不变的控制规律,即

$$\begin{cases} W_{f,B} \rightarrow n = n_{max} \\ A_{8ab} \rightarrow T_{t4} = T_{t4,max} \\ W_{f,AB} \rightarrow \alpha_\Sigma = C \end{cases} \qquad (4-92)$$

这种控制规律的特点是:加力时主发动机的工作状态不受加力的影响;任何飞行条件下可获得最大的加力推力;但是为了实现发动机总余气系数 $\alpha_\Sigma = C$ 的控制规律必须有测量 α_Σ 的传感器,加力燃烧室中燃油分布很不均匀,难以准确地测量 α_Σ。

4.6.6　其他涡轮发动机的最大状态控制规律

1. 定几何双轴涡喷发动机

1）选定涡轮前总温作为被控参数:

$$W_{f,B} \rightarrow T_{t4} = T_{t4,max}$$

发动机高、低压转子转速 n_H、n_L 和涡轮前总温 T_{t4} 随发动机进口总温 T_{t2} 的变化如图 4-39 所示。

当发动机进口总温 T_{t2} 升高而导致发动机换算转速 n_{cor} 下降时,单轴涡喷发动机的压气机存在"前重后轻"的趋势,如果把双轴涡喷发动机的整个压气机看作一个压气机(它是一个高设计点增压比压气机),同样存在"前重后轻"的趋势,即:当 T_{t2} 升高,在 n 不变的情况下 n_{cor} 下降时,低压压气机功相对增加,而高压压气机功相对减小。因此,当 T_{t2} 升高,n_{cor} 下降时,在涡轮前总温 T_{t4} 不变的情况下,低压转子转速会降低,而高压转子转速则会升高。

2) 选定低压转子转速作为被控参数:

$$W_{f,B} \rightarrow n_L = n_{L,max}$$

发动机高、低压转子转速 n_H、n_L 和涡轮前总温 T_{t4} 随发动机进口总温的变化如图 4-40 所示。

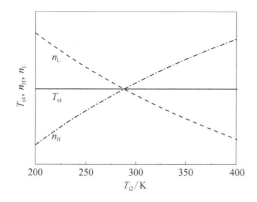

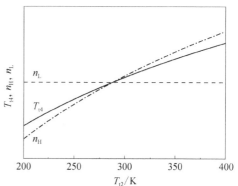

图 4-39　T_{t4} 为常数的双轴涡喷发动机最大状态控制规律　　　　**图 4-40**　n_L 为常数的双轴涡喷发动机最大状态控制规律

当发动机进口总温 T_{t2} 升高而导致发动机换算转速 n_{cor} 下降时,压气机存在"前重后轻"的现象。当 T_{t2} 升高并维持 n_L 不变时,低压压气机功相对增加,必须提高高压涡轮前总温 T_{t4},以便提高低压涡轮前总温 T_{t45},由于高压压气机本身就有"减轻"趋势,故高压转子转速会呈现出比定 T_{t4} 时更快的升高趋势。

3) 选定高压转子转速作为被控参数:

$$W_{f,B} \rightarrow n_H = n_{H,max}$$

发动机高、低压转子转速 n_H、n_L 和涡轮前总温 T_{t4} 随发动机进口总温的变化如图 4-41 所示。

当发动机进口总温 T_{t2} 升高而导致发动机换算转速 n_{cor} 下降时,压气机存在"前重后轻"的现象。当 T_{t2} 升高并维持 n_H 不变时,由于高压压气机功相对减小,必须降低高压涡轮前的总温 T_{t4} ,这会导致低压涡轮前的总温 T_{t45} 也降低,而低压压气机本身就有"加重"趋势,故低压转子转速会呈现出比定 T_{t4} 时更快的下降趋势。

三种不同控制规律下双轴涡喷发动机推力随飞行马赫数的变化趋势如图 4 - 42 所示(国际标准大气条件下;飞行高度为 $H = 11\text{ km}$;飞行马赫数 $Ma_0 = 1.286$ 时;来流总温 $T_{t2} = 288.15\text{ K}$)。

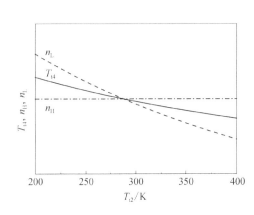 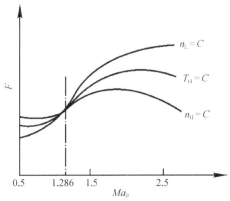

图 4 - 41　n_H 为常数的双轴涡喷发动机　　图 4 - 42　三种控制规律下的双轴涡喷发动机
最大状态控制规律　　　　　　　　　推力变化趋势对比

由以上三种单一控制规律分析可知,随着飞行马赫数增加(发动机进口总温 T_{t2} 升高),选定涡轮前总温作为被控参数的控制规律涡轮前总温 T_{t4} 保持不变,选定低压转子转速作为被控参数的控制规律涡轮前总温 T_{t4} 一直升高,选定高压转子转速作为被控参数的控制规律涡轮前总温 T_{t4} 一直降低。因此,当 $n_L = n_{L,\max}$ 时,发动机涡轮前总温 T_{t4} 保持最高,发动机的空气流量最大,发动机的速度特性"最好",即推力的增加随马赫数的增加最迅速;当 $n_H = n_{H,\max}$ 时,发动机涡轮前总温 T_{t4} 保持最低,发动机的空气流量最小,发动机的速度特性"最差",即推力的增加随马赫数的增加最缓慢;当 $T_{t4} = T_{t4,\max}$ 时,发动机的速度特性介于两者之间。

4) 组合控制规律

根据战斗机对发动机推力的需求,结合上述三种单一控制规律的优点,可以设计出双轴涡喷发动机的组合控制规律如图 4 - 43 所示。

类似单轴涡喷发动机的组合控制规律,双轴涡喷发动机的组合控制规律也可以按发动机进口总温 T_{t2} 由低到高的顺序分为四个区域。

(1) 区域一(Ⅰ): $n_{L,cor} = n_{L,cor,\max}$ 。

在此区域,发动机进口总温 T_{t2} 较低,若采用 $n_L = n_{L,\max}$,则低压转子换算转速将大于其允许的最大值 $n_{L,cor,\max}$ 。因此在这一区域采用 $n_{L,cor} = n_{L,cor,\max}$ 的控制规律。

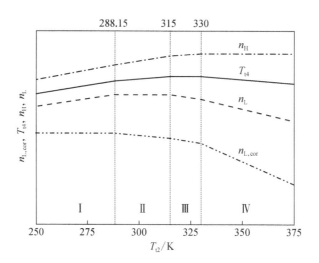

图 4-43　双轴涡喷发动机最大状态的组合控制规律

当 $n_{L,cor} = C$ 时,低压转子的共同工作点不变,发动机处于相似状态,故高压转子的共同工作点也不变。因此,随着发动机进口总温 T_{t2} 升高,低压转子物理转速 n_L 增加(与 $\sqrt{T_{t2}}$ 成正比),高压转子物理转速 n_H 增加(与 $\sqrt{T_{t2}}$ 成正比),涡轮前总温 T_{t4} 升高(与 T_{t2} 成正比)。

(2) 区域二(Ⅱ): $n_L = n_{L,max}$。

在区域一中低压转子物理转速 n_L 随着 T_{t2} 的升高持续增加,在区域一的终点亦即区域二的起点低压转子物理转速达到最大值 $n_{L,max}$。区域二采用 $n_L = n_{L,max}$ 的控制规律。

在此区域,发动机高/低压转子的物理转速和涡轮前温度的变化趋势类似前文所述 $W_{f,B} \rightarrow n_L = n_{L,max}$ 的控制规律的趋势。随着发动机进口总温 T_{t2} 升高,低压转子物理转速 n_L 保持不变,高压转子物理转速 n_H 增加,涡轮前总温 T_{t4} 升高。

(3) 区域三(Ⅲ): $T_{t4} = T_{t4,max}$。

在区域二中,涡轮前总温 T_{t4} 随 T_{t2} 的升高而持续升高,在区域二的终点亦即区域三的起点,涡轮前总温 T_{t4} 达到最大值 $T_{t4,max}$。在区域三采用 $T_{t4} = T_{t4,max}$ 的控制规律。

在此区域,发动机高/低压转子的物理转速和涡轮前温度的变化趋势类似前文所述 $W_{f,B} \rightarrow T_{t4} = T_{t4,max}$ 的控制规律的趋势。随着发动机进口总温 T_{t2} 升高,低压转子物理转速 n_L 降低,高压转子物理转速 n_H 增加,涡轮前总温 T_{t4} 保持不变。

(4) 区域四(Ⅳ): $n_H = n_{H,max}$。

在区域三中,高压转子物理转速 n_H 随 T_{t2} 的升高持续增加,在区域三的终点亦即区域四的起点,高压转子物理转速达到最大值 $n_{H,max}$。在区域四采用 $n_H = n_{H,max}$ 的控制规律。

在此区域,发动机高/低压转子的物理转速和涡轮前温度的变化趋势类似前文所述 $W_{f,B} \rightarrow n_H = n_{H,max}$ 的控制规律的趋势。随着发动机进口总温 T_{t2} 升高,低压转子物理转速 n_L 降低,高压转子物理转速 n_H 保持不变,涡轮前总温 T_{t4} 降低。

设计这种组合控制规律时,在设计点(海平面静止条件)应该预留一定的高压转子转速裕度和涡轮进口总温裕度,亦即选取合理的节流比,以保证发动机在高温或高马赫数条件下具有较好的性能。

2. 定几何双轴混排涡扇发动机

双轴混排涡扇发动机参数随 T_{t2} 升高有以下趋势:保持压气机换算转速 $n_{C,cor}$ 不变(亦即风扇换算转速 $n_{F,cor}$ 不变),则风扇物理转速 n_F 增加,压气机物理转速 n_C 增加,高压涡轮前温度 T_{t4} 增加;保持压气机物理转速 n_C 不变,风扇物理转速 n_F 下降,高压涡轮前温度 T_{t4} 增加;保持高压涡轮前温度 T_{t4} 不变,风扇物理转速 n_F 下降,压气机物理转速 n_C 下降。

为了充分发挥发动机的性能,可采用如下组合控制规律:随 T_{t2} 升高,先控制压气机换算转速,再控制压气机物理转速,最后控制涡轮前温度。

图 4-44 所示的控制规律分为三个阶段,如下所示。

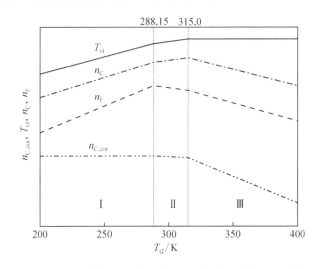

图 4-44 双轴混排涡扇发动机最大状态组合控制规律

第一阶段(Ⅰ):$T_{t2} \leqslant 288.15\,\text{K}$ 时,$n_{C,cor} = n_{C,cor,max} = C$。

第二阶段(Ⅱ):$288.15\,\text{K} < T_{t2} \leqslant 315.0\,\text{K}$ 时,n_C 线性增加直到 $n_C = n_{C,max}$,与此同时,T_{t4} 也逐渐增加到 $T_{t4,max}$(注:$T_{t2} = 315.0\,\text{K}$ 对应于 $H = 11\,\text{km}$、$Ma_0 = 1.5$ 的不加力超声速巡航来流总温)。

第三阶段(Ⅲ):$T_{t2} > 315.0\,\text{K}$ 时,$T_{t4} = T_{t4,max} = C$。

如果双轴混排涡扇发动机的尾喷管面积可以调节,则可实现双变量控制规律:

$$“W_{f,B} + A_8” \rightarrow “n_C = C” + “n_F = C”$$

或者

$$W_{f,B} \rightarrow n_C = C$$

$$A_8 \rightarrow n_F = C$$

在工程实际中,还可以根据具体情况用发动机压比 $\pi_E [\pi_E = p_{t55}/p_{t2} \approx (\pi_F \times \pi_C)/(\pi_{TH} \times \pi_{TL})]$ 或者涡轮落压比 $\pi_T(\pi_T = \pi_{TH} \times \pi_{TL} = p_{t3}/p_{t5})$ 来代替风扇转速 n_F 作为控制变量。

3. 定几何双轴分排涡扇发动机

双轴分排涡扇发动机参数随 T_{t2} 升高的变化趋势与双轴混排涡扇发动机的类似,因此最大状态控制规律设计思路也类似。所不同的是,民用大涵道比涡扇发动机的设计点常常选择在巡航状态:飞行高度为 $H = 11$ km,飞行马赫数 $Ma_0 = 0.80$。另外,最大状态控制规律设计需要考虑以下几点。

(1)满足飞机在各个飞行状态下的推力需求(包括高原起飞、高温起飞的推力保持等),同时充分发挥发动机各部件的潜力。

(2)在任何飞行状态下发动机的热负荷、机械负荷和气动负荷都不能超过限制值,保证发动机在安全可靠的状态下运行;还要保证发动机有足够的抗畸变能力,当来流的参数发生突变时,发动机能可靠地工作。

(3)在满足推力需求的基础上要达到最佳的经济性,要么发动机在巡航时耗油率最低,要么发动机尺寸最小,或两者兼顾。

(4)操作简单可靠,易于实现。

基于上述考虑,双轴分排涡扇发动机可采用的组合控制规律为:随 T_{t2} 升高,先控制风扇换算转速为常数,再控制风扇物理转速为常数,再控制压气机物理转速为常数,最后控制涡轮前温度为常数。

某双轴分排涡扇发动机的组合控制规律如图 4-45 所示。

图 4-45 中所示的控制规律分为四个阶段。

第一阶段(Ⅰ):$T_{t2} \leqslant 244.49$ K 时,$W_{f,B} \rightarrow n_{F,cor} = n_{F,cor,max} = C$。

第二阶段(Ⅱ):244.49 K$<T_{t2} \leqslant 310.0$ K 时,$W_{f,B} \rightarrow n_F = n_{F,max} = C$。

第三阶段(Ⅲ):310.0 K$<T_{t2} \leqslant 323.5$ K 时,$W_{f,B} \rightarrow n_C = n_{C,max} = C$。

第四阶段(Ⅳ):$T_{t2}>323.5$ K 时,$W_{f,B} \rightarrow T_{t4} = T_{t4,max} = C$。

4. 双轴燃气发生器涡轴发动机

某双轴涡轴发动机的组合控制规律示意图如图 4-46 所示。

图 4-46 所示的控制规律分为四个阶段。

第一阶段(Ⅰ):$T_{t2} \leqslant 249.15$ K 时,$W_{f,B} \rightarrow n_{L,cor} = n_{L,cor,max} = C$。

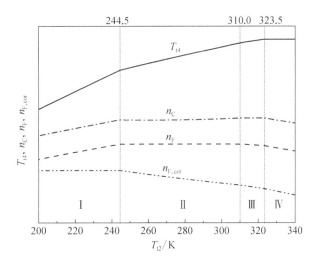

图 4-45　双轴分排涡扇发动机最大状态组合控制规律

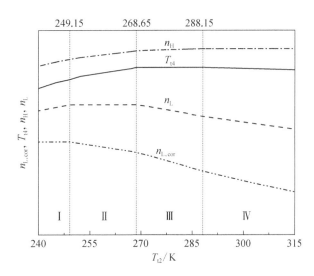

**图 4-46　双轴燃气发生器涡轴发动机
最大状态组合控制规律**

第二阶段（Ⅱ）：249.15 K$<T_{t2}\leqslant$268.65 K 时，$W_{\text{f, B}}\rightarrow n_{\text{L}}=n_{\text{L, max}}=C$。

第三阶段（Ⅲ）：268.65 K$<T_{t2}\leqslant$288.15 时，$W_{\text{f, B}}\rightarrow T_{t4}=T_{t4,\text{ max}}=C$。

第四阶段（Ⅳ）：$T_{t2}>$288.15 时，$W_{\text{f, B}}\rightarrow n_{\text{H}}=n_{\text{H, max}}=C$。

自由涡轮转速的控制规律：始终采取 $\varphi_{\text{B}}\rightarrow n_{\text{FT}}=n_{\text{FT, max}}=C$（$\varphi_{\text{B}}$ 为直升机旋翼桨距角）。

涡轴发动机的最大状态控制规律还需要考虑涡轴发动机的各种工作状态：最大应急状态、中间应急状态和起飞状态，同时还需要考虑高温和高原条件对发动机性能的影响。这里不再深入讨论。涡桨发动机最大状态控制规律与涡轴发动机的类似,特殊性在于要考虑螺旋桨特性。

习　题

一、填空题

1. 对于一台给定的涡轮发动机,获取发动机性能随_____、_____、_____及_____的变化,称为发动机特性计算。

2. 试验过程中,当节流阀出口面积 A_8 关小到某一个位置时,压气机出现_____现象,此时的特性参数称为_____边界,对应该换算转速下压气机能够稳定工作的_____换算流量和_____压比(最大/最小),而当节流阀出口面积 A_8 开大到某一个位置时,压气机压比_____,此时的特性称为_____边界,对应该换算转速下压气机的_____换算流量和_____压比。

3. 通过试验获得的压气机特性图可以表达为_____。

4. 由压气机进口与涡轮导向器喉部的流量平衡(涡轮导向器喉部处于临界或超临界状态),可以推导出压气机特性参数描述的方程:_____,若令 $\sqrt{T_{t4}/T_{t2}} = C$ 则该式为压气机特性图中的一条过 $(0,0)$ 点的直线;在 $n_{cor} = C$ 的曲线上,$\sqrt{T_{t4}/T_{t2}}$ 增加,直线的斜率_____,工作线_____喘振边界。

5. 根据涡轮导向器喉部和尾喷管喉部流量平衡,可以整理为涡轮特性参数表示的方程:_____,由此方程可看出,当尾喷管面积 A_8 增大时,涡轮落压比_____。

6. 涡轮导向器和尾喷管处于临界或超临界条件下的几何不可调单轴涡喷发动机的共同工作方程为_____。

7. 增大 A_8,则 π_{T}_____,涡轮功_____,为了保证压气机的功和涡轮的功相等,则必须_____T_{t4}。

8. 当转速 $n = C$ 时,飞行马赫数增加,则 T_{t2}_____,n_{cor}_____,发动机工作点则沿共同工作线向_____移动。

9. 几何不可调时,涡轮导向器和尾喷管处于_____状态下,涡轮落压比等于常数。

10. 当飞行高度和飞行马赫数不变,发动机油门杆推高时,发动机的工作点向_____移动,发动机油门杆拉低时,发动机的工作点向_____移动。

11. 当 $T_{t4} = C$,转速从最大值减小时,换算转速 n_{cor}_____,压气机增压比_____,为保持涡轮与压气机功率平衡,必须_____尾喷管最小截面面积 A_8 以减小涡轮的膨胀比。

12. A_8 增大时,工作线向_____移动(_____喘振边界);反之 A_8 关小时,工作

　　　线向_____移动(_____喘振边界)。

13. 对于单轴涡喷发动机,当尾喷管最小截面处于临界或超临界状态时,共同工作线有_____条。

14. 对于单轴涡喷发动机,当尾喷管最小截面处于亚临界状态时,共同工作线随飞行条件改变而改变。飞行马赫数越低,π_T 越_____,则工作线沿等换算转速线向_____移动。反之,飞行马赫数越高(例如 $Ma_0 = 0.7$),工作线沿等换算转速线向_____移动。

15. 随着换算转速的下降,高设计压比压气机的工作线_____喘振边界,低设计压比压气机的工作线_____喘振边界。

16. 攻角增加时,压气机负荷_____,压比_____而换算流量_____,容易导致叶背气流分离而使得喘振裕度不足,对应压气机前面级的情况;攻角减小时,压气机负荷_____,压比_____而换算流量_____,容易导致叶盆气流分离而使得压气机出口堵塞,对应压气机后面级的情况。叶盆分离会导致压气机效率下降,而叶背分离则会发生失速(旋转失速或喘振)。

17. 当 n_{cor} 降低时,前面级的工作点_____喘振边界,后面级的工作点_____喘振边界,中间级的工作点位置变化较小。这种现象被形象地称为_____或者_____。

18. 改变涡轮功 L_T 的途径有两个,一个是改变_____;一个是改变_____。

19. 各部件共同工作时的约束有_____、_____、_____、_____。

20. 单轴涡喷的共同工作的平衡条件是:_____;_____;_____。其独立变量为_____。

21. 双轴涡喷发动机,高压转子的共同工作方程为_____;低压转子的共同工作方程为_____;低压转子的共同工作线_____(是/否)受到高压转子的影响,高压转子的共同工作线_____(是/否)受到低压转子的影响。

22. 双轴涡喷发动机共同工作的平衡条件是:_____;_____;_____;_____;_____。其独立变量为_____。

23. 定几何双轴涡喷发动机只有一个被控参数。因为 A_8 的变化只影响_____(低压/高压)涡轮落压比,而不影响_____(低压/高压)涡轮落压比,所以打开 A_8,低压压气机工作线_____,高压压气机工作线_____。

24. 双轴涡扇发动机共同工作的平衡条件是:_____;_____;_____;_____;_____;_____。其独立变量为_____。

25. 当风扇换算转速降低时,双轴混排涡扇发动机的风扇工作线比双轴混排涡扇发动机的压气机工作线更_____喘振边界。

26. 定几何双轴混排涡扇发动机只有一个被控参数。如果外涵尾喷管喉部处于亚临界工作状态,飞行马赫数的改变会影响风扇工作线位置:飞行马赫数增加,风扇工作线_____喘振边界。

27. 由于有外涵道对空气流量的调节作用,当风扇换算转速降低时,双轴分排涡扇发动机的风扇工作线比双轴涡喷发动机的低压压气机工作线更_____喘振边界。

28. 控制规律的定义:_____。

29. 稳定工作状态的控制规律分为_____控制规律、_____控制规律、_____控制规律和_____控制规律。

30. 过渡态控制规律分为_____控制规律、_____控制规律、_____控制规律和_____控制规律等。

31. 在控制规律中,供油量 W_f 称为_____,转速 n 称为_____。

32. 在一定的飞行条件下,发动机转速 n 决定了_____和_____,而涡轮进口总温 T_{t4} 决定了发动机_____,因此发动机推力和转速与涡轮进口总温直接相关,因此可以选择发动机转速 n 和涡轮进口总温 T_{t4} 作为被控参数。

33. 最大状态控制规律设计的原则是:当发动机油门杆位置为最大时,尽可能保证发动机的_____或(和)_____为最大值。

34. 在实际使用中,为了高温测量的可靠性,经常用_____(或者_____)代替涡轮进口总温。

35. 在单轴涡喷发动机的最大状态控制规律中,发动机几何不可调时,控制参数只有_____,而被控制参数可以有_____或_____或_____。因此,单变量控制规律有_____、_____和_____这三种。

36. 根据_____的范围不同而采用不同的控制规律,称为组合控制规律。

37. 节流比的定义:_____。

38. 高设计压比的和低设计压比涡喷发动机,在当 $T_{t2} \leq 288.15\ \mathrm{K}$ 时,控制换算转速 $n_{cor} = n_{cor,\,max} = C$,随 T_{t2} 升高,n 和 T_{t4} 都_____。当 $288.15\ \mathrm{K} \leq T_{t2} \leq 330\ \mathrm{K}$ 时,高设计压比发动机控制规律为_____,此时_____是升高的,有利于提高发动机推力;低设计压比发动机控制规律为_____,此时_____是升高的,有利于提高发动机推力。当 $330\ \mathrm{K} \leq T_{t2}$ 时,对于高设计压比发动机控制规律为_____;对于低设计压比发动机控制规律为_____。

39. 双变量控制系统中,被控参数为_____和_____,控制参数为_____和_____。

二、选择题

1. 减小收敛尾喷管的出口面积,双轴涡喷发动机的工作线会(　　)。
   A. 低压转子共同工作线向下移动,高压转子共同工作线基本不变
   B. 低压转子共同工作线向上移动,高压转子共同工作线基本不变
   C. 低压转子共同工作线基本不变,高压转子共同工作线向下移动
   D. 低压转子共同工作线向下移动,高压转子共同工作线向下移动

2. 单轴涡喷发动机有几个平衡方程?(　　)
   A. 2 个　　　　　　B. 3 个　　　　　　C. 4 个　　　　　　D. 5 个

3. 对于双轴涡喷发动机,哪一项控制规律是无法实现的?(　　)
   A. 控制高压转子转速　　　　　　B. 控制低压转子转速
   C. 控制高压转子转速和涡轮前温度　D. 控制低压转子转速和涡轮前温度

4. 对于高设计压比的压气机,当来流 Ma 增加时,压气机功(　　)。
   A. 增加　　　　　　B. 降低　　　　　　C. 不变　　　　　　D. 不确定

5. 对于单轴涡喷发动机,当压气机进口总温较低时,最好采用(　　)的控制规律。
   A. $n = C$　　　　B. $n_{cor} = C$　　　　C. $T_{t4} = C$　　　　D. $T_{t3} = C$

6. 下列(　　)是发动机控制规律中的控制参数。
   A. $W_{f, B}$　　　　B. n　　　　C. n_{cor}　　　　D. T_{t4}

7. 双轴分别排气涡扇发动机的最大状态控制规律下,哪个参数不是被控制参数?
   (　　)
   A. 风扇物理转速　　　　　　B. 压气机物理转速
   C. 压气机增压比　　　　　　D. 涡轮前总温

8. 关于双轴涡喷发动机的共同工作,下列说法错误的是(　　)。
   A. 外界条件如飞行高度与飞行马赫数变化时,发动机的工作点可在工作线外
   B. 发动机几何不可调时,只有一个控制参数即主燃烧室供油量
   C. 发动机几何不可调,且高、低压涡轮导向器及尾喷管处于临界或超临界状态时,高压转子与低压转子各有一条共同工作线,且与进气道总压恢复系数无关
   D. 若高、低压涡轮导向器处于临界或超临界状态,则调整尾喷管最小截面面积时,高压转子的共同工作线不变

9. 对于单轴涡喷发动机,增大尾喷管喉部面积,共同工作线(　　)。
   A. 靠近喘振边界　　　　　　B. 远离喘振边界
   C. 位置不变　　　　　　　　D. 以上都不对

10. 对于双轴涡喷发动机,增大尾喷管喉部面积,高压压气机共同工作线(　　)。
    A. 靠近喘振边界　　　　　　B. 远离喘振边界

    C. 位置不变　　　　　　　　　　D. 以上都不对

11. 下列哪个选项不是几何相似的涡喷或涡扇发动机相似的准则参数?（　　）

    A. 压气机进口轴向马赫数　　　　B. 低压转子换算转速

    C. 涡轮前总温　　　　　　　　　D. 压气机换算流量

三、简答题

1. 用一元牛顿迭代法求解 $y = \exp(x) - 1$ 的零点,编程求解。

2. 用多元牛顿迭代法求解以下方程组的零点(编程求解)。

$$y_1 = 3x_1^2 + 4x_2^2 - 5x_1 - 11$$

$$y_2 = x_1^3 + 2x_2^2 - x_1 - x_2 - 7$$

3. 什么是燃气涡轮发动机的共同工作? 研究共同工作的目的何在?

4. 燃气涡轮发动机稳定工作时,各部件有哪些相互制约条件?

5. 试推导出单轴涡喷发动机涡轮与压气机的流量平衡方程。把该方程的图形表示在压气机特性图上,并说明其物理意义。

6. 简述单轴涡喷发动机最大状态下的控制规律。

7. 对于双轴涡喷发动机,当缩小尾喷管面积时低压压气机的共同工作线如何变化?

8. 简述何为航空燃气涡轮发动机控制规律?

9. 简述调整尾喷管喉部面积对单轴涡喷发动机共同工作线的影响,并解释原因。

10. 通常情况下为何将发动机共同工作线绘制在压气机特性图上?

11. 随发动机进口总温 T_{t2} 的升高,请画出一种可能的双轴几何不可调涡喷发动机的组合控制规律,并简要说明原因。

12. 单轴涡喷发动机的控制变量有哪些,控制方程有几个? 双轴混排涡扇发动机的控制变量有哪些,控制方程有几个?

13. 燃气涡轮发动机在涡轮导向器和尾喷管处在临界或超临界状态下时,为什么可以认为涡轮的落压比不变? 调节尾喷管或涡轮导向器临界截面面积对涡轮的落压比有何影响? 如果尾喷管处于亚临界状态时情况又是如何?

14. 试推导出单轴涡喷发动机在涡轮导向器和尾喷管处在临界或超临界状态下时的涡轮与压气机的共同工作方程,并说明如何利用该方程求共同工作线。

15. 为什么在涡轮导向器和尾喷管处在临界或超临界状态下的共同工作线与进气道总压恢复系数无关? 这能否说明进气道总压恢复系数对发动机性能没有影响? 为什么?

16. 调节尾喷管临界截面面积对单轴涡喷发动机的共同工作线有何影响?

17. 当尾喷管处在亚临界状态下时,为什么飞行马赫数对单轴涡喷发动机的共同工作线有影响?

18. 对于单轴涡喷发动机,当物理转速保持不变,飞行高度不变而飞行马赫数变化时,发动机的共同工作点是如何移动的? 压气机功、稳定裕度和涡轮前总温又是如何变化的?

19. 发动机打开加力时为什么要调节尾喷管面积? 如何调节?

20. 单轴涡喷发动机几何不可调时,为什么控制规律的选取并不影响共同工作线? 常用的最大状态控制规律是什么?

21. 单轴涡喷发动机,采用 $n_{cor} = C$ 与采用 $n = C$,$T_{t4} = C$ 控制规律时的共同工作线是否重合? 为什么?

22. 同台压气机,若作为双轴涡喷发动机的低压压气机与作为单轴涡喷发动机的压气机相比,其共同工作线的位置有什么不同? 为什么?

23. 其他条件不变时,减小双轴涡喷发动机的尾喷管临界面积或低压涡轮导向器临界面积,对低压压气机的共同工作点如何影响? 对高压压气机的共同工作点又是如何影响? 为什么?

24. 分别排气涡扇发动机的涵道比 BPR 随发动机进口总温的变化会发生什么样的变化? 为什么?

25. 分别排气涡扇发动机的涵道比 BPR 的变化对高压转子和低压转子的共同工作线各有什么样的影响? 为什么?

26. 高涵道比分别排气涡扇发动机通常采用什么样的控制规律? 为什么?

27. 当涡轮导向器和尾喷管的喉部处于临界或超临界状态下时,为什么混合排气涡扇发动机的低压涡轮落压比仍然随飞行条件的变化而变化?

28. 单轴涡喷发动机的控制规律有哪些?

29. 双轴涡喷发动机的控制规律有哪些?

30. 试具体写出单轴涡喷发动机共同工作条件。

31. 试具体写出双轴混排涡扇发动机共同工作条件。

32. 试推导单轴涡喷发动机共同工作方程。

33. 试推导双轴涡喷发动机共同工作方程。

34. 试推导分别排气涡扇发动机共同工作方程。

35. 试推导混合排气涡扇发动机共同工作方程。

36. 当尾喷管处于亚临界状态下时,为什么飞行马赫数对单轴涡喷发动机的共同工作线有影响?

37. 什么是发动机最大状态控制规律?

38. 双轴涡喷发动机的设计思想是什么? 请推导在涡轮导向器和尾喷管临界条件下的低压压气机/低压涡轮的共同工作方程。

39. 推导涡轮导向器和尾喷管处于临界或超临界条件下的几何不可调单轴涡喷发

动机的共同工作方程,画图说明当尾喷管临界截面积放大时共同工作线的位置变化情况并加以解释。

40. 推导高、低压涡轮导向器和尾喷管处于临界或超临界条件下的几何不可调双轴涡喷发动机的低压转子共同工作方程,试画图说明当尾喷管临界截面积放大时低压转子工作线的位置变化情况并加以简单解释。

41. 何谓航空涡轮发动机的控制规律?单轴涡喷发动机的最大状态控制规律的作用、被控参数、控制参数、限制条件是什么?

42. 画出几何不可调高设计增压比单轴涡喷发动机最大状态组合控制规律(物理转速 n 和涡轮进口总温 T_{t4} 随发动机进口总温 T_{t2} 的变化趋势),并对其变化规律进行解释。如果在 T_{t2} 较高的第三区域要同时保证 n 和 T_{t4} 为常数,尾喷管喉部面积 A_{cr} 将如何调整?为什么?

43. 画出几何不可调低设计增压比单轴涡喷发动机最大状态组合控制规律(物理转速 n 和涡轮进口总温 T_{t4} 随发动机进口总温 T_{t2} 的变化趋势),并对其变化规律进行解释。如果在 T_{t2} 较高的第三区域要同时保证 n 和 T_{t4} 为常数,尾喷管喉部面积 A_{cr} 将如何调整?为什么?

44. 画出几何不可调双轴涡喷发动机最大状态控制规律(含物理转速 n_H、n_L 和涡轮进口总温 T_{t4} 随发动机进口总温 T_{t2} 的变化趋势),对其变化规律进行解释。

45. 画出几何不可调双轴涡喷发动机最大状态组合控制规律(含物理转速 n_H、n_L 和涡轮进口总温 T_{t4} 随发动机进口总温 T_{t2} 的变化趋势),对其变化规律进行解释。如果在 T_{t2} 较高的第四区域要同时保证 n_L 和 T_{t4} 为常数,尾喷管喉部面积 A_{cr} 将如何调整?为什么?

46. 画出几何不可调双轴涡喷发动机最大状态的组合控制规律(含物理转速 n_H、n_L 和涡轮前燃气总温 T_{t4} 随发动机进口总温 T_{t2} 的变化趋势),并对 n_H、n_L 和 T_{t4} 的变化规律进行解释。结合涡喷 13 发动机来考虑:如果某一台实际的发动机由于输出结果或装配工程的原因导致发动机涡轮前总温升高,那么发动机的控制规律将会如何变化?

47. 当双轴涡喷发动机的尾喷管喉部面积增大时,在低压压气机特性图上画出共同工作线的变化并加以解释?

第5章
航空燃气涡轮发动机特性

正如第3章所述,凡是发动机的飞行条件(飞行高度和飞行马赫数)和大气条件(大气温度和大气压力)与设计点的不一致,发动机就工作在非设计点。发动机性能除了与飞行条件和大气条件有关以外,还和发动机的油门杆位置有关,一般来说通过油门杆位置可以控制发动机的转速,进而改变发动机的推力和工作状态。双轴混排加力涡扇发动机的工作状态有全加力状态、部分加力状态、小加力状态、最大状态(也称为中间状态或军用状态)、节流状态(慢车状态到最大状态之间的任意一个状态)、最大连续状态(属于节流状态)、巡航状态(属于节流状态)和慢车状态等。航空燃气涡轮发动机性能(主要是推力和耗油率)随飞行条件、大气条件和油门杆位置的变化关系称为发动机特性。本章将讲述基于变比热法的涡喷、涡扇发动机特性计算的一些基本知识和技巧,分析各种特性的变化趋势和原理,并简单介绍过渡态特性及其计算方法。

在学习航空燃气涡轮发动机特性时需要注意的是:第一,对于发动机原理(总体性能)而言,很多参数的变化趋势和规律,是不能够实现定量分析的,主要是定性分析。一方面的原因是定量分析往往需要刨根问底,这会使得初学者深陷其中,难以把握特性的变化规律。另一方面,定性分析只需要记住变化趋势即可,先熟悉基本原理,更深入的问题有待将来研究工作的深入而得到解决。第二,分析、理解和掌握发动机特性,可以锻炼研究人员的总体思维、全局把控力和综合分析能力。发动机计算和特性分析,综合了气动热力学的基本知识、各部件的气动热力过程、发动机设计点性能计算、发动机部件共同工作以及发动机控制规律等诸多方面的知识,较为复杂。对发动机特性的深入理解,有助于把握发动机在全飞行包线、全气候条件和全工况下的具体表现,也有助于促进发动机总体性能设计、飞/发一体化设计、总体性能与总体结构协调、总体性能与各部件/各系统之间的协调等方面的能力提升。

5.1　涡轮发动机特性

5.1.1　涡轮发动机特性的定义

航空燃气涡轮发动机的特性主要包括以下内容。

（1）稳态特性：包括设计点性能和非设计点特性。

（2）过渡态特性：包括加/减速特性、起动特性、加力接通/断开特性、变循环发动机和自适应发动机的转模态特性。

本章只讲述稳态特性、加/减速特性和起动特性。

5.1.2　特性计算的目的

（1）非设计点特性计算的目的：获取发动机的高度、速度、节流、温度（气候）特性。

（2）非设计点性能计算的已知条件：发动机的设计点参数（设计点、部件参数和循环参数）、各部件特性图、发动机工作状态和发动机控制规律。

（3）非设计点特性计算的手段：涡轮发动机的特性计算程序（基于变比热法、部件特性和共同工作方程组的方法）。

5.1.3　涡轮发动机特性函数定义

发动机性能和特性获得的方法：一是通过试车（地面试车、高空模拟试车以及飞行试车）获取；二是通过计算（模拟）获得。通过试车获取的发动机特性，比较接近实际情况，但是费用很高，且试验条件难以涵盖飞行包线内所有的工况点。计算获取发动机特性比较节省费用，且通过合理的建模方法，在大多数情况下精度比较理想。因此发动机特性计算在发动机研制过程中的地位越来越重要。

发动机特性计算的重要意义：① 特性计算是发动机总体性能方案设计的一种手段，发动机总体方案设计中需要完成发动机特性计算；② 预先知道发动机在各种条件（不同的飞行高度和马赫数、不同的大气条件）和各种工况下（不同的油门杆位置）的表现如何（性能如何），为飞行器提供发动机特性；③ 预先知道发动机的各种重要参数的变化范围如何，以便确定重要参数的极限值和范围，为部件设计提供输入。

非设计点特性计算的内容是：对于给定的发动机总体性能方案，在给定的非设计点（飞行条件和大气条件）、油门杆位置和稳态控制规律下，通过求解发动机的共同工作方程组，确定发动机各部件的工作点，并从发动机进口到出口进行气动热力计算，从而获得发动机性能和重要参数，进一步获取发动机的高度、速度、节流、温度（气候）特性。

参照循环分析对发动机性能函数的定义,可以把定几何涡轮发动机特性定义为以下函数:

$$Y = Y(X_1, X_2, X_3) \qquad (5-1)$$

式中,Y 为发动机性能参数、各截面气动热力参数和几何参数;X_1 代表飞行条件、大气条件和油门杆位置,即 $X_1 = (H, Ma_0, T_{s0}, PL)^{T}$,PL 为油门杆位置 (power lever);X_2 为各部件效率和损失系数(包括尾喷管的速度系数);X_3 为循环参数。

给定 X_1、各部件特性图和控制规律时,X_2 和 X_3 可以通过求解共同工作方程组获得。给定 X_1 中的 Ma_0、T_{s0} 和 PL 时,公式(5-1)变成 H 的函数 $Y = Y(H)$,即发动机的性能参数和各截面参数随飞行高度 H 的变化关系,称为涡轮发动机的**高度特性**;给定 X_1 中的 H、T_{s0} 和 PL 时,公式(5-1)变成 Ma_0 的函数 $Y = Y(Ma_0)$,即发动机的性能参数和各截面参数随飞行马赫数 Ma_0 的变化关系,称为涡轮发动机的**速度特性**;给定 X_1 中的 Ma_0、H 和 T_{s0} 时,公式(5-1)变成 PL 的函数 $Y = Y(PL)$,即发动机的性能参数和各截面参数随发动机转速 n 的变化关系,称为涡轮发动机的**节流特性**(也称为转速特性);给定 X_1 中的 Ma_0、H 和 PL 时,公式(5-1)变成 T_{s0} 的函数 $Y = Y(T_{s0})$,即发动机的性能参数和各截面参数随大气温度 T_{t2} 的变化关系,称为涡轮发动机的**温度特性**(也称为气候特性)。

5.2　变比热涡轮发动机特性计算基础

以 1.2 节的发动机各部件(含大气参数)变比热气动热力计算方法为基础,按照 3.3 节的计算步骤,可以实现发动机设计点性能计算。在此基础上,采用 4.4 节和 4.5 节的方法,可以建立各种类型的涡轮发动机的共同工作方程组,采用 4.3 节的牛顿法(牛顿-拉弗森法)迭代求解共同工作方程组,进而完成发动机非设计点特性计算。

上述过程可以通过开发涡轮发动机特性计算程序来实现。在开发计算程序时,还需要拥有各部件的特性图,并掌握相应的计算方法和技巧,下面将对其进行详细介绍。

5.2.1　部件特性图

在进行设计点计算时,各部件的特性参数是给定的。而非设计点计算时,各部件的特性参数事先是不知道的,同时,某一部件的特性参数又是相互关联制约的。因此,通常使用部件特性图来描述某一部件的特性参数之间的关联。发动机非设计点特性计算的过程就是在特性图上迭代确定各部件的工作点的过程。

在发动机总体设计阶段,发动机部件设计尚未开始,总体设计人员并没有所要设计的发动机的部件特性,按理是不能够完成发动机特性计算的。常用的解决方法是根据经验使用尽可能和期望的发动机部件特性图接近的特性图。例如对压气机特性图:使用的特性图和预期的特性图,要求它们的设计点压比接近、换算流量接近、喘振裕度接近以及特性曲线的变化趋势接近。下面给出双轴混排加力涡扇发动机主要部件的通用特性图(20世纪80年代美国公开发布),以便完成涡喷、涡扇发动机特性计算。

1. 风扇和压气机特性图

风扇特性可以表达为

$$\begin{cases} \pi_F = f_1(W_{a2,cor}, \bar{n}_{F,cor}) \\ \eta_F = f_2(W_{a2,cor}, \bar{n}_{F,cor}) \end{cases} \tag{5-2}$$

风扇的通用特性如图 5-1 所示。

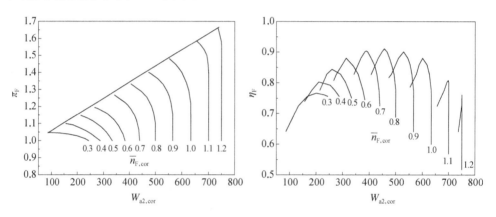

图 5-1　风扇的通用特性图

压气机特性可以表达为

$$\begin{cases} \pi_C = f_1(W_{a21,cor}, \bar{n}_{C,cor}) \\ \eta_C = f_2(W_{a21,cor}, \bar{n}_{C,cor}) \end{cases} \tag{5-3}$$

压气机的通用特性如图 5-2 所示。

为了方便部件特性插值计算,通常引入压比比 Z_C 作为中间变量,此时压气机和风扇的特性可以表达为

$$\begin{cases} \pi_C = f_1(Z_C, \bar{n}_{C,cor}) \\ W_{a21,cor} = f_2(Z_C, \bar{n}_{C,cor}) \\ \eta_C = f_3(Z_C, \bar{n}_{C,cor}) \end{cases} \tag{5-4}$$

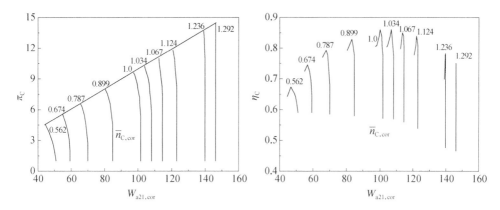

图 5-2　压气机的通用特性图

式中，$Z_C = \dfrac{\pi_{C,o} - \pi_{C,min}}{\pi_{C,max} - \pi_{C,min}}$，表示工作点在等相对换算转速线上的位置，$\pi_{C,o}$ 为插值点的压比，$\pi_{C,min}$ 为等相对换算转速线上堵塞边界的压比，$\pi_{C,max}$ 为等相对换算转速线上喘振边界的压比，这样的表示便于特性图插值，因为在任何的 $\bar{n}_{C,cor}$ 下，$Z_C = 0 \sim 1.0$。

2. 主燃烧室特性图

主燃烧室特性表示为

$$\begin{cases} \eta_B = f_1(\Delta T_{3-4}, p_{t3}) \\ \Delta p_B = f_2\left(\dfrac{W_{a3,cor}}{W_{a3,cor,des}}\right) \end{cases} \qquad (5-5)$$

主燃烧室的特性如图 5-3 所示。

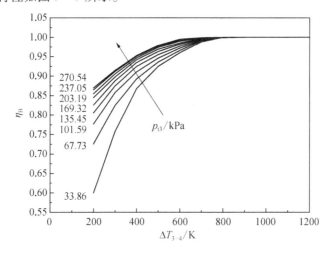

图 5-3　主燃烧室特性图

3. 高低压涡轮特性图

美式高压涡轮特性可以表示为

$$\begin{cases} \dfrac{\Delta h_{4-45}}{T_{t4}} = f_1(W_{g4,\ cor},\ n_{TH,\ cor}) \\ \eta_{TH} = f_2(W_{g4,\ cor},\ n_{TH,\ cor}) \end{cases} \qquad (5-6)$$

高压涡轮的通用特性如图 5-4 所示。

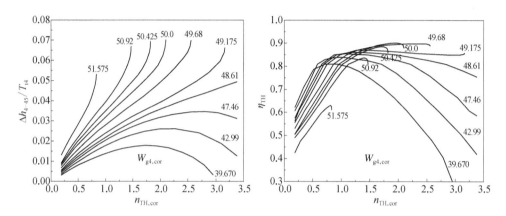

图 5-4　高压涡轮的通用特性图

美式低压涡轮特性可以表示为

$$\begin{cases} \dfrac{\Delta h_{45-5}}{T_{t45}} = f_1(W_{g45,\ cor},\ n_{TL,\ cor}) \\ \eta_{TL} = f_2(W_{g45,\ cor},\ n_{TL,\ cor}) \end{cases} \qquad (5-7)$$

低压涡轮的通用特性如图 5-5 所示。

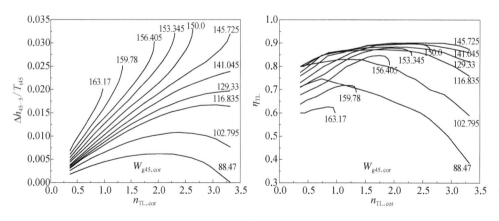

图 5-5　低压涡轮的通用特性图

4. 加力燃烧室特性图

加力燃烧室特性可以表示为

$$\eta_{AB} = \eta(1 - \Delta\eta_{Ma})(1 + \Delta\eta_{p})\eta_{AB, des} \tag{5-8}$$

加力燃烧室的特性如图 5-6 所示。

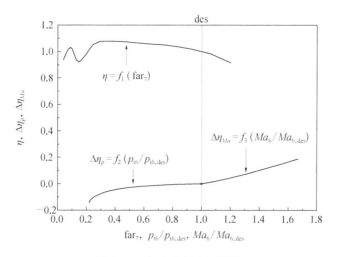

图 5-6 加力燃烧室特性图

除了上述部件外,为了追求高的计算精度,还可能需要其他部件特性图(如进气道、外涵道、混合室、尾喷管等),这里不再讨论。

5.2.2 多元插值法

观察上述部件特性,除了加力燃烧室特性以外,其他部件特性均为二元函数。由于发动机各部件特性图均以离散点的形式来描述,当给定自变量的值不在已知节点上时,求函数的值需要采取插值方法。可以采用适当的二元插值方法来实现二元部件特性图的插值,详见相关的教学书。

5.2.3 比例系数(耦合系数)

无论采用什么样的部件特性,这些部件特性虽然已经尽可能接近预期的部件特性,但是特性图中设计点的参数和发动机设计点的数值并不相等,有的甚至差异比较大。处理这些差异的一种方法是采用"比例系数"(也称为"耦合系数")。以压气机为例,比例系数的定义如下。

已知双轴涡扇发动机设计点的压气机相对换算转速 $\bar{n}_{C, cor}$ 为 1.0,换算流量为 $W_{a, cor, des}$、压比为 $\pi_{C, des}$、效率为 $\eta_{C, des}$、喘振裕度为 20%。在准备采用的压气机特性图中取相对换算转速 $\bar{n}_{C, cor} = 1.0$ 和合理的 Z_C(保证喘振裕度为 20%),此时通过插值得到的换算流量为 $W_{a,\,cor,\,map}$、压比为 $\pi_{C,\,map}$、效率为 $\pi_{C,\,map}$。显然,特性图上的参数与压气机的设计参数并不相等。定义下列比例系数:

$$\begin{cases} \mathrm{CF}_{Wac} = W_{a,\,cor,\,des} / W_{a,\,cor,\,map} \\ \mathrm{CF}_{\pi} = (\pi_{C,\,des} - 1)/(\pi_{C,\,map} - 1) \\ \mathrm{CF}_{\eta} = \eta_{C,\,des} / \eta_{C,\,map} \end{cases} \quad (5-9)$$

式中,下标带有 map 的,为特性图插值得到的值。CF_{Wac} 称为压气机换算流量的比例系数;CF_{π} 称为压气机压比的比例系数;CF_{η} 称为压气机效率的比例系数。

例如:已知某方案双轴涡扇发动机设计点的压气机相对换算转速为 1.0,换算流量为 23 kg/s、压比为 10、效率为 0.85,喘振裕度为 20%。在准备采用的压气机特性图中取相对换算转速 $\bar{n}_{C,\,cor} = 1.0$ 和合理的 Z_C(保证喘振裕度为 20%,假设对应的 $Z_C = 0.80$),此时通过插值得到的换算流量为 30 kg/s、压比为 12、效率为 0.845。比例系数分别为

$$\mathrm{CF}_{Wac} = \frac{W_{a,\,cor,\,des}}{W_{a,\,cor,\,map}} = \frac{23}{30} = 0.766\,7$$

$$\mathrm{CF}_{\pi} = \frac{(\pi_{C,\,des} - 1)}{(\pi_{C,\,map} - 1)} = \frac{10 - 1}{12 - 1} = 0.818\,2$$

$$\mathrm{CF}_{\eta} = \frac{\eta_{C,\,des}}{\eta_{C,\,map}} = \frac{0.85}{0.845} = 1.005\,9$$

当取其他的 Z_C 和 $\bar{n}_{C,\,cor}$ 时,认为这三个比例系数不变。因此,采用了比例系数处理部件特性后,相当于对部件特性进行了比例"缩放"。这是在没有实际发动机的部件特性时不得已的做法。一旦发动机的部件设计完成,获得特性图后,就应该采用真实的部件特性图,如果部件设计点的性能完全达标,则上述 3 个比例系数均为 1.00。

基于上述假设,在非设计点计算时,从特性图插值得到的换算流量 $W_{a,\,cor,\,map}$、压比 $\pi_{C,\,map}$ 和效率 $\eta_{C,\,map}$,分别乘以上述比例系数,即可得到所计算发动机的实际压气机换算流量 $W_{a,\,cor}$、压比 π_C 和效率 η_C 为

$$\begin{cases} W_{a,\,cor} = W_{a,\,cor,\,map} \times \mathrm{CF}_{Wac} \\ \pi_C = (\pi_{C,\,map} - 1) \times \mathrm{CF}_{\pi} + 1 \\ \eta_C = \eta_{C,\,map} \times \mathrm{CF}_{\eta} \end{cases} \quad (5-10)$$

5.2.4　改善牛顿法的收敛性

根据 4.4 节的推导可知,涡轮发动机的共同工作方程组为

$$y = y(x) = 0 \qquad (5-11)$$

对于不同的涡轮发动机,y 的维数为 n,x 的维数为 $n+1$。例如单轴涡喷发动机 $n=3$,双轴涡扇发动机 $n=6$。 在求解 y 的时候,需要结合各部件特性图。方程组(5-11)是否有意义,一般情况下取决于能否实现风扇(或压气机)和涡轮特性图的插值。由于压气机和涡轮特性图一般不便采用具体的函数形式来描述,而是使用特性图的方式来描述,故在特性计算中一般采用二元插值来计算,但常用的二元插值不能够实现外插值。一般的特性图的相对换算转速范围从慢车状态附近到最大状态附近,当给定的相对换算转速或者压比比超出特性图范围时,无法实现插值而导致性能计算无法完成。由于压气机和涡轮的特性图直接与独立变量和误差方程有关,因此它们的插值会对方程组(5-11)计算的收敛性有影响。其他部件特性如进气道特性、主燃烧室特性、加力燃烧室特性、混合室特性、尾喷管特性等,在绝大多数情况下,不会对方程组(5-11)计算的收敛性有影响。

1. 迭代求解方程组(5-11)常见的不收敛问题分类与机理分析

1) 独立变量初值不合理

以常用的牛顿法为例(其他迭代算法也不例外),迭代求解方程组(5-11)的必要条件是对于给定的独立变量 x,式(5-11)有意义。研究表明,导致式(5-11)没有意义的因素主要有:压气机和涡轮特性图的插值没有意义(给定的 x 使得工作点位于特性图以外,故不能够实现外插值)、燃烧室出口总温低于进口总温以及混合室进口马赫数大于 1.0(对于混排涡扇发动机)。而这些因素往往又是由 x 的初值不合理造成的。在许多情况下,即便初值"合理",式(5-11)能够完成第一次迭代计算,但第二次迭代仍然会出现式(5-11)没有意义的现象,原因和上面的分析相同(第二次迭代无法实现部件特性的插值计算)。初值不合理的不收敛问题是发动机特性计算中最容易遇到的问题,它一般出现在牛顿迭代法的第一至第三次迭代,在特性计算中,如果第二个工况远离第一个工况(该工况已经迭代计算收敛)时,第二个工况的迭代计算往往出现这个问题。

2) 部件特性奇异

在极少数情况下会出现以下问题:某些工况的特性计算中,既没有独立变量的初值不合理问题,又没有收敛精度不合理问题,但是迭代计算仍然不能够达到给定的收敛精度。导致这一类问题出现的原因是发动机的某个部件特性在该工况对应的工作点附近出现"奇异":一般表现为部件特性在该点出现突然的转折或跳跃(函数不可导)。

3) 无物理意义的工作点

无物理意义工作点的不收敛主要发生在如下情况:① 发动机工作点位于包

括压气机和涡轮特性图描述的任何部件特性图以外;② 主燃烧室出口总温低于进口总温;③ 主(加力)燃烧室出口总温高于相同进口条件下当量油气比完全燃烧的燃气总温。导致工作点无物理意义的原因一般是由于控制规律的设计不合理和独立变量的初始值不合理造成。

4) 收敛精度不合理

给定的收敛精度要求太高时($y_i \leqslant 1.0 \times 10^{-6}$),无论采用何种方法,发动机的特性计算都难以收敛,这是由于计算机的精度不够所引起。研究表明,对于稳态特性计算来说,设定收敛精度为 $y_i \leqslant 1.0 \times 10^{-4}$ 时,对特性计算结果的准确性来说已经没有实际意义。

2. 改善上述求解方程(5-11)的收敛性问题的措施

1) 独立变量初值的限制

限制独立变量 x 的初值,目的是保证独立变量的初值不会导致部件特性插值出现外插值的情况。以涡扇发动机为例,具体的做法是:① 对于风扇和压气机,根据特性图中 n_{cor} 和 π 的范围,可以对独立变量 n 和 Z 进行限制:例如根据风扇和压气机进口总温以及独立变量 n(物理转速),可以计算 n_{cor}(换算转速),如果 n_{cor} 超过范围,则限制 n;压比比 Z_C 和 Z_F 限制:$0.0 \leqslant Z_C \leqslant 1.0$,$0.0 \leqslant Z_F \leqslant 1.0$。② 对于高、低压涡轮,根据特性图中 $W_{g,cor}$ 和 $n_{T,cor}$ 的范围,可以对独立变量进行限制:$W_{g,cor}$ 如果超限,则对其进行限制;根据涡轮进口总温 T_{t4} 和 n 可以计算得到 $n_{T,cor}$,如果 $n_{T,cor}$ 超过范围,则限制 n。在采取以上两个措施的基础上,如果混合室(混排涡扇)外涵进口马赫数大于1.0则可根据情况适当降低风扇相对换算转速 $n_{F,cor}$(即某一独立变量 x_i)或压比比 $Z_F(x_i)$,或者,适当减小尾喷管喉部面积(对于尾喷管可调的涡扇发动机)。其他部件的计算中,根据具体情况采取参数限制措施。独立变量初值的限制,保证牛顿法计算的第一次迭代能够完成。

2) 独立变量初值拟合法

独立变量初值的限制,仅保证牛顿法计算的第一次迭代计算能够完成。若初值的误差过大,则仍可能导致迭代不收敛。独立变量初值拟合法通过提升初值的精度来改善迭代收敛性,其思路是利用无量纲相似参数描述沿发动机共同工作线上独立变量的初值。

共同工作方程组的解总是在工作线上,而涡轮发动机的工作线在大多数情况下(高换算转速,对应尾喷管临界或超临界状态)是唯一的,即便在低换算转速下由于飞行马赫数变化出现分叉,分叉的工作线之间的"距离"不会太"远"。因此可以考虑利用某一条工作线(例如地面节流状态的工作线)的工作点,作为该换算转速对应的任何工作点的初值,这样可以确保牛顿法迭代收敛。

例如单轴涡喷发动机在给定转速 n 的情况下,独立变量为 $x = (Z_C, T_{t4},$

$W_{g4, cor}$)^T。 获取 x 的初值的方法如下：首先要计算获得发动机从最大状态至慢车状态的节流特性，从节流特性中获取独立变量初值，并将其拟合为换算转速的函数，即

$$Z_C = f_1(n_{cor}) \tag{5-12}$$

$$T_{t4} / T_{t2} = f_2(n_{cor}) \tag{5-13}$$

$$W_{g4, cor} = f_3(n_{cor}) \tag{5-14}$$

式(5-12)~式(5-14)即为单轴涡喷发动机变量初值拟合的结果。在使用时，首先根据发动机的转速 n 和来流总温 T_{t2} 计算获得换算转速 n_{cor}，然后根据式(5-12)~式(5-14)和来流总温 T_{t2} 分别计算获得当前的初值 Z_C、T_{t4}、$W_{g4, cor}$。由于发动机换算转速相同的情况下，发动机处于相似的工作状态，无量纲相似参数保持不变，变量初值拟合法可在发动机的整个工作转速范围内给定较为"合理的"的初值，从而显著改善发动机性能计算程序的收敛性。

对于双轴混排涡扇发动机，在给定风扇转速 n_F 的情况下，独立变量为 $x =$ (Z_F, n_C, Z_C, T_{t4}, $W_{g4, cor}$, $W_{g45, cor}$)^T。 则其独立变量初值拟合的规律可描述为

$$Z_F = f_1(n_{F, cor}) \tag{5-15}$$

$$n_C = f_2(n_{F, cor}) \tag{5-16}$$

$$Z_C = f_3(n_{F, cor}) \tag{5-17}$$

$$T_{t4} = f_4(n_{F, cor}) \tag{5-18}$$

$$W_{g4, cor} = f_5(n_{F, cor}) \tag{5-19}$$

$$W_{g45, cor} = f_6(n_{F, cor}) \tag{5-20}$$

需要说明的是，当发动机几何有调节（如尾喷管喉部面积 A_8、风扇进口导叶角度 α_F 和压气机进口导叶角度 α_C 等）时，发动机的相似条件将被打破，导致换算转速和无量纲相似参数之间的关系发生改变。或者，当发动机的尾喷管不临界时，发动机的共同工作线将分叉，相似换算参数的关系将受到飞行马赫数和来流总压的影响。上述两种情况会导致变量初值拟合法的误差增加，但是实践表明，即使在上述两种情况下，独立变量初值拟合法仍能够显著提升非设计点迭代计算的收敛性。

3）变步长牛顿法

多元非线性方程组的牛顿-拉弗森法迭代格式为

$$x_{k+1} = x_k - J^{-1} y_k \tag{5-21}$$

牛顿迭代法的特点是收敛速度快,但是对初值的精度要求高。在迭代求解过程中常常会出现第一次迭代收敛而第二次迭代不收敛的情况,其原因通常是迭代步长太大导致 x_1 超出特性图边界。解决的方法是构造如下变步长牛顿迭代法:

$$x_{k+1} = x_k - A \times B \times J^{-1} y_k \qquad (5-22)$$

式中,A 和 B 为常数对角阵,且 $a_{ii} < 1.0$,$b_{ii} > 1.0$,迭代计算中还要限制 $a_{ii} b_{ii} \leqslant 1.0$,$a_{ii}$ 和 b_{ii} 的值可根据具体的发动机特性计算情况而定。a_{ii} 的意义可以理解为在变步长牛顿法迭代计算的前几次中,x 的收敛速度比牛顿法慢,具有"阻尼"作用。而 b_{ii} 的意义则可以理解为,随着迭代次数的增加,变步长牛顿法迭代计算的 x 的收敛速度逐渐逼近或等于牛顿法的收敛速度,具有"加速"作用。变步长牛顿法在解决共同工作方程组的求解收敛性中非常有效。

4)部件修正与部件特性扩展法

将部件特性中"奇异"的点进行适当调整,例如利用特性线的多元拟合公式进行"奇异"点的修正,可以保证工作点计算收敛在修正后的特性线上,且满足收敛精度。利用适当的函数拟合形式,将部件特性图进行扩展(例如压气机特性图的换算转速范围扩展、喘振边界外扩展以及堵塞边界外扩展),以实现对发动机部件特性图的外插值,可解决牛顿法在前几次迭代过程中特性图插值超界的问题,也可解决共同工作点位于特性图以外的问题。不过平衡工作点位于特性图以外,是没有实际意义的,只不过是为了能够完成共同工作方程组的求解,以帮助研究人员分析发动机工作线(点)的合理性。

5.3 涡喷、涡扇发动机的速度特性

5.3.1 涡喷发动机的速度特性

1. 已知条件

1)发动机:单轴加力式涡喷发动机

2)设计点:$H = 0$ km、$Ma_0 = 0$、国际标准大气(ISA)

3)各部件参数

(1)进气道:总压恢复系数 $\sigma_I = 1.00$。

(2)压气机:压比 $\pi_C = 8.00$、效率 $\eta_C = 0.85$、空气流量 $W_{a0} = 100.0$ kg/s、冷却空气量 $\delta = 0\%$。

(3)燃烧室:总压损失系数 $\Delta p_B = 0.05$、燃烧效率 $\eta_B = 0.99$、燃烧室出口总温 $T_{t4} = 1\,200$ K。

(4)涡轮:效率 $\eta_T = 0.92$。

（5）加力燃烧室：冷态总压损失系数 $\Delta p_{dry} = 0.05$，出口总温 $T_{t7} = 2\,000\,K$，燃烧效率 $\eta_{AB} = 0.92$。

（6）尾喷管：收扩喷管处于完全膨胀状态，速度系数 $C_V = 0.985$。

4）最大状态控制规律（图 5 - 7）

（1）当 $T_{t2} \leqslant 288.15\,K$ 时，控制换算转速为 $\bar{n}_{cor} = \bar{n}_{cor,\,max} = 1.0$。

（2）当 $T_{t2} > 288.15\,K$ 时，控制涡轮进口总温为 $T_{t4} = T_{t4,\,max} = 1\,200\,K$。

（3）加力时，$T_{t2} > 227.5\,K$（即 $far_7 < 0.066\,3$）时，控制加力燃烧室出口总温为 $T_{t7} = T_{t7,\,max} = 2\,000\,K$。

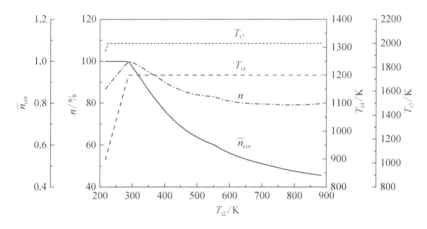

图 5 - 7 涡喷发动机的最大状态控制规律

2. 不加力涡喷发动机的速度特性

国际标准大气条件下，飞行高度为 11 km，飞行马赫数为 0~4，不加力涡喷发动机的速度特性（含发动机空气流量 W_{a0}、单位推力 F_s、来流速度 c_0 和尾喷管出口气流速度 c_9 等）如图 5 - 8 所示。

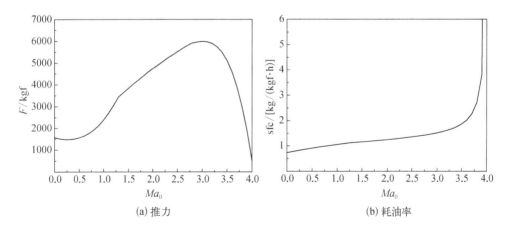

(a) 推力   (b) 耗油率

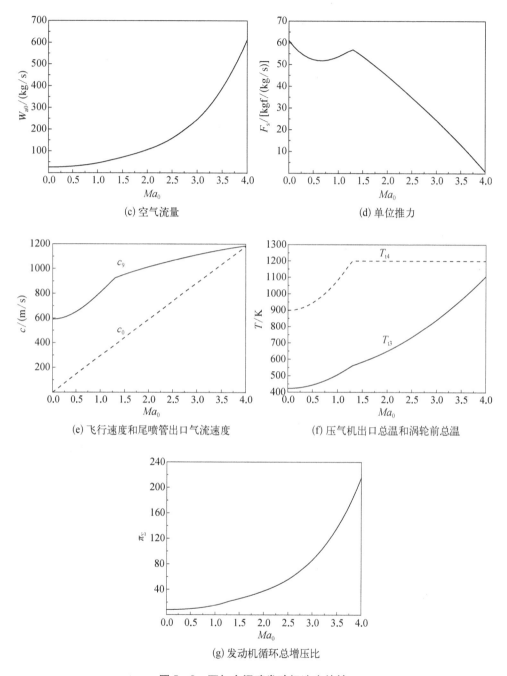

(c) 空气流量

(d) 单位推力

(e) 飞行速度和尾喷管出口气流速度

(f) 压气机出口总温和涡轮前总温

(g) 发动机循环总增压比

图 5-8 不加力涡喷发动机速度特性

由于尾喷管处于完全膨胀状态,故发动机推力和耗油率公式分别为

$$F = W_{g9}c_9 - W_{a0}c_0 \approx W_{a0}(c_9 - c_0) = W_{a0}F_s \qquad (5-23)$$

$$\mathrm{sfc} = \frac{3\ 600 W_{\mathrm{f,\ B}}}{F} = \frac{3\ 600\mathrm{far}_4}{F_{\mathrm{s}}} \qquad (5-24)$$

因此,发动机推力 F 的变化趋势取决于发动机的空气流量 W_{a0} 和单位推力 F_{s}(由飞行速度 c_0 和尾喷管排气速度 c_9 决定)。耗油率 sfc 的变化趋势取决于燃烧室的油气比 far_4 和单位推力 F_{s}。

1) 推力的变化趋势分析

首先来看单位推力 F_{s} 的变化情况:随着飞行马赫数的升高,来流总温 T_{t0} 升高,压气机出口总温 T_{t3} 升高,在 T_{t4} 不变的情况下[图 5-8(f)],燃烧室温升降低,油气比 far_4 下降,发动机的热效率到达最高值之后下降,当 T_{t3} 等于 T_{t4} 时,循环功为零,热效率降低为零,$c_9 = c_0$[图 5-8(e)],$F_{\mathrm{s}} = 0$[图 5-8(d)],此时发动机的推力为零。

再来看看发动机空气流量 W_{a0} 的变化情况:在已知压气机换算流量 $W_{2\mathrm{a,\ cor}}$ 时,发动机空气流量为

$$W_{\mathrm{a0}} = W_{\mathrm{a2}} = \frac{W_{2\mathrm{a,\ cor}} p_{\mathrm{t2}}}{\sqrt{T_{\mathrm{t2}}}} \cdot \frac{\sqrt{288.15}}{101\ 325} \qquad (5-25)$$

式中,

$$T_{\mathrm{t2}} = T_{\mathrm{t0}} = T_{\mathrm{s0}}\left(1 + \frac{\gamma-1}{2} Ma_0^2\right) \qquad (5-26)$$

$$p_{\mathrm{t2}} = \sigma_{\mathrm{I}} p_{\mathrm{t0}} = \sigma_{\mathrm{I}} p_{\mathrm{s0}}\left(1 + \frac{\gamma-1}{2} Ma_0^2\right)^{\frac{\gamma}{\gamma-1}} = \sigma_{\mathrm{I}} p_{\mathrm{s0}}\left(\frac{T_{\mathrm{t0}}}{T_{\mathrm{s0}}}\right)^{\frac{\gamma}{\gamma-1}} \qquad (5-27)$$

压气机进口总温 T_{t2} 取决于飞行马赫数 Ma_0,压气机进口总压 p_{t2} 取决于飞行马赫数 Ma_0 和进气道总压恢复系数 σ_{I}。当 Ma_0 增加时,p_{t2} 和 T_{t2} 也增加,由式(5-27)可见总压恢复系数一定的情况下,来流总压静压之比为总静温之比的 3.5 次方($\gamma = 1.4$),而 σ_{I} 下降有限,故 p_{t2} 的增加速度远比 T_{t2} 的快。当 Ma_0 增加时 T_{t2} 升高使得压气机的换算转速降低,进而导致的压气机换算流量 $W_{2\mathrm{a,\ cor}}$ 的降低也不剧烈;由式(5-25)可知,W_{a0} 与 p_{t2} 和 $W_{2\mathrm{a,\ cor}}$ 的一次方成正比,与 T_{t2} 的二分之一次方成反比,因此,Ma_0 增加时 W_{a0} 始终增加[图 5-8(c)]。

在低飞行马赫数下($Ma_0<0.3$),进气道的冲压效果不明显(p_{t2}/p_0 很小),W_{a0} 增加速度低于 F_{s} 的降低速度(c_0 线性增加而 c_9 增加十分缓慢)因此发动机推力 F 是降低的。当 $Ma_0>0.3$ 以后,进气道的冲压效果开始明显(p_{t2}/p_0 开始增大),W_{a0} 增加速度高于 F_{s} 的降低速度,发动机推力 F 开始上升。由于在某个较高的 Ma_0 下 $F = 0$,可以判断 F 必然经过一个先上升后下降的过程(注意,对于现实生活中的多

数物理过程中,参数变化总是连续可导的,发动机的各种参数变化也不例外)。本算例中,当 $Ma_0 = 3.0$ 左右 F 达到最大值,之后 W_{a0} 增加速度低于 F_s 的降低速度,F 逐渐加速下降(最后直到接近零)。

2) 耗油率的变化趋势分析

耗油率随 Ma_0 的增加一直上升的原因是油气比 far_4 的下降速度比单位推力 F_s 的下降速度低。由燃烧室的热力过程可知:

$$\text{sfc} = \frac{3\,600far_4}{F_s} \propto \frac{q}{F_s}$$

而

$$L_e = \frac{1}{2}(c_9^2 - c_0^2) = \frac{1}{2}(c_9 - c_0)(c_9 + c_0) = \eta_t q$$

故

$$F_s = c_9 - c_0 = \frac{L_e}{\frac{1}{2}(c_9 + c_0)} = \frac{\eta_t q}{\frac{1}{2}(c_9 + c_0)}$$

因此

$$\text{sfc} \propto \frac{\frac{1}{2}(c_9 + c_0)}{\eta_t}$$

本算例中,压气机的压比为 8,当 Ma_0 增加时发动机循环总增压比(进气道压比乘以压气机压比)π_Σ 增加[图 5-8(g)],使得发动机的热效率增大,但是,总增压比 π_Σ 在 8 附近增加时,热效率 η_t 的增大幅度是有限的,远慢于 $(c_9+c_0)/2$ 的增加速度(大于 c_9 的增加速度而小于 c_0 的增加速度),因此,当 Ma_0 增加时 sfc 是增大的。当 Ma_0 增加到热效率 η_t 的最大值并且开始下降时,sfc 将急剧上升(图 5-9),当 F_s 趋近于零时 sfc 趋近于无穷大。

值得注意的是,常见的航空燃气涡轮发动机的最大飞行马赫数为 2.0~2.5,上面的计算结果,为了展示涡喷发动机推力和耗油率的变化趋势,将最大飞行马赫数设定为 4.0。因此,读者只需重点关注 $Ma_0 < 2.5$ 的变化趋势即可。后面的涡扇发动机的速度特性以及高度速度特性的计算结果是类似的。

为了研究压气机的设计增压比 π_C 对涡喷发动机速度特性的影响,分别取 π_C 为 8、10 和 12 进行速度特性计算,计算结果的对比如图 5-9 所示。

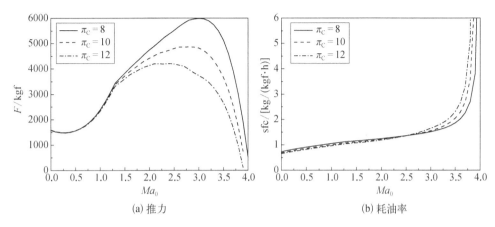

(a) 推力　　　　　　　　　　　(b) 耗油率

图 5-9　压气机的设计增压比对不加力涡喷发动机速度特性的影响

3) π_C 对涡喷发动机速度特性的影响规律分析

一方面,压气机压比的提高,会使得热效率达到最大的飞行马赫数降低。另一个方面,高增压比发动机的通流性较差,换算流量随换算转速下降而降低的速度较快。因此,随着压气机增压比的提高,推力的最大值对应的飞行马赫数降低(可以说是速度特性不好)。对于耗油率,在低马赫时,压气机增压比提高使得循环总增压比提高,在没有超过最经济总增压比之前,耗油率较低;在高马赫时,进气道冲压效果增强,总增压比将超过最经济增压比,压气机压比较高的发动机,循环总压比会更为远离最经济总压比,耗油率较高。

为了研究涡轮进口总温 T_{t4} 对涡喷发动机速度特性的影响,分别取 T_{t4} 为 1 200 K、1 400 K(冷却空气量 $\delta = 5\%$) 和 1 600 K(冷却空气量 $\delta = 15\%$) 进行速度特性计算,计算结果的对比如图 5-10 所示。

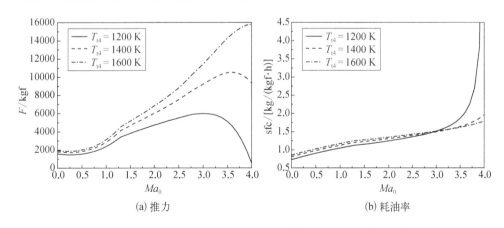

(a) 推力　　　　　　　　　　　(b) 耗油率

图 5-10　涡轮进口总温对不加力涡喷发动机速度特性的影响

4）T_{t4} 对涡喷发动机速度特性的影响规律分析

推力最大值及其对应的 Ma_0 随 T_{t4} 的升高而增大的原因是，T_{t4} 的升高使得 $F_s = 0$ 对应的 Ma_0 增加，F 到达最大值的 Ma_0 也相应增加（速度特性更好）。对于耗油率，在低 Ma_0 时，低 T_{t4} 的耗油率较低的原因是 T_{t4} 更接近最经济 $T_{t4, ec}$；而在高 Ma_0 时，由于来流的冲压作用，总增压比增大，对应的最经济 $T_{t4, ec}$ 增加，高的 T_{t4} 会有较低的耗油率。

3. 加力涡喷发动机的速度特性

国际标准大气条件下，飞行高度为 11 km，飞行马赫数为 0~4，加力涡喷发动机的速度特性（含单位推力 F_s、来流速度 c_0 和尾喷管出口气流速度 c_9 等）如图 5-11 所示。

随着 Ma_0 的增加，加力推力一直增大（几乎没有明显的下降过程），原因是加力时尾喷管排气速度的增加速率高于不加力的。最大推力对应的 Ma_0 增加的原因是加力状态的 c_9 升高使得 $F_s = 0$ 对应的 Ma_0 增加了。在较低的 Ma_0 时，耗油率存在一个复杂的变化过程：① 在 $Ma_0 < 0.4$ 时，由于受到油气比限制［图 5-11(e)，航空煤油把空气中的氧气全部燃烧完，最大的油气比约为 0.067 62］，节流状态的控制规律为 $far_7 = C$，在一段期间里，加力单位推力呈现出略微下降的趋势（原因和不加力类似），耗油率略微升高；② 在 $0.4 < Ma_0 < 1.28$ 时，在发动机最大状态的控制规律（$n_{cor} = C$）和加力燃烧室出口总温 T_{t7} 急剧升高［图 5-11(f)］的共同影响下，加力单位推力快速上升［图 5-11(d)］，far_7 快速下降，耗油率有较大幅度下降；③ 当 $Ma_0 > 1.28$ 时，耗油率随 Ma_0 的增加而大体呈缓慢增加趋势（其中，当 $1.28 < Ma_0 < 2.90$，sfc 缓慢上升，在 Ma_0 接近 2.9 附近略微下降，这是循环总增压比增大与加力燃烧室燃烧效率增大共同作用的结果，$Ma_0 > 2.90$ 时，加力燃烧室燃烧效率达到最大值并保持不变），可以把加力涡喷发动机看作一个以加力燃烧室进口总压比为循环总增压比，加力燃烧室出口总温作为循环温度的涡喷发动机，但是，T_{t7} 比 T_{t4} 高很多，最经济总增压比也随之提高，因此随着 Ma_0 的增加，热效率升高，单位推力降低速度比不加力状态的慢，加力耗油率的上升速度也比不加力的慢。

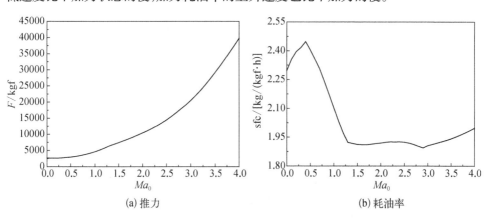

(a) 推力

(b) 耗油率

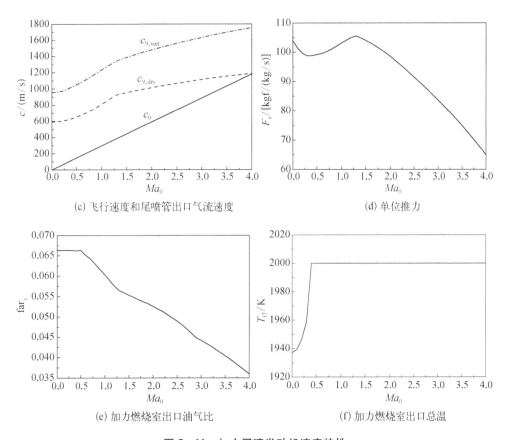

(c) 飞行速度和尾喷管出口气流速度

(d) 单位推力

(e) 加力燃烧室出口油气比

(f) 加力燃烧室出口总温

图 5-11 加力涡喷发动机速度特性

综上所述,影响发动机速度特性变化趋势的重要因素有:飞行条件、涡轮进口总温、压气机压比、控制规律以及部件特性(高速飞行时进气道特性和尾喷管特性的影响尤其严重)。这个结论对于涡喷发动机的其他特性以及其他类型的发动机的各种特性来说,也是适用的。

5.3.2 双轴混排涡扇发动机的速度特性

1. 已知条件

1) 设计点:$H = 0 \ \text{km}$、$Ma_0 = 0$、国际标准大气

2) 各部件参数

(1) 进气道:按美军标计算进气道的总压恢复系数 σ_I。

(2) 风扇:压比 $\pi_F = 4.8$、效率 $\eta_F = 0.85$、空气流量 $W_{a0} = 120.0 \ \text{kg/s}$、涵道比 BPR $= 0.3$。

(3) 压气机:压比 $\pi_C = 6.50$、效率 $\eta_C = 0.86$、冷却空气量比例 $\delta = 25\%$(压

气机出口引气用于冷却涡轮，$\delta = W_{a,cool}/W_{a21}$，$W_{a,cool}$ 为冷却空气流量）。

（4）主燃烧室：总压损失系数 $\Delta p_B = 0.05$、燃烧效率 $\eta_B = 0.995$、出口总温 $T_{t4} = 1\,900\,K$。

（5）高压涡轮：效率 $\eta_T = 0.89$，冷气比例 $\delta_H = 70\%\delta$。

（6）低压涡轮：效率 $\eta_T = 0.91$，冷气比例 $\delta_L = 30\%\delta$。

（7）外涵道：总压损失系数 $\Delta p_{DU} = 0.05$。

（8）混合室：等截面、无摩擦、充分混合。

（9）加力燃烧室：冷态总压损失系数 $\Delta p_{dry} = 0.05$、燃烧效率 $\eta_B = 0.93$、出口总温 $T_{t7} = 2\,150\,K$。

（10）尾喷管：速度系数 $C_V = 0.985$，收扩喷管完全膨胀状态。

3）控制规律（图 5-12）

（1）$T_{t2} < 288.15\,K$ 时，控制 $\bar{n}_{C,cor} = 1.0$（即 $\bar{n}_{F,cor} = 1.0$）；

（2）$288.15\,K \leqslant T_{t2} \leqslant 315\,K$ 时，控制 n_C 线性增加，T_{t4} 随之增加，使得节流比 THR = 1.05，此时 $T_{t4} = 1\,995\,K$；

（3）$T_{t2} > 288.15\,K$ 时，控制高压涡轮前进口温度 $T_{t4} = T_{t4,max} = 1\,995\,K$；

（4）加力时，当 $T_{t2} > 260.2\,K$（即 $far_7 < 0.066\,3$）时，控制加力燃烧室出口总温为 $T_{t7} = T_{t7,max} = 2\,150\,K$。

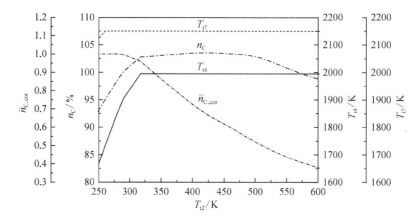

图 5-12　涡扇发动机最大状态控制规律

2. 不加力涡扇发动机的速度特性

国际标准大气条件下，飞行高度为 11 km，飞行马赫数为 0~3.0，不加力涡扇发动机的速度特性（含发动机空气流量 W_{a0}、单位推力 F_s、来流速度 c_0 和尾喷管出口气流速度 c_9 等）如图 5-13 所示。

不加力涡扇发动机的速度特性变化趋势（图 5-13）与不加力涡喷发动机的类似。不同之处在于，随着 Ma_0 的增加，在 $T_{t2} > 288.15\,K$ 之后涡扇发动机的涵道比增

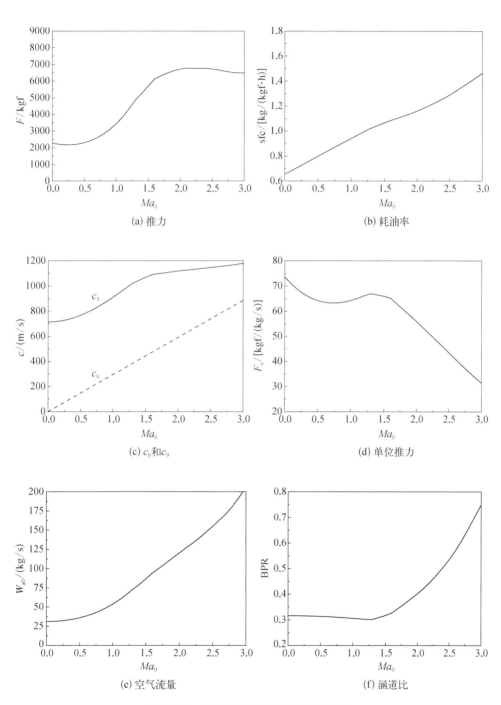

(a) 推力

(b) 耗油率

(c) c_0和c_9

(d) 单位推力

(e) 空气流量

(f) 涵道比

图 5-13 不加力涡扇发动机的速度特性

加[图 5 - 13(f)]。涵道比的增加对于速度特性具有两个方面的影响,一方面空气流量增加,有利于发动机推力的提高(发动机推力公式);另一方面空气流量增加,降低了排气速度的增加速率[图 5 - 13(c)],也就降低了单位推力[图 5 - 13(d)],使得 $F_s = 0$ 对应的 Ma_0 减小,进而推力最大对应的 Ma_0 也减小了(本算例中 Ma_0 约为 2.0),可以说涡扇发动机的速度特性不如涡喷发动机的。

1) 节流比对不加力涡扇发动机速度特性的影响

为了研究节流比对涡扇发动机速度特性的影响,取节流比为 1.0、1.05 和 1.1,计算得到不加力涡扇发动机的速度特性(11 km, $Ma_0 = 0 \sim 3$)对比如图 5 - 14 所示。

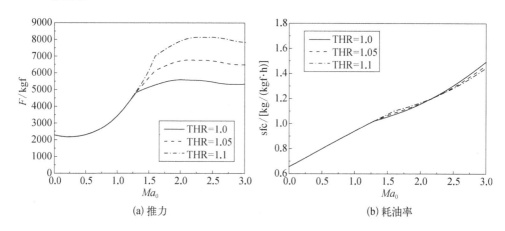

图 5 - 14   节流比对不加力涡扇发动机速度特性的影响

由图 5 - 14 可以看出,增加节流比可以有效改善涡扇发动机不加力状态的速度特性。第四代战斗机用的涡扇发动机要求具有不加力超声速巡航的能力,因此需要采用比较高的节流比(THR ≈ 1.1),以满足飞机在 $Ma_0 = 1.5$ 以上超声速巡航对发动机不加力推力的需求。

2) 涵道比对不加力涡扇发动机速度特性的影响

为了研究涵道比对涡扇发动机速度特性的影响,节流比取为 1.05 时取涵道比为 0.3、0.5 和 0.8,计算得到的不加力速度特性(11 km, $Ma_0 = 0 \sim 3$)对比如图 5 - 15 所示。

由图 5 - 15 可以看出,涵道比对速度特性的推力变化趋势影响不大,但是涵道比越高推力上升速度慢,推力的上升幅度也有所减小,可以说增加涵道比不利于不加力涡扇发动机的速度特性。但是,增加涵道比可以有效改善涡扇发动机不加力状态的耗油率。

第五代战斗机用的涡扇发动机要求具有不加力超声速巡航的能力的同时,还要求亚声速巡航状态的耗油率较第四代有大幅度的降低,这就给发动机的总

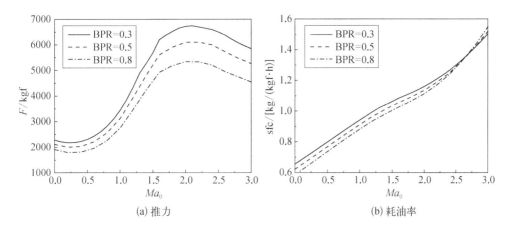

图 5 - 15　涵道比对不加力涡扇发动机速度特性的影响

体设计带来了困难：如果采用较高的涵道比，亚声速巡航状态的耗油率满足要求，超声速巡航状态的单位推力就不足；反之，如果采用较低的涵道比，超声速巡航状态的单位推力满足要求，亚声速巡航状态的耗油率则偏高。因此，传统结构布局的涡扇发动机，已经不能够解决这个矛盾。新一代变循环发动机(variable cycle engine，VCE)和自适应发动机(adaptive cycle engine，ACE)在此背景下应运而生，这两种新概念发动机通过调节更多的变几何机构来改变循环参数，使得发动机在超声速巡航状态下涵道比尽可能小以获得高的安装单位推力，而在亚声速巡航状态下涵道比尽可能大以大幅度降低安装耗油率，VCE 和 ACE 目前已经成为涡轮发动机技术的研究热点。

　3. 加力涡扇发动机的速度特性

　　节流比为 1.05 加力涡扇发动机的速度特性如图 5 - 16 所示。加力涡扇发动机的速度特性趋势与加力涡喷发动机相同，这里不再赘述。

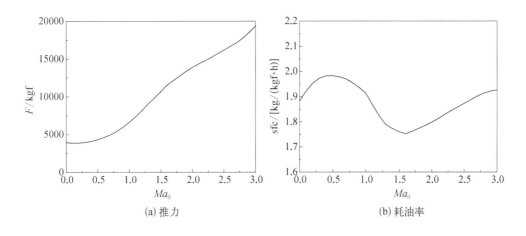

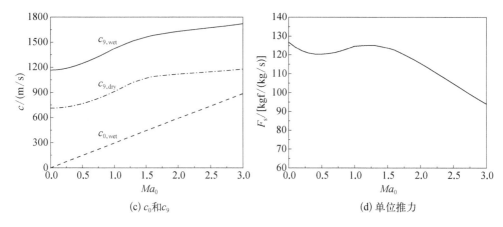

(c) c_0和c_9 (d) 单位推力

图 5 - 16   加力涡扇发动机速度特性

5.4   涡喷、涡扇发动机的高度特性

5.4.1   涡喷发动机的高度特性

国际标准大气条件下,飞行马赫数 Ma_0 为 0,飞行高度为 0~20 km,采用图 5-7 所示的涡喷发动机最大状态控制规律,得到的不加力涡喷发动机的高度特性如图 5-17 所示。

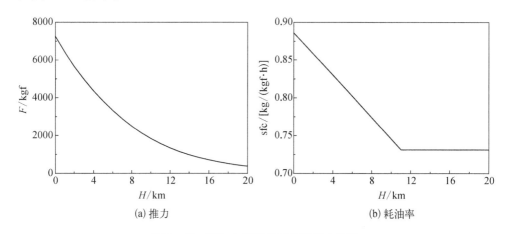

(a) 推力   (b) 耗油率

图 5 - 17   不加力涡喷发动机的高度特性

相应的加力涡喷发动机的高度特性如图 5-18 所示。随飞行高度增加,大气压力下降,发动机进口总压下降,发动机空气流量下降导致推力下降。在 0~11 km 阶段,由于随高度上升,进口温度下降,此时保持发动机的换算转速不变,压比和加热比不变,不加力发动机的加热量下降(T_{t4}/T_{t3} 不变时, T_{t3} 降低, $T_{t4} \sim T_{t3}$ 下降,加

热量下降),使得耗油率下降。加力的发动机加热量上升(如图 5-7 所示的控制规律,加力时,控制 T_{t7} 不变,此时 T_{t6} 降低,$T_{t7} \sim T_{t6}$ 增加,加热量增加),使得耗油率上升。11 km 以上,大气温度不变,耗油率保持不变。

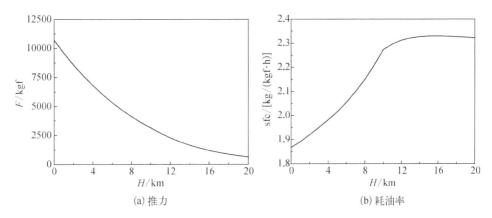

(a) 推力　　　　　　　　　　　(b) 耗油率

图 5-18　加力涡喷发动机的高度特性

通常将涡轮发动机的高度特性和速度特性合二为一画在一起,称为涡轮发动机的高度速度特性。不加力涡喷发动机和加力涡喷发动机的高度速度特性如图 5-19 和图 5-20 所示。

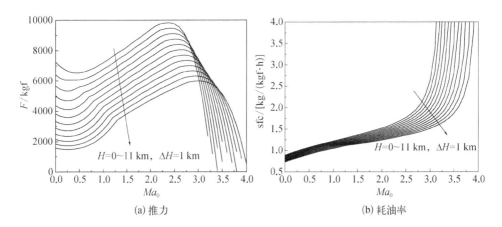

(a) 推力　　　　　　　　　　　(b) 耗油率

图 5-19　不加力涡喷发动机的高度速度特性

5.4.2　涡扇发动机的高度特性

国际标准大气条件下,飞行马赫数 Ma_0 为 0,飞行高度 H 为 $0 \sim 20$ km,采用图 5-12 所示的涡扇最大状态控制规律,得到的不加力涡扇发动机的高度特性如图 5-21 所示。

相应的加力涡扇发动机的高度特性如图 5-22 所示。

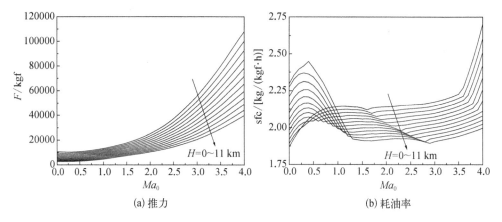

图 5 - 20　加力涡喷发动机的高度速度特性

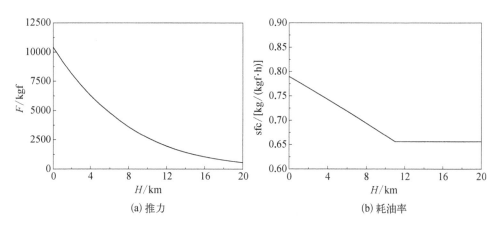

图 5 - 21　不加力涡扇发动机的高度特性

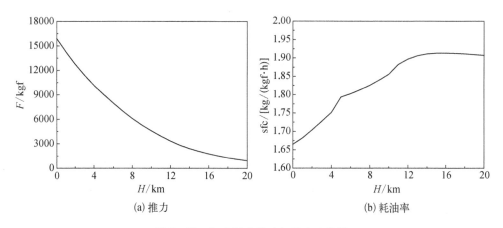

图 5 - 22　加力涡扇发动机的高度特性

因为采用的加力温度较高,在 5 km 以上,发动机的 T_{t7} 便不能维持在 2 150 K。5 km 以上,给定加力燃烧室的油气比为 0.066 左右,因此加力状态的耗油率变化趋势存在波动现象。

不加力涡扇发动机和加力涡扇发动机的高度速度特性如图 5 - 23 和图 5 - 24 所示。

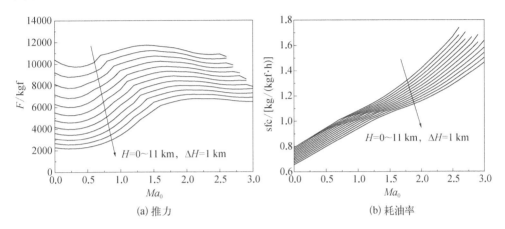

(a) 推力　　　　　　　(b) 耗油率

图 5 - 23　不加力涡扇发动机的高度速度特性

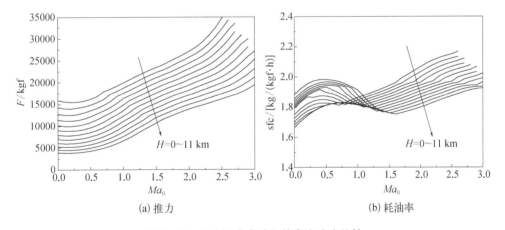

(a) 推力　　　　　　　(b) 耗油率

图 5 - 24　加力涡扇发动机的高度速度特性

涡扇发动机的高度速度特性的趋势与涡喷发动机类似。

5.5　涡喷、涡扇发动机的温度特性

5.5.1　涡喷发动机的温度特性

$H = 0$、$Ma_0 = 0$ 条件下,采用图 5 - 7 所示的涡喷发动机最大状态控制规律,得

到的不加力涡喷发动机的温度特性如图 5-25 所示。

推力变化趋势分析：温度低于 288.15 K 时,保持发动机的换算转速不变,发动机压比、换算流量和加热比不变,物理流量与来流总温的 0.5 次方成反比,排气速度则与来流总温的 0.5 次方成正比,因此推力几乎不变。温度超过 288.15 K 时,发动机的换算转速下降,发动机压比、空气流量和加热比均下降,推力下降。耗油率变化趋势分析：温度低于 288.15 K 时,发动机的加热比不变,但温度越低加热量越低,供油量越低,因此耗油率越低;温度超过 288.15 K 时,发动机的换算转速下降,压比和加热比下降,单位推力下降速度超过加热比的增加,故耗油率增加。

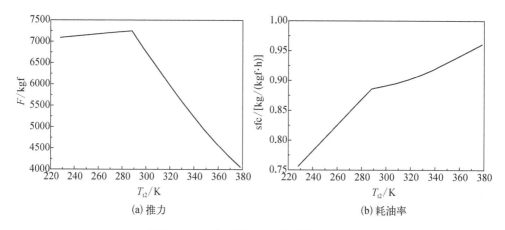

图 5-25　不加力涡喷发动机的温度特性

加力涡喷发动机的温度特性如图 5-26 所示。

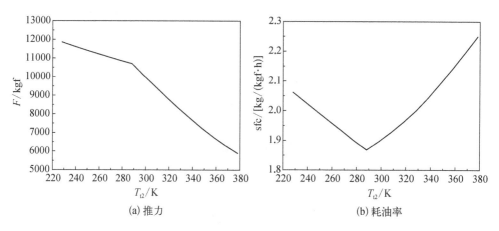

图 5-26　加力涡喷发动机的温度特性

推力变化趋势分析：保持 T_{t7} 不变,当 T_{t2} 增加时,发动机的换算转速降低、空气流量降低、总加热量减小,因此发动机的推力减小。耗油率变化趋势分析：温度低于 288.15 K 时,换算转速不变,发动机的总压比不变,而发动机的总加热量随温度增加而减小,供油量减小起主要作用,耗油率减小;温度超过 288.15 K 时,发动机换算转速下降,压比下降,耗油率增大。

5.5.2　涡扇发动机的温度特性

$H = 0$、$Ma_0 = 0$ 条件下,采用图 5 - 12 所示的涡扇最大状态控制规律,得到的不加力涡扇发动机的温度特性如图 5 - 27 所示。

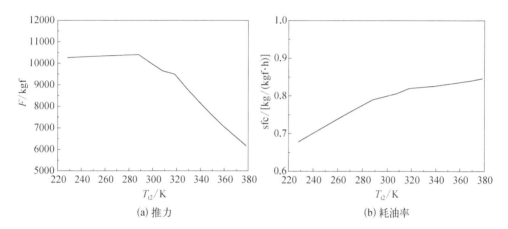

(a) 推力　　　　　　　　　(b) 耗油率

图 5 - 27　不加力涡扇发动机的温度特性

加力涡扇发动机温度特性如图 5 - 28 所示。

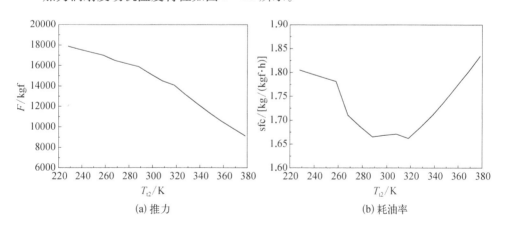

(a) 推力　　　　　　　　　(b) 耗油率

图 5 - 28　加力涡扇发动机的温度特性

加力涡扇发动机温度特性与加力涡喷发动机的类似。由于涡扇发动机的节流比大于 1.0, T_{t2} 为 288.15~315 K,高压转速按一定规律增加,耗油率变化不大,之后 T_{t4} 保持最大,耗油率上升。

5.6　涡喷、涡扇发动机的节流特性

5.6.1　涡喷发动机的节流特性

国际标准大气条件下,飞行马赫数 Ma_0 为 0,飞行高度 H 为 0 km,不加力涡喷发动机的节流特性如图 5-29 所示。由于发动机的节流特性绘制时常常以发动机转速为横坐标,故节流特性也称为转速特性。

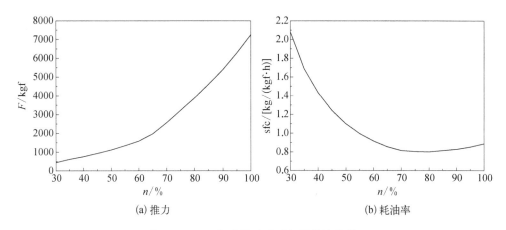

(a) 推力　　　　　　　　(b) 耗油率

图 5-29　不加力涡喷发动机的节流特性

涡喷发动机节流特性分析:随转速下降,发动机压比、空气流量和 T_{t4} 均下降,推力下降。随转速下降,风扇和压气机的效率会有所升高,供油量也下降,在转速下降初期,耗油率下降。当转速较低时,发动机的各部件效率下降很快,推力下降起主要作用,耗油率上升。

5.6.2　涡扇发动机的节流特性

国际标准大气条件下,飞行马赫数 Ma_0 为 0,飞行高度 H 为 0 km,不加力涡扇发动机的节流特性如图 5-30 所示。

涡扇发动机的节流特性的变化趋势与涡喷发动机的类似。

5.7　涡轮发动机特性获取的试验方法

5.7.1　几何相似

提到相似,最容易想到的是数学中的几何相似。例如,两个三角形相似:两个三角形如果对应边成比例,那么这两个三角形就是相似的[图 5-31(a)]。相似条

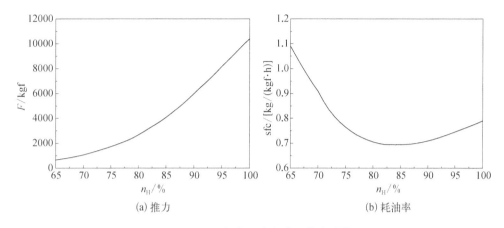

(a) 推力　　　　　　　　　　　　　(b) 耗油率

图 5 - 30　不加力涡扇发动机节流特性

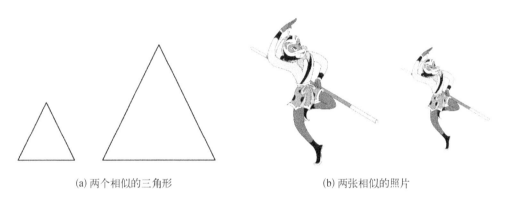

(a) 两个相似的三角形　　　　　　　　(b) 两张相似的照片

图 5 - 31　几何相似

件也可以变成对应的三个角相等,或者两个边成比例及其夹角相等条件。两个三角形如果对应边成比例为 1.0,那么这两个三角形就是全等的(相似的一种)。如果说两张大小不同的照片相似[图 5 - 31(b),也就是说两张照片看起来就是一个人],那么,这两张照片对应的特征尺寸一定成比例,例如两眼之间的距离、鼻子的宽度、嘴唇的厚度等,称为特征尺寸。复杂的图片里面,特征尺寸有无穷多个。"对应的特征尺寸成比例"就是几何相似的充分条件。

5.7.2　流动相似

那么,气体的流动会相似吗? 先看看气体的运动相似:气体运动相似的必要条件是气体流动发生在几何相似的流道中。如果在两个相似的几何空间内,对应点的气体的速度成比例(或相等),则两个流场的运动相似(图 5 - 32)。

人们研究发现,两个运动相似的流场,其流道的进出口压力值比、进出口温度之比等无量纲参数并不相等。

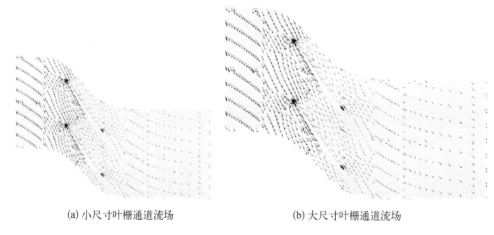

(a) 小尺寸叶栅通道流场　　　　　　　　　(b) 大尺寸叶栅通道流场

图 5－32　两个相似的流场

因此,仅仅是运动相似,对于研究航空燃气涡轮发动机的特性来说是不够的。在运动相似的基础上,能否实现涡轮发动机整机(或部件)的特性相同呢? 这就是流动相似问题。

如果气体在相似的几何流道中流动,气流的无量纲参数相等,则称为流动相似。流体力学专家经过大量的研究,发现流动相似在运动相似的基础上,还需要动力相似,即流程中对应点气体的受力要相同,气体的受力包括静压力、动压力、黏性力、浮力、惯性力等。

可以采用相似准则数来描述气体运动过程中受力相等的条件。例如 1.1.8 节提到的相似准则数:斯特劳哈尔数——$Sr = l/(ct)$、弗劳德数——$Fr = c^2/(Xl)$、欧拉数——$Eu = p/(\rho c^2)$、雷诺数——$Re = \rho cl/\mu$。在可压缩气体的情况下,考虑到声速 $a^2 = \gamma p/\rho$,欧拉数 Eu 可以用 $Eu = 1/(\gamma Ma^2)$ 的形式给出。也就是可压缩气体可以用两个准则数来代替欧拉数:$Ma = c/a$——马赫数;$\gamma = c_p/c_v$——泊松数。

多数情况下,涡轮发动机的内部流动相似,只需要考虑马赫数、雷诺数和泊松数即可。而雷诺数在发动机的主要工作条件下是自模化的(当雷诺数大于临界值时不影响流动相似),泊松数 γ 在变比热计算方法中得以考虑,因此大多数情况下只需要马赫数 Ma 得到满足即可:在两个几何相似的流道中流动的气流,只要流场中的马赫数 Ma 相等,两种流动相似(图 5－33)。

一旦流动相似,流场中的无量纲参数均相等,比如两个几何相似的压气机,如果流场中的马赫数相等,压气机的压比和效率(均为无量纲参数)就相等了。

流动相似原理在发动机设计中应用广泛。例如发动机部件的模型试验,一台压比 π_C 为 7、效率 η_C 为 0.86、换算流量 $W_{a21,\,cor}$ 为 30 kg/s 的压气机,在发动机整

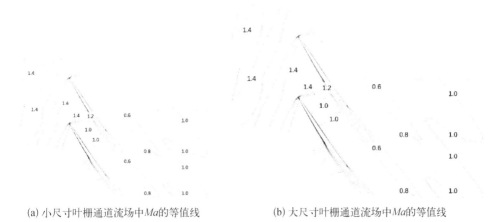

（a）小尺寸叶栅通道流场中 Ma 的等值线　　　　　（b）大尺寸叶栅通道流场中 Ma 的等值线

图 5 - 33　两个相似的流动（Ma 相等）

机中（例如，风扇压比 π_F 为 4、效率 η_F 为 0.85），压气机功率 P_C 为 37 245 kW。如果在与整机相同的进口条件下做实验，耗能巨大且难以实现。如果把压气机的尺寸缩小一半（流量降低约为 1/4），并且将其单独在进口总压 p_{t0} 为 0.5 atm、进口总温 T_{t0} 为 288.15 K 下做实验（此时雷诺数仍然自模化），压气机功率 P_C（相应的试验功耗）将降低为原来的 1/40。这样一来，模型试验不但节约能量、容易实现，而且获得的压气机压比和效率，与真实的压气机相差甚微，利用缩比模型就可以完成压气机的特性试验验证了。再如发动机的用户通常需要考核其在 $H = 0$、$Ma_0 =$ 0.0、ISA 条件下的性能。显然，要在该条件下通过试车直接获得性能数据是很困难的：需要海平面下建造一个试车台，当温度刚刚好是 15 ℃ 的时候做试车试验，或者采取复杂的技术手段保证发动机进口总温和总压。工程上的做法是采用相似理论将一定条件下获得的发动机性能数据换算（corrected，也称为"折合"）为海平面标准大气条件下的发动机性能。

5.7.3　航空燃气涡轮发动机的相似工作状态

对于几何相似或相同的两台涡喷发动机，如果对应截面上的同类物理量的比值分别相等，则称这两台发动机的这些工作状态相似。如果流过几何相似的压气机进口的气流绝对运动和相对运动的 Ma_0 分别保持常数不变，则压气机的工作状态是相似的。也就是说，在几何相似的前提下，压气机进口气流轴向速度的 Ma_a 和工作轮圆周速度的 Ma_u 分别保持为常数，即

$$Ma_a = C \text{ 和 } Ma_u = C \tag{5 - 28}$$

是发动机工作状态相似的充分必要条件。

对于同一台发动机（几何不变），上述两个相似准则可以转换为相应的等价

准则:

$$\frac{W_{a2}\sqrt{T_{t2}}}{p_{t2}} = C \qquad (5-29)$$

$$\frac{n}{\sqrt{T_{t2}}} = C \qquad (5-30)$$

如果发动机的工作线唯一(尾喷管喉部、涡轮导向器喉部等关键截面处于临界或超临界状态时),换算转速已知时工作点就确定了,换算流量也就是唯一的,因此只需发动机的换算转速相等,发动机内部流动相似。上述的相似准则可以保证从压气机进口到尾喷管出口都相似,因为压气机工作点确定时,压气机压比 π_C、效率 η_C 确定,从而

$$p_{t3}/p_{t2} = \pi_C = C \qquad (5-31)$$

$$T_{t3}/T_{t2} = \left[1 + (\pi_C^{\frac{\gamma-1}{\gamma}} - 1)/\eta_C\right] = C \qquad (5-32)$$

燃烧室的总压损失系数确定,从而

$$p_{t4}/p_{t3} = (1 - \Delta p_B) = C \qquad (5-33)$$

压气机工作点确定时,涡轮工作点与压气机一一对应,涡轮的落压比 π_T 和效率 η_T 确定,从而

$$p_{t5}/p_{t4} = 1/\pi_T = C \qquad (5-34)$$

由压气机和涡轮的功率平衡有

$$c_p T_{t2}(e_C - 1)/\eta_C = c_p T_{t4}\left(1 - \frac{1}{e_T}\right)\eta_T \qquad (5-35)$$

得

$$T_{t4}/T_{t2} = C \qquad (5-36)$$

因此

$$T_{t4}/T_{t3} = T_{t4}/T_{t2} \times T_{t2}/T_{t3} = C \qquad (5-37)$$

尾喷管等熵流动有

$$p_{t8}/p_{t5} = 1 \qquad (5-38)$$

$$T_{t8}/T_{t5} = 1 \qquad (5-39)$$

因此从发动机进口(2 截面)、压气机出口(3 截面)、燃烧室出口(4 截面)、涡轮出

口(5 截面)直到尾喷管出口截面(9 截面),流动是相似的。

但是,整台发动机工作状态的相似涉及推力和耗油率相似,推力是按无穷远处来流速度计算的,这显然需要其所有部件的工作状态都相似(含进气道和来流)。几何相似的单轴涡喷发动机,其工作状态相似的充分必要条件:飞行马赫数和换算转速为常数,即

$$Ma_0 = C; \quad n / \sqrt{T_{t2}} = C \tag{5-40}$$

则一台发动机的任何工作状态都是相似的。

燃烧室中进行着复杂的物理和化学过程,这些过程由许多的准则数决定。严格地讲,几何相似的燃烧室仅仅保持其进口马赫数和油气比不变,并不能保证复杂的燃烧过程的相似性。但试验结果表明,燃烧室中燃烧的物理和化学过程的不相似对整台发动机工作状态的相似性不会产生太大的影响。只要燃烧室进口马赫数不变,燃烧室出口和进口的总温比值不变,则几何相似的燃烧室可以认为处于相似的工作状态之下。

加力燃烧室工作时,如果加力供油量保证加力温度和发动机进口总温比值不变,同时适当放大尾喷管最小截面面积以保证涡轮落压比不变,则接通加力并不影响整台发动机工作状态的相似。

单轴涡喷发动机的相似准则可以推广到几何相似的双轴涡喷发动机和涡扇发动机上去,飞行马赫数和其中一个转子的换算转速为常数,即

$$Ma_0 = C; \quad n_L / \sqrt{T_{t2}} = C \text{ 或者 } n_H / \sqrt{T_{t21}} = C \tag{5-41}$$

涡轮螺桨或涡轴发动机一般是在自由涡轮物理转速等于常数的控制规律下工作,因此燃气发生器的工作相似并不能保证自由涡轮工作状态的相似性,因而也就不能保证整台发动机工作状态的相似性。

应该指出的是,涡喷、涡扇发动机的状态相似只能是近似的,因为在以上讨论中忽略了一些次要的因素。

(1) 气流黏性的影响。如果考虑其影响,则必须在讨论状态相似时计及雷诺数。

(2) 气体绝热指数和比定压热容变化的影响。

(3) 气体重力的影响。

(4) 发动机几何尺寸的加工误差和使用过程中温度不同引起变形差异的影响。

(5) 燃烧室中复杂的物理和化学过程的不相似性。

尽管忽略了一些次要因素,但实践证明在绝大多数情况下,用飞行马赫数和换算转速作为相似准则数,可以满足工程要求的精度。但是,在高空低速飞行等情况

下则应该考虑雷诺数。

发动机工作状态相似时,有如下重要的性质:

(1)各对应截面上同名物理量的比值保持不变,即 $p_i/p_0 = C$, $T_i/T_0 = C$(i 为发动机流路上的任意截面标识);

(2)各截面上的气流马赫数和部件效率不变,即 $Ma_i = C$, $\eta_j = C$(i 为发动机流路上的任意截面;j 为任意部件);

(3)由上面这两个性质可以推导出一些物理量的组合参数不变,这些组合参数虽然并不是无量纲的准则数,但也常被称为相似参数。下面推导出某些常用的组合相似参数。

5.7.4　发动机的组合相似参数

根据相似理论,相似参数只与相似准则数有关,只要工作状态相似,相似参数就必然相等。

1. 低压转子转速相似参数

前面已经论述了 $n_L/\sqrt{T_{t2}} = C$ 是一个相似准则,因而它必定也是相似参数。因为 $T_{t2} = T_{t1} = T_{t0}$,故 $n_L/\sqrt{T_{t0}} = C$ 或 $n_L/\sqrt{T_{t1}} = C$ 与 $n_L/\sqrt{T_{t2}} = C$ 等价的。

2. 高压转子转速相似参数

由发动机部件的共同工作可知,当 $Ma_0 = C$ 和 $n_L/\sqrt{T_{t2}} = C$ 时,高压转子的共同工作点也随之确定,故其转速的相似参数是 $n_H/\sqrt{T_{t21}} = C$。

3. 空气质量流量的相似参数

在 $Ma_0 = C$ 和 $n_L/\sqrt{T_{t2}} = C$ 的条件下,由发动机共同工作可知,风扇(涡扇发动机)或压气机(涡喷、涡轴、涡桨发动机)进口的流量组合参数不变,即

$$\frac{W_{a2}\sqrt{T_{t2}}}{p_{t2}} = C \qquad (5-42)$$

由于 $T_{t2} = T_{t0}$ 以及相似状态下进气道的总压恢复系数 $\sigma_I = C$,故

$$\frac{W_{a2}\sqrt{T_{t0}}}{p_{t0}} = C \qquad (5-43)$$

即上述两个流量组合参数是等价的。

4. 单位推力相似参数

以尾喷管完全膨胀为例,单位推力 F_s 为

$$F_s = c_9 - c_0 \qquad (5-44)$$

现进行变换为

$$\frac{F_s}{\sqrt{T_{t0}}} = \frac{c_9}{\sqrt{T_{t0}}} - \frac{c_0}{\sqrt{T_{t0}}} = \sqrt{\frac{T_{t9}}{T_{t0}}} \frac{c_9}{\sqrt{T_{t9}}} - \frac{c_0}{\sqrt{T_{t0}}} \tag{5-45}$$

在相似状态下,任意两个截面上同名物理量的比值相同;任意截面上气流的马赫数不变,所以

$$T_{t9}/T_{t0} = C ; \; c_9 / \sqrt{T_{t9}} = C ; \; c_0 / \sqrt{T_{t0}} = C \tag{5-46}$$

因此,单位推力相似参数为

$$\frac{F_s}{\sqrt{T_{t0}}} = C \tag{5-47}$$

5. 推力相似参数

仍然以尾喷管完全膨胀为例,推力为

$$F = W_{a2}(c_9 - c_0) \tag{5-48}$$

现进行变换为

$$\frac{F}{p_{t0}} = \frac{W_{a2} \sqrt{T_{t0}}}{p_{t0}} \left[\sqrt{\frac{T_{t9}}{T_{t0}}} \frac{c_9}{\sqrt{T_{t9}}} - \frac{c_0}{\sqrt{T_{t0}}} \right] \tag{5-49}$$

式中, $W_{a2} \sqrt{T_{t0}}/p_{t0}$ 为空气质量流量的组合相似数,它只取决于相似准则。前面已说明,在相似工作状态下, $T_{t9}/T_{t0} = C ; \; c_9 / \sqrt{T_{t9}} = C ; \; c_0 / \sqrt{T_{t0}} = C$ 。

可见推力相似参数为

$$\frac{F}{p_{t0}} = C \tag{5-50}$$

6. 燃油流量 $W_{f,B}$ 的相似参数

涡扇发动机主燃烧室简化的能量守恒方程为

$$W_{f,B} H_u \eta_B = \frac{W_{a2}}{1 + \mathrm{BPR}} \overline{c}_p (T_{t4} - T_{t3}) \tag{5-51}$$

式中,燃油低热值 H_u 、燃烧效率 η_B 和平均比定压热容 $\overline{c}_p$ 均为常数,涵道比 BPR 为无量纲参数,在相似工作状态下亦为常数。因此式(5-51)变为

$$W_{f,B} = C W_{a2}(T_{t4} - T_{t3}) = C \frac{W_{a2} \sqrt{T_{t0}}}{p_{t0}} \left(\frac{T_{t4}}{T_{t0}} - \frac{T_{t3}}{T_{t0}} \right) p_{t0} \sqrt{T_{t0}} \tag{5-52}$$

所以,在相似工作状态下有

$$\frac{W_{\mathrm{f,\,B}}}{p_{\mathrm{t0}}\sqrt{T_{\mathrm{t0}}}} = C \qquad (5-53)$$

7. 耗油率相似参数

对于耗油率,同样可以进行以下转换:

$$\mathrm{sfc} = \frac{3\,600W_{\mathrm{f,\,B}}}{F} = C\,\frac{W_{\mathrm{f,\,B}}}{p_{\mathrm{t0}}\sqrt{T_{\mathrm{t0}}}}\,\frac{p_{\mathrm{t0}}}{F}\sqrt{T_{\mathrm{t0}}} \qquad (5-54)$$

可见,相似工作状态下,有

$$\frac{\mathrm{sfc}}{\sqrt{T_{\mathrm{t0}}}} = C \qquad (5-55)$$

有了上述组合相似参数就可把任何大气条件下测得的发动机有关数据换算到标准大气条件下的数据,或者用相似参数来表示发动机的特性。

5.7.5　发动机地面试车性能参数的换算

航空燃气涡轮发动机的地面台架试车经常是在不同的大气条件下进行的,尽管在试车时保持相同的转速,但是由于周围大气条件不同,航空燃气涡轮发动机的推力、耗油率等性能参数可以有显著差异。为了比较性能的优劣,必须应用相似理论,把不同大气条件下试验的数据换算成标准大气条件下的数据。

例如,一台航空燃气涡轮发动机在地面试车时,周围大气温度和大气压力分别为 T_{s0}、p_{s0},测得的发动机转速及其他性能参数分别以下标 m 表示,发动机在标准大气条件下与试车状态相似的工作状态的换算参数用下标 cor 表示。

在不同大气条件下的地面试车($T_{\mathrm{s0}} = T_{\mathrm{t0}}$)时,由于飞行马赫数均为零,因此只要发动机转速相似参数 $n/\sqrt{T_{\mathrm{s0}}} = C$ 相等,航空燃气涡轮发动机就处于相似工作状态。当航空燃气涡轮发动机在 T_{s0}、p_{s0} 的大气条件下以转速 n_{m} 工作时,在标准大气条件下与此工作状态相似的状态应满足:

$$n_{\mathrm{cor}}/\sqrt{288.15} = n_{\mathrm{m}}/\sqrt{T_{\mathrm{s0}}} \qquad (5-56)$$

由此可得,在标准大气条件下,当航空燃气涡轮发动机转速为 $n_{\mathrm{cor}} = n_{\mathrm{m}}\sqrt{288.15/T_{\mathrm{s0}}}$ 时,这个工作状态与试验工作状态相似。n_{cor} 称为换算转速。

同理,根据相似工作状态下各对应相似参数值相等的原理,很容易得到各物理量的换算关系。与试验状态相似的标准大气条件下的相应参数,均称为换算参数。以 n_{cor} 为横坐标,以 F_{cor}、$\mathrm{sfc}_{\mathrm{cor}}$ 等为纵坐标作出的发动机特性曲线,就是标准大气条件下发动机的转速特性曲线。图 5-34 给出了某型航空燃气涡轮发动机在

$T_{s0} = -20\ ℃$ 及 $p_{s0} = 0.999\,92 \times 10^5\ \text{Pa}$ 条件下试车时所获得的转速特性及其换算到标准大气条件下的转速特性。

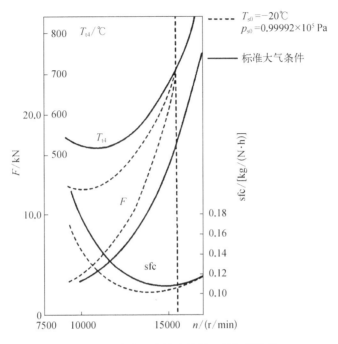

图 5 - 34　发动机的转速特性及其相似换算

从图 5 - 34 上可以看出,发动机在试车条件下以最大转速($n_{\max} = 15\,600\ \text{r/min}$)工作时发动机的推力为 23.70 kN,而在标准大气条件下以最大转速($n_{\max} = 15\,600\ \text{r/min}$)工作时推力为 17.70 kN。两者相比,同样以最大转速工作,试车条件下的发动机推力比标准大气条件下的推力高约 34%。

成批生产发动机时,希望可以不通过转速特性曲线的测定,直接检查一下发动机在标准大气条件下以最大转速工作时的性能。最简单的方法是根据当时周围大气温度 T_{s0},按换算关系式算出发动机的测量转速 n_{m},即

$$n_{\text{m}} = n_{\max} \sqrt{T_{s0}/288.15}$$

将发动机置于该转速下工作,并测出发动机的性能参数 F_{m}、sfc_{m} 和 $W_{\text{f, m}}$,再利用前面所导出的换算关系式进行换算,得到标准大气条件下发动机以最大转速 $n_{\max}$ 工作时的性能。

例如,图 5 - 34 所示的发动机在 $T_{s0} = -20\ ℃$ 及 $p_{s0} = 0.999\,92 \times 10^5\ \text{Pa}$ 条件下试车时,让发动机在转速为

$$n_{\text{m}} = n_{\max} \sqrt{T_{s0}/288.15} = 15\,600 \sqrt{253/288.15} = 14\,621\ \text{r/min}$$

下工作, 并测得发动机性能为

发动机测量推力　　　　　　$F_m = 17.45\ \text{kN}$

测量单位燃油消耗率　　　　$\text{sfc}_m = 0.101\ 2\ \text{kg}/(\text{N}\cdot\text{h})$

测量排气温度　　　　　　　$T_{t9,\,m} = 603\ ℃$

　　经换算后, 得到标准大气条件下的发动机以最大转速 $n_{\max} = 15\ 600\ \text{r/min}$ 工作时的性能为

换算推力　　　　$F_{\text{cor}} = 17.45 \times 101\ 325/99\ 992 = 17.70\ \text{kN}$

换算耗油率　　　　$\text{sfc}_{\text{cor}} = 0.101\ 2\ \sqrt{288.15/253} = 0.108\ 0\ \text{kg}/(\text{N}\cdot\text{h})$

换算排气温度　　　$T_{t9,\,\text{cor}} = (603 + 273.15) \times 288.15/253 - 273.15 = 724.7\ ℃$

　　用这种方法很容易得到发动机在标准大气条件下以最大状态工作时的性能。然而值得注意的是, 当大气温度高于 288.15 K 时, 发动机的实际工作转速 n_m 将超过最大转速 $n_{\max}$, 即发动机必须进行超转工作, 有时对压气机和涡轮来说, 这样的机械负荷是不允许的。

　　能否避免上述使发动机超转工作的情况, 使其在任何大气条件下, 直接利用最大转速工作时所测得的性能来进行检查呢? 如果有一台作为标准的发动机, 而且事先通过试验和相似换算得到该发动机在标准大气条件下的转速特性曲线, 那么将被检查的发动机在任何大气条件下, 在最大转速工作时所测得的转速和性能参数通过相似换算, 得到标准大气条件下的换算转速和换算性能参数以后, 就可以与标准发动机的标准特性相比较。需要指出的是, 当周围大气温度很低时, 换算到标准大气条件下的换算转速, 将远远超过发动机的最大转速。为了使标准发动机的标准转速达到比较高的转速范围, 在获得标准发动机的转速特性时, 应该在尽可能低的大气温度下进行试验。

　　有了标准发动机的标准转速特性以后, 就可以用来检查被实验的发动机。例如, 前面所举的发动机在 $T_{s0} = -20\ ℃$ 及 $p_{s0} = 0.999\ 92 \times 10^5\ \text{Pa}$ 条件下试车, 发动机转速为最大转速 $n_{\max} = 15\ 600\ \text{r/min}$ 工作时, 测得

发动机的测量推力　　　　　$F_m = 23.70\ \text{kN}$

测量单位燃油消耗率　　　　$\text{sfc}_m = 0.107\ 7\ \text{kg}/(\text{N}\cdot\text{h})$

测量排气温度　　　　　　　$T_{t9,\,m} = 711\ ℃$

　　经换算后, 得到标准大气条件下的性能参数为

发动机的换算转速　　　　　$n_{\text{cor}} = 15\ 600\ \sqrt{288.15/253} = 16\ 644\ \text{r/min}$

换算推力　　　　$F_{\text{cor}} = 23.70 \times 101\ 325/99\ 992 = 24.02\ \text{kN}$

换算耗油率　　$\mathrm{sfc_{cor}} = 0.107\,7\sqrt{288.15/253} = 0.114\,9\ \mathrm{kg/(N \cdot h)}$

换算排气温度　$T_{t9,\,\mathrm{cor}} = (711 + 273.15) \times 288.15/253 - 273.15 = 847.73\ ℃$

将上述换算后的发动机性能参数与标准发动机的转速特性曲线相比较,就可以确定发动机的性能是否符合要求。值得注意的是,部分发动机的喷口面积按照大气温度进行调节,对于这样的发动机,必须保证喷口面积一致才能保证使用上述方法计算的换算参数一致。

5.8　涡轮发动机的加、减速特性

5.8.1　加、减速特性计算方法

1. 单轴涡喷发动机的加速过程

过渡态的定义:随时间而变化的工作状态,也叫瞬态、过渡过程或动态过程(dynamic/transient)。严格地说,dynamic 是指时间比较短的过程(毫秒级以下),而 transient 则是指时间较长的过程(秒级以上),因此发动机的过渡态应该对应英文的 transient。

实际过程中的发动机过渡态是指飞行员推动油门杆,使得发动机由一个稳定工作状态过渡到另外一个稳定工作状态。过渡态包括起动过程、加/减速过程、加力接通/断开过程以及 VCE 和 ACE 的转模态过程。过渡态性能的评价指标是过渡态时间(起动时间、加/减速时间、不加力到加力/加力到不加力的过渡时间、转模态时间),一般来说过渡态时间越短说明发动机的过渡态特性越好。过渡态性能非常重要,民用涡轮发动机和军用涡轮发动机均对过渡态时间有明确的规定,对于军用涡轮发动机来说,缩短过渡态时间可以有效提升战斗机的作战快速性和有效性。本节只介绍涡喷发动机的加、减速特性。

图 5-35 是一个单轴涡喷发动机加速过程的各参数随时间的变化过程。

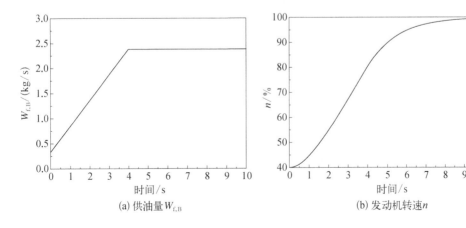

(a) 供油量 $W_{f,B}$　　　　　(b) 发动机转速 n

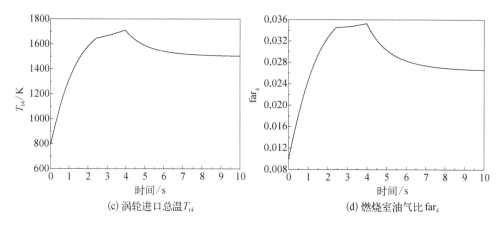

(c) 涡轮进口总温T_{t4}　　　　　　　　(d) 燃烧室油气比 far$_4$

图 5-35　某单轴涡喷发动机在线性供油量下的加速过程

可见,单轴涡喷发动机加速过程的供油量和发动机转速随时间的变化十分剧烈。

2. 单轴涡喷发动机的加、减速过程的特点

下面首先回顾一下理论力学知识中的刚体平动和转动的动力学,以便对比、理解和记住转动过程的动力学公式。

平动过程的受力为(牛顿力学第二定律)

$$F = m \times a = m \times \frac{\mathrm{d}c}{\mathrm{d}t} \text{ 或 } F = m \times \frac{\mathrm{d}c}{\mathrm{d}t} \tag{5-57}$$

平动过程的功率为

$$P = F \times c = m \times \frac{\mathrm{d}c}{\mathrm{d}t} \times c \tag{5-58}$$

相比之下,转动过程的力矩为

$$M = J \times \frac{\mathrm{d}\omega}{\mathrm{d}t} \tag{5-59}$$

转动过程的功率为

$$P = M \times \omega = J \times \frac{\mathrm{d}\omega}{\mathrm{d}t} \times \omega \tag{5-60}$$

式中,J 为转动惯量($\mathrm{kg \cdot m^2}$);ω 为角速度($\mathrm{rad/s}$)。

可见,在应用牛顿力学第二定律时,转动过程的力矩对应于平动过程的力,而转动过程的角速度对应于平动过程的速度。

因此,发动机在加速过程中的转子运动方程为

$$\Delta P = P_{\mathrm{T}} - P_{\mathrm{C}} = J \times \omega \times \frac{\mathrm{d}\omega}{\mathrm{d}t} = \left(\frac{\pi}{30}\right)^2 J \times n \times \frac{\mathrm{d}n}{\mathrm{d}t} \qquad (5-61)$$

$$\omega = 2\pi n / 60 \qquad (5-62)$$

式中,P_{T} 为涡轮功率;P_{C} 为压气机功率;ΔP 为涡轮的剩余功率;发动机转子转速的单位为转/分(r/min)。

可见,发动机转子的加速度与涡轮剩余功率 ΔP 成正比,所以,加速过程中的任意时刻,涡轮功率必须大于压气机功率,发动机才能够实现加速。那么,如何实现涡轮功率大于压气机功率?方法就是给发动机多加油以提高涡轮进口总温 T_{t4},从而提高涡轮功率,因为

$$P_{\mathrm{T}} = W_{\mathrm{g4}} L_{\mathrm{T}} = W_{\mathrm{g4}} c_p T_{\mathrm{t4}} (1 - 1/e_{\mathrm{T}}) \eta_{\mathrm{T}} \qquad (5-63)$$

在任意转速下,燃烧室的供油量 $W_{\mathrm{f,B}}$ 增加,使得涡轮进口总温 T_{t4} 升高,涡轮功率 P_{T} 增加,就能够产生转子的加速功率(加速度),结果导致发动机加速过程中的共同工作线靠近喘振边界,压气机的喘振裕度减小(图 5-36)。

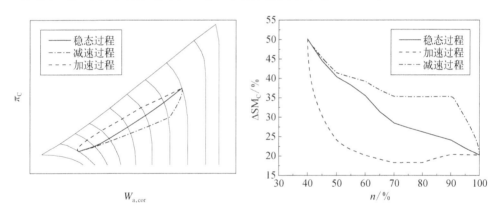

图 5-36　加、减速过程中发动机的共同工作线和喘振裕度

3. 单轴涡喷发动机的加、减速特性计算——近似方法

参考单轴涡喷发动机部件共同工作方程的推导和求解方法,可以完成加、减速特性的近似计算。过渡过程中单轴涡喷发动机各部件的共同工作条件如下。

1) 流量连续方程

压气机与涡轮流量连续方程为

$$\frac{\pi_{\mathrm{C}}}{q(Ma_2)} = C \sqrt{\frac{T_{\mathrm{t4}}}{T_{\mathrm{t2}}}} \qquad (5-64)$$

式(5-64)与压气机特性图结合,可以求出压气机的性能参数 π_{C}、$W_{\mathrm{a2,cor}}$、η_{C} 以及

压气机功率 P_C。

2）燃烧室中的能量守恒方程

燃烧室中的能量守恒方程为

$$c_p T_{t4} - c_p T_{t3} = \eta_B H_u \, \text{far}_4 \qquad (5-65)$$

根据式（5-65），给定涡轮进口总温 T_{t4} 即可求出燃烧室油气比和燃油流量。

3）涡轮导向器与尾喷管喉部截面的流量平衡方程为

$$\pi_T = \left[\frac{A_8 \sigma_N q(Ma_8)}{A_{nb} \sigma_{nb} q(Ma_{nb})} \right]^{\frac{2n}{n+1}} \qquad (5-66)$$

已知 π_T［如果尾喷管为临界或超临界状态则 $\pi_T = C$，如果尾喷管为亚临界状态，需根据尾喷管总压和环境大气压求出 $q(Ma_8)$ 进一步求出 π_T］，根据式（5-63）可以求出涡轮功率。

4）转子动力学方程

由式（5-61）可知，转动系统中的转子动力学方程可以写成：

$$\Delta P = \left(\frac{\pi}{30} \right)^2 J \times n \times \frac{dn}{dt} \qquad (5-67)$$

由式（5-67）可以进行加速与减速时间计算，发动机转子由 n_1 过渡到 n_2 所需的时间为

$$\Delta t = \left(\frac{\pi}{30} \right)^2 J \int_{n_1}^{n_2} \frac{n}{\Delta P} dn \qquad (5-68)$$

此方法称为近似方法的原因是计算中并不考虑燃烧室和涡轮特性图，计算结果误差比较大。

从加、减速时间的计算公式可以看出，为了减小加速时间（提高转子加速度），就必须通过提高燃烧室的供油量 $W_{f,B}$ 来提高涡轮前总温 T_{t4}，进而增大涡轮功率［见式（5-63）］；或者，通过放大尾喷管喉部截面积 A_8 来提高涡轮落压比 π_T，进而增大涡轮功率［见式（5-63）］。通常情况下，在几何不可调的发动机中，采用前面一种方法；在几何可调节的发动机中，两种方法同时采用。燃烧室供油量的增加受到如下几个限制。

（1）涡轮的强度限制：不允许超过涡轮叶片的耐温极限（在短时间内允许超温 40~70 ℃）。

（2）压气机稳定性的限制：由于涡轮前总温的升高，发动机过渡态工作线会靠近喘振边界，通常计算过程中要保证压气机的喘振裕度不能低于其限制值（例如，小涵道比军用涡扇发动机的加速过程的压气机喘振裕度限制值为 10%~12%）。

(3) 燃烧室稳定工作的限制：不能够超过燃烧室火焰稳定的余气系数的变化范围。

改善发动机加速性的措施有：

(1) 降低飞行高度或增加飞行速度，可以使得发动机的空气流量增加，加速时间减小；

(2) 在加速过程的起始阶段放大尾喷管喉部面积，提高涡轮落压比，增加涡轮功率，可以使得加速时间减小；

(3) 提高发动机慢车转速，可以有效降低加速时间；

(4) 采用双转子结构发动机，减小发动机高压转子转动惯量，有利于减小加速时间；

(5) 调节压气机静子叶片，改善压气机工作稳定性，可以减小加速时间。

单轴涡喷发动机的减速过程与加速过程正好相反：在任意转速下，$W_{f,B}$ 减小，T_{t4} 降低，P_T 减小，发动机转速 n 下降，结果导致发动机共同工作线远离喘振边界，压气机喘振裕度增加(图 5 - 36)。减速过程中燃烧室供油量小，油气比小，因此要避免燃烧室贫油熄火。

4. 单轴涡喷发动机的加、减速特性计算——基于共同工作方程组

结合 4.4 节中的单轴涡喷发动机的共同工作方程组，可以实现加、减速特性的精确计算。在只考虑转子的运动力学时，仅需将压气机与涡轮的功率平衡误差方程：

$$\Delta P = (P_C - P_T)/P_C \tag{5-69}$$

改为

$$\Delta P = \left[P_T - P_C - \left(\frac{\pi}{30} \right)^2 J \times n \times \frac{\mathrm{d}n}{\mathrm{d}t} \right] \Big/ P_C \tag{5-70}$$

即可。

采用隐式欧拉格式的差商来代替转速对时间的导数，有

$$\frac{\mathrm{d}n}{\mathrm{d}t} = \frac{n_i - n_{i-1}}{\Delta t} \tag{5-71}$$

式中，下标 i 表示当前时刻；$i-1$ 表示前一个时刻。

由于当前时刻的转速 n 是未知数，隐式欧拉法需要迭代求解，正好与稳态共同工作方程组的求解迭代法融合一致。也就是说，在稳态特性计算模型中，增加发动机转子转动惯量对功率平衡的影响后，直接使用稳态特性的计算方法，即可完成加、减速特性计算。

在实际过程中，为了进一步提高计算精度，应该考虑部件的容积效应、热存储和间隙变化等过渡态效应对加、减速特性的影响[15]。考察涡喷发动机从慢车到最

大状态的加速过程可以发现,涡喷发动机从慢车加速到最大状态,发动机各截面的总温总压都升高了,例如压气机进出口总温总压,会从慢车状态的总温总压升高到最大状态的总温总压。压气机具有一定的容积,压气机进出口总温总压的升高,意味着压气机内部空气的总温总压也升高,密度也随之升高,这就意味着加速过程中压气机容积内部"储存"了一定的空气质量和能量,这就称为"容积效应"。由于容积效应的存在,加速过程中任意两个时间间隔内,压气机进出口的流量和能量是不平衡的,压气机出口的流量将小于进口流量,出口的能量也小于进口能量与压气机做功之和。

在计算容积效应时常采用"激盘-容积"模型(图 5 - 37):发动机各部件被视为一个"激盘"(代表部件稳态特性)和一个"容积"(代表部件容积)。模型中的激盘没有容积且仅与外界存在着能量交换,模型中的容积具有与部件相同的体积且与外界不存在能量交换。在过渡态,气流在激盘 1 - 15 截面的参数变化仍然按照稳态模型计算,气流在容积 15 - 2 截面的参数变化则按照非定常流动处理。激盘-容积模型就是通过容积内质量和能量的非定常变化模拟部件的容积效应。

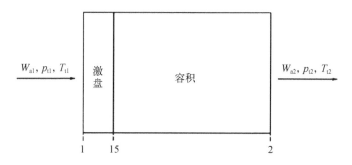

图 5 - 37　部件的"激盘-容积"模型

假定容积为 V,容积内的气体流动为等熵过程。一维非定常流量连续方程为

$$\frac{\partial \rho}{\partial t} + \frac{\partial W_a}{\partial V} = 0 \qquad (5-72)$$

将差商代替式(5 - 72)中的偏导数,并假定容积内部的密度变化呈均匀分布且采用总参数代替静参数,联立气体状态方程,可得 2 截面的气体流量为

$$W_{a2} = W_{a15} - V\frac{\mathrm{d}\rho}{\mathrm{d}t} = W_{a15} - \frac{V}{\gamma R T_{s2}}\frac{\mathrm{d}p_{s2}}{\mathrm{d}t} \approx W_{a15} - \frac{V}{\gamma R T_{t2}}\frac{\mathrm{d}p_{t2}}{\mathrm{d}t} \qquad (5-73)$$

容积内的一维非定常能量守恒方程为

$$\frac{\partial(\rho u_t)}{\partial t} + \frac{\partial(W_a h_t)}{\partial V} = 0 \qquad (5-74)$$

式中,u 为内能。假定容积内部气体的滞止内能变化呈均匀分布,有

$$W_{a2}h_{t2} = W_{a15}h_{t15} - (W_{a15} - W_{a2})u_{t2} - \frac{Vp_{t2}}{RT_{t2}}\frac{\mathrm{d}u_t}{\mathrm{d}t} \qquad (5-75)$$

按理,容积也会储存气体的动量而导致容积进、出口的压力变化,但是,发动机各部件中的轴向气流速度均为亚声速,所以当容积的长径比较小的时候,近似认为容积进、出口的压力相等。

式(5-73)和式(5-75)构成了描述部件容积效应的基本方程,在发动机各部件应用该方程,并采用隐式欧拉格式的差商代替所有的导数,即可完成加、减速特性计算。实际上,大部分发动机部件的容积效应对其过渡态性能的影响都很小,所以在过渡态性能计算时可以忽略部件的容积效应。只有在发动机中存在回热装置的时候,回热器的容积效应才会显著地影响到发动机的过渡态性能。另外,发动机加、减速过程中叶轮机械的叶尖间隙以及发动机与空气之间的热交换,也会对加、减速特性有一定的影响,计算模型中也可以在这方面加以考虑,具体方法参见相关书籍。

5.8.2 加、减速过程的控制规律设计方法

加减速过程的控制规律设计问题描述如下。

(1)目标:加减速时间最短。

(2)限制。

加速过程:① 不喘振($\Delta SM_C \geqslant \Delta SM_{C, min}$);② 不超温($\Delta T_{t4} \leqslant T_{t4, max}$);③ 不富油熄火($far_4 \leqslant far_{4, max}$)。

减速过程:① 不贫油熄火($far_4 \geqslant far_{4, min}$);②(双轴发动机的低压压气机)不喘振($\Delta SM_C \geqslant \Delta SM_{C, min}$)。

(3)优化变量:燃烧室供油量 $W_{f, B}$。

以加速控制规律设计为例,传统的优化设计方法是:根据涡喷发动机的稳态供油量,给定加速供油量 $W_{f, B} = f(n)$,借助涡轮发动机的加速特性计算程序和适当的优化算法,完成 $t_{acc} = f(W_{f, B})$ 的优化计算。因为加速时间 t_{acc} 是供油量 $W_{f, B}$ 的函数,而 $W_{f, B}$ 又是转速 n 的函数,并且需要进行过渡态特性计算,因此,传统方法面临的是一个"动态泛函优化问题"。这种方法实现起来十分困难,并且经常伴随不收敛、工作点没有意义等问题。下面介绍一种先进的优化设计方法——功率提取法。

功率提取法是一种最优加、减速控制规律设计方法,此方法不依赖发动机的动态特性计算程序,而是在发动机稳态特性计算程序的基础上实现加、减速控制规律设计,以达到"将动态问题转换为稳态问题"和"将泛函问题转换为函数问题"的目的,具有直观、快速、准确而有效的优点。

以单轴涡喷发动机为例,在发动机的换算转速保持不变时,在发动机转子上提取额外的功率 P_{add}(比发动机正常提取功率 P_{ext} 多的部分,P_{ext} 一般用于驱动附件系统)可使发动机的稳态工作点偏离正常的稳态工作点。如图 5－38 所示,P_{add} 增加时,发动机的稳态工作点向喘振边界靠近,这正好与加速过程的工作点的位置一致,而 P_{add} 减小时(可以是负值),发动机稳态工作点则远离喘振边界,也正好与减速过程的工作点的位置一致。

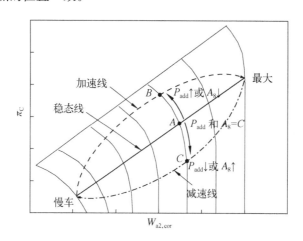

图 5－38 A_8 和 P_{add} 对稳态工作点的影响

由图 5－38 可知,$P_{add}=0$ 对应发动机正常的稳态工作点 A,$P_{add}\neq0$ 时,涡轮功率并不等于压气机功率:$P_{add}>0$,涡轮功率大于压气机功率,需要的燃烧室供油量比正常工作时的高,故对应加速工作点 B;$P_{add}<0$,涡轮功率小于压气机功率,需要的燃烧室供油量比正常工作时的低,故对应减速工作点 C。在 $P_{add}\neq0$ 时,在慢车状态到最大状态之间的若干个换算转速下,通过改变 P_{add},获得的若干个 A 点和若干个 B 点,就分别构成了"加速线"和"减速线",当取消 P_{add} 时,"加速线"和"减速线"对应的发动机稳态工作点的供油规律,就是发动机的加、减速控制规律。

以加速控制规律设计为例($P_{add}>0$),随着 P_{add} 的增加,稳态工作点(相当于加速过程中该换算转速下的加速工作点)逐渐靠近喘振边界(压气机喘振裕度 ΔSM_C 下降的同时,涡轮进口总温 T_{t4} 升高,燃烧室油气比 far_4 增大),因此,只要在发动机慢车转速至最大转速之间选取若干转速,在满足 ΔSM_C 限制、T_{t4} 限制以及 far_4 限制的条件下,尽可能增加 P_{add},直至获得允许的 P_{add} 最大值,获得的这些稳态工作点的供油规律,就是最优加速控制规律,因为在任意转速下的转子加速功率和角加速度均为最大值,总的加速时间 t_{acc} 也就最短:

$$t_{acc} = \left(\frac{\pi}{30}\right)^2 J\int_{n_{idle}}^{n_{max}} \frac{n}{P_{add}}\mathrm{d}n \qquad (5-76)$$

式中，J 为发动机转子转动惯量；n_{idle} 为慢车转速；n_{max} 为最大状态转速。

减速控制规律的设计是类似的。因此，对于以加、减速时间最短为目标的控制规律设计而言，功率提取法获得的加、减速控制规律是最优的，无须采用传统的优化方法获得，避免了复杂数学方法的使用，这正是功率提取法的优点所在。

"纯功率提取法"的思路是在正常发动机稳态特性计算模型中直接引入额外功率提取 P_{add}，并采用传统的发动机稳态特性仿真方法进行控制规律设计。"纯功率提取法"的实现方法是在涡喷发动机功率平衡方程中，引入额外功率提取 P_{add}，使得发动机的功率平衡方程变为

$$\Delta P = P_{T} - P_{C} - P_{ext} - P_{add} \qquad (5-77)$$

式中，P_{ext} 为发动机正常的提取功率（用于发电机和附件系统）。

在发动机的非设计点特性计算中，将 P_{add} 设置为可以人为或者能够被计算机改变的变量，改变 P_{add}，利用现有的平衡迭代计算方法即可实现加、减速控制规律设计的"纯功率提取法"。"纯功率提取法"并不会改变涡轮发动机的特性计算模型中的变量与平衡方程，见表 5-1。

表 5-1　定几何单轴涡喷发动机功率提取法模型一览表

模　　型	给 定 参 数	独 立 变 量	残 差 向 量
"纯功率提取法"	n，P_{add}	Z_{C}，T_{t4}，$W_{g4,cor}$	$\Delta W_{g,4}$，ΔP，$\Delta W_{g,8}$
定 ΔSM_{C}	n，ΔSM_{C}	T_{t4}，$W_{g4,cor}$	$\Delta W_{g,4}$，$\Delta W_{g,8}$
定 T_{t4}	n，T_{t4}	Z_{C}，$W_{g4,cor}$	$\Delta W_{g,4}$，$\Delta W_{g,8}$
定 far_{4}	n，far_{4}	Z_{C}，$W_{g4,cor}$	$\Delta W_{g,4}$，$\Delta W_{g,8}$

"纯功率提取法"在加、减速控制规律设计中仍然有不方便应用之处：P_{add} 并非加减速过程中的限制参数，在给定的 ΔSM_{C} 或 T_{t4} 或 far_{4} 条件下，必须通过人工或计算机迭代计算的方法获取 P_{add}，使得计算过程较为烦琐。尤其是在分析不同飞行高度、不同飞行马赫数以及不同大气参数对加、减速控制规律影响时，更为不便。涡喷发动机功率提取法的三种改进模型解决了这个问题，即给定加速过程中的 ΔSM_{C} 或 T_{t4} 或 far_{4}，直接求出发动机加、减速过程中的控制规律和相应的额外功率提取。下面分别介绍这三种改进模型。

1）定喘振裕度的功率提取法模型

对于涡喷发动机来说，如果将 n 和 Z_{C} 设定为已知参数（Z_{C} 可以通过给定的压气机喘振裕度 ΔSM_{C} 直接求出来），不再使用转子的功率平衡方程（涡轮和压气机

功率之差就是加速功率),则发动机的共同工作方程组将会降维成二元非线性方程组,见表 5 - 1。发动机的特性计算模型通过这样的改进后,本质上还是功率提取法。通过给定 n、Z_c,快速计算得到涡喷发动机的加、减速控制规律。这就是定压气机喘振裕度的功率提取法。

2) 定涡轮进口总温的功率提取法模型

按照上面的方法,如果将 n 和 T_{t4} 设定为已知参数(T_{t4} 是加速过程中涡轮进口允许的最高温度),同时不再使用转子的功率平衡方程,则发动机共同工作方程组将会降维成二元非线性方程组,见表 5 - 1。这就能够方便地任意给定 n 和 T_{t4},快速计算得到发动机的加、减速控制规律。这就是定涡轮进口总温的功率提取法。

3) 定油气比的功率提取法模型

因为给定主燃烧室的油气比 far_4 时,能够求出唯一的涡轮进口总温 T_{t4},故只需在上面模型的基础上,改进燃烧室的气动热力仿真模型,即可实现定油气比的功率提取法。这种方法能够方便地任意给定 n、far_4,快速计算得到加、减速控制规律。这就是定油气比的功率提取法。

获取加、减速过程中的最优供油量后,采取 $W_{f,B} = f(n)$、$W_{f,B}/p_{t3} = f(n)$ 或 $W_{f,B}\sqrt{T_{t2}}/p_{t3} = f(n_{cor})$ 来描述供油规律,即是加、减速控制规律。也可以根据计算出来的剩余功率和发动机转子转动惯量计算出转子的加速率,根据该转子加速率[是物理转速的函数 $\mathrm{d}n/\mathrm{d}t = f(n)$]进行闭环控制规律设计。

将上述三种改进功率提取法相结合,即可实现全飞行包线内的发动机加、减速控制规律的优化设计。功率提取法的缺点是没有考虑各部件的容积效应,这可以通过改进模型或者迭代修正的方法来克服,具体方法参见相关的论文,这里不再赘述。

5.9 涡轮发动机的起动特性

涡轮发动机的起动过程是指,发动机从转速为 0 加速到慢车状态的过程。慢车转速不能够低于自立转速(发动机各种参数不超过允许的涡轮进口总温极限、喘振边界极限和燃烧室熄火边界下,能够稳定可靠工作的转速)。涡轮发动机不能够在转速为 0 的情况下点火(可以想象,如果发动机不转动的时候点火,发动机将会前后喷火而不会加速转动起来),需要外部辅助的动力带动发动机转动到合适的转速才能够点火,外部辅助的动力统称起动机。涡轮发动机的起动机类型有:电起动机(电动机)、燃气涡轮起动机(涡轴发动机)、压缩空气起动机(高压气瓶或者辅助动力装置 APU)、火药起动器(火箭发动机)等。

涡轮发动机的起动一般分为三个过程。

(1) 第一阶段:发动机转子由起动机(starter)单独带动加速,由于涡轮落压比

太低,涡轮不能够产生有用的功率,故此阶段燃烧室不点火,发动机转子的动力学方程为

$$\left(\frac{\pi}{30}\right)^2 Jn \frac{\mathrm{d}n}{\mathrm{d}t} = P_{ST} - P_C/\eta_m \tag{5-78}$$

式中,P_{ST} 为起动机输出的功率。

（2）第二阶段:涡轮具有一定的落压比,能够发出一定的功率时,燃烧室点火,发动机转子由起动机和涡轮同时带动加速,发动机转子的动力学方程为

$$\left(\frac{\pi}{30}\right)^2 Jn \frac{\mathrm{d}n}{\mathrm{d}t} = P_{ST} + P_T - P_C/\eta_m \tag{5-79}$$

（3）第三阶段:当发动机转速增加到涡轮能够产生足够的功率来带动转子加速时,起动机断开,发动机转子由涡轮单独带动加速,发动机转子的动力学方程为

$$\left(\frac{\pi}{30}\right)^2 Jn \frac{\mathrm{d}n}{\mathrm{d}t} = P_T - P_C/\eta_m \tag{5-80}$$

高压比压气机的涡轮发动机,由于起动过程中压气机的喘振裕度不足,通常需要调整压气机的导叶角度并打开压气机的中间级放气活门。中、大型涡扇发动机的典型起动时间为 30~60 s。

涡喷发动机起动过程的转速随时间的变化如图 5-39 所示。实际的发动机起动过程在点火之前,需要先后进行打开燃油阀、接通起动机、接通点火器、接通燃油等操作,等燃油填充管路后进行点火。

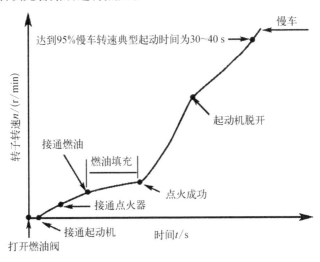

图 5-39 发动机的起动过程示意图

发动机起动全工况过程中的各种功率随发动机转子转速的变化如图 5-40 所示。

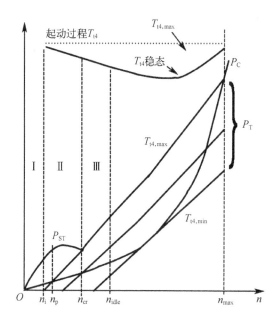

图 5-40 发动机起动过程中的各种功率随转速的变化

图 5-40 中,n_i 为点火转速(为最大状态转速的 5%~15%);n_p 为自立转速(平衡转速);n_{cr} 为起动机脱开转速;n_{idle} 为慢车转速;n_{max} 为最大状态转速。可见,起动机脱开转速比自立转速高一定的数值,保证涡轮能够有足够的剩余功率独立带转压气机实现加速。

起动过程中的供油规律(起动控制规律)设计十分重要,如果起动过程的某个阶段供油量过高,使得压气机工作点进入压气机失速工况,将会引起"热悬挂"现象:发动机排气温度(相应的涡轮进口总温)持续上升,但转速基本维持不变。反之,如果起动过程的某个阶段供油量过低,导致涡轮功率与压气机相等,将会引起"冷悬挂"现象:发动机排气温度(相应的涡轮进口总温)持续较低的水平,转速基本维持不变。冷悬挂和热悬挂问题的出现,会导致发动机起动失败,应予以避免。

此外,由于发动机的工作环境比较复杂,起动会遇到一些特殊情况:① 低温起动:寒冷的冬天起动发动机有困难,可以通过调整起动控制规律、增加点火能量等措施解决;② 高原起动:发动机在高海拔机场起动有困难,可以通过调整起动控制规律、增加点火能量、加大起动机功率等措施解决;③ 惯性起动:某种情况导致发动机在较大工况下突然熄火,发动机转速降低得不是很多时,发动机再起动,需要设计特殊的惯性起动控制规律;④ 风车起动:发动机在没有外界动力源带转的情况下,由于飞行中进气道的冲压效应,发动机转子具有较高的转速(大于点火转速),发动机可以直接供油点火起动,需要设计特殊的风车起动控制规律。

习　题

一、填空题

1. 双轴混排加力涡扇发动机的工作状态有全加力状态、部分加力状态、小加力状态、＿＿＿＿＿＿＿＿(也称为中间状态或军用状态)、＿＿＿＿＿＿＿＿(慢车状态到最大状态之间的任意一个状态)、＿＿＿＿＿＿＿＿、＿＿＿＿＿＿＿＿和＿＿＿＿＿＿＿＿等。

2. 在给定的控制规律下,燃气涡轮发动机稳定状态工作时的＿＿＿＿＿＿＿、＿＿＿＿＿＿＿等性能参数随＿＿＿＿＿＿＿＿＿、＿＿＿＿＿＿＿＿＿和＿＿＿＿＿＿＿＿＿的变化关系称为发动机的特性。

3. 发动机的稳态特性主要有速度特性、＿＿＿＿＿＿＿＿＿、＿＿＿＿＿＿＿＿＿和节流特性。

4. 速度特性的定义:＿＿＿＿＿＿＿＿＿＿＿＿＿;高度特性的定义:＿＿＿＿＿＿＿＿＿＿＿＿＿;温度特性的定义:＿＿＿＿＿＿＿＿＿＿＿＿＿;节流特性的定义:＿＿＿＿＿＿＿＿＿＿＿＿＿。

5. 发动机的过渡态特性一般需要考虑部件的容积效应和＿＿＿＿＿＿＿＿＿。

6. 随着飞行高度的增加,环境的大气温度＿＿＿＿＿＿＿＿＿;在给定涡轮前总温的条件下,加热比将随飞行高度增加而＿＿＿＿＿＿＿＿＿。

7. 获得燃气涡轮发动机特性的方法有＿＿＿＿＿＿＿＿＿、＿＿＿＿＿＿＿＿＿。

8. 获得航空燃气涡轮发动机特性最根本和最可靠的方法是＿＿＿＿＿＿＿＿＿。

9. 高涵道比涡扇发动机和涡桨发动机速度特性的特点是,随着 Ma_0 的增大,发动机推力单调＿＿＿＿＿＿＿＿。

10. 随着飞行马赫数 Ma_0 增大,＿＿＿＿＿＿＿＿＿＿是涡喷发动机在飞行速度增大时空气质量流量增加的主要原因。

11. 对于分别排气涡扇发动机,外涵空气质量流量决定于＿＿＿＿＿＿＿＿＿,而内涵空气质量流量决定于＿＿＿＿＿＿＿＿＿。

12. 对于单轴涡喷发动机,控制规律不变,飞行马赫数 Ma_0 增大,单位推力＿＿＿＿＿＿＿、耗油率＿＿＿＿＿＿＿＿＿。

二、选择题

1. 给定油门杆位置、飞行高度和大气条件,发动机的性能参数随飞行马赫数的变化关系称为(　　　)。

    A. 节流特性　　　B. 加速特性　　　C. 速度特性　　　D. 温度特性

2. 涡扇发动机的特性计算需要(　　)个平衡方程。

    A. 3　　　　　　　B. 4　　　　　　　C. 5　　　　　　　D. 6

3. 发动机特性的输入不包括(　　)。

    A. 飞行条件　　　B. 控制规律　　　C. 部件特性　　　D. 压气机效率

4. 下列(　　)不是航空燃气涡轮发动机的特性。

    A. 高度特性　　　B. 速度特性　　　C. 温度特性　　　D. 推力特性

5. 忽略雷诺数影响,在高度低于 11 km 的范围,随高度增加,耗油率(　　)。

    A. 增大　　　　　　　　　　　B. 减小

    C. 先增大后减小　　　　　　　D. 不变

6. 忽略雷诺数影响,在高度高于 11 km 的范围,随高度增加,耗油率(　　)。

    A. 增大　　　　　　　　　　　B. 减小

    C. 先增大后减小　　　　　　　D. 不变

7. 下列说法错误的是(　　)。

    A. 在同样的大气压力下,温度高则密度下降,流过发动机的空气质量流量也随之减小,因此发动机的推力下降

    B. 大气温度升高,使压气机进口总温增加,在同样的物理转速下压气机增压比减小,发动机各截面的总压减小,从而使排气速度减小,推力降低

    C. 大气压力升高,耗油率会降低

    D. 大气温度升高,耗油率随之增大

8. 对于单轴涡喷发动机,单位推力相似参数是(　　)。

    A. $\dfrac{F_s}{\sqrt{T_{t0}}}$ 　　　　B. $\dfrac{F_s}{T_{t0}}$ 　　　　C. $\dfrac{F_s}{p_{t0}}$ 　　　　D. $\dfrac{F_s}{\sqrt{p_{t0}}}$

三、简答题

1. 什么是燃气涡轮发动机的速度特性、高度特性和节流特性?

2. 单轴燃气涡轮发动机特性的通用计算方法中一般需要假设几个独立变量? 为什么?

3. 设计增压比的大小和设计涡轮前总温的高低对燃气涡轮发动机的速度特性曲线有什么影响? 为什么?

4. 为什么涡扇发动机在非设计条件下其涵道比 BPR 会发生变化?

5. 燃气涡扇发动机一般采用哪些最大状态控制规律?

6. 画出涡喷/涡扇发动机的高度特性,并加以简单解释。

7. 画出涡喷/涡扇发动机的速度特性,并加以简单解释。

8. 画出涡喷/涡扇发动机的节流特性,并加以简单解释。

9. 为什么一定要用试验的方法确定燃气涡轮发动机的特性？用试验方法确定燃气涡轮发动机的特性时,使用哪些方法？相应的试验设备有哪些？

10. 对于双轴分排涡扇发动机,Ma_0 增大,简述涵道比 B 变化趋势并解释原因。

11. 几何不可调的低涵道比混合排气燃气涡扇发动机节流特性的基本特征是什么？

12. 设计增压比的大小和设计涡轮前总温的高低对燃气涡轮发动机的速度特性曲线有什么影响？为什么？

13. 什么是发动机的相似工作状态？在工作状态相似时有什么特点？

14. 几何相似的涡喷或涡扇发动机状态相似的准则参数是什么？

15. 在什么条件下必须考虑雷诺数对发动机性能的影响？为什么？通常雷诺数对发动机性能是如何影响的？

16. 大气压力和大气温度对发动机的特性有什么影响？

17. 大涵道比分别排气涡扇发动机速度特性有哪些特点？为什么？

18. 在发动机过渡状态的特性计算中,为什么要采用动态的平衡方程？它与稳态情况下的平衡方程有什么区别？

19. 发动机起动过程的 3 个阶段是如何划分的？

20. 航空燃气涡轮发动机的过渡工作状态包括哪些工作过程？

21. 发动机的加速过程有哪些限制？什么是最佳加速过程？

22. 单轴燃气涡轮发动机有哪几种加速过程供油规律？

23. 试分析说明影响单轴燃气涡轮发动机加速过程的因素和改善加速性的措施。

24. 双轴燃气涡轮发动机加速过程中的转差率如何变化,为什么？

25. 接通加力时,原则上尾喷管喉部截面面积应如何调节？

26. 为什么接通加力过程中发动机的参数总是有某些波动？

27. 在控制规律为 $T_{t4} = C$、$n = C$ 的条件下,燃气涡喷发动机的速度特性的基本特征是什么？

28. 一台压比 π_C 为 7、效率 η_C 为 0.86、换算流量 $W_{a21,\,cor}$ 为 30 kg/s 的压气机,在发动机整机中(风扇压比 π_F 为 4、效率 η_F 为 0.85,进口条件为 $p_{t0} = 0.5$ atm、$T_{t0} = 288.15$ K),请按定比热计算压气机功率 P_C 为多少。如果把该压气机的尺寸缩小一半,并且将其单独在进口总压 p_{t0} 为 0.5 atm、进口总温 T_{t0} 为 288.15 K 下做实验(此时雷诺数仍然自模化),压气机功率 P_C(相应的试验功耗)将降低为原来的多少倍？写出详细计算过程。

第6章
航空燃气涡轮发动机使用特性

前面的章节中介绍了"孤立"发动机的性能计算、部件匹配、控制规律以及发动机特性等方面的知识,大多数结论是在脱离发动机的服务对象(飞机)和使用环境的条件下得到的。虽然这些规律代表了涡轮发动机最本质的"原理",但是,飞机和使用环境对发动机的影响是非常显著的,甚至决定了发动机是否可用,因此有必要了解发动机的使用特性。涡轮发动机在实际使用过程中,会遇到各种特殊情况。了解发动机使用过程中的各种要求和特性,对发动机总体性能方案设计、特性计算、控制规律设计等,具有非常重要的指导意义。本章将介绍飞机飞行包线、进气道与发动机匹配、实际使用过程对发动机性能影响因素以及发动机的使用特性等方面,以便读者从工程实际的角度来进一步了解航空燃气涡轮发动机。

6.1 飞行包线与涡轮发动机的工作包线

以飞行马赫数为横坐标,飞行高度为纵坐标绘制的飞行器可工作的范围边界线,称为飞行器的飞行包线。发动机可靠工作的范围,则称为发动机的工作包线。一般来说,发动机的工作包线都要比飞机的飞行包线略大[16]。下面并不区分飞机的飞行包线和发动机的工作包线。了解发动机在工作包线内的各种特殊性,有助于发动机总体方案设计。

6.1.1 战斗机用涡轮发动机

典型的多用途战斗机用涡轮发动机常见的工作包线如图 6-1 所示。

战斗机用涡轮发动机的工作包线由最大起飞高度(左边界的平台区)、最小飞行马赫数(左边界的斜线区)、最大飞行高度(上边界,升限)、最大飞行马赫数(右边界)和最大动压(右下边界)构成。各个边界的情况分析如下。

最大起飞高度边界:由飞机在高原机场起飞时的海拔和对应的起飞马赫数决定,高原机场的海拔一般小于 4 500 m,对应的 Ma_0 一般小于 0.25。

最小飞行马赫数边界:由于飞行速度低,要获得足够的升力,飞机的攻角必须

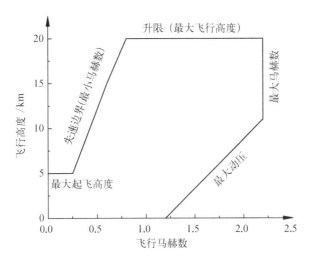

图 6-1 多用途战斗机的飞行包线

提高。当速度低到一定程度时,飞机的攻角将达到或超过失速攻角,这将导致飞机失稳,是必须避免的情况,因此,飞机的失速攻角确定了飞机的最小马赫数飞行边界。此时飞机的阻力比较小,均速平飞时发动机推力小。另一方面,飞机的攻角大,导致进气道进口流场偏离设计点,进气道出口流场畸变度大,风扇和压气机的喘振裕度减小,发动机容易喘振。

最大飞行高度边界:受到飞机的气动特性限制,战斗机的最大飞行高度一般为 20 km 左右。此时,如果飞行马赫数较小,发动机将受到进气道出口流场畸变和低雷诺数的双重影响,发动机工作稳定性受到考验。最大飞行高度与最小飞行马赫数的结合,使得发动机进口空气流量达到最小,节流状态下燃油流量达到最小,是主燃烧室、加力燃烧室和附件系统的燃油泵的工作边界。

最大飞行马赫数边界:受到飞机和发动机的结构强度限制,战斗机的最大飞行马赫数一般大于 2.0。飞行马赫数最大时,飞机阻力最大,发动机工作在最大状态。此时来流总温(发动机进口总温)达到最大,压气机出口总温也达到最大值。由涡扇发动机最大状态控制规律可知,发动机涡轮进口总温处于最大值(最大热负荷),而涡轮冷却气流来自压气机出口,故最大飞行马赫数决定了冷却系统的设计边界。最大飞行马赫数与最小飞行高度的结合,使得发动机进口空气流量达到最大,最大状态和最大加力状态下的燃油流量达到最大,是主燃烧室、加力燃烧室和附件系统的燃油泵的工作边界。在高度为 11~20 km 以马赫数 2.0 飞行时,发动机进口总温可以达到 390 K,而马赫数为 2.2 时,进口总温可以达到 426 K。

最大动压边界:受到飞机的结构强度特性限制,此时,来流的动压头($q = \rho c_0^2 / 2$)达到最大。在最大飞行马赫数时,发动机进口总压最大,空气流量也最大,压气机出口总压最大,最大状态和最大加力状态下的燃油流量达到最大,对主燃烧室、加力燃烧室和附件系统的燃油泵的设计构成限制。在这一边界上,涡扇发动机通常会限制压气机出口总压 p_{t3}。战斗机的最大动压头可以超过 100 kPa。

发动机高度、速度特性的计算时,飞行高度和马赫数的范围应该覆盖飞行包线。另外,还需要考虑大气温度一年四季的变化情况(寒冷冬天和酷热夏天),才能够保证飞机和发动机实现全天候飞行和可靠工作。

6.1.2　客机/运输机用涡轮发动机

典型的客机(运输机)用涡轮发动机工作包线如图 6-2 所示。

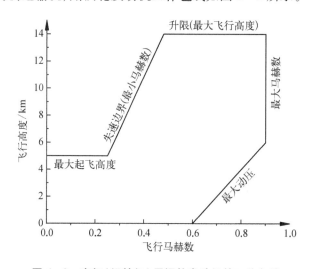

图 6-2　客机(运输机)用涡轮发动机的工作包线

典型的客机(运输机)用涡轮发动机常见工作包线的各边界构成,与战斗机的类似,所不同的是客机的最大飞行马赫数一般不大于 0.85,最大飞行高度一般不大于 14 km。

6.1.3　起动包线

涡轮发动机的起动类型包括起动机辅助起动、惯性起动和风车起动。起动机辅助起动是指需要起动机带转发动机转子的起动过程,包括地面静止条件和空中飞行条件下。惯性起动是指由于某种原因发动机突然熄火,发动机转速下降,但是转速降低的幅度不太大并且发动机还处于"热"状态下,直接再次给主燃烧室供油点火的起动过程。风车起动则是在一定的飞行马赫数下,风扇和压气机在来流的"吹动"下(像风车一样)进行起动的过程。图 6-3 是民用大涵道比涡扇发动机的起动包线,由图可见起动机辅助起动包线的马赫数,比风车起动包线的马赫数小,这是因为要达到同样的点火转速,风车需要更高的飞行马赫数。发动机起动包线比飞行包线小。战斗机发动机的起动包线与民用客机发动机的起动包线相类似。

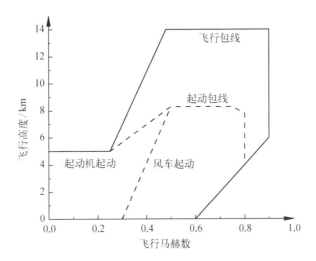

图 6-3　民用大涵道比涡扇发动机的起动包线

6.2　进气道与涡轮发动机的匹配

当涡轮发动机安装在飞机上使用时,飞机进气道(进气系统)、涡轮发动机和飞机排气装置(排气系统)组成推进系统。在推进系统设计中,进气道并不都由发动机专业来设计。民用大涵道比涡扇发动机的亚声速进气道属于发动机短舱,由专业的短舱设计人员来设计。亚声速进气道与发动机的匹配比较简单:发动机需要的换算流量(与进气道总压恢复系数有关)和飞行马赫数,决定了进气道的流量系数,进气道的流量系数又对进气道总压恢复系数有微弱的影响,进而影响发动机的换算流量,因此,只需要找到满足进气道总压恢复系数与流量系数匹配的"进气道工作点"即可。

战斗机和客机的超声速进气道,需要考虑进气道和飞机前体的气动流场匹配、结构匹配以及控制一体化,故进气道往往是由飞机部门来设计的。超声速进气道与发动机匹配的特殊性在于:首先,当进气道工作在超声速条件下,发动机需求的空气流量变化,并不会通过压力传播来扰动来流气流,只能够改变进气道结尾正激波的位置;其次,进气道在超声速条件下工作时,具有喘振的特殊工况,应予以高度关注;最后,无论是在超声速条件下还是在亚声速条件下,进气道和发动机匹配往往会产生各种阻力,直接影响发动机的安装性能[9]。因此,下面主要讨论超声速进气道和发动机匹配。

进气道与涡轮发动机的匹配(进/发匹配)主要是指流量匹配和流场匹配,流量匹配是指进气道提供的空气流量是否满足发动机的需求,流场匹配则是进气道出口流场不均匀度是否会影响发动机稳定工作。通过优化进/发匹配可达到降低进气道安装阻力和进气道出口流场畸变度的目的。下面以典型的外压式超声速进气道与小涵道比涡扇发动机的匹配问题为例,介绍进气道与发动机的匹配机理。

6.2.1 进气道与发动机流量匹配

1. 超声速进气道与涡轮发动机的匹配机理

进气道/发动机流量匹配实质上是进气道的可用流量(供气量)和发动机需用流量的供需匹配问题,它们必须满足共同工作条件是流量连续。自由来流与发动机进口流量平衡可得

$$W_{a0} = K\varphi_{\mathrm{I}} \frac{p_{t0}A_0}{\sqrt{T_{t0}}} q(Ma_0) = K \frac{p_{t0}\sigma_{\mathrm{I}}A_2}{\sqrt{T_{t2}}} q(Ma_2) \qquad (6-1)$$

考虑到 $T_{t0} = T_{t2}$,K、A_2 和 A_0 为常数,式(6-1)进一步简化为

$$\sigma_{\mathrm{I}} = C \times \varphi_{\mathrm{I}} \frac{q(Ma_0)}{q(Ma_2)} \qquad (6-2)$$

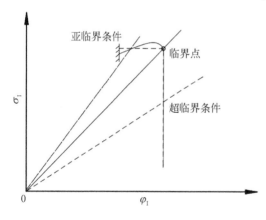

图 6-4 进气道特性图与工作点示意图

式(6-2)称为发动机与进气道的共同工作方程。式中 $q(Ma_2)$ 与发动机进口的换算流量 $W_{a2,\,cor}$ 等价。已知 $q(Ma_0)$ 和 $q(Ma_2)$ 的情况下,可将式(6-2)表示为进气道特性图上的一条直线,该直线与特性线的交点即为发动机与进气道的共同工作点,见图6-4。

在设计状态下,进气道工作于临界状态,正激波位于唇口,其工作点为图中实线与特性线的交点。

当发动机所需流量减少时,$q(Ma_2)$ 减小,直线的斜率增大,正激波被推出,进气道工作于亚临界状态,进气道溢流量增加,流量系数显著降低,进气道总压恢复系数略有降低。

当发动机所需流量增加时,$q(Ma_2)$ 增大,直线的斜率减小,正激波位于喉部后的扩压段,波前马赫数增大,激波增强,进气道总压恢复系数显著降低,而流量系数保持不变。

1) 进气道的最大捕获能力

超声速进气道的楔板角度和喉部尺寸一旦给定,其最大捕获流量对应的自由流管面积由飞行马赫数唯一确定。进气道远前方自由流管与进气道喉部的流量平衡可以描述为

$$K \frac{p_{t0}}{\sqrt{T_{t0}}} A_0 q(Ma_0) = K \frac{p_{th}}{\sqrt{T_{th}}} A_{th} q(Ma_{th}) \qquad (6-3)$$

式中,下标 0 代表发动机远前方未受干扰的自由流截面;下标 th 则代表进气道的喉部截面。

考虑到两个截面上常数 K 和气流总温相等,且总压存在以下关系:

$$p_{th} = p_{t0} \sigma_{i1} \qquad (6-4)$$

式中,σ_{i1} 为从自由流管到进气道喉部的总压恢复系数,在亚声速区域变化较小,可以认为常数。将式(6-4)代入式(6-3)得

$$A_0 \propto A_{th} \frac{q(Ma_{th})}{q(Ma_0)} \qquad (6-5)$$

由式(6-5)可知,喉部马赫数越接近 1.0 则进气道捕获的自由流管面积越大,流量也就越大,但是考虑到进气道制造误差和附面层的影响,工程上一般限定 $Ma_{th} < 0.8$。则在第一道斜激波附体前,令进气道的喉部马赫数为 0.8,此时进气道通过的流量所对应的捕获面积即为进气道最大捕获面积,见图 6-5(a);在斜激波附体之后,进气道的捕获流量由进气道波系唯一确定,发动机状态改变时,正激波的位置随之变化,从而使得进气道出口的换算流量与发动机相匹配,但是并不能改变进气道捕获的物理流量及其对应的自由流管面积,见图 6-5(b)。

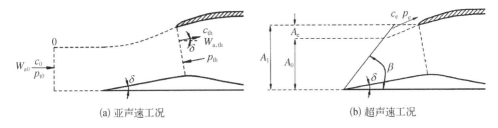

(a) 亚声速工况　　　　　　　　(b) 超声速工况

图 6-5　超声速进气道在不同工况下的流态

一个"两斜+一正"的二元外压式进气道能够捕获的最大自由流管面积与来流马赫数的关系如图 6-6 所示。该进气道的激波封口马赫数为 2.0,两道楔板角度均为 5°。在第一道斜激波附体之前最大捕获面积呈现先降低后升高的趋势,在 $Ma_0 = 1.0$ 时面积最小,这是因为 $q(Ma_0)$ 在 $Ma_0 = 1.0$ 时达到最大值,而 $q(Ma_{th})$ 则

始终保持不变,代入式(6-5)即可发现 A_0 在 $Ma_0=1.0$ 时最小。第一道斜激波附体之后,斜激波角 β 随着马赫数的增加而减小,进气道的实际捕获面积 A_0 逐渐接近其几何捕获面积 A_1。当 $Ma_0>2.0$ 时,斜激波封口,$A_0=A_1$ 且不再随 Ma_0 变化。

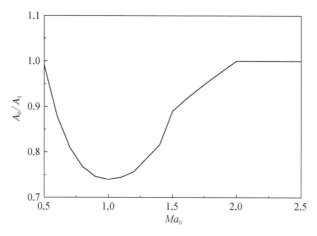

图 6-6　外压式进气道的最大捕获面积
随马赫数的变化关系

2) 发动机需求的捕获面积

涡轮发动机"知道"自己需求的流量,发动机转速一旦确定,风扇能够抽吸的流量随之确定。因此进/发匹配就是使得进气道提供的流量与发动机的需求流量相适应,以降低进气道中的气流损失和安装阻力。发动机需求的流量由飞行条件(H 和 Ma_0)和发动机油门杆位置确定。显然,进气道应该满足发动机在所有飞行条件下最大油门杆位置的流量需求。

图 6-7 对比了某小涵道比双轴混排涡扇发动机在飞行包线内最大油门杆位置需求的捕获面积与二元外压式进气道能够提供的捕获面积。图中的发动机采用先控制 $n_{F,cor}=n_{F,cor,max}$,再控制 $n_F=n_{F,max}$,最后控制 $T_{t4}=T_{t4,max}$ 的三段式最大状态组合控制规律。在控 $n_{F,cor}$ 的阶段,风扇的换算流量 $W_{a2,cor}$ 保持不变,控制 n_F 和 T_{t4} 的阶段 $W_{a2,cor}$ 随飞行马赫数的增加和换算转速的降低而降低。进气道远前方自由流管与风扇进口的流量平衡可以描述为

$$K\frac{p_{t0}}{\sqrt{T_{t0}}}A_0q(Ma_0)=K\frac{p_{t2}}{\sqrt{T_{t2}}}A_2W_{a2,cor}\qquad(6-6)$$

参考式(6-5)的推导过程可得

$$A_0\propto A_2\frac{W_{a2,cor}}{q(Ma_0)}\qquad(6-7)$$

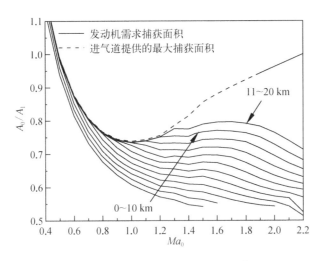

图 6-7　超声速进气道尺寸的确定

由式(6-7)可见，Ma_0 一定的情况下，发动机需求的捕获面积与 $W_{a2,cor}$ 成正比。这一现象在图 6-7 中体现为，控制 $n_{F,cor}$ 的阶段，发动机需求的捕获面积由 Ma_0 唯一确定。且 $n_{F,cor,max}$ 所对应的发动机需求捕获面积与进气道能够提供的最大捕获面积完全一致。在 0~11 km 的范围内，随着飞行高度的不断增加，同一马赫数对应的来流总温降低，$n_{F,cor}$ 和 $W_{a2,cor}$ 均增大，则发动机的需求捕获面积也随之增大。在 11~20 km 的范围内，同一马赫数对应的发动机进口总温相同，则 $n_{F,cor}$ 和 $W_{a2,cor}$ 仅与 Ma_0 相关，则 A_0 与 Ma_0 的关系不随飞行高度变化，见图 6-7。

由以上分析可见，进气道喉部尺寸可以由 $\bar{n}_{F,cor} = 1.0$ 时发动机的需求流量来确定，且与飞行高度和马赫数无关。

3) 进/发匹配中存在的问题

通过上述方法确定的进气道尺寸能够满足飞行包线内发动机的流量需求，但是发动机并非在任何飞行条件下都需要最大的捕获面积，从而加剧了进/发流量匹配的矛盾。尤其是在亚声速巡航状态下，发动机处于深度节流状态，发动机所需的流量将远小于进气道提供的流量。

图 6-8 对比了亚声速巡航工作点和超声速巡航工作点所需捕获面积与进气道最大捕获面积，可见超声速和亚声速巡航状态下均存在进/发匹配的问题。

在亚声速巡航点 (11 km，$Ma_0 = 0.8$) 上，飞行器所需推力较低，发动机处于深度节流状态，其所需流量也显著低于进气道的捕获流量，亚声速来流在进气道唇口前形成扩张型的流管，并产生附加阻力。超声速飞机在亚声速巡航时的推力约为海平面最大起飞推力的 7%~10%，小涵道比混排涡扇发动机的流量约为该飞行条件下最大状态流量的 65%，进气道的附加阻力约为非安装推力的 20%，而安装耗油率也比非安装耗油率高 20% 以上。不幸的是，亚声速巡航点仍是超声速飞机主要

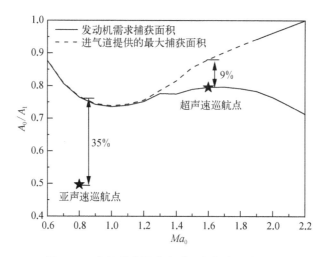

图 6-8　小涵道比涡扇发动机与超声速外压式
进气道的匹配情况

工作状态之一,因此该点的安装耗油率将对整个飞行任务的经济性产生重要的影响。如果能设计一种发动机,在降低推力的同时保持发动机的流量不降低或少降低,即可避免较大的附加阻力,从而改善亚声速巡航状态下的经济性。这正是变循环发动机 VCE 和自适应发动机 ACE 概念提出的初衷。

在超声速巡航点 $(11\,\text{km}, Ma_0 = 1.6)$,发动机受到 $T_{t4,\,max}$ 的限制,$n_{F,\,cor} < 1.0$,发动机需要的流量小于进气道捕获的流量,多余的气流在扩压段排放到大气中。由于气流只能以声速排出,与远前方来流相比存在较大的动量损失,从而产生较大的排气阻力。由图 6-8 可见,超声速巡航点上进气道捕获的流量比发动机所需流量高出约 9%。

超声速巡航点上进/发流量匹配的矛盾可以通过发动机的节流比来缓解。图 6-9 展示了不同的发动机节流比对进/发流量匹配的影响。可见,发动机的节流比越高,$T_{t4,\,max}$ 和 $n_{F,\,cor}$ 越高,这时发动机工作在高压比、高温升比和大流量的状态,发动机单位推力增加且放气阻力减小,从而获得更好的超声速巡航性能。图示的算例中 THR 从 1.0 升高到 1.08 时,发动机的流量增加约 10%,这对增加发动机推力和降低安装阻力有显著作用。

另一种改善超声速巡航状态下进/发匹配性能的技术是采用可调进气道。

2. 超声速进气道调节方法

进气道的捕获面积由整个飞行包线内发动机的最大需求捕获面积确定。那么,在其他飞行条件下,进气道的捕获能力将超出发动机需求的空气流量,从而产生进气道溢流或者放气。可以对进气道进行几何调节,从而减少溢流和旁路放气带来的安装损失。

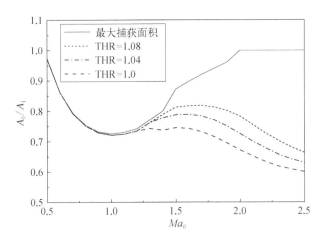

图 6 - 9　节流比对进发流量匹配的影响

对于两斜加一正的外压式进气道,在低马赫数($Ma_0 < 1.42$)下可取消第二道楔板,并根据几何关系将喉部放大,见图 6 - 10。这样可以使得低马赫数下确定的进气道尺寸更小,从而减少高马赫数下的溢流量或者放气量。

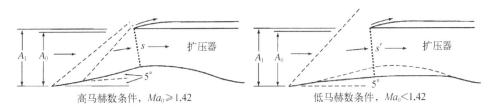

图 6 - 10　一种进气道调节方案

进气道的多道楔板可以采用联动的方式进行调节,目标是保证进气道的流量系数满足要求。此外,还可以通过调节喉部面积以保证喉部始终不堵塞。由于这种双变量的控制规律比较复杂,目前使用的进气道都采用了楔板角度和喉部面积联合调节的方案。一种常见的外压式进气道调节方案如图 6 - 11 所示。基本的调节策略是在低马赫数下缩进楔板 2 和楔板 3,从而使得流量系数和喉部面积同时增加;在高马赫数下则推出两道楔板,从而使得流量系数和喉部面积均减小。

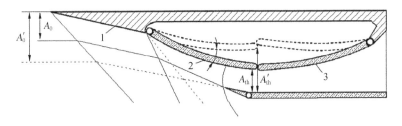

图 6 - 11　一种超声速外压式进气道调节方案

高马赫数下的喉部面积 A_{th} 在进气道的设计点计算中确定。低马赫数下的喉部面积 A'_{th} 则从图 6 - 12 中的几何关系求解得

$$A'_{th} = A_{th} \frac{\sin \beta_2}{\sin (\beta_2 - \delta_2)} \tag{6-8}$$

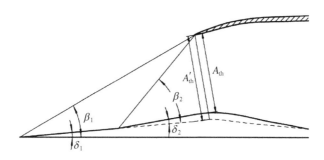

图 6 - 12 可调外压式进气道示意图

6.2.2 进气道与发动机的流场匹配

进气道既要为发动机提供足够的流量,还要保证其出口气流的流场畸变度小。实际飞行中,进气道出口流场存在总压畸变和总温畸变,对推进系统的性能和稳定工作范围均会带来影响。尤其从 20 世纪 60 年代以来,随着飞机的发展,飞行范围和机动能力的扩大,高机动条件使进气道出口流场产生强烈畸变,如 F - 111、F - 16、F - 15 等战斗机在研制中均遇到了进气道/发动机的流场匹配问题。一般产生流场畸变的原因如下。

（1）飞机以大攻角或大侧滑角飞行,进气道唇口气流分离。

（2）进气道内管路弯曲、扩张、支板绕流形成气流分离和旋涡等。

（3）机身和机翼附面层进入进气道。

（4）超声进气道中激波和附面层相互干扰引起的气流分离和流场不均匀。

（5）进气道不稳定流动下呈现的非定常流动。

（6）发射武器或使用反推力装置使热喷气尾流被吸入进气道。直升机在近地面工作时也会因吸入高温废气引起总温畸变。

（7）起飞时地面旋涡影响进气道的进气流场。

工程上通常使用综合指数法来描述发动机进口稳态加动态总压畸变。它将发动机进口的周向总压畸变分为两个分量:稳态分量和动态分量,而动态分量用发动机进口的面平均总压脉动紊流度表示。两个分量相加即为综合畸变指数 W:

$$W = \Delta \bar{\sigma}_0 + \varepsilon \tag{6-9}$$

式中, $\Delta \bar{\sigma}_0$ 为进口总压的周向不均匀度(畸变强度); ε 为进口的面平均总压脉动紊

流度。

有畸变时,一方面,压气机进口速度场不均匀,速度小的区域,气流相对于叶片的攻角增大,使压气机容易喘振,压气机的喘振边界下移。另一方面,由于不均匀流动在压缩过程中逐渐变为均匀流动,增加了额外的流动损失,使压气机的增压比和效率下降。压气机特性变化也会导致共同工作线变化,进气畸变导致共同工作线上移。由此可见:进气畸变一方面使喘振边界下移;一方面使共同工作线上移,两者均造成喘振裕度减小,因此在发动机设计时应进行发动机稳定性评估。

除了进气道出口流场畸变外,应该评估各种原因造成的喘振裕度损失,保证发动机在最恶劣的工作条件下喘振裕度都有剩余裕度(原则上大于零)。图 6-13 给出了影响喘振裕度的主要因素。

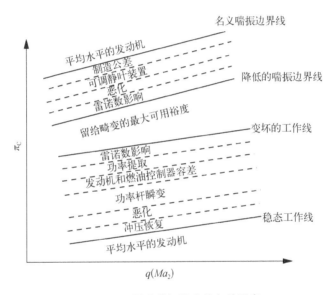

图 6-13 影响喘振裕度的各种因素

影响航空燃气涡轮发动机稳定性的因素众多,一般将这些影响因素统称为降稳因子。影响发动机稳定性的降稳因子分为四类。其中,第一类降稳因子(外部降稳)因子包括进气压力畸变、进气温度畸变、冲击波、大气阵风、雷诺数的影响;第二类降稳因子(内部降稳因子)包括发动机过渡态、加力燃烧室、压气机引气、功率提取、高度速度和非定常热等影响;第三类降稳因子为发动机生产偏差、控制容差引起的影响;第四类降稳因子为不能再现因子和其他不能准确描述的因子,包括发动机寿命老化等。

英、美在航空涡轮发动机稳定性评定中考虑的降稳因子多达 22 项。俄罗斯规定的降稳因子也包括 15 项。GJB/Z 224-2005《航空燃气涡轮发动机稳定性设计与评定指南》中规定的降稳因子包括 16 项,如表 6-1 所示。其中最为主要的降稳因子为发动机的过渡过程、进气畸变、雷诺数、控制容差和制造误差等,这些降稳因子对发动机稳定性的影响大,而且大多与发动机的工作状态和包括飞行高度、飞行马赫数以及攻角和侧滑角等飞机的飞行姿态直接相关。

表 6-1   降稳因子

类　　型	名　　称	主要影响区域(指飞行包线中的区域)
外部降稳因子	稳态总压畸变	各区域
外部降稳因子	总温畸变	各区域
外部降稳因子	组合畸变	各区域
外部降稳因子	动态总压畸变	各区域
外部降稳因子	雷诺数	高空小表速
外部降稳因子	冲击波	与飞行环境相关
外部降稳因子	阵风	与飞行环境相关
内部降稳因子	功率提取	与功率提取占比有关,高空小表速
内部降稳因子	压气机引气	增加稳定裕度
内部降稳因子	过渡态	各区域
内部降稳因子	脉动燃烧	高空小表速
内部降稳因子	高度/速度	与喷管亚临界有关
内部降稳因子	非定常热	未暖机、低温等
其他降稳因子	生产和装配偏差	各区域
其他降稳因子	控制器容差	各区域
其他降稳因子	发动机恶化	各区域

在飞行包线各个区域,发动机状态及外部环境不同,各个降稳因子的需用稳定裕度会有变化。按 GJB/Z 224 - 2005 要求,发动机稳定性评估至少包括起飞、着陆、最大气动负荷、最大热负荷、最小气动负荷、最大使用高度六个状态点。按照降稳因子的类型划分,降稳因子可分为外部降稳因子、内部降稳因子和统计类降稳因子。

外部降稳因子主要包括由进气道产生的稳态总压畸变、总温畸变、组合畸变及动态总压畸变,对发动机的气动稳定性有重要影响。在起飞加力喘振、跨声速下拉油门喘振等喘振故障中,其需用稳定裕度占发动机压缩部件原始稳定裕度超过 60%。

内部降稳因子主要包括加减速、接通和切断加力、非定常热、引气和功率提取等。其中非定常热主要体现在未经充分暖机从慢车进入大功率状态,转子和机匣受到瞬态的不均匀热传递,部件间隙增加,效率降低,对发动机气动稳定性影响较大且很难进行量化,经结合试验的仿真分析,非定常热影响发动机(压气机)稳定裕度可达到 4% 以上。

统计类降稳因子中,生产和装配偏差可通过提高生产质量(如"精品叶片")和控制装配过程降低其对稳定性的影响;控制容差对稳定性的影响可采用更为精确的数字电子控制(相对于机械液压控制)予以降低;发动机性能恶化可通过性能保持和性能衰减项目开展攻关。

需用稳定裕度为所有降稳因子对喘振裕度影响之和,其中外部和内部降稳因子为代数和,统计类降稳因子取各因子影响的典型统计值再求和均方根。

计算和分析方法简要介绍如下。

(1) 非随机因子,包括第一类降稳因子和第二类降稳因子,这类参数对稳定性的影响按代数和叠加;随机因子,包括第三类降稳因子和第四类降稳因子,这类参数的影响按和方根相加。

(2) 风扇/高压压气机压力畸变对稳定裕度损失的计算采用如下方法:起飞状态点风扇进口综合畸变指数按试验数据结果考虑,其余状态点风扇进口压力综合畸变指数按飞/发约定值考虑,根据风扇畸变敏感系数、传递系数和高压压气机畸变敏感系数,计算稳定裕度的损失。

(3) 风扇进口温度畸变不考虑。由于风扇进口压力畸变产生的高压压气机进口温度畸变对压气机的裕度影响以经验值给定。

(4) 发动机过渡态对稳定裕度损失的计算采用如下方法:利用实时模型得到发动机的动态参数,进而得到发动机在过渡态过程中特定运行状态点的稳定裕度损失。

(5) 加力过渡态对稳定裕度损失应考虑喷口控制及加力燃油控制的协调性,目前不具备计算条件,需参考指南并考虑实际情况来给值。

(6) 飞机引气的计算采用如下方法:引气量按照发动机进口空气换算流量的 1% 考虑,影响量值采用总体性能计算软件计算得出。

(7) 飞机功率提取的计算采用如下方法:依据各状态点发动机高压转子物理转速,依据飞机附件加载要求,组合出该状态下最大加载量(功率提取量),影响量值采用总体性能计算软件计算得出。

(8) 高度速度:喷管处于亚临界状态时需考虑高度速度的影响。在给定风扇和压气机原始可用稳定裕度时,已经考虑了喷管亚临界状态,因此在各个典型点计算中均不考虑高度速度的影响。

(9) 雷诺数影响的计算方法:采用 Wassell 方法计算雷诺数对风扇/压气机性能和稳定边界的影响,然后将与雷诺数关联的部件特性代入整机性能程序计算。

(10) 仅在起飞状态考虑非定常热影响,影响量值依据仿真结果给定。

(11) 其余的随机降稳因子对发动机稳定裕度的影响量参考相关指南给定,然后通过和方根的计算方法得到。

6.2.3 超声速进气道安装阻力

超声速进气道阻力可分为内部阻力和外部阻力。内部阻力主要包含:放气阻力和附面层抽吸阻力;外部阻力主要指附加阻力和溢流阻力。这些阻力随着飞行条件(亚声速、超声速)和进/发匹配情况(亚临界、临界和超临界)发生变化,阻力产生的机理和求解方法也有所区别。

1. 亚声速条件下的阻力

亚声速飞行时,安装阻力主要指进气道前由于气流状态改变产生的附加阻力。亚声速附加阻力可通过进气道唇口前气流在水平方向的动量损失来计算。超声速外压式进气道工作于亚声速时的流态如图 6-14 所示。

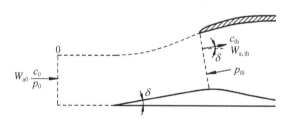

图 6-14 超声速外压式进气道在亚声速时的流态

根据附加阻力的定义可得

$$D_{add} = \int_0^{th} (p - p_0) dA_x \tag{6-10}$$

取如图 6-14 中虚线所示的控制体,在水平方向运用动量定理可得

$$\int_0^{th} (p - p_0) dA_x - (p_{th} - p_0) A_{th} \cos\delta - R_x$$
$$= W_{a,th}(c_{th} \cos\delta - c_0) \tag{6-11}$$

式中,p 代表压力;W_a 代表流量;c 代表速度;下标 0 代表自由来流;下标 th 代表进气道喉部参数。由于楔板摩擦阻力 R_x 相对其他项较小,一般可忽略不计,因此可得

$$D_{add} = W_{a,th}(c_{th}\cos\delta - c_0) + (p_{th} - p_0)A_{th}\cos\delta \qquad (6-12)$$

亚声速条件下,进气道喉部流量 $W_{a,th}$ 完全由发动机所需的流量确定,再结合喉部的面积 A_{th} 和总参数可以求出喉部的其他静参数。在多道楔板的外压式进气道中 δ 代表唇口前各道楔板转折角之和。采用定比热计算方法,可将式(6-12)改写为

$$D_{add} = \frac{W_{a,th}c_S}{\gamma Ma_0}\left[\frac{Ma_0}{Ma_{th}}\sqrt{\frac{T_{th}}{T_0}}(1 + \gamma Ma_{th}^2)\cos\delta - \left(\frac{A_{th}}{A_0}\cos\delta + \gamma Ma_0^2\right)\right]$$

$$(6-13)$$

当转折角 $\delta = 0$ 时,进气道转化为皮托式进气道。

2. 超声速条件下的阻力

超声速飞行时,超声速进气道的阻力包括附加阻力、放气阻力和溢流阻力。不同的阻力产生的机理不同,但求解的思路类似。主要是通过分析气流流管上的受力或者被扰动气流的动量损失来确定阻力的大小。

1)附加阻力

超声速附加阻力是由于进气道压缩面产生的激波系改变了来流的状态而引起的阻力。当 $1.0 < Ma_0 < Ma_{des}$ 时,斜激波角 β 大于其设计值,一部分气流从进气道外流过,经过斜激波压缩的气流静压升高,该部分气流在唇口前的流管上产生向后的压力即为超声速附加阻力,其原始计算公式为

$$D_{add} = \int_0^m (p - p_0)\mathrm{d}A \qquad (6-14)$$

对图 6-5(b)所示的单道斜激波外压式进气道,式(6-14)可改写为

$$D_{add} = (p_e - p_0)(A_1 - A_0) \qquad (6-15)$$

对于多波系的超声速外压式进气道,需要根据斜激波系的几何关系来确定每道激波后的阻力作用面积,且每道斜激波产生的阻力要分开计算。图 6-15 为"两斜加一正"波系(以下简称"2+1")外压式进气道非设计点工作示意图。

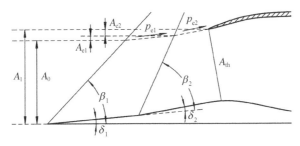

图 6-15　"2+1"外压式进气道非设计工况下的流态

对图 6-15 中进气道唇口前的气流应用附加阻力的定义式(6-14),可得超声速附加阻力的计算公式为

$$D_{\text{add}} = (p_{\text{e}1} - p_0)A_{\text{e}1} + (p_{\text{e}2} - p_0)A_{\text{e}2} \tag{6-16}$$

式中,$p_{\text{e}n}$ 代表第 n 道斜激波后流管上的静压;$A_{\text{e}n}$ 为第 n 道激波后的阻力作用面积;A_1 为进气道最大捕获面积;A_0 为进气道实际捕获面积。

为了清楚地呈现第二道斜激波至喉道处的几何关系,将进气道进行局部放大,如图 6-16 所示。

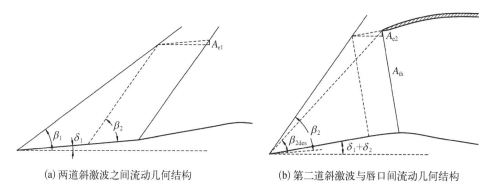

(a) 两道斜激波之间流动几何结构　　　　(b) 第二道斜激波与唇口间流动几何结构

图 6-16　"2+1"外压式进气道非设计点流动几何分解

由图 6-16 中的几何关系可得,第二道激波后附加阻力作用面积为

$$A_{\text{e}2} = A_{\text{th}}\tan(\delta_1 + \delta_2)\left[\frac{1}{\tan(\beta_{2,\text{des}} - \delta_2)} - \frac{1}{\tan(\beta_2 - \delta_2)}\right] \tag{6-17}$$

式中,β_n 为第 n 道斜激波的激波角;下标 des 代表设计点的激波角。

第一道斜激波与第二道斜激波之间的几何关系如图 6-16(a) 所示。由几何关系得

$$A_{\text{e}1} = A_{\text{th}}\tan\delta_1\left[\frac{1}{\sin(\beta_{2,\text{des}} - \delta_2)}\frac{\sin(\delta_1 + \beta_{2,\text{des}} - \beta_{1,\text{des}})}{\sin(\beta_{1,\text{des}} - \delta_1)} - \right.$$
$$\left.\frac{1}{\sin(\beta_2 - \delta_2)}\frac{\sin(\delta_1 + \beta_2 - \beta_1)}{\sin(\beta_1 - \delta_1)}\right] \tag{6-18}$$

式(6-18)即为两道斜激波之间的附加阻力作用面积。针对"2+1"外压式进气道,由图 6-15 中的几何关系可得 $A_{\text{e}1}$ 的一种更为简便的计算方法,即

$$A_{\text{e}1} = A_1 - A_0 - A_{\text{e}2} \tag{6-19}$$

2)　放气阻力

超声速进气道的放气阻力包括旁路放气阻力和附面层抽吸放气阻力,该部分

阻力可通过放出气流的动量变化量计算。进气道内的气流已经过激波压缩,静压升高,与环境压力相比通常可以达到临界状态,因而假设旁路放气和附面层抽吸气流以声速排出,方向与来流一致。则放气阻力为

$$D_{\text{bleed}} = W_{\text{bleed}} c_0 (1 - c_{\text{bleed}}/c_0) \qquad (6-20)$$

式中,W_{bleed} 为旁路放气和附面层抽吸放气的总流量,可以通过进气道喉部气流和发动机进口气流的差值确定;c_{bleed} 是旁路放气和附面层抽吸气流离开进气道的速度。

3) 溢流阻力

溢流阻力则是因为超声速飞行时进气道捕获的流量大于发动机需求的流量和旁路放气量之和,导致正激波被推出唇口,一部分气流从唇口前溢出而产生的阻力。此时,进气道工作于亚临界状态,产生较大的溢流阻力。超声速进气道亚临界状态下的流动状态如图 6-17(a) 所示。此时,进气道波系的特点是正激波位于进气道唇口之外、自由流管边界与楔板表面之间;正激波与自由流管交点之外为弓形激波。亚临界状态下的溢流阻力可以通过计算经过弓形激波的气流的动量损失来获取,而求解该动量损失的过程中伴随着正激波位置的确定。美国 Lewis 飞行推进实验室的 Moeckel 等提出的二元外压式进气道亚临界状态下的正激波位置和溢流阻力求解方法如下。

基于正激波位置的亚临界状态溢流阻力计算方法采用的分析图见图 6-17(b),其基本假设有两条:

(1) 弓形激波的形状可以用双曲线方程来近似;

(2) 弓形激波后所有声速点的连线为直线,即线段 S-SB。该线段与垂直方向的夹角为 η,仅与来流马赫数相关。

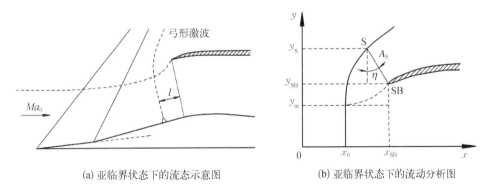

(a) 亚临界状态下的流态示意图　　(b) 亚临界状态下的流动分析图

图 6-17　超声速进气道亚临界状态下的流动分析

基于以上两点假设,并结合几何关系与流量平衡方程可以获得正激波位置的

求解公式为

$$\frac{l}{y_{SB}} = \left(1 - \frac{y_m}{y_{SB}}\right)\left(\frac{C + B\sin\lambda_S}{1 - B\cos\lambda_S}\right) \tag{6-21}$$

式中，l 为弓形激波前缘距进气道唇口前缘的距离；y_{SB} 为唇口前缘声速点距离楔板的高度；y_m 为自由流管的高度；λ_S 为弓形激波上声速点处气流方向与水平轴的夹角，可从图 6-18 中插值得到，B 和 C 为常数。

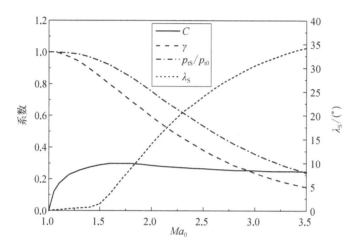

图 6-18   正激波位置公式中的气流角与系数曲线

式(6-21)中常数 B 定义为

$$B = \gamma \frac{p_{t0}}{p_{tS}} \tag{6-22}$$

式中，γ 是气流等熵滞止到声速时的面积收缩比；p_{t0}/p_{tS} 为激波前后气流的总压之比。

γ 和 p_{t0}/p_{tS} 可利用来流马赫数从图 6-18 中插值得到。常数 C 仅与来流马赫数有关，为了便于计算，常数 C 随来流马赫数的变化关系也绘制于图 6-18 中。

将常数 B 和 C 代入式(6-21)即可获得正激波的相对位置。在此基础上，由动量方程可以推导得到该状态下的阻力：

$$\int_b^{SB}(p - p_0)\mathrm{d}A\sin\delta = \rho_0 c_0^2 A_0 - \rho_S c_S^2 A_S\cos\eta - (p_{tS} - p_{t0})A_S\cos\eta \tag{6-23}$$

式中，ρ 为气体密度；下标 b 代表进气道前体最前缘点；下标 S 代表声速线上的参数；η 为声速线与垂直方向的夹角，也是声速线上气流方向与水平方向的夹角。实际中 η 与 λ_S 接近，因而在计算中用 λ_S 替换。

6.3　使用环境对涡轮发动机性能的影响

发动机的实际工作过程中,不同的使用环境对发动机性能都会产生一定影响。一方面,由于不同纬度、不同季节或不同天气情况下,大气湿度、温度都会有很大的差异,从而对发动机性能产生影响。另一方面,功率提取、雷诺数等因素也会对发动机性能产生较大的影响。

6.3.1　大气温度对发动机性能的影响

在涡轮发动机实际工作中,大气温度会随着地理位置、季节等发生变化。发动机进气道进口大气温度发生变化,导致发动机内部气流工质在各个截面的总温、总压发生变化,从而影响其气动热力性质,进一步对发动机内各个部件的气动热力过程产生影响。因此有必要在发动机总体性能设计阶段考虑大气温度对发动机性能的影响。

大气温度变化对发动机性能的影响有两个方面:一方面是大气温度影响空气和燃气的 γ 和 c_p,进而影响发动机性能参数(F、F_s 和 sfc)各截面气动热力参数。这种影响在发动机性能计算的变比热法中已经考虑(详见第 3 章);另一方面,大气温度的高低直接影响发动机进口总温,进而使得发动机在最大状态控制规律的作用下工作于相应的工作点,进而影响发动机特性。这种影响在发动机温度特性计算中已经考虑(详见 5.5 节)。

6.3.2　大气湿度对发动机性能的影响

在进行涡轮发动机特性计算时,假设工质气体为干空气,但在实际试车或飞行过程中,发动机进气道吸入的工质气体中都包含一定的水蒸气,因此实际的发动机工质气体为介于干空气与饱和大气之间的湿空气。湿空气由干空气和水蒸气混合而成,其中水蒸气含量虽然较少,但其对空气的气动热力性质影响明显,影响发动机各部件的气动热力过程,进而影响发动机的性能。通常情况下,大气湿度会使得发动机推力和耗油率都升高。

在常温、常压状态下湿空气一般仍可被看作是理想气体,因此仍可利用理想气体状态方程来描述湿空气的主要状态参数,如温度、压力、比容等参数之间的关系。但要根据道尔顿定律,可将湿空气与干空气区分考虑。

计算大气湿度对涡轮发动机特性影响的方法是,在变比热气动热力过程计算中考虑水蒸气对物性参数的影响。当湿度太高的时候(例如喷水增推和喷水预冷),还需要考虑湿度对各部件特性的影响修正。

6.3.3 雷诺数对发动机性能的影响

当涡轮发动机在高空低马赫数工作时,由于大气密度的大幅度降低,导致发动机各部件的雷诺数大幅度降低,雷诺数处于非自模区,导致压气机和涡轮叶片中的流动趋向层流流动,进而引起效率的降低,使得发动机性能下降。更为严重的是,雷诺数的降低,一方面使得压气机工作线向喘振边界方向移动(部件效率低时,相同的换算转速下涡轮进口总温高);另一方面使得压气机喘振边界向右下方移动。两个因素综合起来使得压气机喘振裕度下降,发动机工作稳定性下降,严重时可能导致空中停车,可见雷诺数对发动机性能和稳定性的影响不容忽视。

一般来说雷诺数对发动机各个部件都会产生不同程度的影响,但对压缩部件和膨胀部件影响最大。下面就雷诺数对部件影响的修正方法进行介绍。

雷诺数定义为

$$Re = \frac{\rho c D}{\mu} \tag{6-24}$$

式中,ρ 表示气体密度;c 表示气体流动速度;D 表示流道的特征尺寸(对于风扇、压气机和涡轮来说,D 为叶片的弦长);μ 表示气流的动力黏性系数。

计算雷诺数对涡轮发动机特性影响的方法是,采用合理的计算模型,获取雷诺数对风扇、压气机、高压涡轮和低压涡轮的部件特性影响因子,并将这些影响因子计入计算时所使用的发动机部件特性中,在此基础上求解各部件共同工作方程并完成特性计算,即可获得雷诺数对涡轮发动机特性和喘振裕度的影响。

6.3.4 引气和功率提取对发动机性能的影响

在常规发动机特性计算中,会对发动机内部部件引气、功率提取以及发动机附件的功率提取加以考虑,但并没有考虑飞机从发动机引气及飞机附件从发动机进行功率提取对发动机性能的影响。飞机从发动机引气和功率提取会直接影响发动机各个部件之间的功率平衡和流量平衡,从而进一步影响发动机特性,因此有必要考虑飞机引气及功率提取对发动机性能和稳定性(压气机喘振裕度)的影响。

飞机从发动机引气的主要目的一般是用于座舱空调、设备舱保温以及进气道防冰等,因此主要会从各个压缩部件出口或中间级抽出气流。而飞机的各个附件均由发动机高压转子带动,从高压涡轮转子提取功率。在高空低马赫数条件下,飞机引气和飞机附件功率提取对发动机的特性和稳定性影响十分显著。

在涡轮发动机特性计算模型中,很方便将飞机引气及功率提取加入压缩部件与涡轮部件之间的流量平衡方程和功率平衡方程中,进而可以分析两者对发动机性能和稳定性的影响。

6.4　不同飞行器对发动机的使用特性要求

6.4.1　军用飞机对涡轮发动机的要求

军用飞机对涡轮发动机的"四性"要求是：持久性，可靠性，维修性和适用性。英美用"ilities"一词来概括"durability（持久性）""reliability（可靠性）""maintainability（可维护性）"和"operability（适用性）"这四项设计要求。

1. 持久性

持久性也称为耐久性，设计时要为发动机的冷端部件和热端部件确定有效的设计寿命。发动机的设计寿命一般表示为飞机总寿命的一个比例。飞机总寿命有循环寿命（如 4 000 循环）和小时寿命（如 10 000 h）之分。这个比例对不同类型飞机是不同的（表 6-2）。

表 6-2　不同类型飞行器对发动机的冷端部件和热端部件寿命要求

机　种	热　端	冷　端
短距起降/垂直着陆战斗机	1/4	全
轰炸机	1/2	全
运输机	全	全

设计者可以通过改进零件损伤容限来提高持久性。传统的寿命改进途径伴随着部件质量和费用的增加；而采用先进结构和材料，例如采用结实的低展弦比叶片；采用锻压火焰筒；改用复合材料空心叶片等，则可在提高发动机的结构强度和寿命的同时获得较低的结构质量。

2. 可靠性

指的是涡轮发动机工作可靠程度，有不同的衡量指标：

（1）作战率、出勤率、或运输可靠性（dispatch-reliability rate）越高越好，例如，每次出勤可靠性为 99.95%。

（2）每飞行 1 000 小时空中停车率（in-flight shutdown rate）越低越好，例如 0.02。

（3）返厂率（shop visit rate）越低越好，例如每 1 000 h 0.1。

提高可靠性的途径有：① 结构简单，减少机匣和轴承数；② 燃烧室、火焰筒不承载；③ 涡轮盘不带螺钉孔；④ 风扇增压级具有外物分离能力，保护核心部件；

⑤ 数控采用多余度原则;⑥ 定期检查和维护。

3. 可维护性

是指发动机从第一次出厂至报废的整个过程中维护的难易程度。这个要求是广义的,包括运输、储存、安装、拆卸、操作、调整以及修理等环节。改进可维护性可采取:① 模块结构(单元体设计);② 易于接近各内部检查点及附件的结构设计;③ 备有条件监控装置。

由于发动机寿命经常是受到一两个部件寿命的限制,而其余部件机械尚完好,适于继续运行,"视情"地更换这种限寿部件的方针,能使发动机运行超过一个固定的大修间隔时间(time between overhauls, TBO),故日益广泛地被采用。这就趋向于"视情维护",代替和一个具体 TBO 联结在一起的系统维护,这种趋势促进了条件监控技术的发展,并要求发动机采用模块结构式设计。模块结构设计,结合工装设备,能使发动机方便地分解为几个主要部件(模块),它们中的每一个又可进一步分解为几个小模块。这样就可以彻底更换损伤件或限寿组件,通过快修使之返回使用,这就满足了不同于传统维护的"视情维护"或"机翼上维护"的要求。

4. 适用性

一台涡轮发动机具有好的适用性表现如下。

● 发动机对油门杆移动的响应快。例如,要求发动机推力响应(获得95%推力的过渡时间): 慢车-最大状态推力时间为 4.0~5.5 s、慢车-最大加力状态推力时间为 5.5~9.0 s。

● 不限制油门杆的移动速度,而发动机不会发生失速、熄火和热悬挂等故障。

● 加力全程无级可调(从最小加力状态~最大加力状态)。

● 空中停车时能成功地空中起动(起动包线范围内)。

● 允许部件带故障工作。

研制一台适用性良好的发动机,关键是要有足够的部件稳定工作裕度,下面讨论发动机的工作稳定性问题。

1) 起动

起动特性是指发动机在海平面或高空条件下发动机从零转速点火、起动并加速到慢车状态的能力。要求能在最短时间内加速到慢车状态。地面起动时间长会影响战斗准备;空中起动时间长则会影响到飞机的生存。

发动机空中起动有三种方式:① 风车起动,飞机有足够速度,靠冲压空气的压头保持转子有较高的转速,故可直接点火起动;② 低速空中起动,发动机熄火后,当转速降低时不等到停车就开始点火起动,因此不要飞行速度很高,故允许起动边界左移;③ 起动机辅助的低速空中起动,空中由起动机提供辅助功率,因而可以在更低的飞行速度下重新起动。

影响起动的因素：传热影响、附件加载、安装效应、不同种类燃油、冷天气、控制器容差。

常见的起动故障：过热（涡轮前温度过高）、热悬挂（转速上不去）。没有足够能量加速、地面起动还可能出现"弓形转子"问题，其实质是，熄火后转子上的金属零件散热不均，转子弯曲变形，造成转子不平衡，形成偏磨（偏心部分叶尖与外壳磨损），引起喘振裕度减小，继续起动可能造成失速。

改进起动的措施有：① 压气机方面，提高起动失速线，起动放气，静叶可调；② 控制方面，采用数控，自动起动，使起动可靠，使用闭环系统起动，按高度和马赫数的函数关系调节加速扭矩；③ 轴承系统方面，避免高压涡轮悬臂安装，减少轴在起动瞬间的偏心度，采用减震油膜轴承。

2）压气机工作不稳定性

压气机工作的不稳定工况主要分喘振和失速两种类型，有时也出现喘振间有失速的第三种形式。

（1）喘振——可恢复失速。

当压气机背压升高到一定程度时，工作点从特性线上的最高点下掉，由于压气机后的容积内保存有一定压力，一方面经节流阀（涡轮导向器）卸压，一方面阻止气流流入压气机，所以形成一个喘振压力循环。这时开大节流阀（或者降低涡轮进口总温），就可在特性线上建立起正常的工作压力，所以喘振是可恢复的。

引起发动机工作不稳定的因子有：风扇/压气机的反压影响[加力燃烧室硬点火引起反压脉冲、加力燃烧室连续脉动（当加力有级可调时）、加力燃烧室再点火吹熄、低频不稳定燃烧压力脉动、加力燃烧室燃油量/喷管面积控制不协调]、飞机机动时引起的进气道出口流场畸变、低雷诺数影响、过渡态过程中发动机与气流的传热影响、加/减速过渡工作状态、控制器容差、发动机恶化。

对于小涵道比混排涡扇发动机，加力燃烧室工作不当是引起发动机喘振的原因之一。为了从喘振中恢复过来，必须首先切断加力燃油，或把它减至最小，并打开尾喷管，以缓和风扇反压升高程度。

（2）旋转失速——不可恢复失速。

中、低功率运转时可能发生旋转失速。因为小转速时前面几级先失速，不会形成管道容积的压力振荡循环。开大节流度（如开大发动机尾喷管），并不能使压气机从旋转失速中恢复出来，回到正常的特性线上建立起正常工作压力，所以旋转失速是不可恢复的。消除不可恢复失速的唯一有效办法是停止供油关闭发动机，然后再起动。

3）通过控制系统改进发动机的工作稳定性

采用数字式电子控制可以改进稳定性，从而提高发动机适用性。

（1）在布迪（Bodie）过渡态过程中限制加速率。布迪过渡态过程有：中间油门—慢车—中间油门;最大—慢车—最大;最大—中间油门—最大。

（2）通过进气道控制系统,使进气道工作稳定。

（3）在加力燃烧室熄火时对喷管面积和燃油流量进行管理,使风扇不喘振。

（4）通过控制系统提高风扇工作线、加力油气比以及涵道比的控制精度。

（5）采用熄火探测器对发动机提供熄火时的保护,当熄火发生时切断加力燃油并自动收回油门杆;此外,还保证推油门杆加力前先点燃加力燃烧室,防止可能的失速发生。

（6）增加失速探测/控制的功能。

此外,军用涡轮发动机还有隐身性需求:红外隐身、雷达隐身、电子隐身、可见光隐身和声波隐身等。其中,发动机的红外隐身和雷达隐身是飞行器隐身关注的重点。发动机隐身的重点在于发动机后向红外、雷达隐身和前向雷达隐身。

6.4.2　民航飞机对涡轮发动机的要求

民航飞机对涡扇、涡轴、涡桨发动机的要求包括适用性、可靠性、维修性、测试性及经济性。

1. 适用性

适用性指标是指在不同使用环境条件下的发动机性能参数。具体包括:推力/当量推力/功率/当量功率、推力/功率增长、耗油率、包线范围(工作包线、温度包线、姿态包线等)、起动点火性能(起动包线)、性能衰退、瞬态性能(即过渡态性能)、操作稳定性、尺寸、质量。各项指标定义如下。

1) 净推力

净推力是指根据力的相互作用原理,由喷气发动机产生的推进飞行器的动力,由动量推力、压力推力和冲压阻力构成,即

$$F = W_{g9}c_9 + (p_{s9} - p_{s0})A_9 - W_{a0}c_0 \tag{6-25}$$

式中,W_{g9} 表示尾喷管出口截面质量流量,单位 kg/s;c_9 表示排气速度,单位 m/s;p_{s9} 表示尾喷管出口截面静压,单位 Pa;p_{s0} 表示环境压力,单位 Pa;A_9 表示尾喷管出口面积,单位 m^2;W_{a0} 表示吸入发动机的空气质量流量,单位 kg/s;c_0 表示飞行速度,单位 m/s。

2) 当量推力

当量推力是指涡桨发动机的螺旋桨产生的拉力与喷气推力之和,即

$$F_E = \frac{P_P \eta_P}{c_0} + W_{g9}c_9 - W_{a0}c_0 \tag{6-26}$$

式中,P_P 表示螺旋桨功率,单位 W;η_P 表示螺旋桨效率。

3）功率/当量功率

功率(涡轴发动机)/当量功率(涡桨发动机)是指自由涡轮的输出功率 P_{FT} 与减速器的机械效率 η_m 的乘积，即

$$P = P_{FT}\eta_m \tag{6-27}$$

4）耗油率

单位燃油消耗率又称耗油率，是指每小时产生单位(喷气发动机或涡桨发动机：N 或 kN；涡轴发动机：W 或 kW)推力/功率消耗的燃油质量流量。

喷气发动机或涡桨发动机：

$$sfc = \frac{3\,600 \times W_f}{F} \tag{6-28}$$

涡轴发动机：

$$sfc = \frac{3\,600 \times W_f}{P} \tag{6-29}$$

式中，W_f 表示燃油质量流量，单位 kg/s。

5）排气温度

排气温度通常是指发动机涡轮出口截面的总温，用于表征燃烧室出口截面的总温，具体发动机的测量位置有所不同，统称排气温度。

6）包线

包线是指以飞行速度、高度或环境温度等参数为坐标，表示发动机工作范围和使用限制条件的封闭几何图形。包线通常包括工作包线、温度包线和姿态包线等。

7）推力/功率增长

推力(喷气发动机或涡桨发动机)/功率(涡轴发动机)增长是指在基准型发动机推力 F_B 或功率 P_B 的基础上，以百分比形式表示的发动机推力/功率的提高幅度或提高潜力 ΔF_B。

推力增长：

$$TG = \frac{\Delta F_B}{F_B} \tag{6-30}$$

功率增长：

$$PG = \frac{\Delta P_B}{P_B} \tag{6-31}$$

8）起动点火性能

起动点火性能包括起动时间和起动包线。起动时间是指发动机在地面静止条件下从零转速加速至慢车转速的时间。起动包线是指以飞行速度、高度或环境温

度等参数为坐标,表示发动机空中起动范围和使用限制条件的封闭几何图形。

9）性能衰退

性能衰退是指发动机在使用过程中,由于用户和使用环境的差异带来的零部件磨损,由此产生的发动机性能的下降。

10）瞬态性能

瞬态性能(过渡态性能)是指满足所有使用限制的条件下,发动机从地面慢车转速加速至地面最大转速的加速时间。

11）操作稳定性

操作稳定性是指发动机在正常工作条件下抵抗进口气流畸变的能力。进口气流畸变程度以综合压力畸变指数定义如下:

$$W = \Delta \bar{\sigma}_0 + \varepsilon \qquad (6-32)$$

式中,ε 表示动态压力畸变强度;$\Delta \bar{\sigma}_0$ 表示稳态压力畸变强度,定义如下:

$$\Delta \bar{\sigma}_0 = \left(1 - \frac{p_{av,\,low}}{p_{av}} \right) \times 100\% \qquad (6-33)$$

式中,$p_{av,\,low}$ 表示畸变区的周向平均总压;p_{av} 表示整个截面的周向平均总压。

12）进口直径/轮廓尺寸

进口直径是指发动机进口截面的内径。轮廓尺寸是指发动机外轮廓的最大长度、宽度和高度。

13）干质量

干质量是指发动机系统中没有液体(即燃油和滑油)时,发动机及附件的组合质量。

2. 可靠性

可靠性定义为产品在规定的条件下和规定的时间内,完成规定功能的能力。民用涡轮发动机的可靠性指标包括:使用可用度、固有可用度、严重故障平均间隔时间、空中停车率、派遣率、航班正点率、平均故障间隔时间(mean time between failures, MTBF)、平均故障间隔飞行小时(mean flight hours between failures, MFHBF)、提前换发率(unscheduled engine removal rate, UERR)、返修率、首次翻修期限(首翻期 T_{FO})、总寿命(T)和存储期。各项指标定义如下。

1）使用可用度

使用可用度是产品能工作时间 T_{IS} 除以能工作时间和不能工作时间 T_{OS} 之和,即

$$OA = \frac{T_{IS}}{T_{IS} + T_{OS}} \qquad (6-34)$$

2）固有可用度

固有可用度是产品的平均故障间隔时间 MTBF 除以平均故障间隔时间和平均

修复时间 MTTR 之和,即

$$IA = \frac{MTBF}{MTBF + MTTR} \qquad (6-35)$$

3)严重故障平均间隔时间

严重故障平均间隔时间是在规定的一系列任务剖面中,产品任务总时间 T_{misson} 与严重故障总数 N_h 之比,即

$$MTBCF = \frac{T_{mission}}{N_h} \qquad (6-36)$$

4)空中停车率

空中停车率是发动机每千飞行小时中发生空中停车的次数,即

$$IFSR = \frac{空中停车次数 \times 1\,000}{此型发动机机群的总飞行小时数} \qquad (6-37)$$

5)派遣率

派遣率是没有因技术原因延误或撤销航班而营运离站的百分数,即

$$DR = \left(1 - \frac{技术原因延误或撤销航班次数}{飞机运营起落次数}\right) \times 100\% \qquad (6-38)$$

6)航班正点率

航班正点率是航空旅客运输部门在执行运输计划时,航班实际出发时间与计划出发时间较为一致的航班数量(即正常航班)与全部航班数量的比例,即

$$OTP = \frac{与计划时间一致的航班出发数}{全部航班数} \times 100\% \qquad (6-39)$$

7)平均故障间隔时间

平均故障间隔时间是在规定的条件下和规定的期间内,产品寿命与故障总次数之比,即

$$MTBF = \frac{产品寿命}{故障总次数} \qquad (6-40)$$

8)平均故障间隔飞行小时

平均故障间隔飞行小时是在规定的时间内,产品累积的总飞行小时数 T_S 与同一期间内的故障总数 N_{SF} 之比,即

$$MFHBF = \frac{T_S}{N_{SF}} \qquad (6-41)$$

9）提前换发率

提前换发率是在发动机每千飞行小时中,由于发动机故障造成提前更换发动机的次数,即

$$
UERR = \frac{发动机故障导致的换发次数 \times 1\,000}{发动机总飞行小时} \tag{6-42}
$$

10）返修率

返修率是指产品出厂使用后,在规定的时间内需要维修的产品数占出厂的所有产品数的比例,即

$$
SVR = \frac{需要维修的产品数}{出厂产品数} \tag{6-43}
$$

11）首翻期

首翻期是在规定的条件下,产品从开始使用到首次翻修的工作时间、循环数和（或）日历持续时间。

12）总寿命

总寿命是在规定条件下,产品从开始使用到报废的寿命单位。

13）存储期

存储期是产品在规定的储存条件下能够满足规定要求的储存期限。

3. 维修性

维修性是指维修的方便程度、维修的频率、维修消耗的人力、物力和时间等。民用涡轮发动机的维修性指标包括:平均维修间隔时间、平均拆卸间隔时间、平均修复时间、最大修复时间、平均维修时间、每飞行小时直接维修工时、每飞行小时的维修器材费用、外场可更换单元（line replaceable unit, LRU）更换时间。各项指标定义如下。

1）平均维修间隔时间

平均维修间隔时间是在规定的条件下和规定的期间内,产品寿命单位总数 T 除以该产品计划维修事件数 N_{SM} 和非计划维修事件数 N_{USM} 之和,即

$$
MTBM = \frac{T}{N_{SM} + N_{USM}} \tag{6-44}
$$

2）平均拆卸间隔时间

平均拆卸间隔时间在规定的条件下和规定的期间内,产品寿命单位总数 T 与从该产品上拆下其组成部分的总次数 N_R 之比（其中不包括为便于其他维修活动或改进产品而进行的拆卸）,即

$$\text{MTBR} = \frac{T}{N_R} \qquad\qquad (6-45)$$

3）平均修复时间

平均修复时间是在规定的条件下和规定的期间内,产品在规定的维修级别上,修复性维修总时间 T_R 与该级别上被修复产品的故障总数 N_F 之比,即

$$\text{MTTR} = \frac{T_R}{N_F} \qquad\qquad (6-46)$$

4）大修时间

大修时间是产品达到规定维修度所需的修复时间。

5）平均维护时间

平均维修时间是平均停机维修所用的时间,不包括改进时间和延误时间。

6）小时直接维护工时

小时直接维护工时是在规定的条件下和规定的时间内,飞机和设备的直接维护工时总数 N_{DM} 与总飞行小时数 T_S 之比,即

$$\text{DMH/FH} = \frac{N_{DM}}{T_S} \qquad\qquad (6-47)$$

7）小时维护费用

小时维护费用是在规定的时间内,在飞机或设备维修中直接花费的器材费用 C 与总飞行小时数 T_S 之比,即

$$\text{MMC/FH} = \frac{C}{T_S} \qquad\qquad (6-48)$$

8）LRU 更换时间

LRU 更换时间是在规定的条件下,为接近、拆卸和检查 LRU 并使其达到可使用状态所需的时间。

4. 测试性

民用涡轮发动机的测试性指标包括:虚警率、故障检测率和故障隔离率。各项指标定义如下。

1）虚警率

虚警率是在规定的期间内发生的虚警数与同一期间内故障指示总数之比,即

$$\text{FAR} = \frac{\text{虚警数}}{\text{同一期间内故障指示总数}} \times 100\% \qquad\qquad (6-49)$$

2）故障检测率

故障检测率是用规定的方法正确检测到的故障数与故障总数之比,即

$$FDR = \frac{正确检测到的故障数}{故障总数} \times 100\% \qquad (6-50)$$

3）故障隔离率

故障隔离率是用规定的方法将检测到的故障正确隔离到不大于规定模糊度的故障数 N_{DT} 与检测到的故障数 N_{DF} 之比:

$$FIR = \frac{N_{DT}}{N_{DF}} \times 100\% \qquad (6-51)$$

5. 经济性

民用航空发动机不同于军用航空发动机,它具有商品的经济性属性。民用航空发动机作为一款商品要进入民用市场,并要在残酷的市场竞争下生存下来并进一步发展,就必须考虑其经济性。民用涡轮发动机的经济性指标包括:轮挡燃油经济性、直接维修成本(单位飞行小时的维修成本)、发动机目录价格、发动机残值、监控、航材、航线支援、培训等收费项目价格。各项指标定义如下。

1）轮挡燃油

轮挡燃油是指从飞机离开停机坪完成给定的飞行任务直到返回停机坪这段时间内,单台发动机消耗燃油的总质量。

2）直接维修成本

直接维修成本是指发动机及零附件所发生的维修费(包括器材消耗、工时费、管理费)。

3）目录价格

目录价格是指产品价格簿或标价签标明的价格。

4）残值

残值是指在规定的合理使用期限之内,所剩余的使用价值。

5）其他项目价格

其他项目价格包括发动机监控、航材、航线支援、培训等收费的项目价格。

此外,民用发动机还有环保方面的需求:主要包括污染物排放和噪声。国际民用航空组织(International Civil Aviation Organization, ICAO)下属的航空环境保护委员会(Committee on Aviation Environmental Protection, CAEP)针对民用航空燃气涡轮发动机的污染物排放标准进行了规定。CAEP 于 1983 年成立,旨在帮助 ICAO 理事会制定航空器污染和噪声的新政策和新标准。目前执行的污染物排放标准是于 2014 年生效的 CAEP/8。

习　题

一、填空题

1. 以＿＿＿＿＿＿为横坐标，＿＿＿＿＿＿＿为纵坐标绘制的飞行器可工作的范围边界线，称为飞行器的飞行包线，发动机可靠工作的范围，则称为发动机的工作包线。一般来说，发动机的工作包线都要比飞机的飞行包线略＿＿＿＿＿＿＿＿。

2. 战斗机用涡轮发动机的工作包线包括＿＿＿＿＿＿＿＿＿、＿＿＿＿＿＿＿＿、＿＿＿＿＿＿＿＿、＿＿＿＿＿＿＿＿和最大动压边界。

3. 受到飞机的气动特性限制，战斗机的最大飞行高度一般为＿＿＿＿＿＿左右；受到飞机和发动机的结构强度限制，战斗机的最大飞行马赫数一般为＿＿＿＿＿＿左右。

4. 客机的最大飞行马赫数一般不大于＿＿＿＿＿＿，最大飞行高度一般不大于＿＿＿＿＿＿。

5. 涡轮发动机的起动类型包括起动机辅助起动、＿＿＿＿＿＿和＿＿＿＿＿＿＿。

6. 进气道与涡轮发动机的流量匹配是指＿＿＿＿＿＿＿＿＿＿＿＿＿＿＿；流场匹配则是＿＿＿＿＿＿＿＿＿＿＿＿＿＿。

7. 对于超声速进气道，临界工作状态时，结尾正激波位于进气道的＿＿＿＿＿＿＿处，超临界状态时，正激波位于＿＿＿＿＿＿＿＿，亚临界状态时，正激波位于＿＿＿＿＿＿＿。

8. 进气道与发动机的共同工作条件是＿＿＿＿＿＿＿＿；共同工作方程为＿＿＿＿＿＿＿＿＿＿。

9. 一个“两斜＋一正”的二元外压式进气道能够捕获的最大自由流管面积与来流马赫数的关系为：在第一道斜激波附体之前最大捕获面积呈现＿＿＿＿＿＿的趋势，在 Ma_0 等于＿＿＿＿＿＿时面积最小；第一道斜激波附体之后，斜激波角 β 随着马赫数的增加而＿＿＿＿＿，进气道的实际捕获面积 A_0 逐渐接近其几何捕获面积 A_1；当 $Ma_0 > 2.0$ 时，斜激波封口，A_0 和 A_1 的关系是＿＿＿＿＿＿＿＿且＿＿＿＿＿＿＿（是/否）随 Ma_0 变化。

10. 流量系数的定义：＿＿＿＿＿＿＿＿＿＿＿＿＿＿＿＿＿＿＿＿＿＿＿＿。

11. 阻力系数的定义：＿＿＿＿＿＿＿＿＿＿＿＿＿＿＿＿＿＿＿＿＿＿＿＿。

12. 超声速进气道亚临界的状态特点是＿＿＿＿＿＿＿、＿＿＿＿＿＿＿；临界的状态特点是＿＿＿＿＿＿＿、＿＿＿＿＿＿＿；超临界的状态特点是＿＿＿＿＿＿＿、＿＿＿＿＿＿＿。

13. 超声速进气道阻力可分为内部阻力和外部阻力。内部阻力主要包含＿＿＿＿＿＿和＿＿＿＿＿＿；外部阻力主要指＿＿＿＿＿＿和＿＿＿＿＿＿。

14. 军用飞机对涡轮发动机的"四性"要求指的是：_____、_____、_____ 和 _____。

15. 压气机工作不稳定形式主要分_____和_____两种类型。

16. 涡扇发动机的经验表明，_____是引起发动机喘振的主要原因。为了从喘振中恢复过来，必须首先_____，或把它减至最小，并打开_____，以缓和风扇反压升高程度。

17. 消除不可恢复失速的唯一有效办法是_____。

18. 民航机对涡扇、涡轴、涡桨发动机的要求包括_____、_____、_____、_____ 以及_____。

二、选择题

1. 如果超声速进气道在设计马赫数工作时捕获的流量小于发动机的需要，则（　　）。
   A. 正激波被推出唇口，造成溢流
   B. 正激波被吸入唇口，激波强度加强
   C. 进气道前流管面积扩大，增加捕获的流量以满足发动机需要
   D. 可以开辅助进气门增加流量以满足发动机需要

2. 当飞行马赫数大于设计马赫数时，下列哪些外压式超声速进气道的调节方法是正确的？（　　）（多选）
   A. 中心锥轴向前移　　　　　　　　B. 中心锥轴向后移
   C. 缩小二元进气道尖劈角　　　　　D. 增大二元进气道尖劈角

三、简答题

1. 请简要分析发动机和超声速进气道共同工作时，在不同的飞行条件和不同的发动机工况下，进气道有哪些流动状态。

2. 请简要描述超声速外压式进气道在不同工作条件下的调节方法。

3. 外压式进气道的工作状态由什么条件决定？

4. 亚声速进气道进口之前的气流为什么会有收缩、扩张和平行 3 种不同的流动状态？

5. 亚声速进气道在超声速飞行条件下，什么因素决定正激波的位置？

6. 外压式进气道的工作状态由什么条件决定？

7. 外压式进气道为什么需要调节？当飞行马赫数大于或小于设计马赫数时，外压式超声速进气道的中心锥体位置如何调节？

8. 进气道与发动机共同工作的条件是什么？根据共同工作条件导出进气道与发动机的共同工作方程。

9. 如何根据共同工作方程在外压式进气道特性图上求出共同工作点?

10. 什么是外压式进气道总的阻力?

11. 总压恢复系数和速度系数均可用来衡量尾喷管的流动损失,用哪种系数来衡量尾喷管流动损失比较合理? 为什么?

12. 哪些因素会引起尾喷管的推力损失?

13. 请简述雷诺数对发动机性能的影响。

14. 试阐述进气道和发动机匹配中存在的问题。

15. 航空燃气涡轮发动机的过渡态特性有哪些?

16. 改善加速特性的措施有哪些?

17. 航空燃气涡轮发动机的起动过程的三个阶段是什么?

18. 当进气道处于临界状态时,发动机油门杆位置升高,换算转速升高,换算流量增加,而进气道空气流量不变(发动机工况不影响进气道进口之前的空气流动),进气道与发动机是如何实现流量匹配的?

第7章
新概念发动机

随着人类对"更高、更快、更远、更经济、更安全、更环保"的追求,诸多新概念发动机方案被提出来,目前全世界范围内已经进行了大量的研究并取得了重要的进展。许多新概念发动机是以航空燃气涡轮发动机为基础而发展出来的,为了拓展知识面,本章对带升力风扇的涡扇发动机、变循环发动机、涡轮基组合循环发动机、超燃冲压发动机、脉冲爆震涡轮发动机、分布式混合推进系统以及其他新概念发动机和技术进行简要介绍。

7.1 带升力风扇的涡扇发动机

7.1.1 基本概念

带升力风扇的涡扇发动机是短距/垂直起降(short/vertical takeoff and landing, S/VTOL)飞机的推进系统。该短距/垂直起降推进系统是目前国际上公认的最先进的短距/垂直起降方案。F-35B 是由洛克希德·马丁公司研制,是世界上最先进的多用途战斗机,拥有最先进的短距垂直起降技术,同时也是目前唯一装载带升力风扇的涡扇发动机(F135-PW-600 发动机)的战斗机。

F135-PW-600 发动机的关键升力部件如图 7-1 所示,升力风扇在座舱后面的机身中,驱动升力风扇的低压轴从涡扇发动机前部延伸,并通过离合器机构与升力风扇连接,升力风扇可以提供 18 000 磅①的升力,几乎是垂直起降时总升力的一半。涡扇发动机的核心推力通过三轴承偏转喷管在 2.5 s 内向下偏转 95°,它提供了其余的 18 000 磅的推力(升力)。此外,位于机翼上的滚转喷管由涡扇发动机外涵获得高压低温气流,并提供约 4 000 磅的升力,在飞机悬停时提供必要的侧向控制。

7.1.2 工作原理及结构

S/VTOL 型战斗机 F-35B 是为对地和对空两种作战方式设计的,其推进系统

---

① 1 磅力(lbf) = 4.448 牛顿(N)。

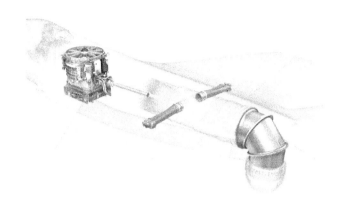

图 7 - 1　F135 - PW - 600 发动机的关键升力部件示意图

由巡航发动机、升力风扇系统和滚转喷管组成,见图 7 - 2。巡航发动机为双轴涡扇发动机,其主要部件包括进气道、风扇、压气机、燃烧室、高压涡轮、低压涡轮、混合室和三轴承偏转喷管。升力风扇系统由巡航发动机的轴驱动,组成部件包括进气道、对转升力风扇和可变面积盒式喷管。滚转喷管一般由引气涵道和喷管组成,分列在飞机两侧翼根处。S/VTOL 发动机的具体结构如图 7 - 2 所示。

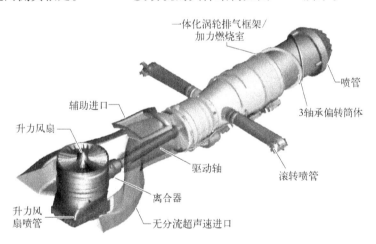

图 7 - 2　带升力风扇发动机关键部件布局简图

　带升力风扇发动机可以在 S/VTOL 模态和常规起降(conventional takeoff and landing, CTOL)模态之间切换。

　在 S/VTOL 模态中,位于飞机驾驶座后方的一个对转升力风扇通过离合器和驱动轴连接到巡航发动机上,在巡航发动机提供的轴功率的驱动下旋转;同时对转升力风扇上方的进气门打开,露出升力风扇的进口可调导叶(variable inlet guide vane, VIGV),以调节进入风扇的流量;对转升力风扇下方安装的是可变面积叶片盒式喷管(variable area vane box nozzle，VAVBN)，以调节升力风扇的出口面积和推力矢量。上面提到的对转升力风扇、进气门、进口可调叶片和可变面积盒式喷管共同构成了 S/VTOL 发动机的升力风扇系统。升力风扇通过离合器连接至巡航发动机的低压轴，具体如布局图 7－2 和图 7－3 所示。

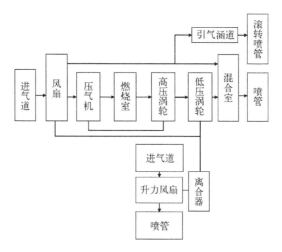

图 7－3　带升力风扇发动机的结构简图

　　在飞机常规巡航工作状态中，涡扇发动机提供可以超过 25 000 磅的净推力，在这种工作状态时升力风扇是断开的，发动机通过三轴承偏转喷管来实现偏航控制。另一方面，在短距/垂直起降工作状态中，通过在三轴承偏转喷管和升力风扇之间转换来实现飞机的俯仰控制。最后，通过控制两个滚转喷管(打开其中一个并同时关闭另一个)来控制飞机的滚转力矩。

7.1.3　工作过程

　　当巡航发动机与升力风扇共同工作时，巡航发动机的工作状态将不同于常规的双轴混排涡扇发动机，因此，其热力循环过程也发生变化。通过比较巡航发动机在 CTOL 模态及 S/VTOL 模态下的热力循环过程，可加深对推进系统工作原理的理解。图 7－4 为巡航发动机的截面示意图，图中各截面编号含义见表 7－1。

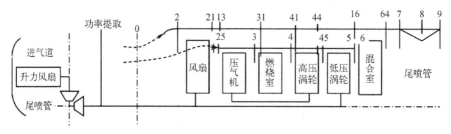

图 7－4　巡航发动机的编号截面示意图

表 7 - 1　巡航发动机的截面编号

截　面	编　号	截　面	编　号
风扇进口	2	低压涡轮进口	45
风扇出口	21	低压涡轮出口	5
压气机进口	25	外涵混合室进口	16
外涵进口	13	内涵混合室进口	6
压气机出口	3	混合室出口	64
燃烧室进口	31	喷管进口	7
燃烧室出口	4	喷管喉部	8
高压涡轮进口	41	喷管出口	9
高压涡轮出口	44		

图 7 - 5 为巡航发动机在 CTOL 模态及 S/VTOL 模态下,热力循环过程的焓-熵图,图中的黑色及红色实线分别代表 CTOL 模态及 S/VTOL 模态下的热力循环过程,图中的黑色虚线为等压线。从图中可以看出,CTOL 模态下,发动机的"2"截面气流在风扇及压气机中经历了多变压缩后到达"13"及"3"截面,气流的压力升高、焓值增大。"3"截面气流在燃烧室中温度升高,焓值增大,并伴随一定的压力损失

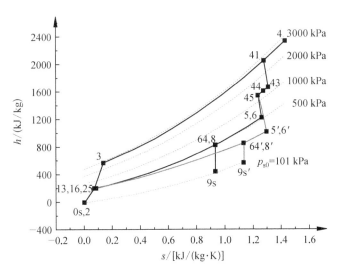

图 7 - 5　发动机在 CTOL 模态及 S/VTOL 模态下的
热力循环过程焓熵图

到达"4"截面。"4"截面的高温气流与由压气机引出的冷却气流掺混到达"41"截面,气流在掺混过程中,焓值减小,温度降低。"41"截面气流在高压涡轮中多变膨胀做功后到达"44"截面,气流的压力降低、焓值减小。"44"截面的高温气流与由压气机引出的冷却气流掺混到达"45"截面,气流在掺混过程中,焓值减小,温度降低。"45"截面气流在低压涡轮中多变膨胀做功后到达"5""6"截面,气流的压力降低、焓值减小。"6"截面高温气流在混合室中与外涵"16"截面的低温气流混合后到达"64"截面,内涵气流焓值减小,外涵气流焓值增大。"64"截面气流通过尾喷管膨胀后到达外界大气环境,气流压力等于外界大气压,气流焓值降低。

S/VTOL 模态下,气流在低压涡轮中的状态发生变化,"45"截面的气流在低压涡轮中膨胀做功后到达"5""6"截面,与 CTOL 模态相比,气流的压力进一步降低、焓值进一步减小,低压涡轮功增大。"6"截面的高温气流在混合室中与外涵"16"截面的低温气流混合后到达"64"截面,由于低压涡轮功的增大,"6"截面气流压力比"16"截面气流压力低,气流在混合过程中压力发生变化,内涵气流焓值减小,压力升高,外涵气流焓值增大,压力降低。"64"截面气流通过尾喷管膨胀后到达外界大气环境,气流压力等于外界大气压。

比较巡航发动机在 CTOL 模态与 S/VTOL 模态下的热力循环过程可以看出,两种模态下,低压涡轮进口截面之前的各部件中的气流状态相同,说明在 S/VTOL 模态下,低压涡轮工作状态的改变没有影响前面部件的工作状态,气流在风扇、压气机及燃烧室中的能量没有因为低压涡轮功的增大而升高,而是与 CTOL 模态相同。由此可以得出,在巡航发动机的有效功及加热量相同的条件下,S/VTOL 模态下的推进系统的总升力大于 CTOL 模态下发动机产生的推力。这是由于升力风扇的加入增大了推进系统的总空气流量,且推进系统通过增大低压涡轮功的方法对增加的空气流量做功,此时,推进系统的热力循环过程等效于大涵道比涡扇发动机,因此,推进系统可在燃油流量基本保持不变的条件下增大推进系统的总升力。

7.1.4 关键技术

由于带升力风扇的涡扇发动机存在许多传统发动机所没有的特殊结构及短距/垂直起降的特殊需求,还需要围绕以下关键技术开展深入研究:

(1)带升力风扇的涡扇发动机总体设计技术;

(2)离合器结构设计技术;

(3)升力风扇与巡航发动机匹配技术;

(4)滚转喷管与巡航发动机匹配技术;

(5)带升力风扇的涡扇发动机整机匹配技术;

(6)飞机/发动机一体化融合设计技术;

(7)带升力风扇的涡扇发动机控制技术。

7.2　变循环发动机

7.2.1　基本概念

变循环发动机(variable cycle engine，VCE)是指通过改变发动机部件的几何形状、尺寸或位置来调节发动机基本循环参数的燃气涡轮发动机。利用变循环特征可以改变发动机的流量、增压比、涡轮前温度和涵道比,使发动机在各种飞行状态下都有良好的热力循环状态。

7.2.2　分类及定义

目前双外涵变循环发动机主要有带核心机驱动风扇级(core driven fan stage，CDFS)和带叶片上的风扇(fan on blade，FLADE)两种结构形式,若将 CDFS 和 FLADE 集于一体则构成三外涵变循环发动机,三者都具有常规双转子涡扇发动机的基本结构。

1. 带 CDFS 的双外涵变循环发动机

带 CDFS 的双外涵变循环发动机的结构示意图如图 7－6 所示,简称 CDFS VCE。其与双转子混排涡扇发动机结构上的最大区别在于,前者将常规涡扇发动机的风扇分为前后两段,并且后段风扇由高压转子驱动(即 CDFS),从而形成两个外涵道。在前风扇外涵出口处设置有模态选择阀(mode select valve，MSV),MSV 关闭时发动机以单外涵模式工作,MSV 打开时发动机以双外涵模式工作。将后风扇由高压转子驱动是基于合理安排涡轮功率的考虑。CDFS 外涵气流与风扇外涵气流经前可变面积涵道引射器(forward variable area bypass injector，FVABI)掺混后进入发动机外涵道,而后在低压涡轮(low pressure turbine，LPT)出口处与发动机内涵气流经后可变面积涵道引射器(rear variable area bypass injector，RVABI)掺混,最后由喷管排出。风扇外涵道和 CDFS 外涵道分别对风扇和 CDFS 起到类似放气

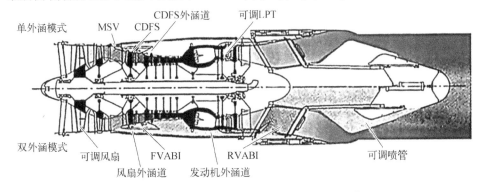

图 7－6　带 CDFS 双外涵变循环发动机结构示意图

的作用,从而增强风扇和 CDFS 的稳定裕度。FVABI 通过几何调节可协调风扇外涵气流和 CDFS 外涵气流在总压差较大情况下的掺混问题,并且缓解了 CDFS 外涵道高压气流(相对风扇外涵气流)可能出现的回流。RVABI 则保证了变循环发动机在涵道比变化范围较大时仍能与低压涡轮出口气流有效地掺混。

2. 带 FLADE 的双外涵变循环发动机

带 FLADE 的双外涵变循环发动机结构示意如图 7 - 7 所示,简称 FLADE VCE。其特征结构是在常规风扇动叶外环增加一排风扇,形成了动叶上的风扇,即 fan on blade。FLADE 涵道与风扇内涵道可通过叶冠予以隔离。FLADE 进口安装有可调导叶,可控制 FLADE 涵道的气流流量,从而控制发动机的进口总流量和涵道比。

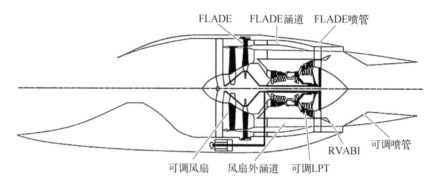

图 7 - 7   带 FLADE 双外涵变循环发动机结构示意图

FLADE 对发动机工作性能的改善主要表现如下。

(1) 由于 FLADE 位于风扇叶尖,线速度大,故而做功能力强。另外,FLADE 还规避了 CDFS 外涵出口高压气流可能出现回流的问题,因此显著增强了风扇的工作稳定性。

(2) FLADE 涵道内的气流温度较低,由其包裹着发动机,可降低发动机的热负荷。同时,FLADE 涵道的气流还为飞机和发动机的热管理系统提供了额外的热沉。

(3) FLADE 级数一般要比风扇级数少,所需要的压缩功较少,弱化了涡轮做功能力对发动机外涵流量变化范围的限制。FLADE 通过自身几何调节可大幅改变 FLADE 涵道流量,因此发动机的流量调节更为灵活,可改善发动机与进气道的流量匹配,降低安装阻力。

3. 三外涵变循环发动机

三外涵变循环发动机是指在带 CDFS 的双外涵变循环发动机的基础上增加 FLADE 而形成(也称为自适应循环发动机或自适应发动机,ACE-adaptive cycle engine),其结构示意如图 7 - 8 所示,简称三外涵 VCE。发动机进口气流首先通过 FLADE 结构被分为 FLADE 涵道气流、风扇外涵气流和风扇内涵气流,风扇内涵气流流经 CDFS 后又分为 CDFS 外涵气流和发动机内涵气流。FLADE 涵道气流、风扇外涵气流和 CDFS 外涵气流就构成了发动机的三股外涵气流。三外涵 VCE 结合了 FLADE 和 CDFS 的结构特点及工作特征。通过三股外涵气流的独特安排,三外涵 VCE 在不同的工作状态下,发动机进口总流量、涵道比、高低压转子转速、高低压涡轮功率、排气温度和速度等参数的调节和匹配更为灵活,从而实现了对飞行器多任务特征更强的适应性。

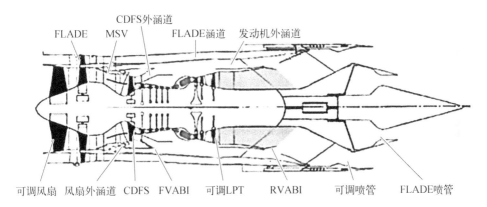

图 7-8　三外涵变循环发动机结构示意图

7.2.3　性能优势

在亚声速飞行条件,航空燃气涡轮发动机的耗油率随着涵道比的减小而上升,因此涡喷发动机在低速时的油耗性能不如涡扇发动机。在超声速飞行条件下,涡扇发动机的耗油率随着涵道比的增大而上升,因而大涵道比涡扇发动机不适宜于高马赫数飞行条件(图 7-9)。另一方面,涡扇发动机的涵道比还会随着飞行马赫数的增加而增大(图 7-10),这两方面的因素使得涡扇发动机在高速时的油耗性能变差。

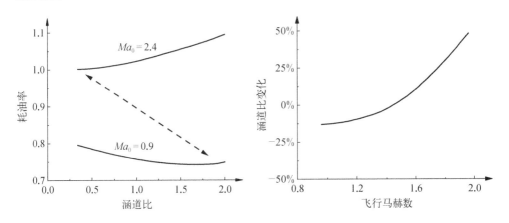

图 7-9　涡扇发动机耗油率与涵道比的关系　图 7-10　涡扇发动机涵道比与飞行马赫数的关系

    此外,在高速飞行条件下,发动机核心机的物理转速会受涡轮前温度和压气机出口温度的限制,并且核心机的换算转速随着发动机进口总温的升高而降低,使得发动机进口换算流量有减小的趋势。对于按照高循环参数设计的发动机,当其节流至亚声速飞行的推力时,发动机进口流量需大幅减小,造成较大的安装阻力(图7-11),使得安装耗油率迅速增大。对于超声速飞机用的涡扇发动机,当其工作在亚声速飞行条件时,在一定推力范围内,由进气道溢流阻力和喷管后体阻力导致的耗油率上升比例如图7-12所示,由图可知,由安装损失所带来的耗油率上升的幅度高达22%。

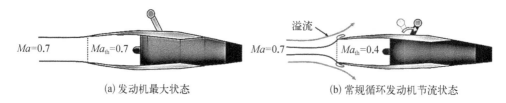

(a) 发动机最大状态   (b) 常规循环发动机节流状态

图 7-11   常规涡扇发动机安装损失示意图

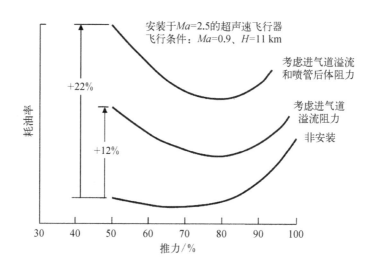

图 7-12   进气道溢流阻力和喷管后体阻力损失示意图

    变循环发动机通过众多变几何部件的调节,可以结合大涵道比涡扇发动机在亚声速飞行条件下的低油耗,以及小涵道比涡扇发动机甚至涡喷发动机在超声速飞行条件下的高推力、低油耗的优势,并能有效降低亚声速飞行条件下的安装损失,从而满足多任务(亚声速和超声速飞行)飞行器的性能要求。在不同的飞行马赫数下,变循环发动机与常规循环发动机的流量对比如图7-13所示。在较广的飞行马赫数范围内,变循环发动机通过较强的进口流量保持能力,几乎完全容纳进气道所能捕获的流量,从而显著降低发动机的安装阻力,增大发动机的推力水

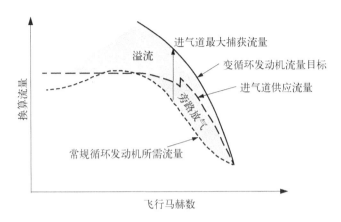

图 7 - 13　变循环发动机与常规循环发动机流量对比示意图

平,减小发动机的安装耗油率。

7.3　涡轮基组合循环发动机

高超声速(飞行马赫数大于5)飞行器被誉为是继螺旋桨和喷气式飞机之后世界航空史上的"第三次革命",也是21世纪航空航天领域的技术制高点。开展高超声速飞行器研究具有前瞻性、战略性和带动性,将对军事、经济和人类社会文明产生不可估量的深远影响。

在军事领域,军用高超声速飞行器(包括导弹、无人机和有人驾驶飞机)可以高速突防并飞离战区,显著拓宽了作战空域,提高了安全性和反应速度,为战略轰炸、远程精确与快速打击、实时侦查和战场信息监视提供了理想的武器平台,对于防御力量很强的潜在对手具有很大的战略威慑作用。在民用领域,高超声速民用飞行器可在 2~3 h 内到达全球的任何地点,从而带来民用航空运输的一场革命。另外,在高超声速飞行器基础上发展的空天飞机以及可重复使用天地往返运输系统,在快速发射和低成本入轨等方面也具有广阔的应用前景[17]。

7.3.1　需求

为了兼顾安全、经济性和作战效能的综合要求,高超声速飞行器的飞行包线十分宽广(高度 0~40 km 或更高、飞行马赫数从亚声速、声速、超声速扩展到高超声速),这就要求其发动机能够在如此宽广的飞行包线内、长航程、重复使用中能够稳定、可靠地工作,并具有高的单位推力和比冲,同时还要满足一定的环保(噪声、氮氧化物的排放等)要求。但是现有动力系统,包括各类航空涡轮发动机、冲压发动机、火箭发动机和活塞式发动机等,均有各自的性能优势和理想的飞行空域。例如：传统航空涡轮发动机的特点是在马赫数 3 以下具有很高的燃料比冲性能,但不适用于高度 20 km 或马赫数 3.0 以上的飞行条件;冲压发动机适用于高马赫数飞行,但在低马赫数下无法有效工作,需依靠其他推进装置解决初始速度问题;火箭发动机虽不受外界飞行条件的限制,但发动机比冲性能偏低,推进剂消耗大,且不能重复使用。可见,目前任何一种单一类型的发动机都不满足高超声速飞行器对动力装置的要求。为适应不同的飞行任务以及高速、远程的飞行要求,组合动力技术的概念应运而生。

作为高超声速飞行器用推进系统之一的涡轮基组合循环(turbine based combined cycle, TBCC)发动机由涡轮发动机和亚/超燃冲压发动机组合而成。因为涡轮发动机在低马赫数和冲压发动机在高马赫数均有各自的优势(图 7 – 14),因此将这两种发动机组合起来,在远程、高速和快速打击方面有明显的优势。燃气涡轮发动机用于起飞和低速飞行阶段,当飞行器速度达到冲压发动机工作速度后,冲压发动机开始工作,随着速度的增加,涡轮发动机进气口逐渐关闭,当飞行器加速到马赫数为 2.5~3 时,此时进气道具有足够的冲压压缩,燃气涡轮发动机关闭,以冲压发动机模式投入工作。

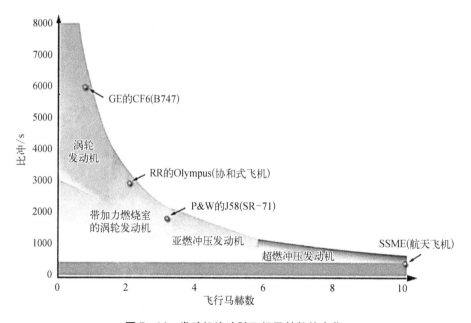

图 7 – 14   发动机比冲随飞行马赫数的变化

7.3.2   基本原理

在高马赫数飞行时,常规涡扇发动机在最大状态控制规律下,随着进口总温增加(对应飞行马赫数的增加),涡轮发动机核心机的总压比(涡轮出口总压与风扇进口总压之比)不断下降,甚至可能小于 1(图 7-15、图 7-16)。涡轮发动机转子部件对通过气流的总压提高已经失去了作用,且会形成阻力。产生上述情况的原因是随着进口总温的提高,发动机换算转速下降,由压气机特性图可知,发动机共同工作点沿着共同工作线下降,压气机压比降低;另一方面,在高飞行马赫数下高、低压涡轮导向器和尾喷管的喉部截面处于临界状态,涡轮落压比基本保持不变。以上两方面原因共同导致涡轮发动机总压比的降低。

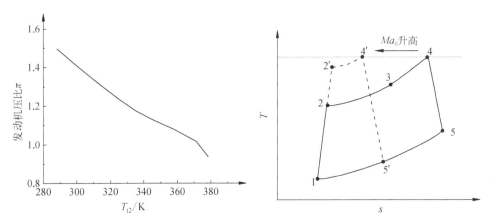

图 7-15　涡轮发动机总压比随发动机　　　图 7-16　涡轮发动机的热力循环示意图
　　　　　进口总温的变化

高马赫数飞行时,发动机压比小于 1.0,而由于进气道冲压作用已经可以得到很高的增压比,压气机的重要性降低,可以将气流绕过涡轮发动机核心机,直接进入冲压燃烧室燃烧。气流不经过转子部件直接燃烧的方式是冲压发动机循环方式。TBCC 发动机在涡轮发动机外围增加冲压涵道,当涡轮发动机性能不佳时,直接将进气道后的气体经冲压涵道引至冲压燃烧室,在冲压燃烧室提高总温后,进入尾喷管膨胀加速产生推力,即为 TBCC 的冲压模态(图 7-17)。TBCC 发动机存在模态转换过程,飞行马赫数低于转换马赫数时,涡轮发动机工作,冲压发动机不参与工作;飞行马赫数高于转换马赫数时,冲压发动机开始工作。TBCC 动力装置把涡轮发动机和冲压发动机组合在一起,对两种类型发动机的性能取长补短,充分发挥涡轮发动机在低速和冲压发动在高速时的性能优势,使动力装置能在宽广飞行包线范围内高效率可靠工作。

7.3.3　结构/组成

TBCC 发动机通常由涡轮发动机与冲压发动机等动力组合而成。从结构布局来考虑,涡轮发动机和冲压发动机通常有两种组合方式:串联和并联布局方式(图 7-18)。

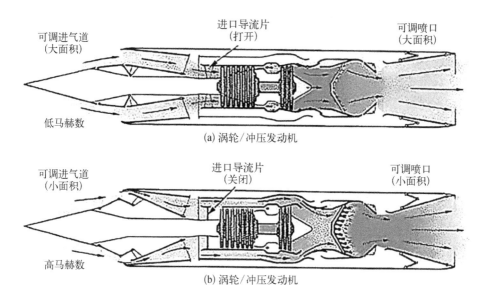

可调进气道
（大面积）

低马赫数

进口导流片
（打开）

可调喷口
（大面积）

(a) 涡轮/冲压发动机

可调进气道
（小面积）

高马赫数

进口导流片
（关闭）

可调喷口
（小面积）

(b) 涡轮/冲压发动机

图 7-17　涡轮基组合循环发动机工作模态

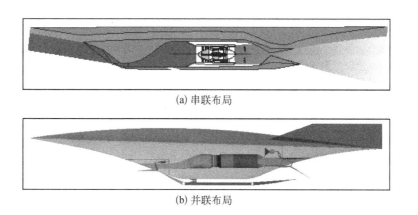

(a) 串联布局

(b) 并联布局

图 7-18　TBCC 发动机布局

1. 串联式布局

涡轮发动机的加力燃烧室同时用作冲压发动机的燃烧室,亦称超级燃烧室,见图 7-18(a)。冲压模态下气流通过冲压涵道,进入冲压燃烧室。两种发动机共用进气道、加力/冲压燃烧室和尾喷管。

串联布局的特点是结构紧凑,附加阻力小。但是,共用加力/冲压燃烧室的模式也带来了新的挑战,例如:如何保证燃料在加力/冲压燃烧室稳定燃烧、如何防止气流从冲压流道回流、如何防止涡轮发动机出现气动不稳定等问题。这些问题使得模态转换成为这一布局的最大技术难点。

2. 并联式布局

涡轮发动机和冲压发动机各有其单独的燃烧室和尾喷管的收敛段,但有公共的进气段和喷管扩张段,见图 7-18(b)。在前体预压缩和进气道下游,分为涡轮发动机通道和冲压发动机通道。涡轮发动机通道上设置关闭机构,简称阀门,阀门下游为涡轮发动机。冲压通道不设阀门,仅设置冲压燃烧室和喉部可调的尾喷管。涡轮发动机的尾喷管和冲压发动机的尾喷管都与公共的后体二元扩张主喷管连接。在涡轮发动机工作时,涡轮发动机通道上的阀门完全打开,大部分气流经过涡轮发动机产生推力,此时冲压通道也有气流通过,可作为多余空气放气通道,也可在冲压燃烧室喷入少量燃料,燃烧后产生推力。在冲压发动机工作时,涡轮发动机通道上的阀门关闭以防止高温空气进入涡轮发动机。

并联布局的优点在于,其能够很大程度避免串联布局结构所引起的模态转换对发动机稳定工作影响的难题,而且在低速段冲压通道可以参与工作并提供推力,若并联超燃冲压发动机,则其最大工作马赫数将比串联方案更高。并联方案的缺点是飞行器迎风面积大。

TBCC 发动机的进气道既要为涡轮发动机提供气流通道,也要为冲压发动机所需的气流预留通道,包括共轴型和并联型两种类型。其中,共轴型进气道主要应用于串联式布局的发动机,有轴对称和二元进气道两种方式;并联型进气道主要应用于并联式布局的发动机,有内并联和外并联两种构成方式。

7.3.4　关键技术

TBCC 的关键技术主要有以下几点。

1. 进气道技术

TBCC 进气道的设计主要需解决以下四个方面的技术难题:① 进气道工作模式的匹配,实现 TBCC 发动机以接力方式工作;② 可变几何进气道设计,解决进气道较宽马赫数工作范围和性能之间的矛盾;③ 先进流场控制技术,合理布置进气道内的波系,提高进气道的起动与气动性能;④ 进气道/发动机/喷管的匹配及一体化技术,实现从静止状态到最大飞行马赫数都能有效工作,且阻力小、总压恢复系数高,满足 TBCC 发动机的流量和流场品质需求。

2. 宽域发动机工作技术

TBCC 发动机的特点是将涡轮发动机和冲压发动机结合,在不同飞行状态下采用不同的工作方式。相比涡轮发动机,冲压发动机需要在更宽泛的马赫域内,保证可靠点火燃烧和稳定工作。需要以热力循环为基础,结合飞行弹道需要,设计合理的流道布局和宽域燃烧室,获得满足宽范围工作的发动机。

3. TBCC 模态转换技术

TBCC 发动机的模态转换技术是研究的一个重点和难点。TBCC 发动机在每次使用中都将面临从涡轮向冲压、超燃冲压或相反的模态转换,在转换中需要避免压缩系统的失速,推力大幅下降。TBCC 发动机在模态转换过程中还需要实现涡轮发动机停机和空中起动。

串联式 TBCC 发动机模态转换时保证燃料在加力/冲压燃烧室稳定燃烧,防止冲压发动机进气道和风扇旁路门的逆流、堵塞、熄火、喘振等问题。并联式布局的 TBCC 发动机的进气道内流动十分复杂,需确保模态转换过程中建立稳定和有效的气动过程。

4. 热防护技术

旋转部件必须能够承受高飞行马赫数引起的高温气流的冲击;相比现在军用的涡轮发动机,TBCC 发动机中的涡轮发动机必须能够适应宽广的飞行范围;用于 TBCC 发动机的涡轮发动机必须在尺寸和质量等方面有严格的限制,同时高速飞行时,发动机进气温度相当高,目前材料难以满足需求,如何在高温、高速旋转时还能够保证发动机部件的轻质和高强度,这是亟待解决的问题。

TBCC 发动机的燃料除了需要体积小、热值高之外,还必须承担繁重的飞行器和发动机部件冷却的任务,因此,高热沉的碳氢燃料或其他燃料必须能够同时满足以上要求,从而为 TBCC 发动机在高速飞行时提供可靠的冷却能力。

5. 飞/发一体化设计技术

当高速飞行器以 4 倍于声速以上的速度在大气层中飞行时,空气阻力将急剧上升,发动机性能趋于降低,飞行器设计的可行域降低,因此需要将发动机与飞行器耦合优化设计,相互配合避免过于追求发动机性能而造成飞行器性能的大幅降低。同时,飞行器前后体与发动机进/排气系统共用气动型面,需要协调设计以实现气动力配平,并发挥最佳气动及动力性能。

7.3.5　发展现状与趋势

早期文献中火箭基组合循环(rocket based combined cycle, RBCC)和 TBCC 并重,后逐步向 TBCC 偏移。近 20 年美国航空航天局(National Aeronautics and Space Administration, NASA)不断加大 TBCC 研发力度。从 20 世纪 80 年代提出巡航马赫数为 5 的 TBCC 推进系统,高马赫数涡轮发动机(High Mach Turbine Engine, HiMaTE)计划中支持了 TBCC 的广泛研究,评估了多种发动机概念、燃料类型和热管理问题。2001 年启动革命涡轮加速器(revolutionary turbine accelerator, RTA)计划发展串联式 TBCC。

NASA 的 TBCC 相关工作主要在高超声速项目框架下实施。在高超声速项目是隶属于 NASA 航空计划下的基础航空项目,任务主要集中在两个方面:吸气式空间进入以及行星大气进入、降落与着陆。吸气式空间进入聚焦于两级入轨用的组合循环推进系统,即 TBCC。在高超声速项目框架下,NASA 为 TBCC 发展制定了路线图以及实现的技术路径(图 7 - 19、图 7 - 20 和图 7 - 21)。

涡轮与亚燃冲压发动机组合的 TBCC 发动机难以突破马赫数 5,而现有涡轮与超燃冲压发动机速域难以相接。TBCC 的研究一直致力于提高涡轮发动机的工作上限,或降低超燃冲压发动机的工作下限,以实现 TBCC 发动机 $Ma = 0 \sim 6 +$ 的飞行。而要实现这样的目标,新的材料、燃料等基础学科也需要进一步提升。

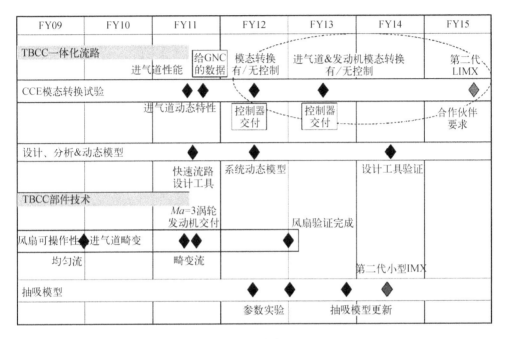

图 7 - 19　TBCC 路线图(NASA)

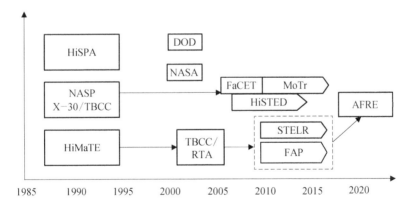

图 7 - 20　研究计划发展历程

高速推进系统评定(High Speed Propulsion Assessment, HiSPA)计划;猎鹰组合循环发动机技术(Falcon Combined Cycle Engine Technology, FaCET);高速涡轮发动机演示验证(High Speed Turbine Engine Demonstration, HiSTED)计划;模态转换研究(Mode Transition, MoTr)计划;远程飞机用超声速涡轮发动机(Supersonic Turbine Engine for Long Range, STELR);基础航空计划(Fundamental Asronautics Program, FAP);先进全速域发动机(Advanced Full Range Engine, AFRE);美国国防部(United States Department of Defense, DOD)

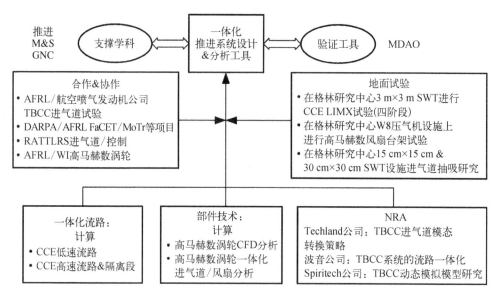

图 7 - 21 TBCC 技术途径

7.4 超燃冲压发动机

1913 年,也就是美国莱特兄弟完成人类历史上的首次有动力飞行的第十年,法国人 Rene Lorin 第一个认识到在推进装置中利用冲压的可能性,而且他正确地预见到发动机的性能可能不够。1935 年 Rene Leduc 发表了由他自己设计的以冲压发动机为动力装置的有人驾驶飞行器,该发动机取消了旋转部件,通过高速气流的滞止来实现空气的压缩。但是由于第二次世界大战的爆发,这项研究工作被搁置。

第二次世界大战后,发动机的研制工作慢慢恢复。冲压发动机研究进程中具有里程碑意义的事件发生在 1949 年 4 月 21 日,利用冲压发动机作为推进系统的飞行器 Leduc 010 第一次进行了有动力飞行,飞行马赫数为 0.84,高度为 7.9 km 的高度。此后,法国又继续开展了相关实验,其中发动机的飞行最高马赫数达到 0.9。

时至今日,以冲压发动机为基础,工程师设计出了亚燃冲压发动机、超燃冲压发动机、双模态冲压发动机、组合冲压发动机等。

7.4.1 需求

从 20 世纪 50 年代以来,各国研究者对高超声速推进系统开展了大量研究,并对不同发动机的性能进行了详细的评估。研究结果显示,飞行马赫数为 0~2.5 时,涡轮发动机性能优势明显。在马赫数为 2.5~5 时,传统的涡轮发动机性能显著下降甚至不能稳定工作,该区域内亚燃冲压发动机具有较好的性能。当飞行马赫数大于 5.0 时,采用亚燃冲压发动机将会导致燃烧室进口的静温非常高,致使燃烧室出现热离解现象,热离解将吸收大量的热能,从而极大地降低了燃烧室的效率;另外若将燃烧室进口气流降低至亚声速,也会带来巨大的总压损失和熵增。因此,马赫数大于 5.0 时,超燃冲压发动机的性能优于亚燃冲压发动机。而在飞行马赫数大于 8.0 时,超燃冲压发动机是目前唯一可用的吸气式动力装置。由于以超燃冲压发动机为主体的组合式推进技术在飞行马赫数大于 5.0 时所具有的性能优越性,目前已成为各国在高超声速推进技术中最主要的选择[18]。

随着高超声速技术的发展,推进系统的经济性,航程等因素被纳入发动机的设计中,吸气式推进系统开始在航天领域崭露头角。冲压发动机是极具优势的吸气式发动机,是实现高超声速飞行的关键技术之一。

7.4.2　基本原理

冲压发动机由进气道,燃烧室和尾喷管组成。发动机的迎面来流(空气流)首先进入进气道,进气道通过激波将来流的部分动能转变为压力能,完成压缩过程。气流进入燃烧室与喷入的燃料迅速混合,在高速气流中进行燃烧。燃烧后的高压、高温燃气进入尾喷管,在尾喷管中将一部分焓转变成为动能,并使气流高速喷出,从而产生推力。

超燃冲压发动机按照其工作原理可以分为超燃冲压发动机和双模态冲压发动机。

1. 超燃冲压发动机

超燃冲压发动机即超声速燃烧冲压发动机,它是在高超声速飞行条件下,燃烧室入口减速至超声速时组织燃烧的冲压发动机。随着来流马赫数的增加,总温和总压急剧升高,当 $Ma>5$ 时,若将气流减速至亚声速,激波损失、壁面热流损失和高温热离解损失急剧增加,发动机性能不再有收益,这时就要采用超燃冲压发动机。超燃冲压发动机主要由进气道,隔离段,燃烧室,内、外喷管组成。高超声速进气道要在很宽的马赫数范围内工作且具有自起动功能;由于发动机的燃烧室入口是超声速,超声速气流在燃烧室中停留的时间只有几毫秒,燃料要在很短的时间内完成汽化、与空气的掺混、燃烧放热等过程;通过控制燃烧室的加热规律和隔离段激波系的调节作用,超燃冲压发动机在较宽的飞行马赫数范围内保持最优性能。这种发动机适用于飞行马赫数范围较宽($Ma = 6 \sim 15$)的飞行条件,具有自加速能力,适应加速型和加速/巡航型飞行任务。

2. 双模态冲压发动机

双模态超燃冲压发动机的工作模态如图 7-22 所示。双模态冲压发动机是将亚燃冲压发动机和超燃冲压发动机有机地结合在一起,是一种在扩张的燃烧室流通通道内,通过调节加热规律实现亚燃/超燃两种模态的冲压发动机。燃烧室是扩张型面,没有物理喉道,为了在双模态冲压发动机中实现亚燃的运行模式,利用热壅塞提供热力学喉道。控制加热规律调节热力学壅塞的位置,实现发动机亚燃和超燃模式的转换。这种冲压发动机扩大了超燃冲压发动机的工作马赫数($Ma = 4 \sim 8$)下限,适用于需要自加速和巡航任务的飞行器,例如高超声速导弹、高超声速飞机、跨大气层飞行器和空天飞机等。

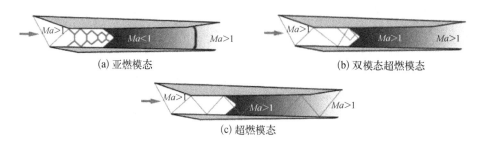

图 7-22　双模态超燃冲压发动机的工作模态图

7.4.3　结构/组成

冲压发动机的主要部件(图 7-23)如下。

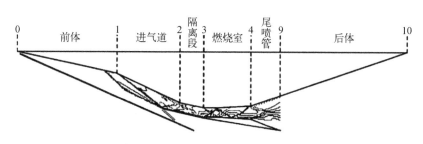

图 7-23　超燃冲压发动机部件图

（1）进气道：迎面空气经过激波,以尽可能小的损失减速压缩,为燃烧室提供进口所需速度场。

（2）隔离段：燃烧室的压力上升和亚声速的流动区域影响流动状态,隔离段起到"缓冲"作用,防止进气道受下游背压影响。

（3）燃烧室：燃料与进入燃烧室减速增压后的空气掺混,在燃烧室中等压燃烧,使气体的焓值增高。

（4）尾喷管：燃烧后的高温高压气体,经过尾喷管膨胀加速,将一部分热能转化成动能,排出的高温高压燃气产生的动量高于进气的动量,产生推力。

超燃冲压发动机的热力循环如图 7-24 所示。0~2'表示进气道的等熵压缩过程;2~2"代表隔离段的等熵压缩过程;4~10'是尾喷管的等熵膨胀过程。

气流流过进气道附近产生激波系，通过激波实现减速增压，再通过内压缩进入隔离段，在循环图中是 0~2 过程。熵增主要是激波造成的，所以在熵焓图中，气流不能按照 0~2′ 过程等熵进行。由于空气的黏性，进气道壁面出现相当厚的附面层，但这些附面层损失在整个压缩过程中对热力影响较小，在熵焓图中可以忽略。

隔离段的扩压过程在循环图中是 2~3 过程，可以看成压缩的部分。隔离段有一个明确的功能：使进气道气

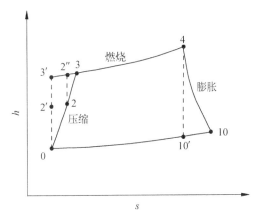

图 7-24　超燃冲压发动机热力循环图

流不受燃烧室压力脉动的影响。这一部分压缩受隔离段中激波串的影响。隔离段中存在黏性损失、壁面热损失、激波-边界层损失，导致 2~3 过程气流的熵增加。

位置 3~4 是燃烧放热过程，燃烧室中的损失主要有摩擦、瑞利损失和热传导损失。

尾喷管的膨胀过程在热力循环图中是 4~10 过程。理想的膨胀是 4~10′ 过程，但是气体与固体壁面的摩擦、激波黏性耗散和散热造成了喷管中的不可逆损失。

7.4.4　关键技术

超燃冲压发动机的关键技术包括以下几个方面。

1. 飞行器/发动机一体化设计技术

高超声速飞行条件下，飞行器的阻力会显著增大。冲压发动机在飞行器中的合理布局可明显减小阻力，获得大的升阻比（一般要求>3），升阻比会大大影响飞行器的飞行距离。同时，发动机在飞行器中的布局会影响到飞行器外形，对进入发动机的气流流量大小、流场品质也有重要影响，另外还会影响到导引头及控制制导设备的布局。因此，冲压发动机的设计中，必须强调和飞行器总体的一体化设计。

2. 超燃冲压发动机总体技术

总体技术主要涉及协调与飞行器总体的关系，约束发动机各部件及性能指标，包括发动机总体性能优化选择、总体结构形式、热防护结构各部件形式选择与性能要求、燃油供应系统控制等。

3. 进气道技术

进气道的功能是利用迎面高速气流的速度冲压，有效地将其动能转换为压力能，使气流静压升高。对进气道的设计要求是：总压恢复系数高（因为总压代表气

流的做功能力），流量系数大，阻力系数小，出口气流流场的畸变指数小。这些性能要求与进气道的几何形状密切相关。进气道对附面层、壁面摩擦、附面层与激波的相互影响也很敏感，且各指标间相互矛盾，同时需要考虑进气道与发动机的匹配工作，因此进气道的设计存在难度。

进气道的研究与设计要以空气动力学、气体动力学、计算流体力学和风洞模拟实验技术为基础。在计算中可采用黏性流理论来计算进气道流场，以更准确地预估出进气道的实际流场。显然，数值分析方法的可靠性和精确度还需试验结果的验证。从目前看，超声速飞行器要实现远距离飞行，大多采用升力体外形，发动机后置，并采用下颚式进气道，这种布局容易拓展到以后的高超声速飞行器。

4. 超声速燃烧技术

超燃冲压发动机的燃烧室中，各个截面的气流平均速度均为超声速，气流在燃烧室中的滞留时间只有几毫秒，在如此短的时间内要实现燃料的喷射、雾化、掺混、点火、稳定燃烧，难度极大。

双模态超燃冲压发动机为适应飞行器不同马赫数下的工作要求，需要在同一燃烧室中实现亚燃和超燃双模态燃烧，这是双模态超燃冲压发动机实现工程应用的关键技术。

实现双模态燃烧目前有两种办法：一种是通过控制燃料喷射位置、角度、燃烧程度来实现。但是燃烧控制非常困难，因为其不仅受到燃料的物理化学状态、喷射情况、燃料与空气的掺混情况、燃烧室中涡流及附面层等因素的影响，且要求在飞行马赫数及设计油气比范围内稳定燃烧。另一种方法是通过调节燃烧室通道的几何面积来适应双模态燃烧要求，但由于燃烧室温度高达 2 000 ~ 3 000 K，几何调节结构设计相当困难。如何可靠点火并使燃烧稳定和增强混合技术是超燃冲压发动机燃烧室的关键技术之一。

5. 燃油供应与控制技术

超燃冲压发动机要求在宽马赫数范围内工作，其高速度、大空域、机动飞行的特性要求燃油供应系统具有调节能力，以使发动机获得满意的性能。这项技术的关键是总体确定由哪几个参数作为反馈来调节油气比。燃油调节系统可借鉴航空涡轮发动机燃油供应系统的设计方法，并利用先进的计算机技术实现控制。

6. 燃料

目前使用的燃料可分为两大类：一类是液氢，另一类是碳氢燃料（如煤油）。液氢由于有高的性能、易实现点火、且是优良的冷却剂，在超燃冲压发动机研制中广泛应用。但液氢属于低温推进剂，使用维护复杂，且密度低（0.07 g/cm^3）、体积大，仅适用于高速飞机及单级入轨空天飞机组合循环动力系统。近年来，高超声速技术在导弹武器系统的应用前景日趋看好，各国加紧进行碳氢燃料的研究。碳氢燃料价格低廉,且易于使用维护,特别适用于导弹武器系统使用。但是碳氢燃料的点火滞后时间比氢长一个数量级以上,火焰传播速度比氢的火焰传播速度要低一个数量级,这样碳氢燃料的点火和稳定燃烧相对于液氢就比较困难。

典型的碳氢燃料是煤油。针对煤油点火困难这一难题,有的研究者采用加入氢气的办法解决了点火问题。近年来,人们将研究重点集中到吸热型碳氢燃料的研究中,该燃料的关键技术是催化裂解、防止结焦。另外,在吸热型碳氢燃料中还可考虑加入添加剂的方法,加快相变裂解,以便于点火燃烧。

7. 发动机热结构设计、耐热材料

超燃冲压发动机外部是高超声速气流,气动加热很严重。当飞行器在同温层飞行且马赫数达到 6 时,飞行器头部来流滞止温度达约 1 700 K,而发动机内部流场气流总温可达 3 000 K 以上,因此必须采用主动冷却的方法来保证发动机正常工作。通常采用燃料作为冷却剂,而发动机工作中所需的燃料流量很小,这就给发动机的结构热防护带来更大困难,尤其是采用碳氢燃料(如煤油)时更是如此。超燃冲压发动机的各部分结构要能承受飞行器高速飞行时的气动加热及高过载,发动机热结构设计很关键,应开展耐热、高强度材料(如陶瓷、复合材料等)的研制。

7.4.5　发展现状与趋势

高超声速吸气式推进最早被提出可以追溯到 20 世纪 50 年代,当时提出了超声速燃烧概念、通过冲压压缩来提高飞行速度的概念和途径等,并提出了"超声速燃烧冲压发动机"(scramjet)的概念。通过持续不断的研究,以美国为主要技术领导的世界各国在 20 世纪 90 年代已陆续取得技术上的重大突破。

1962~1978 年,约翰·霍普金斯大学应用物理实验室(JHU/APL)开展的超燃冲压发动机导弹计划,在进气道设计、可控性、液体超声速燃烧、燃烧室设计等技术获得了重大的突破,并首次提出了在进气道和燃烧室之间增设隔离段的设计方案。

20 世纪 80 年代到 90 年代,美国启动了以单级入轨空天飞机为目标的空天飞机(NASP)计划,尽管最终该计划没有完成,但在此过程中,超燃冲压发动机技术得以长足发展,基本掌握了飞行器/发动机设计方法、理论分析方法和 CFD 模拟技术,建立起大量的试验设备,通过大规模的大尺寸模型发动机试验获得了大量发动机试验数据,提高了发动机地面试验能力,为开展下一步超燃冲压发动机研究奠定了坚实的基础。

90 年代中后期至今,美国的超燃研究重点围绕高超声速飞行器试验(Hyper-X)计划、高超声速技术(HyTech)计划和高超声速飞行(HyFly)计划等技术演示计划展开。Hyper-X 计划主要研究并演示可用于高超声速飞机与可重复使用的天地往返系统的超燃冲压发动机技术与飞/发一体化设计技术。Hyper-X 计划的试飞飞行器,根据计划任务的不同,共有 4 型,分别是以氢燃料、碳氢燃料超燃冲压发动机为动力的 X-43A、X-43B、X-43C 和 X-43D 飞行器,每个型号分别演示验证不同的关键技术,详细的演示验证规划如图 7-25 所示。

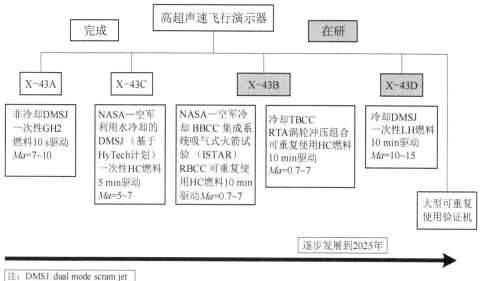

图 7-25　Hyper-X 计划演示验证规划

HyTech 计划由美国空军在 1995 年提出,目的是通过地面试验验证碳氢燃料超燃冲压发动机在马赫数 4~8 时的可操纵性和结构耐用性等。2013 年 5 月,X-51A 无人机飞行中起动超燃冲压发动机,在 18 300 米高空加速至 5.1 倍声速。图 7-26 是美国超燃冲压发动机发展路线和高超声速飞行器研制计划。

NASA 于 2012 年发布的推进系统技术路线中明确将超燃冲压发动机技术列为未来 10~15 年吸气式发动机的重点发展方向,如图 7-27 所示,将针对亚/超燃燃烧室技术、燃料技术、进气道技术、高温密封技术等关键技术展开研究。

俄罗斯是最早开展超燃冲压发动机飞行试验的国家,自 1991 年至 1998 年开展了名为"冷"(Kholod)计划的飞行试验,"冷"计划是由俄罗斯中央发动机研究院(CIAM)和俄罗斯中央空气流体动力研究院(TsAGI)等单位合作进行。试验模型为轴对称亚/超燃发动机,燃料为液氢。"冷"计划自 1991 年以来进行过 5 次轴对称发动机飞行试验,发动机长 4.3 m,质量 593 kg,由 SA-5 地空导弹发射。俄罗斯还发展了一种有翼高超声速试验飞行器 IGLA,飞行器全长为 7.9 m,翼展为 3.6 m,$Ma = 6 \sim 14$。氢燃料发动机由 3 个模块组成,总长为 1.9 m,质量为 200 kg。这种飞行器类似美国的 Hyper-X,主要用来研究机体/推进一体化、结构防热、飞行动

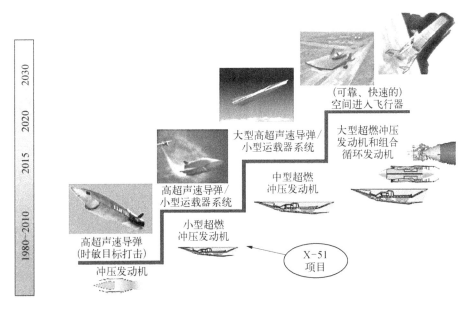

图 7 - 26　美国超燃冲压发动机发展路线和高超声速飞行器研制计划

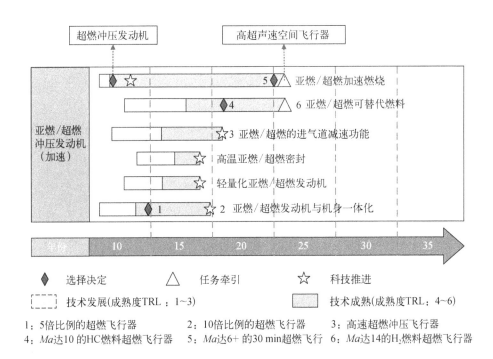

图 7 - 27　NASA 吸气式推进发展路线图

力学、计算流体动力学、地面飞行相关等一系列重大技术问题。2001 年 6 月成功进行了飞行试验,2004 年 2 月又在"安全 - 2004 战略演习"中进行了发射试验。

法国超燃冲压发动机的研究始于 20 世纪 60 年代。60 年代末建造了高超声速风洞 S4MA。70 年代初在 ESOPE 计划中进行了马赫数 7 的燃烧实验和马赫数 6 的直联式实验。90 年代初开始实施 PREPHA 计划,对超燃冲压发动机进行大量试验研究。近年,法国与俄罗斯、德国进行了大量合作,法国与俄罗斯合作开展了马赫数 3~12 的超燃冲压发动机项目、火箭搭载的飞行试验等。1997 年以来,法国与德国合作开展 JAPHAR 计划。2003 年 1 月,法国 ONERA 和 MBDA 公司开始实施一项名为 LEA 的飞行试验计划。目前,LEA 的首批次地面试验已经在改造后的METHYLE 试验设施上完成。

德国在空气动力学研究方面有着悠久的历史。1987 年开始了一项高超声速技术储备计划;1993 年与俄罗斯合作进行了各种马赫数 6 状态下的燃烧室试验,同时在马赫数 5 和 6 的状态下对缩尺矩形超燃冲压发动机进行了试验。1990~2003年,对 HFK 系列(HFK - L1、HFK - L2、HFK - E0、HFK - E1)高超声速导弹进行了多次试验,最大飞行马赫数 6~7。

回顾超燃冲压发动机的发展历程,超燃冲压发动机面临的技术挑战如下:

(1) 整个宽广的运行速度范围内(特别是在马赫数超过 8 时)发动机内部流动组织技术;

(2) 燃烧稳定性与过程优化技术;

(3) 燃烧增强技术;

(4) 地面试验和精细流场诊断、飞行试验以及数字模拟技术;

(5) 质量小、耐高温的发动机材料和有效的热管理技术;

(6) 发动机/飞行器一体化设计技术;

(7) 低速推进模式到高速推进模式的转换技术。

7.5 脉冲爆震涡轮发动机

7.5.1 基本概念

脉冲爆震涡轮发动机(pulse detonation turbine engine, PDTE)是一种利用脉冲爆震燃烧室(pulse detonation combustor, PDC)替代传统涡轮发动机中的等压燃烧室(包括主燃烧室和加力燃烧室)的新概念发动机(图 7 - 28)。该类发动机采用的是具有自增压、燃烧速度快及熵增小等显著优点的爆震燃烧,实现了燃气涡轮发动机循环从等压向等容的转变,可大幅提高发动机性能,具有广阔的应用前景[19]。

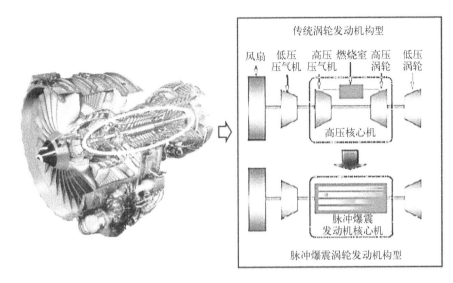

图 7-28 脉冲爆震涡轮发动机的结构示意图

7.5.2 分类及定义

根据脉冲爆震燃烧室替换位置的不同可以将脉冲爆震涡轮发动机主要分为以下 4 种。

（1）带脉冲爆震主燃烧室的涡轮喷气或涡扇发动机。其基本结构包括进气道、风扇、压气机、脉冲爆震主燃烧室、涡轮、传统加力燃烧室等部件,如图 7-29 所示。这种结构用脉冲爆震燃烧室替代了传统涡轮发动机的主燃烧室。爆震燃烧产物驱动涡轮后,经过加力燃烧室从尾喷管高速排出产生推力。

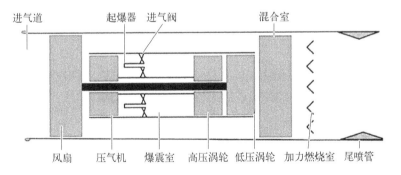

图 7-29 带 PDC 主燃烧室的涡扇发动机

（2）带脉冲爆震主燃烧室的涡轮轴/螺旋桨发动机。其基本结构包括进气道、压气机、脉冲爆震主燃烧室、涡轮、动力涡轮、减速器等部件,如图 7-30 所示。这种结构用脉冲爆震燃烧室替代了涡轮轴/螺旋桨发动机的主燃烧室,脉冲爆震燃烧产物的能量基本上由燃气涡轮及动力涡轮提取并输出轴功率。

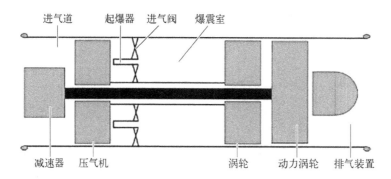

图 7 - 30   带 PDC 主燃烧室的涡轮轴/螺旋桨发动机

（3）带脉冲爆震外涵加力燃烧室的涡扇发动机。其基本结构包括进气道、风扇、压气机、传统燃烧室、涡轮、外涵道脉冲爆震加力燃烧室等部件，如图 7 - 31 所示。发动机的外涵道安装有脉冲爆震加力燃烧室，通过在外涵道组织爆震燃烧来实现增加发动机推力的目的。

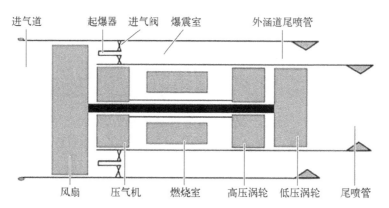

图 7 - 31   带 PDC 外涵加力燃烧室的涡扇发动机

（4）带脉冲爆震加力燃烧室的涡轮喷气或涡扇发动机。其基本结构包括进气道、压气机、燃烧室、涡轮、脉冲爆震加力燃烧室等部件，如图 7 - 32 所示。这种结

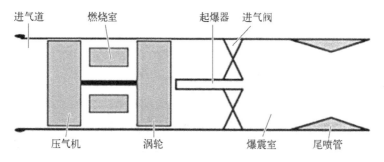

图 7 - 32   带 PDC 加力燃烧室的涡喷发动机

构用脉冲爆震燃烧室替代了传统涡喷发动机的加力燃烧室,通过在传统加力燃烧室内组织爆震燃烧来达到加力的目的。由于脉冲爆震燃烧室的增压作用,涡轮后的燃气经脉冲爆震燃烧室加热燃烧后其总压进一步提高,通过尾喷管膨胀后能够大大提高这种发动机的加力性能。

7.5.3　原理及优势

1. 理想爆震循环

图 7 - 33 给出了理想爆震循环和理想等压循环(Brayton 循环)的温熵图对比。其中理想爆震循环的热力循环过程如下:0~3 为进气道/压气机的等熵压缩过程;3~4 为爆震燃烧过程,包括 3~3a 的激波压缩过程和 3a~4 的燃烧放热过程;4~10 为涡轮/尾喷管的等熵膨胀过程;10~0 为燃气在外界环境中的一个等压放热过程。而理想等压循环与理想爆震循环的唯一区别在于前者加热过程为等压加热过程。

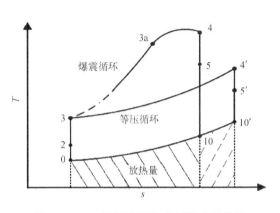

图 7 - 33　理想爆震循环、等压循环温熵图

根据爆震波的 C - J 理论(Chapman - Jouguet:查普曼-茹盖),爆震燃烧过程的熵增小于等压燃烧过程的熵增,而从自由来流到燃烧室进口截面均为等熵压缩过程(0~3),所以理想爆震循环在燃烧室出口截面 4 处的熵值要小于理想等压循环 4′处的熵值,燃气在涡轮/尾喷管等部件中经过等熵膨胀后(4~10 和 4′~10′),截面 10 处的熵值仍小于 10′处的熵值。因此,理想爆震循环在外界环境中的等压放热过程(10~0)的放热量要小于理想等压循环等压放热过程(10′~0)中的放热量(等压放热过程的放热量为温度-熵图上等压放热曲线 10~0 和 10′~0 向熵坐标投影所围成的面积)。当循环过程中的加热量相同时,理想爆震循环过程的吸热量要比理想等压循环的吸热量大,即循环功大,循环的热效率高。

2. 性能优势

(1) 由理想爆震循环分析可知,爆震循环热效率高(等压循环的热效率为0.27,等容循环的热效率为 0.47,爆震循环的热效率为 0.49),燃烧产物的热能更多地可以转化为有效功,使得发动机单位推力增大,耗油率降低。如图 7 - 34 和图7 - 35 所示,在相同压比下,采用爆震循环的发动机单位推力、耗油率均优于采用等压循环的发动机。

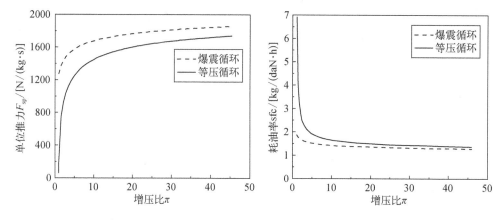

图 7 - 34   单位推力随增压比的变化曲线   图 7 - 35   耗油率随增压比的变化曲线

（2）爆震燃烧过程具有自增压作用（理论增压比在 6 左右），当利用脉冲爆震燃烧室替换传统涡轮发动机的主燃烧室后，部分压气机的增压比可以通过爆震室来实现，从而可以减少压气机级数，压气机级数减少后，涡轮级数也相应减少，发动机结构得到简化，质量大大减轻，从而能提高发动机的推重比/功重比。

（3）传统燃气涡轮发动机由于涡轮前温度的限制导致其工作马赫数不能太高。其原因主要在于随着飞行马赫数的升高，来流总温升高，气流经压气机压缩后总温更高，然而由于涡轮前温度的限制，燃烧室的加热量随着来流马赫数的提高只能逐渐减少，导致发动机的循环功降低，推力减小，进而无法给飞行器提供有效的推力。如图 7 - 36 所示，脉冲爆震涡轮发动机由于爆震燃烧的自增压特性，压气机部分的增压能力可以通过爆震室来实现，从而降低了压气机的负荷。压气机压比的减小使得压气机出口总温降低，涡轮前温度不变的情况下，脉冲爆震燃烧室的加热量增加，整个循环过程的循环功也增大；另一方面，压气机负荷减小后，涡轮从燃

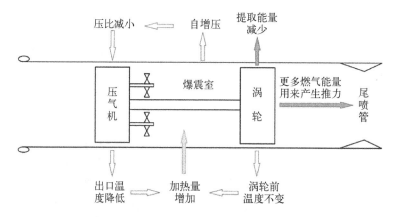

图 7 - 36   脉冲爆震涡轮发动机的高马赫特性原理图

气中提取的能量也相应地减少,更多的燃气能量可以通过尾喷管膨胀后产生有效的推力。这样,在高马赫数条件下飞行时,脉冲爆震涡轮发动机仍能产生有效推力,其工作马赫数范围更宽。

综上,将脉冲爆震燃烧应用于传统涡轮发动机中,一方面可提升发动机推力、降低耗油率;另一方面亦可减少压气机/涡轮级数,提高发动机推重比/功重比,且可使工作马赫数范围更宽,从而大大提高发动机的性能水平。

3. 各类脉冲爆震涡轮发动机与传统涡轮发动机的推进性能对比

图 7 - 37 给出了脉冲爆震涡喷发动机和传统涡喷发动机的高度、速度特性。可以看出,整个计算范围内,脉冲爆震涡喷发动机的单位推力性能和耗油率性能均优于传统涡喷发动机。当飞行马赫数 $Ma = 3$ 时,传统涡喷发动机单位推力几乎为 0,已经无法正常工作,而脉冲爆震涡喷发动机依然具有有效的单位推力,且能维持低耗油率,从而证明了脉冲爆震涡喷发动机的高马赫工作特性。

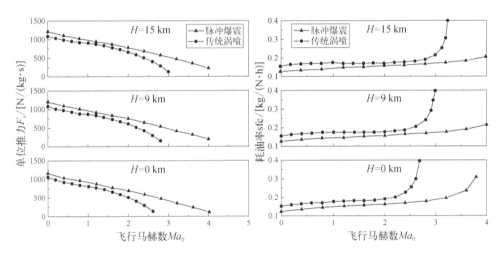

图 7 - 37 脉冲爆震涡喷发动机高度、速度特性

图 7 - 38 给出了脉冲爆震涡轴发动机和传统涡轴发动机单位功率、耗油率随压气机增压比的变化关系。可见,传统涡轴发动机最佳增压比为 15 左右,而脉冲爆震涡轴发动机最佳增压比为 4,从而可减少对压气机增压比设计负担,减少压气机级数、涡轮级数,提高功重比;同时脉冲爆震涡轴发动机单位功率明显高于传统涡轴发动机,耗油率则低于传统涡轴发动机,可增加直升机有效载荷,增加作战半径。

图 7 - 39 给出了脉冲爆震涡扇发动机和传统涡扇发动机推力、耗油率随飞行马赫数的变化曲线。可以看出在不同飞行马赫数下,脉冲爆震涡扇发动机耗油率均低于传统涡扇发动机;在高速、低速飞行条件下脉冲爆震涡扇发动机的推力均高于传统涡扇发动机。显然脉冲爆震涡扇发动机在有效拓宽飞行器飞行马赫数上、下限的同时,亦可增加航程,具体如图 7 - 40 所示。

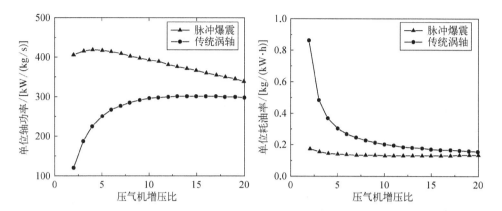

图 7 - 38 脉冲爆震涡轴发动机与传统涡轴发动机性能对比

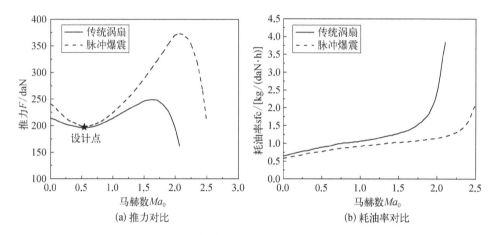

(a) 推力对比

(b) 耗油率对比

图 7 - 39 脉冲爆震涡扇发动机与传统涡扇发动机性能对比

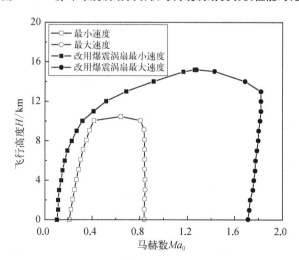

图 7 - 40 采用脉冲爆震涡扇发动机与传统涡扇发动机的飞行器飞行包线对比

7.5.4 关键技术

由于脉冲爆震燃烧室的周期性、自增压及非稳态燃烧特性与传统定压燃烧室存在较大的差异,使得脉冲爆震涡轮发动机真正实现工程化应用,还需要围绕以下关键技术开展深入研究:

(1) 脉冲爆震涡轮发动机总体设计技术;

(2) 高性能脉冲爆震燃烧室优化设计技术;

(3) 风扇/压气机与脉冲爆震燃烧室匹配技术;

(4) 脉冲爆震燃烧室与涡轮/动力涡轮匹配技术;

(5) 脉冲爆震涡轮发动机整机匹配技术;

(6) 脉冲爆震涡轮发动机高精度数值模拟技术;

(7) 飞机/发动机一体化融合设计技术;

(8) 脉冲爆震涡轮发动机控制技术;

(9) 脉冲爆震涡轮发动机热管理与热防护技术;

(10) 燃料在爆震燃烧室中喷射、掺混和雾化技术;

(11) 多管爆震的起爆频率控制和保持技术。

7.6 分布式混合推进系统

7.6.1 背景

经济性和舒适性一直是民用航空飞行器孜孜不倦的追求,低油耗、低噪音、低排放是民用航空发动机的追求目标。随着空中交通的日益繁忙,航空运输业受到了越来越多的重视,美国和欧盟均对下一代商用飞机在燃油消耗、噪声控制、污染排放等方面提出了新的要求,并制定了具体的发展目标。美国国家航空航天局(NASA)于 2008 年提出了对亚声速客机的性能目标,该目标分为 3 个阶段,第 1 阶段截至 2015 年(N+1),第 2 阶段截至 2020 年(N+2),第 3 阶段截至 2030 年(N+3),各阶段目标如表 7-2 所示。其中"N"为 B737NG 和 CFM56 代表的技术水平。欧盟也提出了未来亚声速客机的性能目标,计划以 2000 年的技术水平为基准,在 2050 年前实现二氧化碳排放减少 75%、氮氧化合物排放减少 90%、噪声排放减少 65%。

表 7-2 NASA 亚声速客机性能目标

参 数	N+1(~2015 年)	N+2(~2020 年)	N+3(~2030 年)
噪声/dB	−32	−42	−71
NOx/%	−60	−75	<−80
油耗/%	−33	−50	<−70

自 20 世纪 50 年代后期以来,商用涡扇发动机的总压比已从约 15 升至 40 以上,并且涡轮进口温度已从约 1 400 K 升至 1 800 K,同时压气机、涡轮等部件的效率也已经大幅提升。在此基础上,可选的总压比及涡轮的进口温度受到材料耐热强度、冷却技术的制约,已经接近极限,部件效率的提高空间也越来越有限,因此通过以上手段已经难以实现耗油率及排放的大幅度改善。目前商用涡扇发动机降低耗油率的一个主要途径是提高发动机的涵道比,这样可以提高发动机的推进效率,进而提高发动机的总体效率(见 2.5 节关于推进效率的推导)。目前民用涡扇发动机涵道比已经接近 10,进一步提升涡扇发动机涵道比的做法存在诸多问题,如大尺寸发动机与飞机的匹配和大直径短舱带来的较大安装损失,另外,更高的涵道比将使风扇叶尖速度更高,也会受到材料技术的限制。

一种思路是通过变速齿轮箱连接风扇和低压转子轴,以降低风扇转速从而降低风扇叶尖速度。这种发动机的涵道比可以达到 20 左右。但是,随着涵道比的进一步增加,变速齿轮箱的效率就会降低,其质量也会增加,导致发动机总重的增加,从而抵消掉了低耗油率的优势。对于更高涵道比的发动机,人们提出了开式转子发动机的概念,它可以在显著增加涵道比的同时不会增加太多质量。开式转子发动机通过增加风扇直径可以获得非常高的涵道比,但是它的噪声问题是目前难以攻克的难题。

另一种思路则是分布式混合推进概念(图 7-41),它为增加发动机涵道比提供了新途径。分布式混合推进系统将涡扇发动机的核心机与外涵道分离开来,核心机不再直接驱动推进风扇,而是通过发电以驱动多个小型风扇(推进器)产生推力来获得较高的涵道比,可以极大地拓展推进系统的涵道比极限。NASA 的评估表明,分布式推进系统可以实现 N+3 代技术指标,并把分布式推进和机体边界层摄入技术列为未来三十年最具发展潜力的技术之列。

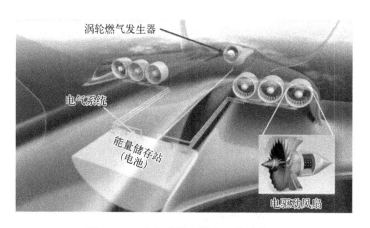

图 7-41 分布式混合推进系统结构图

7.6.2　基本原理

典型的电驱动分布式推进结构示意图如图 7 - 42 所示。主要的系统和部件有：涡轮发动机、机械轴、发电机、控制器、电池、电力电缆、电动机及风扇等。

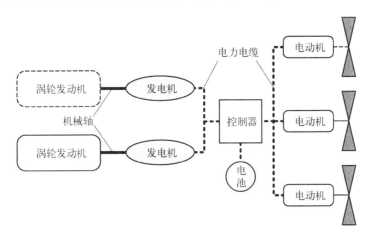

图 7 - 42　混合动力分布式推进系统结构示意图

在图 7 - 42 所示的推进系统中,将涡扇发动机中的大直径风扇替换为多个小尺寸推进器,所有的推进器都通过一个通用的机舱嵌入到机身的上后表面。整个推进系统通过燃气涡轮发动机带动发电机发电为电动机提供动力,电动机驱动推进器风扇产生推力。推进器与核心机之间没有物理连接,而是通过电动机-发电机及其间的电气系统构成的"电齿轮"相连。因此,核心机和风扇的转速不再互相约束,具有更高的自由度,极大地拓展了推进系统可用的涵道比。此外,核心机也能够根据飞行条件和功率需求选取更优的工作状态。

将混合动力分布式推进系统与翼身融合布局、机体边界层吸入技术相结合,可以实现未来对客机与运输机的低油耗、低排放、低噪声、大载荷、大航程和短距起降的要求,因此混合动力分布式推进系统的优势必须要结合飞行器的空气动力学设计才能够得到充分体现。与图 7 - 43(a)中传统的筒体-机翼构型不同,如图 7 - 43(b)所示,边界层吸入就是将机体边界层的低能气体吸入发动机,这种做法

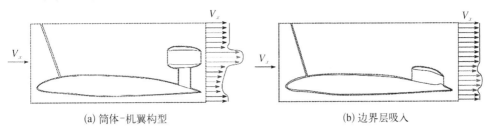

(a) 筒体-机翼构型　　　　　　　　　　　(b) 边界层吸入

图 7 - 43　传统构型与边界层吸入构型的控制面

的目的在于减少尾流中消耗的动能从而提高燃烧效率,同时机体尤其是机翼的边界层被发动机吸入后,推进器喷流填充了飞机低速尾迹,可改善机翼的气体动力学环境,从而进一步提升飞行器的性能。

7.6.3 结构/组成

混合动力分布式推进系统主要由涡轮发动机、发电机、电动机、储能系统以及传输总线组成。目前,最常见的架构配置有三种,分别是串联型、并联型与串并联型。

1. 串联型结构

燃气涡轮发动机带动发电机旋转产生电能,其中一部分为电池组充电,另一部分传输至电动机,电动机将电能转化为机械能,通过机械总线驱动推进器工作(图7-44)。

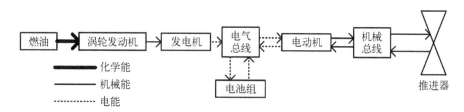

图7-44 串联型混合动力分布式推进系统的架构

2. 并联型结构

并联型结构(图7-45)推进系统通常有两种工作模式,第一种情况是电池组放电,此时电机作为电动机运行,与涡轮发动机共同产生机械能驱动推进器。第二种情况是涡轴发电机同时驱动推进器与电机,此时电机工作在发电机模式,为电池组充电。一般来说,在涡轮发动机与电机的能流路径上都会安装离合器,使两者的能量耦合或解耦。由于并联型架构中推进器有两个能量来源,为混合电推进飞机系统提供了安全冗余,因此现有的混合电推进飞机多采用并联型架构。

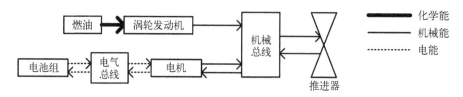

图7-45 并联型混合动力分布式推进系统的架构

3. 串并联型结构

串并联型结构(图7-46)的典型特征是使用行星齿轮系统将燃气涡轮发动机和电机连接到机械总线上,进而与传动轴相连。这种架构能够通过行星齿轮系统根据推进器的需求和燃气涡轮发动机的具体工作情况和电池的充放电能力自动分配燃气涡轮发动机和电动机间的功率,不再需要动态调整电机的工作模式,也不需要离合器就能实现涡轮发动机与电机的能量耦合与解耦,综合了串联型架构与并联型架构的特点,大大降低了系统的复杂度。目前,对串并联型架构的研究还处于理论阶段,没有在混合电推进飞机中得到应用。

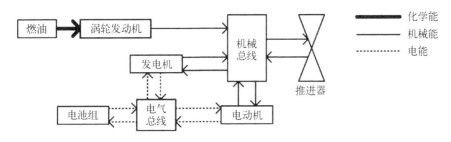

图 7‑46　串并联型混合动力分布式推进系统的架构

从系统总重和能量管理复杂度两方面分析,三种架构各有其优缺点。在推进器输出功率相同的情况下,理论上讲,串联型和串并联型架构比并联型架构的总重更大,原因在于以下三点。首先,串联型和串并联型架构中使用了两台电机;其次,两台电机在尺寸设计时都需要满足最大功率需求,而在并联型架构中,电机只需要提供巡航阶段与起飞阶段的推进功率之差,由于电机需要提供的功率较小,因此其质量也较小;最后,串并联型架构中需要功率分配设备,增加了系统配重。

能量管理复杂度随着功率流路径的数量而增加。一般来说,串联型架构的功率流路径数量最少,而串并联型架构的功率流路径数量是最多的。因此,能量管理复杂度应该按照串联型,并联型,串并联型的顺序递增。

7.6.4　关键技术

1. 飞发一体化布局/气动/性能设计技术

推进器主要由进气道、风扇、机匣及与其同轴或通过齿轮箱相连接的电动机和尾喷管等组成。与传统的"筒体‑机翼"构型相比,分布式推进器的一个重要特点是它的结构、工作环境与飞行器高度耦合:机身与推进器接触的部分会作为构成推进器进气道、机匣、尾喷管的一部分,而推进器的机匣上部外表面又参与构成了飞行器上部的气动外形;推进器的尺寸和风扇的工作状态决定了吸入的边界层气体的比例,而机身边界层的厚度又同时受到了推进器工作和飞行条件的影响。因此分布式推进器的设计必须要与飞行器的空气动力学设计结合才能够充分体现其中的优势。

2. 能量转换/传输技术

对于分布式混合动力推进系统,相对于大型商用涡扇发动机,若要取得明显的低耗油率优势,需要发电机/电动机具有远高于传统电机的能量密度和效率。超导电动机是一种很具前景的方案,全超导电动机的功率密度具备超过 25 kW/kg 的潜力。与传统电机相比,超导电机最大的优势在于通入直流电时导体上不存在热损耗,同时能够承载大大超过传统电机的电流密度。作为一种新型特种电机,超导电机目前已成功研制样机,但仍处在实验室研究阶段。

在电能传输方面,特别是高压直流输电领域,超导技术具备极大的优势。超导电缆具有容量大、损耗低的优点,已经在地面获得初步应用。目前的超导输电线缆已经能够将电阻控制在 0.001 Ω/km 以下,而 20 ℃下承载 1 kA 的铜电缆(电流密度以 5 A/mm^2 计算),电阻将达到 0.086 Ω/km,与之相比超导电缆的损耗几乎可以忽略。

3. 大容量能量存储技术

飞机在不同状态下需要的推进功率不同,要求推进系统中的供电系统具有长时间提供一定功率、存储大量能量和短时提供大过载功率的能力。若使用储能系统能补足推进系统所需峰值功率,就可以有效降低推进系统在任务剖面内的油耗。能够在飞机上使用的高能量密度型储能系统主要为化学电池,其中镍镉电池和锂电池的应用最广泛,氢燃料电池也具有应用潜力;高功率密度型储能系统多采用了新技术,主要有超级电容储能、超导磁储能和飞轮储能等。

4. 能量流动及优化管理技术

分布式混合动力推进系统通过优化调度储能系统的电能和涡轮发动机的能量,使得燃气涡轮发动机始终工作在高效状态,从而提高整个推进系统的效率。这需要针对分布式混合动力推进系统各个典型部件进行分析,深入研究其能量流动机理,各种不同能源形式转换过程中能量损失情况,准确把握燃油消耗量与推进器推力之间的对应关系,才能正确评估混合动力分布式推进系统的性能指标。能量的优化管理技术主要包括对电储能系统的充放电时机和充放电功率与燃气发生器功率的协同分配关系及不同能量形式的耦合机理。

5. 高效涡轮发动机技术

作为分布式混合动力推进系统的动力来源,涡轮核心机的工作效率对分布式混合动力推进系统的效率具有很大的影响,因此提升涡轮核心机的效率至关重要。现阶段进一步提升涡轮发动机效率的手段主要有提高涡轮前温度、压气机压比、部件效率等;对材料强度及耐温能力和加工工艺、高压比压气机设计、热端部件冷却技术、燃烧诊断及部件的高效化设计等也提出了更高的要求。

6. 热管理技术

热管理主要是指电力系统各部分的冷却、散热,这对电力系统特别是电机的性能有着重要影响。良好的冷却能够降低电机的运行温度,从而降低电机铜导线的电阻率,使得电机铜损降低,效率得到提高,同时电机绕组温度的降低有助于延长绝缘层的寿命,也即延长电机本身的寿命;对于混合动力分布式推进系统中的超导部件,则低温冷却技术很重要。超导材料需要工作在低温环境以维持超导状态,一旦温度超过超导材料的临界温度,超导材料将转为常导状态,无法正常工作,超导电机的热管理主要集中在隔热和保温上。当然,电力系统中其他超导器件如超导电缆、超导功率部件等同样需要进行冷却、保温和隔热。

7.6.5　发展现状及趋势

目前,国外关于分布式推进系统已开展了大量研究,从飞行器设计、推进器布局、推进系统方案设计、原理样机试验探究等各个方面都进行了探索与实践。我国对混合动力分布式推进系统的研究尚处于概念与原理分析阶段,主要跟踪国外分布式推进系统技术,针对飞机/发动机匹配、边界层摄入等技术开展了一些研究。

NASA 为研究推进系统对飞机的影响,基于波音的 N2A - HWB 布局提出了细化的常规起降翼身融合布局 N3 - X,并进行了细致分析(图 7 - 47)。推进系统采用常规燃气驱动涡轮超导发电机发电,驱动分布的低压比风扇。初始的推进系统采用 $N+2$ 代发动机部件技术,包括两台涡轮发电机和 14 个直径 128.5 cm 的风扇,风扇由电机驱动。NASA 正在进行包括飞机大小、基于任务的飞机燃油、排放和噪声等研究。

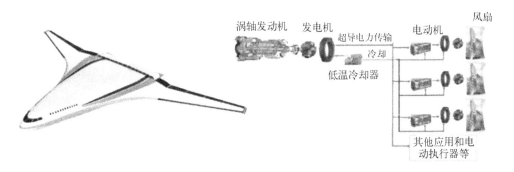

图 7 - 47　NASA N3 - X 及其推进系统

空客集团于 2013 年 11 月公布了与德国西门子公司和英国罗·罗公司联合开发的基于分布式混合电推进系统的"E - Airbus"100 座级支线客机概念。E - Airbus 采用 6 台电动风扇(图 7 - 48),每个机翼上沿展向分布 3 台,并通过一个燃气动力单元(即涡扇发动机)连接到发电机,以产生电力)为 6 台风扇(产生推力)提供电力和为电能存储装置充电,推进系统的等效涵道比预计超过 20。

目前 NASA 已经开展了"NASA 电动飞机试验台"(NEAT)的研制工作,以实现未来单通道混合分布式推进飞机全尺寸、实际飞行质量的动力装置在地面完成直到技术成熟度 TRL 6 级的试验。NEAT 试验台主要用来进行端到端的机载高功率

图 7 - 48　E‑Airbus 分布式推进概念图

电气系统部件测试(包括传统的和低温超导的发电系统),计划开展高压母线架构(600~4 500 V)、兆瓦级电动机、发电机和电力电子设备测试,以及控制通讯、电磁干扰、故障保护和热管理方面的试验。

7.7　其他新概念发动机和技术

7.7.1　齿轮传动涡扇发动机

齿轮传动风扇(geared turbofan, GTF)发动机的不同之处是在双轴涡扇发动机的低压涡轮、风扇与增压级间加入行星减速齿轮箱,以使风扇和低压涡轮及增压压气机都可在各自最有效的转速下工作,从而达到发动机最优化设计的目的。由于压气机叶片与风扇叶片的尺寸相差极大,相同转速下两者的叶尖速度并不相同。相对短小的压气机叶片可承受更高的转速来提升工作效率与进口流量;而较大的风扇叶片受制于结构强度与噪声需要转速尽可能低。两者共同妥协使用同一转速必然使压气机效率较低,风扇噪声较大。而齿轮传动可以使风扇与低压压气机分别在各自的最佳转速范围内工作,从而减少风扇的叶尖速度与叶根应力,增加低压压气机转速。因此,GTF 发动机具备更高的做功效率,更少的排放,更低的噪声。GTF 发动机的涵道比达到了 10~12,为用于空客 A320 和波音 737 飞机的 CFM56 与 V2500 发动机的 2 倍左右。涵道比的增大使其油耗比目前涡扇发动机的降低12%。在超过 200 万小时的累计飞行小时数中,其为客户节省了价值 2.5 亿美元的 1.4 亿加仑燃油,同时减少碳排放 140 万吨。

2007 年,P&W 公司开始对 GTF 发动机的验证发动机(全尺寸推力为 136 kN)进行地面试验;2008 年,开始对验证发动机进行飞行试验。P&W 公司将 GTF 发动机称为"清洁动力 PW1000G 系列发动机",涵盖的推力级别为 63~104 kN;在尺寸上适用要求推力为 62~134 kN 的新飞机,包括从低端的三菱支线喷气(MRJ)飞机到最高端的空客和波音公司的下一代单通道飞机。俄罗斯 MC‐21 飞机、庞巴迪的 C 系列飞机和三菱的支线喷气飞机已经选择了 GTF 发动机作为其动力装置;P&W 公司准备将 GTF 发动机作为未来民航的动力与空客和波音下一代单通客机驱动发动机来竞争,准备进一步增大涵道比提升推力,降低耗油率与噪声,减少零件数简化结构以减重,并在热效率与先进材料方面对其做进一步提升。

7.7.2　智能发动机

随着人工智能技术的发展,智能发动机已经成为未来航空发动机的发展趋势之一。传统的航空发动机功能较为单一,不能实时自主地对外部因素改变做出响应,可操作性不强。因此在设计、使用、维护过程中往往会留有较大裕度,导致发动机经济性下降。而智能发动机的发展将弥补传统发动机的不足,并进一步满足未来航空发动机的需求。智能发动机的"智能"主要表现在以下三个方面。

1) 智能感知

就像所有智能产品一样,发动机也需具备感知能力。智能发动机将与其他发动机及支持生态系统互通互联,实现多方的双向信息流。互联性将使发动机的健康监测系统从通用转为个性,通过智能学习算法可以获得每台发动机的性能衰减、寿命消耗的近似规律,使维修服务准确高效。智能发动机将感知运行环境、制约因素和客户需求,使发动机真正地理解周边的环境,为智能执行、智能控制打好基础。罗·罗公司目前已与微软公司开展合作,借助微软 Azure 物联网云平台技术对地理位置分散的不同数据源进行收集与汇总,形成对发动机运行数据的管理与整合。同时,罗·罗公司内部设立了致力于发动机全生命周期数据分析工作的 R2 数据实验室,借助人工智能和机器学习手段,加速对数据的解读分析,构建发动机的数字孪生体。

2) 智能执行

在智能感知的基础下,智能发动机将实现无须人工干预自动响应。在 2010 年冰岛艾雅法拉火山爆发事件中,由于火山灰对发动机核心机的影响,多数航空公司选择停飞并承受了大量经济损失。在此之后罗·罗研究开发了一个计算火山灰累计损伤的模型,从而判断发动机在火山灰影响的情况下的安全工作裕度,最大限度地使用空域,减少了经济损失。在这种突变的环境条件下,智能发动机将利用其强大的互联能力与场景理解能力,实时优化当前条件下的运行策略,安全经济地完成飞行任务。

机器人技术为改进发动机的维护方式提供了机会,如加快检查进程,无须从飞机上拆卸发动机进行维护等。罗·罗公司正在与国内顶尖大学和其他公司联合开发一系列维修机器人,包含微型机器人、蛇形机器人等。SWARM 机器人是一组携带摄像头的小型协作设备,它们能在发动机内爬行,对难以触及的区域进行视觉检查,并将图像实时回传给操作员,如图 7-49 所示。FLARE 蛇形机器人能够像内窥镜一样在发动机中穿行,并对受损热障涂层进行修复,无须从机翼上拆卸发动机(图 7-50)。

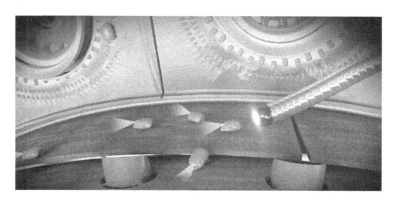

图 7-49 SWARM 集群机器人被送入发动机内部进行检测

图 7-50 FLARE 蛇形机器人修复燃烧室涂层

3)智能控制

智能控制是智能系统与发动机各部件交互的最终阶段。在智能感知的基础下,智能发动机可以调节自身行为,自我诊断,甚至自我维护;可以从自身经验以及所在网络的其他发动机学习,实现最佳性能。通过增强互联性、情境感知和理解力,智能发动机将逐步提升效率和可靠性,智能发动机将在更广泛的运营环境中不断互相学习,调整自身行为,从而实现更高性能。

1988~2005 年美国实施了综合高性能涡轮发动机技术(Integrated High Performance Turbine Engine Technology, IHPTET)计划。在该计划中,发动机控制采用了基于模型的智能数字发动机控制(model based intelligent digital engine control, MOBIDIEC)技术,其原理如图 7-51 所示。该技术改变了基于传感器的传统控制方式,其通过机载自适应模型计算发动机性能参数作为反馈,实时反映发动机的实际工作状态,构成直接性能量控制,通过降低发动机保留的裕度,充分发挥发动机潜力。随后,为降低生产和维修成本,美国开展了经济可承受多用途先进涡轮发动机(Versatile Affordable Advanced Turbine Engine, VAATE)计划。在以上两个计划中,智能发动机控制(intelligent engine control, IEC)均被视为核心技术。

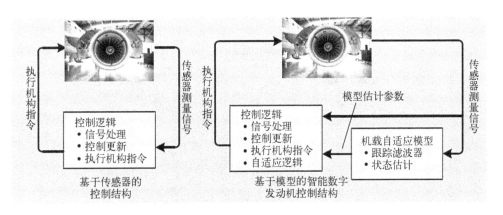

图 7-51 传统发动机控制与智能发动机控制结构对比图

7.7.3 波转子增压循环发动机

传统改进燃气轮机的方法是:提高推进效率和热效率。即使用先进技术有望带来显著效益。但无论是普惠的齿轮传动涡扇(geared turbofan, GTF)发动机、GE的开式转子,还是斯奈克玛和罗·罗的最新产品,主要依靠的是提高推进效率,而不是改变基本的热力循环。由于叶轮机械的气动性能已经很好,未来的跨越式发展变得越加困难。热效率的提高需要一个很长的时期,因此目前有潜力来改善循环的过渡性措施是一种待开发的非定常流装置,它通过压力波展缓能量,正在试图进入现役发动机以取代当前的燃烧室,或取代一台先进发动机的全部高压部件和燃烧室,但该装置并不是机械地与压气机或涡轮相连。波转子就是这种形式之一,它利用不稳定波来转换能量,而不是通过固定表面的运动。脉冲爆震发动机(pulse detonation engine, PDE)、脉冲燃烧室和激波管也是属于这种形式。

波转子,也称压力交换器、能量交换器,是利用不稳定的波对不同能量密度的气流进行能量交换的设备。此外,波转子是一种自冷却动压交换设备,具有提高各种发动机和机械的性能与运行特性的特有优势。波转子嵌入燃气涡轮发动机中,可大大提高发动机的效率和单位功率,从而减少燃油消耗、降低污染。

国外已经提出的波转子结构包括通流波转子、回流波转子、内燃波转子和外燃波转子。通流波转子是燃气和空气进口位于转子同一侧。回流波转子是空气的进排气端口位于波转子的同一侧,而燃气的进排气端口位于波转子的另一侧。这两种结构都能改善发动机的性能,但内部流动过程完全不同。外燃波转子是指燃烧在波转子外进行,内燃波转子是指燃烧在波转子通道内进行。目前国外研究得较多的是通流外燃波转子技术。图 7-52 是四端口通流外燃波转子和回流外燃波转子增压循环发动机的结构示意图。

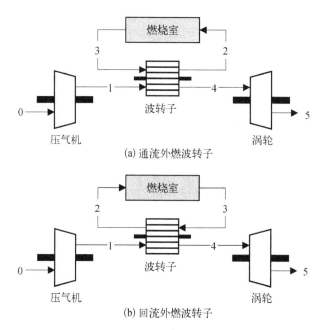

(a) 通流外燃波转子

(b) 回流外燃波转子

图 7-52　四端口通流外燃和回流外燃波转子增压循环发动机结构示意图

如同 PDE 和脉冲燃烧室一样,波转子的概念是基于通过提高燃烧过程压力来提高发动机热力学效率的想法。在波转子中,燃烧发生在一系列管道的限制空间内,这就意味着气体压力的上升,由于是等容燃烧,也就提高了整个发动机的效率。可以通过图 7-53 的理想定容循环(Humphrey 循环)与理想定压循环(Brayton 循环)对比,推导出这两种循环的热效率。

定压燃烧(Brayton 循环 1-2-5-6-1)的循环效率:

$$\eta_t = 1 - \frac{T_{t1}}{T_{t2}}$$

定容燃烧(Humphrey 循环 1-2-3-4-1)的循环效率,其中 γ 为比热比:

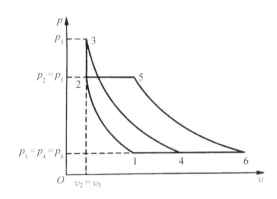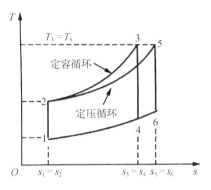

图 7 - 53　理想定容和理想定压循环

$$\eta_t = \frac{1 - \gamma \dfrac{T_{t1}}{T_{t2}} \left[\left(\dfrac{T_{t3}}{T_{t2}} \right)^{\frac{1}{\gamma}} - 1 \right]}{\dfrac{T_{t3}}{T_{t2}} - 1}$$

定容循环中的循环效率依赖 T_{t1}/T_{t2} 和温比 T_{t3}/T_{t2}(实际上即 p_{t3}/p_{t2})。波转子通过增加燃烧室压力,利用了等容燃烧从而提高循环效率。其工作原理是:来自压气机的空气进入波转子,在波转子通道内进一步受到压缩,然后进入燃烧室。这样,燃烧的压力和温度将比定压循环的高。热燃气离开燃烧室进入波转子并对来自压气机的空气进行压缩,将能量转移到来自压气机的空气中后,膨胀并进入后面的涡轮。由于燃烧后的气体在波转子内提前得到膨胀,因此进入涡轮后的温度比燃烧室出口的低。但是,由于气体在波转子中压力增加了,所以燃气的压力比压气机出口的压力高。利用波转子增压后,从涡轮中提取的功更多,因此增加了发动机的总热效率和单位功率。

1995 年,NASA 的 Welch 对小型(300~500 kW)和中型(2 000~3 000 kW)波转子增压循环涡轴发动机的性能进行了估算。结果表明,采用波转子技术后可使发动机的耗油率减少 16%~17%,单位功率增加 19%~21%。对采用波转子增压循环的大型涡扇发动机进行计算的结果是,发动机的推力与基准发动机的相等,耗油率可减少 6%~7%。1998 年,NASA 对于一种可用于未来先进燃气涡轮发动机的四端口波转子部件进行了试验研究并取得了成功。目前,NASA 正研究将波转子作为未来燃气涡轮发动机的核心机,以达到更高的峰值循环温度和压力。NASA 对波转子的研究主要集中在密封技术的试验研究上,该技术被认为是高压波转子设计的关键技术。

到目前为止,国外对波转子增压循环发动机的研究主要包括:进行了发动机的初步设计和一般布局研究,进行了详细的循环分析,确定了验证机的性能水平,同时进行了波转子的机械设计以及初步的传热、应力、结构和动力学分析。

7.7.4　核能发动机

2019 年 10 月,《麻省理工科技评论》选出当年"全球十大突破性技术",其中的第二项为"核能新浪潮(New Wave Nuclear Power)"。全球已有多家研究机构、甚至有数家顶尖航空企业投身这项研发活动。《航空周刊》2014 年 10 月报告,洛克希德·马丁公司称他们设计的磁约束紧凑型核聚变装置将实现小型化(7 英尺①×10 英尺)。科技网站 arstechnica 2015 年 7 月报道,波音获批一项高效激光点火核聚变发动机设计技术专利,有望产生飞行器新动力。波音希望用这种核动力引擎代替目前航空涡轮动力装置。2015 年 8 月,MIT 发布一款小型磁约束聚变反应堆设计方案,计划 10 年内建成原型装置并发电。上述研究咨讯表明,人类以核能替代化石能源的最新努力在加快,而可控核聚变因不带来放射性污染,原料取之不尽,可视为终极的能源方式。

7.7.5　离子风推进技术

2019 年初,美国麻省理工学院(MIT)研究人员研制出一架颠覆传统动力系统的飞机。试验机重 2.45 kg、翼展 5 m,机翼下不是传统的引擎,而是布列数排、由非常细的导线组成的两组电极。一组在机翼前面,一组在机翼后面。在前后两极分别施加正、负 20 000 V 的电压,用这个电场去电离极间大气中的氮。生成的氮离子从正极奔向负极,与中性空气分子相互碰撞,产生推动飞机前行的"离子风",飞行器以 4.8 m/s 的速度飞行了 10 min,飞行约 60 m。这次飞行被认为是航空史上首次固态(无动部件)动力装置的验证飞行。但推力微小,工程化为时尚远。

7.7.6　航空燃气涡轮发动机中的新技术

1. 风扇技术

军用发动机的风扇技术重点是减少风扇级数,使风扇质量更轻和更加可靠,民用发动机风扇的研究重点是降低噪声。

为提高风扇的压比,减少其级数,美国 IHPTET 计划中需要发展弯掠设计等三维叶片设计方法、高叶尖速度、混流风扇、分布式等概念,并且更多地采用 CFD 方法。在增加可靠性方面,为消除干扰,提高压比与效率,避免喘振可采用三维弓形静子叶片与大小叶片风扇转子。

随着民用涡扇发动机涵道比增加,风扇叶片直径逐渐增大,风扇叶片减重成为发展重点。早期空心风扇叶片、整体叶盘转子、有机及金属基复合材料的发展,已经使风扇部件质量大大减轻,这对于减轻飞机起飞总重,减少任务燃油消耗十分关

---

① 　1 英尺(ft)= 0.304 8 米(m)。

键。民用涡扇发动机为了降低其风扇噪声,风扇一般为单级低压比设计,出口温度低,因此目前适用于低温环境的低密度高比强度的树脂基复合材料实心叶片正在替代钛合金空心叶片成为主流。

经过数十年技术积累的 GE 和 Snecma 公司,已经基本完成了在复合材料风扇方面的专利布局。英国罗·罗公司目前的超扇(UltraFan)发动机的 CTi 风扇系统,采用的碳纤维/钛合金空心风扇叶片和复合材料机罩,每架飞机可减重 1 500 磅(约 680 kg),相当于多载 7 名乘客而不增加成本。为了进一步研制碳纤维增强复合材料风扇叶片,罗·罗公司与吉凯恩集团(GKN)一起设计碳纤维风扇叶片试验件,有望在 2020 年前应用于 Trent - XWB 之后的下一型新发动机。

2. 先进压气机技术

在航空燃气涡轮发动机的研制中,压气机,尤其是高压压气机,是决定发动机研制成败的关键因素之一,是航空发动机研制的技术瓶颈。下面列举一些先进的压气机气动设计技术。

(1) 宽弦叶片设计技术是近年来使用最为常见的风扇、压气机设计技术,当然,大部分设计同时也融入了掠弯等压气机叶片设计的先进要素。宽弦叶片的优势有:有效增加压气机的级负荷,减少压气机的级数和零件数,使得压气机结构更为紧凑;提高气动稳定性,增强抗外物打伤的能力及改善振动和抗疲劳特性,提高压气机结构的可靠性和寿命。鉴于宽弦叶片的优势,西方在第三代改进型及第四代军用发动机上均采用了宽弦叶片。

(2) 前掠叶片和后掠叶片是现代航空发动机上广泛采用的又一个主要的风扇、压气机叶片设计技术。前、后掠叶片技术实质是通过新型三维气动布局实现流动控制,提高压气机负荷、效率和气动稳定性并降低流动损失。

(3) 大小叶片技术就是在全弦长叶片中后部槽道中间区域增加一排小叶片来控制气流在后段的分离,实现叶片弯角增加和负荷的提高,该技术能较大地提高轴流压气机叶片做功能力,是轴流压气机级增压比达到 3 或 3 以上的具有发展潜力的技术,是国内外压气机研发的一个热点技术。大小叶片技术进入工程应用的关键是,实现设计点和非设计点性能的综合优化,解决相关的结构强度和多级压气机的级间匹配问题。

(4) 吸附式风扇压气机设计技术是近十多年来发展并有望用于下一代航空发动机的高负荷压气机设计技术。该技术主要是采用叶片叶背抽吸附面层的方法,推迟或避免叶片表面附面层分离,以提高叶片气动负荷。其主要优势是能够较大地提高扩散度,从而提高级压比。目前吸附式风扇实现的单级压比达到 3.5,远高于其他的高负荷风扇设计技术达到的水平,但其主要弱点是其抽吸系统复杂和存在结构强度等技术难题。下一步,将自适应概念和吸附式风扇/压气机技术结合有望实现工程上的应用。

在压气机先进设计方法带来压气性能持续提高的同时,先进结构、材料和制造技术的应用大大促进了高性能压气机和先进发动机的研制。如压气机宽弦叶片采用空心结构、整体叶盘结构、整体叶环、复合材料叶片等。先进工艺及加工技术有:叶片激光冲击强化处理技术、树脂转移成型工艺、永久铸模工艺、超塑性成形工艺等。

3. 先进的燃烧室技术

现代高性能发动机对主燃烧室提出了越来越高的要求:燃烧技术进展主要针对如何提高燃烧效率、降低油耗、增加燃烧室温升、延长燃烧室使用寿命、改善结构可靠性、耐久性和维修性、降低污染物排放以及研究新的冷却方法和冷却结构开展。军用发动机主燃烧室要求其具有更高的温升工作能力和更宽的工作范围,而民用发动机需要低排放燃烧室。基于新的要求与挑战,先进的燃烧组织技术和火焰筒冷却及结构技术是保证高性能航空发动机燃烧室能够满足设计要求的关键,通过低排放燃烧技术能够满足发动机适航取证。

1)燃烧组织技术

在燃烧组织技术方面,有下列新型燃烧室。

(1)旋流器阵列多点喷射燃烧室。

此类燃烧室是将常规燃烧室头部的旋流器和喷嘴的尺寸缩小,在传统燃烧室单个头部大小的空间内布置多个喷射点。喷射点的燃料和空气快速均匀混合、每个喷射点有自己的回流区和燃烧区,可进行分区燃烧。因此可兼顾燃烧室在低工况下的稳定工作和高工况下的高效燃烧,适用于工作范围宽广的高温升燃烧室。此外,可以对喷射点进行控制,使其具有温度场主动调节能力,能够满足高性能军用发动机高品质燃烧室出口温度场的需求。

(2)驻涡燃烧室。

驻涡燃烧室是一种采用独立凹腔进行稳焰的燃烧室,最早在美国的 IHPTET 计划中提出。驻涡燃烧室由产生值班火焰的凹腔结构和钝体稳焰主燃区组成,其主要特点是可以实现分区分级燃烧,发动机在点火、慢车等小工况状态时,燃烧室只在驻涡区工作,保证了燃烧室低工况稳定性;而在起飞等大功率状态下,驻涡区和主燃区同时工作,保证高工况下的高效燃烧性能;点火器位于驻涡区内,不易被吹熄,点火性能相对其他燃烧室更加优越。由于能实现分级燃烧,有效控制氮氧化物等污染排放物生成。美国 GE 公司在驻涡燃烧室研究方面处于领先地位,通过多年的研究已经发展了四代驻涡燃烧室,并开展了相关试验,GE 公司在 2007 年完成了全环形驻涡燃烧室设计和试验验证,拟应用在高推重比发动机上。

(3)涡轮级间燃烧室。

涡轮级间燃烧室是在高低压涡轮之间再布置一个小型燃烧室,由于有涡轮级间燃烧室的存在,可以拓展压气机总增压比的设计范围,适当降低涡轮前温度提高涡轮寿命,实现高飞行马赫数下发动机推力更大耗油率更低的目标。

（4）超紧凑燃烧室。

超紧凑燃烧室是目前几种先进燃烧室技术如：凹腔稳焰、多点喷射组织燃烧、周向燃烧、旋流燃烧、补气射流、驻涡燃烧等技术的综合应用的集成。超紧凑燃烧技术目前已经在涡轮间燃烧上进行了试验验证，其贫油熄火油气比只有目前系统的 25%～50%，同时在应用时可以和涡轮叶片整合一体，实现涡轮内燃烧构想，并且已经开始实施，更设想用以取代主燃烧室，实施定温循环，实现高效率动力输出，并作为下一代燃烧室技术，减小发动机质量和尺寸。

2）火焰筒冷却及结构技术

随着航空发动机性能不断提高，燃烧室进口温度、压力和出口温度逐步上升，高温燃气向火焰筒壁面的热辐射强度日益增强，而冷却空气的温度日趋增高，同时可用的冷气量愈来愈少，使火焰筒冷却问题越来越突出。不难理解，改进火焰筒壁面结构以及提高空气冷却效率成为主要解决问题的途径。其中包括多斜孔气膜冷却、多孔层板冷却、浮壁式火焰筒、陶瓷基复合材料（ceramic matrix composite，CMC）发散冷却火焰筒技术等火焰筒冷却与结构技术。

与常规气膜冷却相比，多斜孔气膜冷却可节省约 40% 的冷却气量，综合冷却效率可达 90%，冷却方面比纯膜冷却的火焰筒壁温约低 150 K，可有效避免径向温度分度较大的问题，有利于延长火焰筒的寿命。多孔层板冷却则比纯气膜冷却时冷却气量减少约 60%，明显提高了冷却效率。F119、F136 等燃烧室中就采用了此冷却结构。浮壁式火焰筒则是为了满足高性能发动机燃烧室的高温、低排放、少冷却气量及长寿命要求而研制的，是一种先进冷却技术和创新的火焰筒结构相结合的部件技术，解决了常规火焰筒在高负荷条件下，因火焰筒壁温不均匀而引起低循环疲劳裂纹故障等问题。普惠（P&W）公司早就结合 E^3 节能发动机计划研究浮动壁燃烧室，美国空军和海军也曾资助 GE 公司研究浮壁式燃烧室，但前者发展得最成熟，并开展了三代浮壁式燃烧室。20 世纪 90 年代初，普惠首先将其应用到 V2500 发动机，并取得成功。在此之后，普惠公司又将其应用到 F119 和 PW4084、PW6000 等发动机，而国内对燃烧室火焰筒浮壁式结构的研究起步较晚，多数处于试验研究阶段。

3）低排放燃烧室技术

燃烧室污染排放物主要包括：CO 排放、未燃碳氢化合物、氮氧化物（NO_x）和烟尘排放等。目前除氮氧化物以外，其他排放指标已经相当低，低排放计算的重点是进一步降低氮氧化物的排放，直接的措施是缩短燃料的燃烧时间，降低燃烧区的燃烧温度。富油燃烧–猝熄–贫油燃烧技术（rich-burn/quick-quench/lean-burn，RQL）是现代航空发动机减少 NO_x 排放的基本燃烧策略之一。罗·罗公司的第五阶段燃烧室（单环腔燃烧室）、普惠公司的 TALON 燃烧室和霍尼韦尔公司的 SABER 燃烧室都是在 RQL 燃烧室的基础发展而来的，而 GE 公司低排放解决方案则是采用新技术和全新的设计,如双环腔燃烧室(double annular combustor, DAC)和双环预混旋流器(twin annular premixing swirler, TAPS)燃烧室。

4. 先进的涡轮技术

先进涡轮技术研究目标突出了平衡高性能、经济可承受和设计可靠之间的要求。为此,设计者们通过采用先进的气动、结构、冷却、强度设计,以及新材料和新工艺等多种技术措施来实现这一目标。

1) 涡轮 CFD 技术

(1) 非定常仿真技术。

随着计算机技术的不断发展,现有的计算设备已能开展非定常仿真技术的大量研究工作。部分国外发动机公司不同程度地采用了此项先进设计技术,如美国的 IHPTET 计划中将非定常仿真技术用于解决静子和转子之间的相互作用的机械激振,并将此技术用于 F119 发动机设计。近年来国外开展了凹槽顶部间隙、轴向气封间隙、热斑、尾迹、气膜冷却等气动和传热非定常方面的研究和应用,极大地提高涡轮叶片设计水平。

(2) 气膜冷却仿真技术。

通常采用以下两种方式进行气膜冷却数值模拟:第一种是冷区喷射源项法,该方法所需工作量和计算时间较少,易于实现。第二种是真实气膜孔仿真方法,此方法划分网格复杂、时间长、计算量大,但可以获得非常详细的流动信息,实现气热耦合计算,对温度场的求解更加准确。国外实现了基于结构化网格和非结构化网格的真实气膜孔仿真,如:霍尼韦尔公司的 Paul Vitt 等、美国加利福尼亚州空气动力中心的 Ron Ho Ni 等、俄罗斯 OJSC 的 Victoria Krivonosova 等。

2) 三维设计技术

(1) 超高载荷叶片全三维设计。

随着对发动机性能、质量、可靠性、经济性等的要求越来越高,涡轮叶片数量越来越少,涡轮叶片载荷也越来越高,涡轮处于跨声速流动至超声速流动状态,需要开展超高载荷叶片的全三维设计技术研发。其中,包括了叶片复合倾斜技术、叶片端弯技术、叶片端壁融合技术、宽弦叶片技术、支板与叶片融合设计技术、跨音叶型设计技术、超音叶型设计技术等。

(2) 非轴对称端壁技术。

非轴对称端壁技术可减小涡轮二次流损失,从而提高涡轮效率。罗·罗公司是第一个开始研究和应用该技术的发动机公司,并申请相关专利,采用非轴对称端壁设计技术可提高涡轮效率 1.0% 左右。空客 A380、遄达 900 航空公司的低压涡轮部件和先进中等推力 E3E 发动机核心机的高压涡轮导叶及工作叶片端壁均采用了该技术。MTU 公司构建了一套非轴对称端壁设计体系。P&W 公司是首个进行非轴对称端壁设计对冷却效率影响研究的公司。

3）高效冷却叶片设计

在涡轮冷却叶片方面，Allison 公司提出铸冷叶片（CastCool）技术。在 IHPTET 计划中 Allison 公司研发了一种 Lamilloy 冷却方案，此方案为多孔层板材料叶片。在 IHPTET 计划第二阶段，CastCool 技术与 Lamilloy 冷却方案结合，研制出了铸冷高低压叶片，并在 CAESAR 验证机中进行了强度和冷却试验验证。普惠公司则提出超冷（super cooling）叶片技术，并在 IHPTET 计划第二阶段，在 CAESAR 核心机中进行了试验验证。同时，普惠公司在 F135 发动机的高压涡轮上采用超冷技术，冷却效率提高 20%。此技术已经在 F136、PW8000 发动机高压涡轮叶片得到了应用。

4）高低压涡轮对转技术

高低压对转涡轮结构是高负荷单级高压涡轮后对接对转无导叶低压涡轮。IHPTET 计划中的 GE 公司 COPE 涡轮方案验证了这一技术。F136 发动机就采用了此结构。F119 发动机虽然也使用了高低压涡轮反转技术，但其高压涡轮和低压涡轮之间仍带有导叶。无导叶对转涡轮技术不仅可用在军用涡扇发动机上，也可用于民用涡扇发动机。

5）双辐板涡轮盘

普惠公司在先进涡轮发动机燃气发生器 XTC67/1 上试验了焊接的双辐板高压涡轮盘技术，验证了涡轮盘质量减轻 17%，同时转速提高 9%。

6）可变面积涡轮导向器

GE 在第二代变循环发动机（GE21）的研制中实现了可调面积低压涡轮导向器技术突破；在第三代变循环发动机（F120）的研制中实现了可调面积高压涡轮导向器技术突破，并实现了发动机空中试飞验证；在 GE 与 Allison 公司（AADC）（罗·罗公司参与）联合研究的第四代变循环发动机的 COPE 方案中关键技术之一就是高效可调面积高压涡轮导向器，采用了一种独特的凸轮驱动结构解决过去变面积导向器的冷却漏气引起的性能损失问题，能使部分推力状态下耗油率降低 10%~25%。

7）叶尖间隙主动控制技术

涡轮叶尖间隙主动控制技术是一项通过控制涡轮叶尖间隙的变化来降低发动机耗油率、污染物的排放，提高可靠性和延长使用寿命的重要技术措施。高压涡轮叶尖间隙减小 0.254 mm 可减小 1% 的耗油率，排气温度降低 10 ℃。主动间隙控制的目的是让涡轮叶尖间隙在发动机工作过程中，尤其是在巡航状态下保持一个最小值，同时又能保证在整个发动机飞行包线内叶尖的涡轮外环不会发生碰撞。在大涵道比发动机上广泛采用主动间隙控制技术。目前，热控制方法的主动间隙控制得到了广泛的应用。如 CFM56、PW4000、V2500、GE90 等都采用的是主动控制方法。但由于主动热控制方法存在响应速度慢且无反馈信息，而无法精确控制间隙的原因，国外正大力开展机械控制、压力控制等研究和验证，预计在不久的将来，这些新的主动间隙控制方法会在大涵道比航空发动机和航改燃机上得到广泛应用。

8) 先进刷式封严技术

刷式封严结构可大大降低航空发动机空气系统的气流量损失,增加推力,降低耗油率,显著提高发动机性能。刷式封严是一种接触式密封,与传统的篦齿封严相比,质量小、易于更换。GE 公司的试验表明刷式密封的泄漏量只有篦齿密封的 5%~10%。德国 MTU 公司的研究也发现,用刷式封严代替压气机和涡轮处的篦齿封严,则发动机的泄漏量可减少 80%,相应的发动机耗油量能减少至少 1%。英国牛津大学于 1990 年提出了"压力平衡型低滞后效应的刷式封严"的专利设计,这种结构已经在 GE90 发动机的试验中通过了验证。在高密封压力、高环境温度和高表面速度的环境下,刷式封严存在刷丝掉毛现象,同时也存在密封的滞后效应,MTU 研制了一种新型的刷式封严结构以解决此问题。

5. 机械系统技术

机械系统技术领域的研究重点是显著改善润滑、密封、转子和轴承系统。先进润滑剂的目标之一是开发一种耐温能力为 625 ℉,耐久翻倍的高温液体润滑剂。在先进有限寿命发动机领域,固体薄膜和蒸气相润滑技术将降低发动机的成本,降低燃油消耗。发展先进的高速对转轴间碳密封将改善单位燃油消耗率,降低寿命期成本。钛基复合材料的发动机轴质量更轻,可减少动态负荷,改善间隙控制,质量可比 INCO 的减少 30%,刚性比钛合金的增加 40%。

开发改善疲劳寿命、抗断裂韧性、抗腐蚀轴承材料,大大提高发动机的耐久性和改善寿命期成本。磁浮轴承和整体化的起动机/发电机将取代发动机传统的液体润滑系统和齿轮箱。倾斜衬垫、流体薄膜推力轴承可取消用于转子推力控制的二次流空气,改善发动机的单位燃油消耗率。

6. 控制技术

控制系统技术的重点是减少系统质量和成本,并改善发动机在整个飞行包线内的性能。为减轻控制部件的质量,同时改善温度能力,用有机物基和金属基复合材料取代不锈钢和钛合金。通过采用高温有机物基复合材料(organic matrix composite, OMC),新的喷管作动器技术可使质量减轻 35%。

随着飞机、发动机的发展,发动机控制领域的研究成果层出不穷。其中,飞机推进系统控制一体化技术、全权限数字电子控制(full authority digital engine control, FADEC)技术等无疑都代表着当前发动机控制技术的先进水平。FADEC 利用数字式电子控制系统的极限能力来完成系统所规定的全部任务,由于 FADEC 有着众多的优点和发展潜力,许多国家都在研制。并且随着新技术、新材料的应用,可靠性问题已得以解决,同时成本也在不断降低。因此,FADEC 是高性能飞机发动机以及一体化控制必然采取的控制形式,是该领域的发展方向和研制重点。

目前的发动机控制系统是集中式余度 FADEC,所有的控制规律处理和计算、余度管理以及输入/输出信号的滤波和处理都经由 FADEC 进行,控制系统中最重的是引线和接头。未来的 FADEC 将采用分布式控制系统,与集中式 FADEC 相比,引线数、接头数和质量分别由 2 214 kg、112 kg 和 134 kg 减少到 320 kg、80 kg 和 50 kg。除了降低发动机控制系统的复杂性和减轻质量之外,分布式控制系统的优点还有：由于采用通用模块和标准接口,缩短了研制周期并降低了成本(60%);通过对每个灵巧装置进行自检和诊断,降低了维修成本;采用新的元件级技术,对中央处理计算机的改动最小甚至无须改动,设计和升级的灵活性大;FADEC 可以远离发动机安装,进一步减轻质量,改善可靠性和控制系统的总和。目前分布式控制系统的关键技术有：分布式控制系统的总体结构和运行模式;余度多路传输光纤总线;多余度数字处理机和并行处理技术;耐高温的灵巧传感器和作动器;质量小的变速、变流量电动燃油泵;发动机状态监视和管理系统。

美国 IHPTET 计划开发的灵巧传感器和作动器将改善控制系统的经济性,获得鲁棒的分布式处理构型。通过降低设计和制造的复杂性,将全权数字电子控制(FADEC)的采购成本减少高达 60%。通过发动机控制算法的分散性,可提高控制系统的可靠性,从而避免 FADEC 的单点失效问题。可在 660°F 温度下工作的高温碳化硅(SiC)电子设备的发展将改善固态电子设备的工作温度能力。

IHPTET 计划支持的电力作动和电动泵技术将减轻质量,并通过取消发动机的齿轮箱和液压系统改善保障性。多模式、模型基控制将优化发动机的性能和操纵性,同时实时跟踪发动机的健康状况。先进的 IHPTET 计划发动机健康管理模式将为保障人员提供有关部件剩余寿命、飞行中失效和建议的维修程序方面的实时反馈。

7. 创新的结构技术

美国正在发展扩大金属工作温度的铝和新型合金,以及先进的复合材料和非金属材料。一些革新性结构设计可能减少寿命期的成本,包括有机物基复合材料(organic matrix composite, OMC)的中介机匣和 JETEC 钛铝轴流压气机和碳-碳复合材料高压涡轮转子。与目前的钛合金结构相比,钛金属基复合材料(metal matrix composite, MMC)外涵道的刚性可提高 40%,质量可减轻 50%。

8. 排气系统技术

军用方面,美国 IHPTET 计划曾经积极发展新的排气系统技术,包括俯仰推力矢量喷管、反推力装置和低可探测设计。为支持这些新的设计,IHPTET 技术正在开发低密度、高温材料,冷却技术和革新的多功能排气喷管设计概念。球面收敛调节片喷管将提供俯仰矢量和反转能力,质量可比现有功能相近的二维尾喷管轻 20%,这项技术可用于目前和下一代经济可承受的高性能战斗机上。低可探测轴对称喷管有减少信号和有可能减小机队尺寸的优点,经过改装后,用于现有的战术飞机如 F-15、F-16 和 F-18,以及新一代在研的战斗机上。S 弯隐身喷管可大幅降低航空发动机排气系统的红外辐射强度和电磁散射信号,显著增强飞行器的隐身能力,主要应用于有低可探测性需求的轰炸机、运输机及无人机等。S 弯隐身喷管在国外多种型号飞机上已得到实战应用,如 B-2 战略轰炸机、X-47 无人战斗机及"神经元"无人机等。新技术适用于综合的、需要减少设计复杂性的新型机械设计,可发挥先进金属和复合材料的优势。

民用方面重点是减少排气喷气噪声。在 NASA 实施的先进亚声速技术(advanced subsonic technology, AST)和高速研究(High Speed Research, HSR)计划下,研究了流动混合器技术,以降低由于核心机流出的高速气体和从风扇涵道流出的相对低速的空气带来的喷气噪声。该技术主要包括将两股气流混合的多片混合器设计,进而减少最后的喷气速度和噪声。替代的技术考虑吸声衬垫处理和单独的流动喷管。HSR 还计划为拟议的超声速民用飞机开发降低排气噪声的技术。

9. 测试技术

采用高温和新型材料的新型 IHPTET 发动机要求耐久性更好和精度更高的发动机试验测试手段。为监控发动机部件的结构完整性,需要测试表面温度、热流量和应变。IHPTET 正在发展光学系统和薄膜传感器,使发动机在恶劣环境下的试验测量精度更高,不影响结构部件或内部发动机流路。例如:非接触燃烧诊断系统现在用于提供燃烧过程和燃烧效率的数据;激光多普勒速度仪(laser Doppler velocity, LDV)在模拟的发动机工作环境下,测量喷气横面速度分布;基于雷利散射理论的光学诊断系统可为燃烧室研制提供燃油混合数据和温度图谱因子;非接触的光学振动分析系统利用安装在机匣上的光学探针确定叶尖的挠曲,(变形)叶尖变形数据经过分析,提供整个叶片表面的动态应力和应变数据;激光诱导的荧光温度荧光剂则用于光学测量超出传统热电偶测试范围的表面温度;非接触的光纤涡轮进口温度传感器采用陶瓷部件和新颖的金属间化合物,直接监控记录 IHPTET 计划第一阶段 AT-EGG 的燃气温度;薄膜热电偶用于测试温度超过 2 700 $^\circ$F 的陶瓷表面温度等。

10. 先进材料和制造技术

1)新材料技术

新材料对提高发动机的性能至关重要。军用方面主要开发新的先进的低密度、高温材料。如:① 钛铝合金,尤其是伽马钛铝,为压气机后面提供高温、非燃烧的流道用材料。由于其密度是镍基合金的一半,可大大减轻大型静止结构件的质量,如燃烧室进口扩压器和发动机机匣。② 陶瓷基复合材料采用了抗蠕变的陶瓷纤维,具有耐高温特性,可用于发动机温度最高的部件,如燃烧室、涡轮、加力燃烧室和喷管。研究表明陶瓷基复合材料可将涡轮前燃气温度在现有的基础上提高300 K 以上。同时陶瓷基复合材料密度小,有利于发动机减重。因此,陶瓷基复合材料被视为取代航空发动机高温合金、实现减重增效"升级换代材料"的首选。③ 高温金属间化合物,如单晶的镍铝,可以提高目前金属材料的耐温水平,减轻1/3 的质量,使它们成为涡轮叶片的理想材料。金属基复合材料可以提高结构件的单位强度和刚度,适合于压气机转子和鼓筒、叶轮、轴、风扇叶片、机匣和承力框架。④ 更高温度的基体材料和制备工艺,如薄片—纤维—薄片、等离子喷涂和粉末铸造,都在发展中。这些新材料对设计和制造创新的结构、减少零件数、提高部件效率都至关重要。先进的金属和复合材料,加上创新的结构设计,如果用于现在的发动机上,可以减低耗油率,也可以使发动机的推重比提高 60% ~ 70%。在高效、高性能发动机中采用先进的材料也有助于提高耐久性,降低寿命期成本。

民用方面主要要求高可靠性和长寿命。NASA 主要开发轻质量、高强度、高温材料,应用于发动机的冷端和热端部件。NASA 在有机基复合材料、高温合金、结构陶瓷和陶瓷基复合材料和热障涂层等方面取得了进展。这些材料大多是军民两用的,可以直接满足 IHPTET 部件的材料需求。① 聚合物基复合材料(PMC,温度范围 600~800℉):NASA 开发了一系列高温聚合物基复合材料(称为 PMR 聚合物),这种材料可大大减轻质量、减少燃油消耗和相关的污染排放,并且增加飞机的载客量和载货能力。这类聚合物材料的主要代表——PMR – 15 可在 550℉的条件下长时间使用(10 000 小时),并且能加工为空隙率低于 3%的部件。PMR – 15 材料已广泛用于军民用发动机部件,包括 F – 404 发动机的外涵机匣、E – 90 发动机的中心通风管,F – 100 – 229 发动机的喷管调节片。温度能力更高的 PRM – Ⅱ – 50 工作温度最高达 650℉,NASA 已经在 F – 100 发动机的后整流罩和压气机机匣上得到了验证。PMR 将用于 JTDE 第一阶段的验证机。② 高温合金(温度范围 1 200~1 400℉,用于涡轮盘;1 900~2 100℉,用于涡轮叶片):普惠和 GE 公司正在其下一代的涡轮叶片合金中采用单晶和伽马相合金。③ 结构陶瓷(温度范围 2 000~3 000℉):NASA 研究了 SiC 纤维和 SiC 陶瓷基,以及 SiC/Si3N4、陶瓷基复合材料(ceramic matrix composite, CMC)的许多特性,开发和检验了纤维中间层和基体,复合材料工艺规程和热机械试验技术。在 HSR 计划的推进材料(Enabling Propulsion Materials, EPM)子计划下,NASA 也完成了 SiC/SiC 燃烧室火焰筒初步的部件试验。该技术应用于 GE/艾利逊公司的 ATEGG 核心机验证机的 CMC 燃烧室,在 IHPTET 计划下进行了试验。④ 热障涂层(thermal barrier coating, TBC):NASA 开发了一种 TBC 来延长叶片的寿命。

2)制造技术

新材料包括昂贵的纤维,需要新的制备工艺和制造方法。微波化学气相浸透(chemical vapor infiltration, CVI)工艺技术是生产陶瓷复合材料非常有前景的技术。这些材料和相关的 CVI 工艺将在 IHPTET、高超声速,高速民用运输机和节约能量等项目中找到用途。

发动机部件的制造工艺也获得巨大改进,如镍基超级合金压气机叶片,可与盘缘锻造在一起,减少了生产成本。美国目前计划将基于模型的先进燃气轮机材料、材料工艺、制造机器、设计工具和车间设备集成在一起,以加快设计进程并提高部件良品率。

随着快速成形工艺的巨大进步,立体平版印刷和固态自由成形工艺可直接利用数据生产固态的几何形状,激光成形树脂金属和陶瓷粉末等技术在形状尺寸和精度方面的局限性在不断减小。随着增材制造技术(也称为 3D 打印技术)的发展和新材料的研发,使用增材制造技术,可以带来巨大益处,如缩短生产周期、节约成本、整合零部件数量、减少浪费、提高可持续性和加强供应链等,3D 打印技术逐步投入到航空发动机的零部件生产中。

目前,最新的 GE9X 作为一款巨大的高涵道比涡扇发动机,就拥有 304 个 3D 打印的零件,首次将多种材料和打印工艺投入到单一航空发动机的生产中。因此,GE 航空建立了第一个增材制造技术工业化航空航天供应链。

在 GE9X 中 7 个增材制造部件分别是:燃油喷嘴、T25 传感器外壳、热交换器、粒子分离器、5 级低压涡轮(low pressure turbine,LTP)叶片、6 级涡轮(LTP)叶片和燃烧室混合器。识别出适用于增材制造的 GE9X 组件非常复杂。作为第一个获得 FAA 认证的增材制造飞机发动机部件,以及在 LEAP 发动机上取得的成功经验,T25 传感器外壳和燃油喷嘴成为第一批被选择的部件。热交换器和粒子分离器的 3D 打印一体化制造显示了 GE 航空制造转型的巨大努力,而采用该技术进行涡轮叶片的制造则是一次巨大的飞跃。LTP 涡轮叶片的 3D 打印制造非常困难,采用电子束粉末床技术制造的 TiAl 合金相比传统的镍基合金轻 50% 左右,具有更加优异的强度质量比,使整个低压涡轮的质量减少 20%,同时将使 GE9X 提高了 10% 的推力。

11. 分析和设计技术

计算流体力学(computational fluid dynamics,CFD)的使用是设计的关键。CFD 可用于研究弯掠风扇、多级压气机、高负荷涡轮、环形燃烧室和先进的推力矢量喷管等几何概念。目前,二维和三维无黏和有黏程序正在用于对部件内的流动进行模拟,以改进设计。CFD 同时也用于研究掺混孔分布效率、激波边界层干扰以及速度、压力和温度分布等重要参数,以确定分离流的区域和旋涡的发展。

美国的《先进燃气轮机技术》报告中谈到其设计上的发展方向将是高保真集成模拟和验证实验,开发和验证基于物理的高保真计算预测模型,包括对模块相互作用和非设计运行条件的虚拟模拟。NASA 正在开发的数值推进系统仿真(Numerical Propulsion System Simulation,NPSS)项目,将 APNASA、MSU-TURBO 和其他的气动和传热程序集成起来,从而在一台试验台上模拟在整个任务包线范围内发动机工作性能。

　　在结构分析上,美国采用了一种概率设计方法,充分利用已有所有设计参数的统计分布,使部件设计在质量、寿命、成本和任何其他准则方面达到最佳。

　　近年兴起的大数据、人工智能、数字孪生技术在优化设计方案,促进生产装配,保障常规运行,排除存在隐患这一整个流程中将被广泛应用。

习　题

一、填空题

1. 发展变循环发动机的主要目的包括 ＿＿＿＿＿＿＿＿＿、＿＿＿＿＿＿＿＿＿、＿＿＿＿＿＿＿＿＿等。

2. 变循环发动机的主要优点有 ＿＿＿＿＿＿、＿＿＿＿＿＿、＿＿＿＿＿＿、＿＿＿＿＿＿、＿＿＿＿＿＿。

3. 目前变循环发动机的主要分类有 ＿＿＿＿＿＿＿＿＿＿＿＿＿、＿＿＿＿＿＿＿＿＿＿＿＿＿ 和 ＿＿＿＿＿＿＿＿＿＿。

4. TBCC 的是 ＿＿＿＿＿＿＿＿＿＿ 发动机与 ＿＿＿＿＿＿＿＿＿＿ 发动机的组合。

5. TBCC 的组合有 ＿＿＿＿＿＿＿＿＿＿ 与 ＿＿＿＿＿＿＿＿＿＿ 两种方式。

6. 冲压发动机由 ＿＿＿＿＿＿＿、＿＿＿＿＿＿＿、＿＿＿＿＿＿＿ 和 ＿＿＿＿＿＿＿ 组成。

7. 冲压发动机按照其工作原理可以分为: ＿＿＿＿＿＿＿＿＿＿＿＿＿＿、＿＿＿＿＿＿＿＿＿＿＿＿＿＿、＿＿＿＿＿＿＿＿＿＿＿＿＿＿。

8. 脉冲爆震涡轮发动机是一种利用 ＿＿＿＿＿＿＿＿＿＿ 替代 ＿＿＿＿＿＿＿＿＿＿ 的新概念发动机。

9. 根据脉冲爆震燃烧室替换位置的不同可以将脉冲爆震涡轮发动机主要分为以下 4 种: (1) ＿＿＿＿＿＿＿＿＿＿＿＿＿＿＿＿＿＿;(2) ＿＿＿＿＿＿＿＿＿＿＿＿＿＿＿＿＿＿;(3) ＿＿＿＿＿＿＿＿＿＿＿＿＿＿＿＿＿＿;(4) ＿＿＿＿＿＿＿＿＿＿＿＿＿＿＿＿＿＿。

10. 当循环过程中的加热量相同时,理想爆震循环过程的吸热量要比理想等压循环的吸热量 ＿＿＿＿＿＿＿＿＿＿＿,即循环功 ＿＿＿＿＿＿＿＿＿＿＿,循环的热效率高。

11. 增加发动机涵道比以降低耗油率的两种新思路分别是: (1) ＿＿＿＿＿＿＿＿＿＿＿＿＿＿＿＿＿＿;(2) ＿＿＿＿＿＿＿＿＿＿＿＿＿＿＿＿＿＿。

12. 混合动力分布式推进系统主要由涡轮发动机、＿＿＿＿＿＿、＿＿＿＿＿＿、储能系统以及传输总线组成。目前,最常见的架构配置有三种,分别是 ＿＿＿＿＿＿、＿＿＿＿＿＿ 与串并联型。

二、选择题

1. 下列哪种发动机的工作马赫数范围最大? (　　)
   A. 涡轮发动机　　　　　　　　B. 超燃冲压发动机
   C. 亚燃冲压发动机　　　　　　D. TBCC

2. 下列哪项是超燃发动机具有的? (　　)

    A. 气缸   B. 压气机   C. 隔离段   D. 收敛喷管

三、简答题

1. 何谓变循环燃气涡轮发动机？它具有什么样的优点？变循环随飞行状态变化的规律是什么？

2. 为什么燃气涡轮发动机的比冲要比火箭发动机的比冲高得多？从起飞到进入轨道组合,循环推进系统各子系统是如何进行协调工作的？

3. 什么是变循环发动机？什么是自适应循环发动机？

4. 简述变循环发动机的主要组成结构及相对于传统涡扇发动机的优点。

5. 冲压发动机由哪些部件组成？

6. 假定某型超燃冲压发动机,飞行速度 $c = 3\,000$ m/s,单位推力 $F_s = 600\,(\text{N}\cdot\text{s})/\text{kg}$,采用液氢燃料,热值 $H_u = 120\,000$ kJ/kg,油气比 far = 0.029 4,试计算发动机的耗油率、比冲、总效率、推进效率和热效率。

7. 高超声速冲压发动机与飞行器一体化的尾喷管的特点是什么？

8. 在计算实际的超燃冲压发动机特性时,为什么要给定动压 q？若分别给定动压 $q_0 = 25$ kPa、50 kPa 和 100 kPa,试求飞行轨迹,即飞行高度 H 与飞行马赫数的关系曲线。

9. 试分析飞行轨迹的动压对超燃冲压发动机特性的影响。

10. 超燃冲压发动机的附加阻力的定义式是什么？其物理意义是什么？

11. 高超声速冲压发动机尾喷管如果调节,一般采用什么方法调节？

12. 超燃冲压发动机为什么要超声速燃烧？

13. 目前超燃冲压发动机的关键技术有哪些？

14. 请说明涡轮基组合循环发动机的结构及其功能,并简单阐述其工作原理。

15. TBCC 有哪些关键技术？

16. 目前脉冲爆震涡轮发动机的关键技术有哪些？

17. 从热力循环的角度分析脉冲爆震涡轮发动机热效率高的原因,并画出相应的 $T-s$ 图。

18. 试分析分布式混合推进系统节能减排的原因。

19. 目前分布式混合推进系统的关键技术有哪些？

20. 试阐述各种新概念发动机的优点和工作范围。

参考文献

[1] 王新月.气体动力学基础[M].西安:西北工业大学出版社,2006.

[2] 冯青,李世武,张丽.工程热力学[M].西安:西北工业大学出版社,2006.

[3] 童凯生.航空涡轮发动机性能变比热计算方法[M].北京:航空工业出版社,1991.

[4] 朱行健,王雪瑜.燃气涡轮机工作原理及性能[M].北京:科学出版社,1992.

[5] 廉筱纯,吴虎.航空发动机原理[M].西安:西北工业大学出版社,2005.

[6] 聂恰耶夫 Ю Н.航空动力装置控制规律与特性[M].单风桐,译.北京:国防工业出版社,1999.

[7] 楚武利,刘前智,胡春波.航空叶片机原理[M].西安:西北工业大学出版社,2009.

[8] 赵鹤书,潘杰元,钱翼稷.飞机进气道气动原理[M].北京:国防工业出版社,1989.

[9] Seddon J, Goldsmith E L. Intake aerodynamics[M]. Reston:AIAA, 1999.

[10] 楚武利,刘前智,胡春波.航空叶片机原理[M].西安:西北工业大学出版社,2009.

[11] 《航空发动机设计手册》总编委会.航空发动机设计手册/第7册/排气装置[M].北京:航空工业出版社,2000.

[12] Royce R. The jet engine[M]. 5th ed. New Jersey:John Wiley & Sons Inc.,2015.

[13] 方昌德.世界航空发动机手册[M].北京:航空工业出版社,1996.

[14] 奥茨 G C.燃气涡轮发动机气动热力学理论及其应用(下)[M].张逸民,沈炳正,李燕生等,译.北京:国防工业出版社,1992.

[15] Kurzke J, Halliwell I. Propulsion and power:An exploration of gas turbine performance modeling[M]. Berlin:Springer, 2018.

[16] 陈大光,张津.飞机-发动机性能匹配与优化[M].北京:北京航空航天大学出版社,1990.

[17] 金捷,陈敏,刘玉英,等.涡轮基组合循环发动机[M].北京:国防工业出版

社,2019.

[18] Segal C. The scramjet engine[M]. Cambridge：Cambridge University Press, 2009.

[19] 郑龙席,王治武,黄希桥,等.脉冲爆震涡轮发动机技术[M].西安：西北工业大学出版社,2019.

主要符号表

英文符号

a	声速
A	截面面积
A_0	自由流面积
A_c	进气道捕获面积
A_{max}	参考面积
A_8	不加力状态下尾喷管喉部面积
A_{8ab}	加力状态下的尾喷管喉部面积
A_9	尾喷管出口面积
A_m	发动机的迎风面积
BPR	涵道比
c	气流速度
c_0	来流空气的速度
c_9	尾喷管实际排气速度
c_{9i}	尾喷管理想(等熵)排气速度
c_p	比定压热容
c_V	比定容热容
c_{pa}	空气的比定压热容
c_{pf}	燃油的比定压热容
C_{Xi}	阻力系数
C_V	速度系数
C_D	流量系数
C_{Fg}	推力系数
CF_η	压气机效率比例系数
CF_{Wac}	压气机换算流量比例系数
CF_π	压气机压比比例系数

C	常数
e	发动机总增压比对应的温度比
e_C	压气机的温比
e_T	涡轮温比
E_x	发动机排气的动能,可用能
Eu	欧拉数
F	推力
F_a	单位迎面推力
F_A	控制体的推力
F_s	单位推力
F_m	推质比,测量推力
F_w	推重比
F_{wet}	加力推力
F_{dry}	最大状态推力
F_F	涡扇发动机推力
F_J	涡喷发动机的推力
F_{cor}	换算推力
Fr	弗劳德数
F_g	尾喷管实际总推力
F_{gi}	一维等熵完全膨胀流动的总推力
far	油气比
far_4	主燃烧室油气比
far_7	加力燃烧室的油气比
h	气体的单位焓
h_a	空气的单位焓
h_f	燃油的单位焓
h_s	气体单位静焓
h_t	气体单位总焓
h_{ti}	理想(等熵)单位总焓
Δh	单位焓变
H	飞行高度
H_u	燃油热值
Δh_{4-5}	涡轮的单位焓降
Δh_{4-45}	高压涡轮的单位焓降
Δh_{45-5}	低压涡轮的单位焓降

I	冲量
$\boldsymbol{J}$	雅可比矩阵
J	转动惯量
K	比热比 γ 的函数
L	对气体做的比功(单位功)
L_e	发动机热力循环的有效功
L_{ei}	理想循环功
$L_{e, AB}$	加力状态循环功
L_{net}	输出轴功率
L_C	压气机的单位功
l_C	压气机的比功
l_{CH}	高压压气机的比功
l_{CL}	低压压气机的比功
l_F	风扇的比功
L_T	涡轮单位功
M	发动机质量、分子量
m	质量
Ma	马赫数
Ma_0	来流空气的马赫数
Ma_6	加力燃烧室进口马赫数
Ma_9	尾喷管出口马赫数
Ma_a	压气机进口气流轴向马赫数
Ma_u	工作轮圆周速度的马赫数
n	转速
n_{cor}	换算转速
$n_{T, cor}$	涡轮换算转速
$n_{TH, cor}$	高压涡轮换算转速
$n_{TL, cor}$	低压涡轮换算转速
$\bar{n}_{cor}$	相对换算转速
n_H	高压转子物理转速
n_L	低压转子物理转速
n_{max}	发动机最大物理转速
$n_{cor, max}$	发动机最大换算转速
$n_{C, cor}$	压气机换算转速
$n_{F, cor}$	风扇换算转速

n_{FT}	自由涡轮物理转速
n_m	发动机的测量转速
n_{idle}	慢车状态转速
n_i	点火转速
n_p	自立转速
n_{cr}	起动机脱开转速
p	压力
p_s	气体静压
p_t	气体总压
p_{s0}	大气静压
p_{t0}	大气总压
p_{s3}	燃烧室进口的总压
p_{t22}	外涵道进口总压
p_{t25}	外涵道出口总压/混合室外涵道进口总压
p_{t55}	低压涡轮出口总压/混合室内涵道进口总压
p_{t8}	尾喷管喉部总压
p_{t9}	尾喷管出口总压
p_{s9}	尾喷管出口静压
P	功率
P_s	单位功率
P_m	功质比
P_w	功重比
P_C	压气机实际压缩功
$P_{C,i}$	压气机等熵压缩功
P_T	涡轮实际膨胀功
$P_{T,i}$	涡轮等熵膨胀功
P_{id}	可用功率
$P_{s,id}$	单位可用功率
P_p	推进功率
P_{cy}	循环有效功率
P_{ext}	发动机正常的提取功率
P_{add}	发动机转子上提取额外的功率
P_{ST}	起动机输出的功率
q	单位气体的加热量
q_0	单位质量空气消耗的燃料完全燃烧产生的热量

$q(Ma)$	流量函数
Q	气体的总加热量
Q_0	每秒消耗的燃料的热值
q_{AB}	加力燃烧室加热量
q_{DU}	外涵道向内涵道的加热量
R	气体常数
Re	雷诺数
s	气体的比熵
Sr	斯特劳哈尔数
sfc	单位燃油消耗率
sfc_{cor}	换算耗油率
sfc_m	测量耗油率
T	温度、安装推力
T_t	气体总温
T_s	气体静温
T_{t0}	大气总温
T_{s0}	大气静温
T_{t2}	压气机的进口总温/进气道出口总温
t	时间
t_{acc}	加速时间
T_{t22}	外涵道的进口总温
T_{t25}	外涵道出口总温/混合室外涵道进口总温
T_{t4}	燃烧室出口总温/涡轮进口总温
$T_{t4,\,ec}$	最经济的涡轮进口总温
$T_{t4,\,max}$	发动机的最大涡轮前温度
T_{t55}	低压涡轮出口总温/混合室内涵道进口总温
T_{t7}	加力燃烧室出口总温
T_{t8}	尾喷管喉部总温
T_{t9}	尾喷管出口总温
$T_{t9,\,cor}$	换算排气温度
$T_{t9,\,m}$	测量排气温度
u	内能
v	气体的比体积(比容)
V	容积
W	发动机重力

W_a	空气流量
W_{a0}	发动机进口空气流量
W_{a2}	压气机进口空气物理流量
$W_{a,\,cor}$	压气机进口换算流量
$W_{a,\,cor,\,o}$	压气机工作点的换算流量
$W_{a,\,cor,\,s}$	压气机工作点所在转速线上的喘振边界的换算流量
W_{a3}	燃烧室进口流量
$W_{a3,\,cor}$	燃烧室进口换算流量
$W_{a3,\,cor,\,des}$	设计状态下燃烧室进口换算流量
W_{g4}	涡轮进口燃气物理流量
$W_{g4,\,cor}$	高压涡轮进口燃气换算流量
$W_{g45,\,cor}$	低压涡轮进口燃气换算流量
W_{a25}	混合室外涵道进口气体流量
W_{g55}	混合室内涵道进口气体流量
W_{g6}	混合室出口流量
W_{g55}	混合室内涵道进口气体流量
W_{g6}	混合室出口流量
$W_{g6,\,cor}$	加力燃烧室进口换算流量
$W_{g6,\,cor,\,des}$	加力燃烧室设计点进口换算流量
W_{g7}	尾喷管进口流量
W_f	发动机的燃油流量
$W_{f,\,B}$	燃油流量
$W_{f,\,AB}$	加力燃烧室燃油流量
W_{g9}	尾喷管实际流量
W_{g9i}	尾喷管一维等熵流量
$W_{a,\,core}$	核心机的空气流量
$W_{a,\,duct}$	外涵道流量
$W_{a,\,cool}$	冷却空气量
$\overline{W}_{a,\,cor}$	换算流量
x	发动机的独立变量
X	发动机飞行条件、大气条件、油门杆位置、各部件效率和损失参数、循环参数
X_d	附加阻力
X_f	摩擦阻力
X_I	进气道阻力

X_p	压差阻力
y	发动机流量、功率平衡的误差
Y	发动机性能参数、各截面参数
Z_C	压气机压比比
Z_{CH}	高压压气机压比比
Z_{CL}	低压压气机压比比
Z_F	风扇压比比
ΔT_{3-4}	主燃烧室的温升
ΔT_{6-7}	加力燃烧室温升
Δp_{AB}	加力燃烧室总压损失系数
Δp_B	燃烧室总压力损失系数
Δp_{DU}	外涵道总压损失系数
Δp_{LB}	低压涡轮转子冷却掺混总压损失
Δp_{wet}	加力燃烧室热态总压损失系数
Δp_{dry}	加力燃烧室冷态总压损失系数
Δp_{s25}	混合室外涵进口与混合室内涵进口静压平衡误差
ΔP	剩余功率
ΔP_H	高压转子功率平衡误差
ΔP_L	低压转子功率平衡误差
ΔW_{a21}	低压压气机与高压压气机流量平衡误差
ΔW_{g4}	高压压气机与高压涡轮流量平衡误差
ΔW_{g45}	高压涡轮与低压涡轮流量平衡误差
$\Delta W_{f,B}$	供油量的偏差值
ΔW_{g8}	低压涡轮和尾喷管流量平衡误差
ΔW_{g81}	低压涡轮出口和内涵尾喷管流量平衡误差
ΔW_{g82}	风扇外涵与外涵尾喷管喉部流量平衡误差
Δn	转差
Δt	加速/减速时间
ΔSM_C	压气机的喘振裕度

希腊字母

α	尾喷管的收敛角,余气系数
α_Σ	发动机总余气系数
η_{AB}	加力燃烧室的燃烧效率
η_B	燃烧室的燃烧效率

η_C	压气机效率
η_{ti}	理想循环热效率
η_t	实际循环热效率
$\eta_{t, AB}$	加力状态循环热效率
η_T	涡轮效率
η_{TH}	高压涡轮效率
η_{TL}	低压涡轮效率
η_{FT}	动力涡轮(低压涡轮)效率
η_p	推进效率
η_0	总效率
η_d	能量传递效率
π_I	进气道增压比
π_F	风扇增压比
$\pi_{C, o}$	压气机工作点的压比
$\pi_{C, s}$	压气机工作点所在转速线上的喘振边界的压比
$\pi_{C, d}$	设计点的压气机压比
π_C	压气机增压比
$\pi_{C, max}$	等换算转速线上喘振边界的压比
$\pi_{C, min}$	等换算转速线上堵塞边界的压比
π_{CL}	低压压气机压比
π_{CH}	高压压气机压比
π_Σ	总增压比
π_{opt}	最佳增压比
π_{ec}	最经济压比
π_{TH}	高压涡轮的落压比
π_{TL}	低压涡轮的落压比
π_N	尾喷管膨胀比
γ	比热比
δ	冷却空气流量占压气机进口流量的比例
Δ	发动机总加热比
ρ	密度
ρ_0	未扰动气流密度
σ_I	进气道总压恢复系数
σ_{AB}	加力燃烧室总压恢复系数
σ_B	燃烧总压恢复系数

σ_{DU}	外涵道的总压恢复系数
σ_{N}	尾喷管总压恢复系数
φ_{I}	流量系数
ϕ	熵函数
ϕ_{t}	总参数对应的熵函数
ϕ_{s}	静参数对应的熵函数
ϕ_{a}	空气的熵函数
ϕ_{f}	燃油的熵函数
ϕ_{ti}	理想熵函数
μ	动力黏性系数
ω	角速度
τ	外表面摩擦力